■ 21世纪高等学校计算机规划教材

Java

面向对象思想
与程序设计

刘彦君 张仁伟 满志强 编著

人民邮电出版社

北 京

图书在版编目（CIP）数据

Java面向对象思想与程序设计 / 刘彦君，张仁伟，
满志强编著. -- 北京：人民邮电出版社，2018.11（2024.1重印）
21世纪高等学校计算机规划教材
ISBN 978-7-115-49179-4

Ⅰ. ①J… Ⅱ. ①刘… ②张… ③满… Ⅲ. ①JAVA语
言－程序设计－高等学校－教材 Ⅳ. ①TP312.8

中国版本图书馆CIP数据核字(2018)第192114号

内 容 提 要

　　本书内容覆盖 Java 语言入门知识、面向对象技术、类库资源和应用编程 4 个模块，共 14 章。
同时，书中包含大量例题、习题，可以帮助读者深入理解和掌握语言语法知识，培养扎实的程序设
计能力。

　　本书的主要内容包括 Java 概述，Java 语言基础语法，面向对象思想，类设计基础，类设计进阶，
异常处理机制，基础类库，集合类，GUI 与事件处理机制，Java 多线程机制，I/O 流类，数据库编程，
网络应用编程初步和综合实践。另外，为了便于读者对每章所涉及的知识点有清楚的认识，每章章
首均采用思维导图来呈现该章的入门问题、重要术语、主要内容和重点难点。

　　本书适合 Java 初学者，包括初次接触编程语言的读者使用，也适合作为院校 Java 程序设计课程
的教材。

◆ 编　著　刘彦君　张仁伟　满志强
　　责任编辑　税梦玲
　　责任印制　焦志炜
◆ 人民邮电出版社出版发行　　北京市丰台区成寿寺路 11 号
　　邮编　100164　　电子邮件　315@ptpress.com.cn
　　网址　http://www.ptpress.com.cn
　　固安县铭成印刷有限公司印刷
◆ 开本：787×1092　1/16
　　印张：27.25　　　　　　　　　2018 年 11 月第 1 版
　　字数：630 千字　　　　　　　2024 年 1 月河北第 12 次印刷

定价：69.80 元

读者服务热线：(010)81055256　印装质量热线：(010)81055316
反盗版热线：(010)81055315
广告经营许可证：京东市监广登字20170147号

从酝酿到成书，本书作者始终坚持一个原则：帮助 Java 学习者从入门走向精通。这是个很高的目标，非常具有挑战性。为了实现这个目标，本书作者在书中融入了大量自己的思考和实践结果。

内容体系

在总体逻辑上，本书分为四个模块：入门知识、面向对象技术、类库资源、应用编程。内容遵循知识的由浅入深和从局部到整体的逻辑。各模块内章节划分及具体内容如下。

模块一　入门知识（第 1 章~第 2 章）。包括了解 Java 语言特点、了解 Java 程序结构、Java 语言语法知识细节、Java 编程和运行环境。这个模块的学习，以入门为目的。检验是否入门的标准有两个，一是看对语法的掌握是否全面准确，二是看是否能够编写出简单程序。

模块二　面向对象技术（第 3 章~第 6 章）。详细介绍面向对象的概念、原理、机制和语法等细节内容。第 3 章是面向对象技术的导论式介绍，从实际问题出发，面向具体应用，引导读者以一种自然的方式去理解面向对象技术和应用。第 4 章和第 5 章从语法层面详细地展开，通过大量实例演示说明面向对象程序设计的方法。

模块三　类库资源（第 7 章~第 13 章）。和其他面向对象的语言一样，Java 的类库是编程所需的软件资源。类库中大量的类分属于不同的类包。就像工具包中有不同的工具一样。这是典型的面向对象的方式，给它自身赋予了可扩展性。每个新的 JDK 版本发布时，要么增加了新的类包，要么在原来的类包中增加了新的类。

模块三中的各章内容互不相同、自成体系，但是都服务于一个中心问题——面向对象的应用编程和软件开发。每章分别体现一个应用方向或者一种技术，都以类库中的不同类为线索展开，各章类不同、功能不同、应用场景不同。

模块四 应用编程（第 14 章）。在前面章节中举例的程序基础上，本章给出几个应用程序问题，目的是综合运用各章知识，解决典型的设计问题，实现从学习 Java 语言向掌握 Java 技术的过渡。

本书特点

本书面向以 Java 为第一种程序语言的初学者。因此，作者特别重视引导读者入门。围绕这个目标，本书在内容组织、结构安排、教学形式方面都有一些独特的设计。

1. 强化面向对象

本书突出面向对象技术的原理和应用这个重点。面向对象技术的概念、原理、机制复杂而抽象，难以理解。为了使初学者能够突破这个难点，本书采用了以下两种方法：一是加大面向对象技术的内容篇幅；二是用类比和对比的方式介绍面向对象技术的内容。加大面向对象技术内容篇幅，使得内容讲解可以由浅入深地展开，同时用更多的程序去验证和说明问题。用形象的例子对比面向对象技术和面向过程技术，有利于读者对抽象术语、概念建立直观的认识，有利于读者接受并理解面向对象技术复杂的原理机制。

2. 优化结构设计

首先，本书将语言基础知识合并为一章，这样的设计，有利于引导读者快速进入编程情境，在编程中快速而准确地学习语法知识，学以致用，体现"做中学"的思想。其次，每章章首设置的思维导图中，有入门问题、重要术语、主要内容、重点难点四项："入门问题"明确地引导读者按照"问题驱动"的方式去学习；"重要术语"可使读者快速了解本章基础知识，排除障碍；"主要内容"起着路线图的作用，有利于读者对所学内容建立总体概念，对不同知识点之间的逻辑关系建立清晰的认知；"重点难点"体现了本章突出的重、难点内容，一定要认真把握。初学者一开始可能提不出问题，那么可以带着思维导图中提出的问题去学习，这样便于快速掌握内容主体，使学习有针对性，不至于像走入迷宫一样失去方向。

3. 支持在线学习

为了帮助到选用本书的读者更快地掌握知识，我们用心录制了微视频，针对一些重要知识点、案例进行讲解，读者可以扫描书中二维码在线查看。同时为方便教师教学，本书还提供书中所有案例的源代码、教学大纲、PPT，配套资源下载连接：box.ptpress.com.cn/y/49179。

学习方法

丹尼尔·科伊尔在《一万小时天才理论》这本书中有一个核心的观点：在通往成功的道路上，重复练习无法替代且是千金难求的方法。事实上一个人在任何一个领域要想出众，都要通过至少一万小时的练习才可能实现，并且，不是在你的舒适区练习，而是在容易犯错的地方进行精深练习。

安德斯·艾利克森博士在《刻意练习：如何从新手到大师》一书中对"刻意练习"做了这样的阐释：只在学习区练习、大量重复训练、持续获得有效的反馈、精神高度集中。

结合以上观点，作者建议读者从以下 3 方面进行"刻意练习"。

1. 模仿并重复训练

为了实现入门，可以先模仿并重复练习（可借鉴外语教学的完型填空法）。学习编程时，尤其是在最初阶段，常常会苦于没有解题思路，一筹莫展，浪费许多时间，这样苦思冥想不是学习的好方法。而完型填空法的思路是，在难度可控的范围内展开模仿学习：借助模具，遮盖程序中的一行代码、一个方法或一个类。这样经过若干次重复，可以对问题求解策略有一个从整体到局部，再从局部到整体的认知。

2. 科学规划和严格执行

练习时，要注意科学地规划练习内容，并严格地执行计划；应避免低水平简单重复，要走出舒适区。如何做到这一点呢？有两个方法：一是重复同一问题的求解，主动尝试用不同的技术路线、不同的算法、不同的设计思路、不同的语言来解决问题；二是将同一种语言用在不同的课程中，以其他专业课程中包含的计算问题为项目，进行分析求解，这既有助于计算思维形成，也有助于该课程的学习。

3. 建立有效的反馈机制

反馈，就是从自己和他人的成功及失败中积累经验，在评价中持续改进自己的设计。有效的反馈是正确练习的保证，可以通过团体学习、集体讨论来实现反馈。近年流行的敏捷开发、结对编程，都体现了团队和讨论在学习和开发中的作用。同一个难度的问题，在新手和老手眼里可能天差地别，所谓难者不会，会者不难，希望大家能虚心接受他人的意见，早日掌握 Java。

致　谢

本书由哈尔滨理工大学的三位老师共同编写，其中，刘彦君编写了第 1、3、7、10、12、14 章，并负责全书统稿工作；张仁伟编写第 6、8、9、11、13 章；满志强编写第 2、4、5 章，并完成了全部教学视频录制任务。另外，本书的编写离不开学生们的热情参与，特别是赵敏捷同学和赵宁同学，提出了多条入门阶段的感悟，拓宽了笔者的思路，王晓东同学绘制了全部思维导图，在此对他们表示衷心的感谢。

作者
2018 年 5 月

目 录

CONTENTS

第1章 Java概述

1.1 Java 语言简介 2

1.1.1 Java 语言的产生 2

1.1.2 Java 语言的版本变迁 2

1.1.3 Java 语言特点 4

1.2 初识 Java 程序 6

1.2.1 Java 程序的两种类型 6

1.2.2 Java 程序的结构特点......6

1.3 Java 开发与运行环境 7

1.3.1 使用 JDK.....................7

1.3.2 使用 IDE 10

1.4 Java 语言与 Java 技术 12

1.5 怎么学习 Java................. 12

1.5.1 入门之道 12

1.5.2 精通之路.....................14

1.6 小结.............................. 15

1.7 习题.............................. 16

第2章 Java语言基础语法

2.1 数据类型和运算符号 18

2.1.1 Java 数据类型 18

2.1.2 标识符与关键字............23

2.1.3 运算符.......................25

2.2 输入输出....................... 33

2.2.1 输入 33

2.2.2 输出 36

2.3 流程控制....................... 38

2.3.1 顺序控制语句 38

2.3.2 选择控制语句...............39

2.3.3 循环控制语句................51

2.3.4 选择控制语句与循环控制
语句的嵌套......................62

2.3.5 break 语句与 continue
语句 62

2.4 数组 67

2.4.1 一维数组......................67

2.4.2 二维数组 73

2.5 小结 78

2.6 习题 79

第3章 面向对象思想

3.1 从数据开始 81

   3.1.1 类的角色 81

   3.1.2 事物数据化 81

   3.1.3 对象的特殊性 82

   3.1.4 对象分类 83

   3.1.5 对象处理 84

3.2 面向对象与面向过程 86

   3.2.1 问题与解决问题的

          思维方式 86

   3.2.2 面向对象的内涵 90

   3.2.3 面向对象和面向过程

          思想的关系 93

3.3 面向对象语言的三大特性 93

   3.3.1 封装性 94

   3.3.2 继承性 94

   3.3.3 多态性 94

3.4 UML2.0 简介 95

   3.4.1 UML 概述 95

   3.4.2 类图 96

   3.4.3 对象图 96

3.5 本章小结 96

3.6 习题 97

第4章 类设计基础

4.1 类 99

   4.1.1 封装和隐藏 99

   4.1.2 类的定义 99

   4.1.3 域的定义 100

   4.1.4 方法的定义 100

   4.1.5 方法的重载 103

   4.1.6 方法的递归 104

4.2 对象 106

   4.2.1 对象的声明与创建 106

   4.2.2 对象的使用 107

   4.2.3 构造方法 109

   4.2.4 对象的内存模型 110

   4.2.5 this 111

   4.2.6 参数传递 113

   4.2.7 对象数组 117

   4.2.8 static 关键字 120

   4.2.9 @Deprecated

          注解 125

4.3 访问权限 127

   4.3.1 private 修饰成员.........127

4.3.2 public 修饰成员 127

4.3.3 protected 修饰成员 129

4.3.4 默认的访问权限 130

4.3.5 public 修饰类 130

4.4 对象组合 **130**

4.5 嵌套类 **136**

4.6 **Java 的包** **138**

4.6.1 package 语句 139

4.6.2 import 语句 140

4.6.3 import static 语句 140

4.7 小结 **142**

4.8 习题 **143**

第5章 类设计进阶

5.1 类的继承 **146**

5.1.1 子类的定义 146

5.1.2 域的隐藏和方法的重写 ... 150

5.1.3 super 关键字 152

5.1.4 Object 类 153

5.1.5 instanceof 关键字 155

5.1.6 子类的可访问性 156

5.1.7 final 关键字 158

5.1.8 @Override 注解 160

5.1.9 继承与组合的比较 160

5.2 类的多态 **163**

5.2.1 对象的赋值兼容规则 163

5.2.2 多态的实现 164

5.2.3 匿名类 168

5.3 抽象类与接口 **169**

5.3.1 抽象类 169

5.3.2 接口 171

5.3.3 抽象类与接口的比较 173

5.4 类及类间关系的 UML 表示 ... **174**

5.4.1 类的表示 174

5.4.2 对象的表示 176

5.4.3 接口的表示 176

5.4.4 类间关系及 UML 表示 176

5.5 小结 **179**

5.6 习题 **180**

第6章 异常处理机制

6.1 什么是异常 **182**

6.1.1 异常的概念 182

6.1.2 异常的类型 182

6.1.3 程序中的常见异常类型 ... 183

6.2 异常处理 **185**

   6.2.1 异常处理机制 185

   6.2.2 try-catch-finally 异常

         处理语句 186

   6.2.3 throw 异常抛出语句 189

   6.2.4 自定义异常类 190

   6.2.5 方法声明抛出异常 191

   6.2.6 finally 和 return 193

6.3 小结 **193**

6.4 习题 **193**

第7章 基础类库

7.1 为类分类 **195**

   7.1.1 Java 类包 195

   7.1.2 包和类层次体系 196

   7.1.3 在继承与创新中发展 196

   7.1.4 哪些是常用的类 197

7.2 字符串类与字符串处理 **197**

   7.2.1 字符串处理问题 197

   7.2.2 字符串类 199

   7.2.3 Scanner 类与字符串...204

7.3 正则表达式与字符串处理... 205

   7.3.1 正则表达式 205

   7.3.2 Pattern 类和

         Matcher 类 207

7.4 数学类与数学计算 **207**

7.5 日期、日历和时间类 **211**

   7.5.1 日期类 Date 211

   7.5.2 日历类 Calendar........ 212

   7.5.3 本地日期和时间类 213

7.6 包装类 **215**

7.7 系统类 **216**

   7.7.1 System 类 216

   7.7.2 Runtime 类 217

   7.7.3 Java 垃圾回收机制 218

7.8 其他常用类 **219**

   7.8.1 Objects 类与

         Object 类 219

   7.8.2 Class 类和反射机制 ...222

7.9 几个重要的接口 **223**

   7.9.1 Observer 接口和

         Observable 类...........223

   7.9.2 Comparator 与

         Comparable 接口......225

7.10 小结 **228**

7.11 习题 **228**

第8章 集合类

8.1 泛型.....................**230**

    8.1.1 什么是泛型...................230

    8.1.2 泛型类的定义.............232

    8.1.3 泛型接口的定义.........234

    8.1.4 泛型方法的定义.........234

    8.1.5 泛型参数的限定..........235

8.2 集合类总览....................**237**

    8.2.1 集合类及其特点...........237

    8.2.2 Java 的集合类 237

8.3 List 集合.....................**239**

    8.3.1 List 接口.....................239

    8.3.2 ArrayList 集合类.........240

    8.3.3 LinkedList 集合类......242

8.4 Set 集合 **243**

    8.4.1 Set 接口.....................244

    8.4.2 HashSet 集合类 244

    8.4.3 TreeSet 集合类 245

8.5 Map 集合.....................**247**

    8.5.1 Map 接口 247

    8.5.2 HashMap 集合类........248

    8.5.3 TreeMap 集合类........249

8.6 集合元素的操作..............**250**

    8.6.1 使用 Iterator

            迭代器.........................250

    8.6.2 使用 Collections 252

    8.6.3 使用 Lambda

            表达式.........................255

8.7 小结 **261**

8.8 习题 **261**

第9章 GUI与事件处理机制

9.1 AWT...........................**263**

    9.1.1 AWT 组件...................263

    9.1.2 AWT 容器 265

9.2 swing.......................**265**

    9.2.1 swing 组件.................266

    9.2.2 swing 容器 273

    9.2.3 布局管理器.................277

9.3 理解事件及事件处理机制... **287**

    9.3.1 理解事件.....................287

    9.3.2 ActionEvent 事件 288

    9.3.3 MouseEvent 事件........291

    9.3.4 KeyEvent 事件..........293

9.3.5 ItemEvent 事件 295

9.3.6 FocusEvent 事件 298

9.3.7 DocumentEvent

事件 298

9.3.8 窗口事件 299

9.4 小结 300

9.5 习题 301

第10章 Java多线程机制

10.1 线程基本概念 303

10.1.1 进程与线程 303

10.1.2 线程的执行 303

10.1.3 线程的作用 304

10.1.4 进程与线程的区别......304

10.2 线程的创建方法 305

10.2.1 扩展 Thread 类 305

10.2.2 实现接口 Runnable

..................................306

10.2.3 用 Callable 和 FutureTask

定义线程 307

10.3 线程状态及转换 308

10.3.1 线程的状态.................308

10.3.2 线程状态转换............308

10.4 线程调度 309

10.4.1 线程栈模型.................309

10.4.2 线程优先级 309

10.5 线程常用方法 311

10.5.1 常用方法 311

10.5.2 线程让步 313

10.5.3 线程联合 314

10.5.4 守护线程.................315

10.5.5 线程中断 317

10.6 线程同步与锁机制..........319

10.6.1 线程同步概述 319

10.6.2 线程同步举例 321

10.6.3 线程安全.................323

10.6.4 线程死锁.................325

10.7 线程的交互 327

10.7.1 线程交互概述 327

10.7.2 wait() 方法和

notify() 方法 327

10.8 小结 329

10.9 习题 329

第11章 I/O流类

11.1	**理解 I/O 流的作用** **332**	
	11.1.1 什么是流 332	
	11.1.2 流的分类 332	
11.2	**File 类** **334**	
	11.2.1 文件对象与属性 334	
	11.2.2 目录操作 336	
	11.2.3 文件的操作 337	
	11.2.4 Scanner 类	
	访问文件 339	
11.3	**常用 I/O 流类** **340**	
	11.3.1 字节流 340	
	11.3.2 字符流 344	
	11.3.3 数据流 346	
	11.3.4 缓冲流 347	

	11.3.5 随机流 350	
11.4	**对象串行化** **352**	
	11.4.1 对象流 352	
	11.4.2 对象的串行化 353	
	11.4.3 对象输入流与	
	对象输出流 353	
11.5	**NIO** **355**	
	11.5.1 NIO 与 IO 355	
	11.5.2 NIO 的主要组成	
	部分 356	
	11.5.3 Buffers 357	
	11.5.4 Channels 359	
11.6	**小结** **362**	
11.7	**习题** **363**	

第12章 数据库编程

12.1	**MySQL 数据库与**	
	SQL 命令 **365**	
	12.1.1 MySQL 数据库及安装 ... 365	
	12.1.2 SQL 命令 368	
	12.1.3 从文件导入数据 371	
12.2	**连接数据库** **372**	
	12.2.1 四种驱动类型 372	

	12.2.2 JDBC 驱动程序与	
	连接（类型 IV）.......... 373	
	12.2.3 使用 JDBC-ODBC 桥	
	 374	
	12.2.4 无数据源方式 376	
12.3	**JDBC 编程** **378**	
	12.3.1 JDBC API 378	

12.3.2 使用 SQL 语句
操作数据..................379

12.3.3 利用可更新结果集
操作数据..................382

12.3.4 使用 RowSet
查询结果..................383

12.3.5 编译预处理 385

12.3.6 连接池简介 387

12.4 什么是 DAO 388

12.5 小结.................... 392

12.6 习题.................... 392

第13章 网络应用编程初步

13.1 基础知识 394

13.1.1 网络基本概念.............394

13.1.2 TCP 和 UDP 协议.....395

13.1.3 URL.......................395

13.2 常用类.................... 396

13.2.1 URL 类...................396

13.2.2 InetAddress 类........397

13.2.3 TCP 通信类.............397

13.2.4 UDP 通信类 398

13.3 基于 TCP 的编程 400

13.4 基于 UDP 的编程.......... 403

13.5 基于 NIO 的编程.......... 405

13.5.1 SocketChannel 类...405

13.5.2 ServerSocketChannel
类..................405

13.5.3 Selector 类 405

13.5.4 SelectionKey 类......406

13.5.5 应用举例.................406

13.6 小结....................412

13.7 习题....................412

第14章 综合实践

14.1 谈谈设计 414

14.1.1 设计与方法 414

14.1.2 好的设计 414

14.2 谈谈重构 415

14.3 实践题目 421

14.3.1 学生成绩管理软件......421

14.3.2 表格驱动的计算.........421

14.3.3 电梯运行模拟...........422

Chapter 1

第1章
Java概述

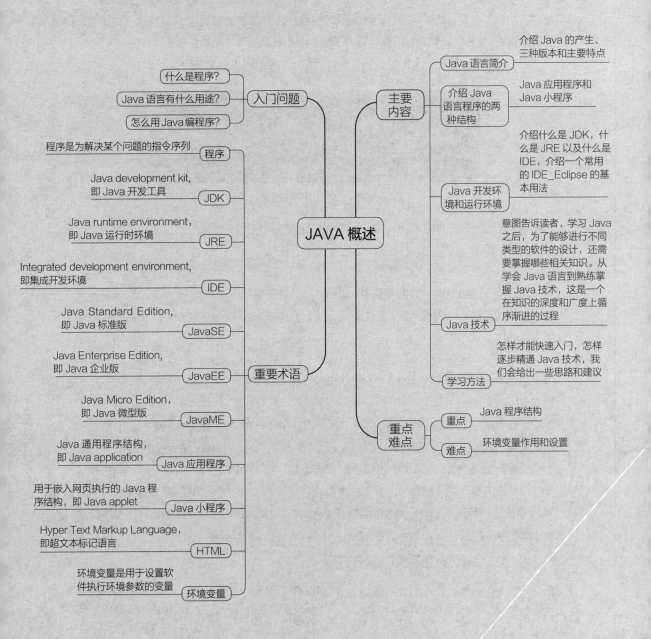

什么是程序?

Java 语言有什么用途?

怎么用 Java 编程序?

入门问题

程序是为解决某个问题的指令序列 —— 程序

Java development kit,
即 Java 开发工具 —— JDK

Java runtime environment,
即 Java 运行时环境 —— JRE

Integrated development environment,
即集成开发环境 —— IDE

Java Standard Edition,
即 Java 标准版 —— JavaSE

Java Enterprise Edition,
即 Java 企业版 —— JavaEE

Java Micro Edition,
即 Java 微型版 —— JavaME

Java 通用程序结构,
即 Java application —— Java 应用程序

用于嵌入网页执行的 Java 程
序结构,即 Java applet —— Java 小程序

Hyper Text Markup Language,
即超文本标记语言 —— HTML

环境变量是用于设置软
件执行环境参数的变量 —— 环境变量

重要术语

JAVA 概述

主要内容

Java 语言简介 —— 介绍 Java 的产生、三种版本和主要特点

介绍 Java
语言程序的两
种结构 —— Java 应用程序和 Java 小程序

Java 开发环
境和运行环境 —— 介绍什么是 JDK, 什么是 JRE 以及什么是 IDE, 介绍一个常用的 IDE_Eclipse 的基本用法

Java 技术 —— 意图告诉读者, 学习 Java 之后, 为了能够进行不同类型的软件的设计, 还需要掌握哪些相关知识。从学会 Java 语言到熟练掌握 Java 技术, 这是一个在知识的深度和广度上循序渐进的过程

学习方法 —— 怎样才能快速入门, 怎样逐步精通 Java 技术, 我们会给出一些思路和建议

重点难点

重点 —— Java 程序结构

难点 —— 环境变量作用和设置

1.1 Java 语言简介

Java 语言受到广大程序员的欢迎有多方面的原因。首先源于它是面向对象的语言，而面向对象的语言是目前的主流语言。其次，在众多面向对象语言中，Java 语言自身的许多特点使其脱颖而出。最后，必须指出的是互联网在全球范围的普及应用为 Java 语言提供了一个非常大的舞台，使其获得很大的成功。

1.1.1 Java 语言的产生

在介绍 Java 语言之前，我们先说说程序，然后再说说程序设计语言（简称语言）。

用过计算机的人都知道，使用计算机可以做很多事情：上网、玩游戏、收发电子邮件、播放音乐、下载文件资料等，简直数不胜数。但你想过没有，这些事情是如何完成的？谁来替你做的？答案是：程序！是人们预先编写的程序，存储在计算机里，等着你来调用它。你对计算机发号施令，计算机里预先存储的程序接受你的命令，为你做事。

图 1-1 展示的是几个常见的应用。你计算机上的应用图标数量远不止于此吧！

图 1-1　几个常见应用

浏览器程序帮助你在网上冲浪，游戏程序让你陶醉其中，邮件收发程序为你和朋友架起互通信息的桥梁……总之，你依赖程序在计算机上做事。

那么程序怎么写呢？很显然，你需要学习程序设计语言。就像你要写作文，你首先得学会一门语言，比如汉语、英语或俄语。

Java 就是这样一门程序设计语言，而且是一门目前很受欢迎的获得广泛应用的程序设计语言。

1991 年，为了研究计算机在家电产品中的嵌入式应用，Sun 公司的 James Gosling 等人组成名为 Green 的项目组。他们于 1992 年设计出 Oak 语言。由于当时缺乏硬件支持，Oak 没有市场化。

1995 年，由于互联网的蓬勃发展，人们迫切需要一种适用于网络编程的、小型的、跨平台的语言，Oak 因此重获生机。它以 Java 为名正式面世。此后，Java 深受程序员和用户欢迎，至今仍是开发各种基于 Web 应用程序的首选语言。据 TIOBE2018 年 1 月的调查数据可知，Java 市场占有率高达 14.215%，长期独占鳌头。Java 的成绩，得益于其固有的优点，尤其是 2014 年推出的最新版 Java8 引入了函数式编程的新特性，使其进一步扩大了其在程序设计语言领域的领先优势。图 1-2 所示为 2018 年 1 月 Java 所占市场份额和排序。

1.1.2 Java 语言的版本变迁

Java 语言有 3 个主版本：标准版（Java Standard Edition）、企业版（Java Enterprise Edition）、微型版（Java Micro Edition）。其可以分别简称为 JavaSE、JavaEE、JavaME。其中

JavaSE 是核心语言，JavaEE 用于企业应用开发，而 JavaME 用于移动设备的应用开发。

我们提到 Java 一般有两种含义：一是指 Java 语言，就是 JavaSE；二是指 Java 技术，就是以 JavaSE 为核心语言进行扩展的所有相关开发技术的综合。这样的综合体有哪些内容，我们会在 1.4 节展开说明。

Jan 2018	Jan 2017	Change	Programming Language	Ratings	Change
1	1		Java	14.215%	-3.06%
2	2		C	11.037%	+1.69%
3	3		C++	5.603%	-0.70%
4	5	∧	Python	4.678%	+1.21%
5	4	∨	C#	3.754%	-0.29%
6	7	∧	JavaScript	3.465%	+0.62%
7	6	∨	Visual Basic .NET	3.261%	+0.30%
8	16	∧∧	R	2.549%	+0.76%
9	10	∧	PHP	2.532%	-0.03%
10	8	∨	Perl	2.419%	-0.33%
11	12	∧	Ruby	2.406%	-0.14%
12	14	∧	Swift	2.377%	+0.45%
13	11	∨	Delphi/Object Pascal	2.377%	-0.18%
14	15	∧	Visual Basic	2.314%	+0.40%
15	9	∨∨	Assembly language	2.056%	-0.65%
16	18	∧	Objective-C	1.860%	+0.24%
17	23	∧∧	Scratch	1.740%	+0.58%
18	19	∧	MATLAB	1.653%	+0.07%
19	13	∨∨	Go	1.569%	-0.76%
20	20		PL/SQL	1.429%	-0.11%

图 1-2　Java 市场份额（2018 年 1 月）

本书讲解的 JavaSE，就是 Java 语言，书中将介绍它的语法细节和应用编程方法。

JavaSE 的版本标识从最初的 JDK1.0 到目前最新的 JDK1.8，技术不断更新，不断进步，使得 Java 语言能永葆活力。注意：这里的 JDK（Java Development Kit）是 Java 开发工具的意思。

Java 随着版本升级，有许多次名称的改变。例如，从 JDK1.5 之后，按照主版本号来命名，即 JDK5，因此，目前的 JDK8 是指 JDK1.8。也有人喜欢说 JavaSDK8，这是 Java Software Development Kit1.8 的简称。SDK 除了可以包含 JDK，还包含辅助开发的文档、范例和工具集等，所以 JDK 是 JavaSDK 的子集。

另外，历史上曾经有过，直到今天仍不乏有人在用的 J2SE/J2EE/J2ME，其实是由于 JDK1.2 版很优秀，为了区分 Java 2 平台和之前的 JDK 而进行的命名。在 2005 年 6 月推出 JDK1.6 时，J2SE/J2EE/J2ME 统一改称为 JavaSE/JavaEE/JavaME 了。

1.1.3 Java 语言特点

Java 语言具有许多独特之处，它既区别于传统的面向过程语言，也不同于其他的面向对象语言。读者刚开始接触 Java 时，对这些特点可能很难有深入的理解，但是，随着学习的深入，理解会不断加深。

1. 简单易学

Java 语言的语法与 C/C++ 有很多相似的地方，例如数据类型、运算符、表达式和语句。对比一下关键字列表就可以发现这种相似性。有 C 基础的读者，可以将 C 与 Java 的语法做详细对比，找出相同、相似和不同点，通过对比法来提高学习效率，同时也有利于快速辨析清楚两种语言的语法规则和用法的许多细微区别，这就是格物致知的道理。

2. 解释式

高级语言的工作方式有两种：编译式和解释式。

编译式语言如 C、C++、Pascal 等，它们对源程序先进行编译，生成可执行文件（.exe）。可执行文件可直接由操作系统（Operating System）来执行。在使用集成开发环境 IDE（Integrated Developing Environment）时，可以从 IDE 的菜单查看编译命令，或者到项目工作目录下查看，了解 exe 文件的生成方式。

Java 语言的工作方式如图 1-3（c）所示，它不同于图 1-3（a）和图 1-3（b）。图 1-3（a）是编译式语言工作过程，（b）是解释式语言工作过程，Java 语言的工作方式介于编译式和解释式中间，是一种混合形式，有人把它称为伪编译（pseudo compile），但它本质上还是解释式语言。因为它虽然生成了中间代码，即字节码文件（.class），但这个文件并不能像 .exe 文件那样可由操作系统直接执行，而是用 Java 虚拟机（Java Virtual Machine，JVM）解释执行。

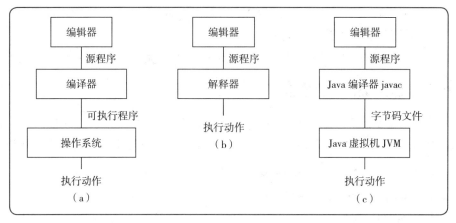

图 1-3　高级语言的工作方式

3. 安全性

Java 语言通过若干安全机制来确保其安全性。这些机制包括通过关键字控制代码可见性、不支持指针类型、访问控制的沙箱（sandbox）机制和数字签名机制、安全策略机制、字节代码校验机制、安全代码发布、异常处理机制等。

4. 面向对象

Java 语言是一种面向对象的程序设计语言。面向对象思想使人们分析问题和解决问题时，更接近人类固有的思维模式，更自然顺畅了。用面向对象程序语言（OOPL）编程，也更安全高效了。

5. 平台无关

Java 源文件经编译生成与计算机指令无关的字节代码，这些字节代码不依赖于任何硬件平台和操作系统。当 Java 程序运行时，需要由一个解释程序对生成的字节代码进行解释执行。这体现了 Java 语言的平台无关性，使得 Java 程序可以在任何平台上运行，如 MS-DOS、Windows、Unix 等，因此具有很强的可移植性。这就实现了 Java "编写一次，到处运行"（write once，run anywhere）的目标。

6. 多线程

Java 语言支持多线程，多线程机制使得一个 Java 程序能够同时处理多项任务。类似操作系统支持多进程并发执行的情况，多进程使计算机能够同时执行多个任务，例如游戏的动感画面与美妙音乐同在、从网上下载文件和执行本地用户程序并行不悖等，大家都有切身感受。线程可以看作是更小的进程。Java 提供了实现多线程程序的类和接口，使用它们，可以编写实现并发执行的多线程程序。

7. 动态性

C 语言的基本程序模块是函数。程序执行过程中所调用的函数，其代码已静态地加载到内存中。Java 的类是程序构成的模块，Java 程序执行时所需要调用的类是在运行时动态地加载到内存中的，这使得 Java 程序运行所需的内存开销小。这也是它可以被用于许多嵌入式系统和部署在许多微小型智能设备上的原因。Java还可以利用反射机制动态地维护程序和类，而C/C++不经代码修改和重新编译就无法做到这一点。

此外，Java语言还具有网络适用性、可移植性、类库丰富、高性能等特点。

1.2 初识 Java 程序

Java可以编写独立执行的应用程序（application）或者嵌入到网页中执行的小程序（app-lication let,即applet），本节将对这两种程序进行比较，并以实例说明它们各自的结构特点。

1.2.1 Java 程序的两种类型

Java应用程序和Java小程序之间主要有3点区别。

（1）程序编写目的不同。Java和其他高级语言一样，可以解决各种数据处理、科学计算、图形图像处理类问题，这就是编写应用程序的目的。applet具有特殊性，它用在网页中，给静态的HTML网页带来动态和交互功能，比如不同网页元素间的数据计算。

（2）程序结构不同。关于两种程序结构的细节随后分两个视角展开介绍。

（3）程序执行方法不同。应用程序经javac编译成字节码文件后，用Java启动Java虚拟机进行解释执行。小程序编译后，需嵌入到一个网页文件中，然后使用浏览器或者Java提供的小程序浏览器appletviewer，通过执行HTML文件，小程序被执行。

1.2.2 Java 程序的结构特点

通过两个程序例子可以说明应用程序和小程序的结构特点。

【例1.1】写一应用程序，显示字符串"Welcome to learn Java！"

【代码】

例 1.1 讲解

```
/**the first program in the textbook
*Author Liu
*/
public class Example1_01// 主类
{
    public static void main String[] args//main 方法，程序的入口
    {
        System.out.println("Welcome to learn Java！");
    }
}
```

【例1.2】写一小程序，显示字符串"Welcome to learn Java！"

【代码】

例 1.2 讲解

```
import java.awt.*;
import java.applet.*;
public class Example1_02extends Applet//applet 必须以 Applet 为父类
{
    String s1;
    public void init()// 重写 Applet 类的方法
    {
        s1 = new String（"Welcome to learn Java!"）;
    }
```

```
    public void paint(Graphics g)// 重写 Applet 类的方法
    {
        g.drawString(s1,5,20);
    }
}
```

从类外部看 Java 应用程序和小程序的异同点如下。

（1）程序以类（class）为组成单位，一个程序中可能包含一个或多个类。

（2）类可自己定义 Example1_01、Example1_02，亦可用系统提供的 System、Applet、String、Graphics。

（3）class 前面加 public 修饰的类称为公共类。当程序中有多个类的时候，如果有公共类，只能有一个，而且必须以此类命名程序并保存，例如 Example1_01.java。

（4）包含主方法 main() 的类是主类，是应用程序的入口，是程序执行的起点。

（5）类名称如用英文单词，一般首字母大写，这不是必须，是编码规范的要求。

（6）类前面的 import 表示导入，为本程序导入所需要的类，例如 import java.applet.* 是为了导入类 Applet，这里 "*" 是通配符，意思是所有的类，包括了 Applet。

（7）小程序的特点是用 extends 指出父类 Applet。小程序 Example1_02 从类 Applet 中继承数据。

从类内部看 Java 应用程序和小程序的异同点如下。

（1）类中包含数据和方法，例 1.1 中的 main() 和例 1.2 中的 String s1、init()、paint()。Java 中的方法（method），等同于其他语言中的函数（function）、过程（procedure）或子程序（subroutine）等。一个方法是一个执行单元，只能实现一个功能。

（2）方法定义也可在方法类型前加修饰符，如 public。

（3）方法中包含语句序列，语句以分号结尾。

（4）应用程序中有主方法 main()，小程序中不必有 main()，小程序执行完初始化方法 init() 后执行输出方法 paint()。

（5）应用程序中用 System.out.println() 输出数据；小程序中用 g.drawString() 输出数据。

1.3 Java 开发与运行环境

在上节中我们看到了两个程序，虽然很短小，但结构却是完整的。本节中我们将利用这两个程序来初步了解程序是怎样编辑、编译、运行的，了解 Java 的开发运行环境，以及 Java 开发工具包的安装和环境变量的设置。

JDK 的安装
与配置

1.3.1 使用 JDK

JDK 是 Java 开发的基本工具集，也是各种开发和运行环境构建的核心。

1. 下载安装 Java 开发工具包

登录 Oracle 官网 http://www.oracle.com/，下载 jdk-8u111-windows-x64.exe 到本地硬盘，双击安装程序，在安装过程中需指定安装路径，在之后的环境变量设置时会用到该路径。

2. 配置环境变量

所谓环境变量（Environment Variables），一般是指在操作系统中用来指定程序运行环境的一些参数。JDK 涉及的环境变量主要有 3 个：JAVA_HOME、PATH、CLASSPATH。其中，JAVA_HOME 表示 JDK 的安装目录，它的作用是使其他软件如 TOMCAT、Eclipse 等引用 JAVA_HOME 可以查找到 JDK。PATH 表示路径，它的作用是指定命令搜索路径，在命令行执行命令（如 java 或者 javac，即搜索 java.exe 和 javac.exe）时 PATH 负责提供关于这些命令存储位置的搜索路径。变量 CLASSPATH 的作用是提供类搜索路径。

下面以 Windows7 为例说明 JDK1.8 环境变量的设置方法。

（1）在桌面上将鼠标移至"计算机"图标上并单击右键，选择"属性→高级系统设置→环境变量"；

（2）在系统变量列表的下面单击"新建"按钮，在如图 1-4 所示的对话框中输入变量名和变量值；

（3）在系统变量列表中找到"Path"并双击，在"编辑系统变量"对话框中"变量值"处将光标移到最后，并添加"；%JAVA_HOME%\bin;%JAVA_HOME%\jre\bin"；

图 1-4　设置环境变量 JAVA_HOME

在系统变量列表的下面单击"新建"按钮，在图 1-4 所示的对话框的"变量名"处输入"CLASSPATH"，在变量值处输入："；%JAVA_HOME%\lib;%JAVA_HOME%\lib\dt.jar,%JAVA_HOME%\lib\tools.jar。"\lib\dt.jar,%JAVA_HOME%\lib\tools.jar。"

在变量值序列中，"."表示当前路径，"；"分隔不同路径,%JAVA_HOME% 表示相对路径，也可以使用绝对路径进行相关配置。

3. JDK 组成

JDK 是 Java 开发工具包，它包含开发程序所需要的工具，如编译、运行、调试等。要使用这个工具，需要首先了解它的组成。JDK 各个版本的目录结构相同，但具体内容随版本而异。

（1）开发工具。在 JDK 的 bin 子目录中包含了典型的开发工具，如编译器 javac.exe、解释器 java.exe、小程序浏览器 appletviewer.exe、调试工具 jdb.exe、建立文档工具 javadoc.exe 等。

（2）运行环境。Java 运行环境即 JRE（Java Runtime Environment），在 JDK 的 jre 子目录中提供了执行 Java 程序运行的软件环境，其中包含了 Java 虚拟机、Java 基础类库和支持文件等。和 JDK 不同，JRE 不包含编译器、调试器等工具，但是它包含了程序运行必需的组件。

JRE 一般不需要单独下载安装，它随 JDK 的下载安装同时完成自身的安装。在 jre 子目录下的 bin 目录中存放着的就是程序运行必要的组件。JDK 和 JRE 各司其职，只不过安装时把它们放在了一起。

（3）源代码。在 JDK 根目录的 src.zip 文件中，包含着 Java 核心 API（Application Programming Interface，应用程序接口）和所有类的源代码，即 java.*、javax.* 和部分 org.* 包中的源文件。浏览一下源代码可以了解 Java 类库结构和类的具体内容，这是学习和掌握 Java 的一条便捷之路，因为从类文档和教科书中读者能够看到的只是关于类的属性和方法的概要描述，如果想详细了解某个方法的定义，可以研究其源代码。

（4）附加类库。在 lib 子目录中提供了开发所需的其他类库和支持文件。

（5）样本代码。在 examples 子目录中提供了某些 API 和 SPI(System Programming Interface)
的例子程序，例如 List.java。

4. 程序的编辑、编译和运行

程序的编辑编译
和运行

有了 JDK，我们以 Example1_01.java 和 Example1_02.java 为例，说明 Java 应用程序和小程序是如何编辑、编译和运行的。

（1）编辑：JDK 中没有提供编辑器，可以使用 Windows 提供的记事本程序编辑例 1.1 的程序。打开记事本程序并输入例 1.1 的程序，然后选择菜单"文件→另存为"，在"另存为"对话框中选择存放程序的文件夹、
文件名和文件类型，如图 1-5 所示。文件名必须与 public 类的名字相同（包括大小写），再加后缀".java"；文件类型必须选择"所有文件"，否则保存程序时会在文件名后加一个多余的后缀".txt"。

（2）编译：程序编辑完成后，打开一个命令窗口，在命令窗口中转换路径、编译并运行程序，如图 1-6 所示。

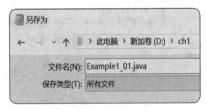

图 1-5　程序编辑和保存

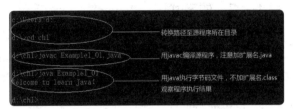

图 1-6　程序的编译和执行

（3）运行：编译如果没有遇到语法错误，则会生成字节码文件 Example1_01.class，编译器顺利完成编译后，悄然返回 DOS 提示符下，即图 1-6 中 D:\ch1>，这种低调的风格可能用户未必都喜欢。但是不管怎么说，第 2 步完成了！下一步就可用 Java 启动 JVM 执行程序，得到执行结果。如图 1-6 所示。万一出现了语法错误，初学者可能感到沮丧，其实大可不必，从错误中学习也许进步更快呢！语法错误牵涉具体的语法规则，这里不能细说，仅举一个丢标点符号的简单例子说明一下，参见图 1-7。

（此处，为了故意制造一个错误，请在记事本中再次打开程序文件 Example1_01.java，删掉语句末尾的"；"，重新保存文件，再编译，就出现了图 1-7 所示的语法错误，看来编译器检查到了这一错误，并且给出错误提示信息。它在尽职尽责地工作！）

```
D:\ch1>javac Example1_01.java
Example1_01.java:8: 错误: 需要';'
                System.out.println("Welcome to learn Java! ")

1 个错误
```

图 1-7　编译过程语法错误提示

小程序的操作，前 2 步与应用程序的一致。第 3 步，就是执行方法有所不同。

需要在记事本中建立一个 HTML 文件，并保存。然后，用 appletviewer 执行。在 HTML 文件中嵌入第 2 步编译生成的字节码文件 Example1_02.class。

HTML 文件命名为 mypage.html。

```html
<HTML  lang="zh-CN">
<HEAD>
<TITLE>My First Java Applet</title>
</HEAD>
<BODY>
Here's my first Java Applet:
<applet code=Example1_02.class width=300 height =40></applet>
</BODY>
</HTML>
```

打开一个命令窗口，在命令窗口中输入命令"appletviewe rmypage.html"，程序运行结果如图 1-8 所示。HTML 文件当然可以采用浏览器执行。

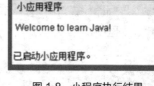

图 1-8　小程序执行结果

1.3.2　使用 IDE

使用记事本编辑程序有诸多不便，最大的不便是记事本没有自动语法检查和报错功能，以及项目管理功能。而集成开发环境可以使开发、调试、运行更方便。本节将介绍 Eclipse 的使用方法。

1. Eclipse 简介

Eclipse 是开源项目，读者可以到 www.eclipse.org 网页免费下载 Eclipse 的最新版本。下载时有两个选择：Eclipse IDE for Java EE Developers 和 Eclipse IDE for Java Developers，建议读者选择前者，因为它包含了后者的功能，且为后续课学习或当下拓展学习提供了方便。

Eclipse 本身是用 Java 语言编写的开发工具，但下载的压缩包中并不包含 Java 运行环境，需要用户自己另行安装 JRE，并且要在操作系统的环境变量中指明 JRE 中 bin 的路径。安装 Eclipse 时只需将下载的压缩包直接解压即可。

下载的压缩包解压之后，双击运行 eclipse.exe，会看到软件界面如图 1-9 所示。

2. Eclipse 基本操作

Eclipse 是一个集成开发环境，它包括创建项目、编写、编译、运行和调试等基本操作和一些辅助操作。

（1）建立 Java 项目。选择菜单"File →

Eclipse 简介

Eclipse 基本操作

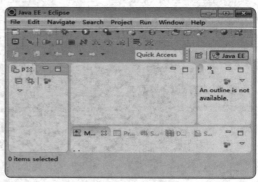

图 1-9　Eclipse 主界面

New → Java Project",命名项目,确认完成(finish)即可。

(2)创建包。选中项目中的 src 目录,单击鼠标右键" New → Package",命名后确认即可。

(3)创建类、添加属性和方法。在包名上单击鼠标右键,选择" New → Class",输入类名并按"finish"键即可创建类,同时进入该类的设计窗口,为类添加属性和方法,如图 1-10 所示。

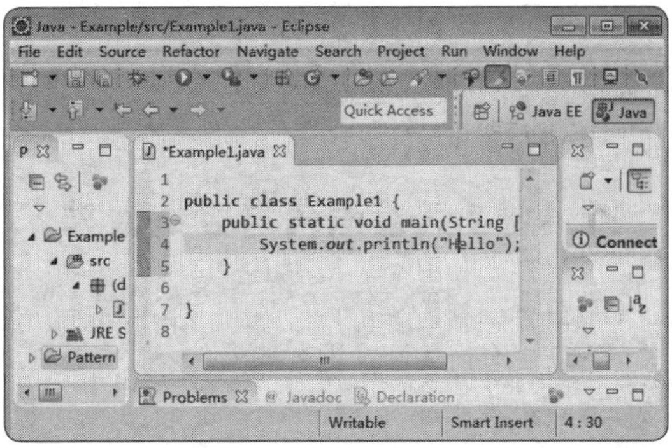

图 1-10 类设计窗口

3. Eclipse 调试程序的方法

程序中的错误包括语法错误、运行时错误和算法逻辑错误。编译时可以找出语法错误,运行时可以发现算法和逻辑错误。在程序编译通过后,如果不能获得预期的执行结果,说明程序中潜藏着错误,即所谓的 bug。调试程序就是找出 bug,术语 debug 就是这个意思。通过调试找出问题代码后进行修改,使其变成正确的程序。

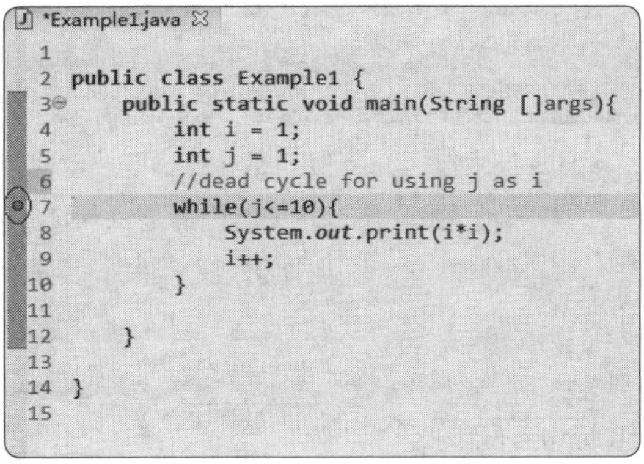

在 Eclipse 中调试的步骤如下。

(1)首先打开欲调试的项目。

(2)如图 1-11 所示,在程序中找到想要调试位置的代码行的前方双击设置断点,或者把鼠标移动到代码行,用快捷键 Ctrl+Shift+b 设置断点。(注意 line 7 前面的圆点,就是所设的断点)。

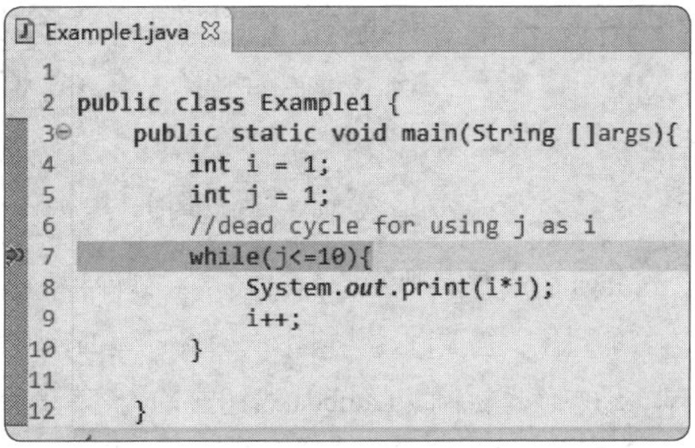

(3)在程序窗口单击鼠标右键,选择" Debug As → Java Application"。在弹出的对话框中单击 Yes,进入 debug 模式。在 debug 窗口的左下方是程序执行窗口,如图 1-12 所示。

图 1-11 在程序行设置断点

图 1-12 debug 调试程序

(4)单步执行。F5 键和 F6 键为单步调试命令,F5(step into)键可以使调试跟踪到被调方法中,F6(step over)键直接调用方法而不跟踪

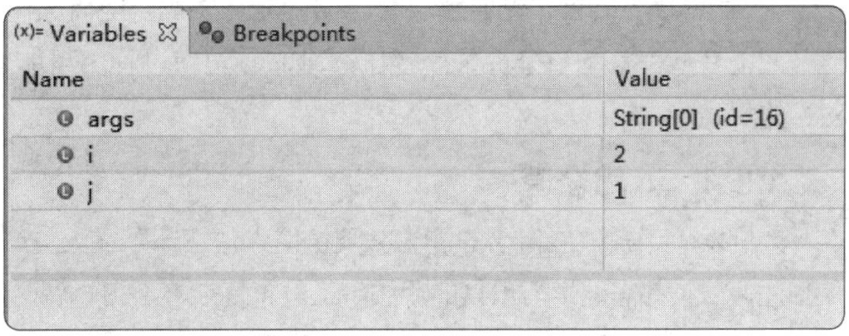

图 1-13 debug 过程中变量值窗口

方法的执行，F7 键是跳出方法返回到主调方法处。

（5）在单步执行过程中，可以看到代码中的变量与对应值，如图 1-13 所示，读者可以结合当前语句进行对比分析。

1.4 Java 语言与 Java 技术

学习 Java 目的是什么？这是个令初学者普遍感到困惑的问题。早一天解除困惑，早一天学习就更有目的性，更有效率。因此有必要从 Java 技术全局角度考察 Java 语言的作用，使读者最初学习 Java 语言开始就面向应用、面向开发、着眼长远。

学习 Java，必经的过程就是编写程序。但是，若要求开发企业应用系统，仅有 Java 是不够的。虽然 Java 语言是重要的基础，但还需进行知识结构扩充。那么，后续读者如何扩充知识，扩充什么样的内容？下面，我们将给出 Java 技术概况，读者可以在掌握 Java 语言的基础上，循序渐进地学习 Java 技术的其他内容，逐步培养系统设计开发能力。

Java 技术包括 Java SE、数据库访问技术、前端技术、服务器端技术等。

需要说明的是：图 1-14 中给出的是一个 Java 技术的学习内容概况，不是严格的课程划分。图示的内容和次序，可以作为建议读者学习的主要内容和先后次序。

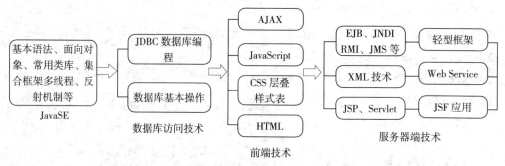

图 1-14　Java 技术组成

Java 语言是基础，是 Java 技术系列课程的先修课程。但是，我们可能在学习某些后续内容的时候，需要回过头来再次深入研读 Java，例如，Java 多线程知识、注解作用、反射机制、动态代理机制、Lambda 表达式的内容等；我们也可能在后续大量应用的时候，需要深入研究它们的用法。因此，我们对 Java 语言的认识是不断深化的。

1.5 怎么学习 Java

学习 Java 语言，先要解决入门的问题。要找到阻碍入门的难点，一个一个地克服，这样才能有效率。本节分析了读者在学习 Java 语言过程中可能遇到的困难，并提出了有针对性的解决方法。

1.5.1 入门之道

人们发明工具扩展自己的能力。飞机使人"飞翔"在天空、潜艇使人"遨游"在深海。使用任何工具都需要学习工具的用法。工具越复杂，学习越费时间。学习开飞机一定比学习骑自行车费时。计算机是人类一项伟大的发明，它是用来帮助人们进行脑力劳动的机器。因为它复杂，所以，需要较长的时间来学习。

人们常说：万事开头难。程序设计入门之难，难在何处？只有锁定难点，才能攻坚克难。

（1）难在基础知识不具备。对于学习 Java 所需要的基础知识我们为读者进行了全面的梳理，在本章的插页中对于 Java 的基础知识分别做了系统讲解。如果对计算机的基本组成和工作原理以及计算机解题过程不了解，如果没有掌握某些必备的基础知识，例如数制知识和数在内存中的存储形式，就不能很好地理解位的左右移算符的操作。如果不知道数的补码表示，就不能得出并理解如图 1-15 所示的代码的运行结果，就不知道 0-1 的结果是 −1，不知道 int 型最大正整数 2147483647（即 $2^{32}-1$）加 1，得到的是 int 型最小负整数 −2147483648（即 -2^{32}），详见图 1-15 所示的代码和运行结果。

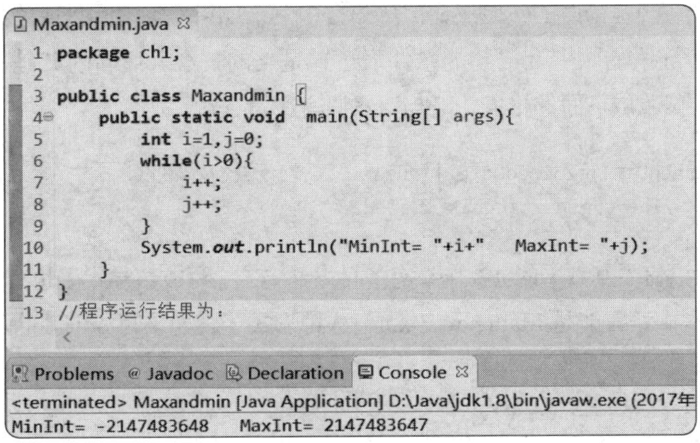

```java
 1  package ch1;
 2
 3  public class Maxandmin {
 4      public static void  main(String[] args){
 5          int i=1,j=0;
 6          while(i>0){
 7              i++;
 8              j++;
 9          }
10          System.out.println("MinInt= "+i+"   MaxInt= "+j);
11      }
12  }
13  //程序运行结果为：
```

```
Problems  @ Javadoc  Declaration  Console
<terminated> Maxandmin [Java Application] D:\Java\jdk1.8\bin\javaw.exe (2017
MinInt= -2147483648    MaxInt= 2147483647
```

图 1-15　int 的最大值和最小值

（2）难在目的不清晰。如果对程序设计语言以及编写程序的目的和意义不甚了解，学习写程序就没有目的，也建立不起来兴趣，不可能有持久的动力。

（3）难在语法知识不准确、不扎实。如果对程序设计语言的语法知识掌握不全面、不准确，那么写程序就会困难重重。语法知识是枯燥乏味的，在这一点上计算机语言和自然语言是一致的。如果识字不多、词汇量缺乏，不懂语法规则，写文章的难度可想而知。同样地，对程序设计语言的语法规则不熟悉，写不出程序，或者即使勉强写出程序，也是错误连篇的。

（4）难在数学基础薄弱，抽象思维能力不强，对数学的作用认识不清晰。例如要求编写用梯形法计算定积分的程序，如果不知道梯形法求定积分的数学原理，写程序就无从下手。

（5）难在知识的综合运用。算法和数据结构通常属于程序语言课程的后续课。但是，尼克劳斯·沃思（Niklaus.Wirth）的著名公式：程序 = 算法 + 数据结构指出了算法和数据结构对于程序设计的重要性。所以，读者需要超前学习一些常用算法和数据结构知识。

（6）难在问题分析不准确。编写的程序不能正确实现问题自身的计算和逻辑，执行结果会显得答非所问。

（7）难在思维方式不匹配。如果从人类解题方式到机器解题方式的转变（Transition）不做充分的训练，二者之间的思维方式差异将成为学习编程序最大的绊脚石。

我们常说用汉语思维、用英语思维，是指用语言建模我们的思维过程，表达思维结果。

计算机语言是形式语言，和自然语言在表达思维的形式上差异很大。

（1）自然语言词汇丰富、语法复杂、有引申义、有歧义、有冗余、有模糊表达。

（2）形式语言词汇和语法规则有限、无引申义、无歧义、无冗余、要精确表达。

例如说：

"如果我们不能按期完成，如果我们不能保证质量，那么我们的工程是失败的。"

在计算机程序中，直接翻译成下面的逻辑是错误的。

```
if(finishedDate>expiredDate)
if(qualityLevel<disignedLevel)
printf( "The engineering is failed." );
```

为什么这个逻辑是错误的？显然，自然语言中两个如果叠句之间是或的关系，但是，在计算机语言中，连续的两个 if 语句的条件表达式是与的关系。后面的 if 是前者的嵌套的 if 语句。因此需要修改成下面的格式才能与自然语言逻辑一致。

```
if(finishedDate>expiredDate ||qualityLevel<disignedLevel)
printf( "The engineering is failed." );
```

再如，自然语言中某数 x 的 n 次方，有多种表达方式，写成数学式子也有 $x^\wedge n$、x^n 等形式。但是在 Java 语言中，只能是 Math.pow（x,n）这种形式了。如果写成下面的形式，那就已经不是表达式了。

for(inti = 1; i <=n; i++) y = y*x;

初学者普遍有一种感觉是高级语言死板。但如果高级语言定义不严格，恐怕编译器就受不了了。

读者学习高级语言的语法语义规则，及程序结构知识，通过对具体问题求解过程的积累，可逐步达成从人类解题方式到机器解题方式的转变。

概括地说，读者只有打好坚实的基础，写程序才能快速入门。从手工计算到利用计算机，正如从步行到乘飞机，计算速度有了大幅度提高。人类只有为计算机编程序，才能"乘机"而行，享受高速计算带来的快乐。而编程序，需要具有的基础知识和能力类似于图 1-16 所示的梯级上升状，让我们拾级而上，踏上编程之旅吧！

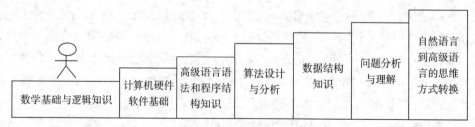

图 1-16　编程需要的基础知识

1.5.2　精通之路

俗话说：师父领进门，修行在个人。入门不能一蹴而就，精通更需要较长时间。读者在学习过程中应注重实践、多做编程练习，同时还需要注意，方向正确、方法得当。

所谓方向正确指的是：要进行 Java 知识的拓展。Java 的类数量多，从最初的几百个类到目前的几千个类，不可能在一本书中完全讲解。程序员由于不知道类库中有某个现成的类可用，自己辛辛苦苦地从头写一个，浪费了宝贵时间。在充分理解本书所讲解内容的基础上，读者应多研读一些 Java 经典著作，诸如《Head First 设计模式》、《Java Language Specification》(*Third Edition*)(*James Gosling* 著)、《Thinking in Java》(*Bruce Eckel* 著)、《Effective Java 中文版》、《Java 并发编程实战》、《重构 改善既有代码的设计》等书。

所谓方法得当，读者应注意实现几个转变：从语法到语用的转变、代码数量积累到代码质量提高的转变、学习 Java 语言到研究 Java 技术的转变、写程序 (program) 到做项目 (project) 的转变。

总体而言，读者要通过扩展阅读、研究技术、完成项目，逐渐走向精通 Java 的境界。

拓展知识

James Gosling，Java 之父

James Gosling 在 12 岁时已经能设计电子游戏机，帮助邻居修理收割机。他大学时期在天文系担任程序开发工读生，并于 1977 年获得了加拿大卡尔加里大学计算机科学学士学位。1981 年 James Gosling 开发了 Unix 上运行的 Emacs 类编辑器 GoslingEmacs（以 C 语言编写）。1983 年他获得了美国卡内基梅隆大学计算机科学博士学位。毕业后 James Gosling 来到 IBM 工作，设计出了 IBM 第一代工作站系统，但不受重视。后来他转至 Sun 公司工作。

1990 年，James Gosling 与 Patrick Naughton 和 Mike Sheridan 等人合作开发了"绿色计划"项目，该项目后来发展成了一套语言叫做"Oak"，后改名为 Java。1994 年底，James Gosling 在硅谷召开的"技术、教育和设计大会"上展示了 Java 程序。2000 年，Java 成为世界上最流行的计算机语言。

2009 年 4 月，Sun 公司被甲骨文公司并购。James Gosling 于 2010 年 4 月时宣布从甲骨文公司离职。2011 年 3 月 29 日，他宣布加入 Google。

2011 年 8 月 30 日，仅仅加入 Google 数月之后的 James Gosling 宣布离开，加盟了一家从事海洋机器人研究的创业公司 Liquid Robotics，并担任首席软件架构师。2017 年 5 月 22 日，James Gosling 加盟亚马逊云计算部门。

1.6 小结

本章介绍了 Java 语言的产生、发展历程和 Java 语言的主要特点，并通过两个简单的程序说明了 Java 程序的类型和结构特点。最后介绍了开发工具和开发环境的安装和配置方法。这是学习和运用 Java 的基础。俗话说：眼见为实，希望读者自己动手练习本章介绍的方法，为自己搭建好进一步学习所必需的软件环境。

1.7 习题

1. Java 编译器的输入和输出分别是什么文件?

2. Java 集成开发环境有哪些?

3. 简述你对 Java 语言的面向对象特性的理解。

4. Java 语言的平台无关性指的是什么?

5. 上机练习例 1.1。

6. 在例 1.1 中用 Main 替换 main，验证编译能不能通过?

7. 用 java Example1_1.class 运行程序，结果如何?

8. Java 和 HTML 的关系是什么?

9. Java 源文件和字节码文件的扩展名分别是什么?

10. 什么是注释? Java 有几种注释? 编译器忽略注释吗?

11. 通过上机验证找出下面代码中的错误。

```
public Class Welcome{
    public void main(string []args){
        system.out.println( "Welcome to learn Java!" );
    }
}
```

12. 将下列十进制数转换为十六进制和二进制数:

$$100; 4340; 1000$$

13. 将下列二进制数转换为十进制数:

$$10001110; 10010011001; 1000000000000000$$

14. Java 程序有哪些组成部分?

15. 整数和浮点数在计算机内存中是如何存储的? 什么是数的原码、反码和补码?

Chapter 2

第2章
Java语言基础语法

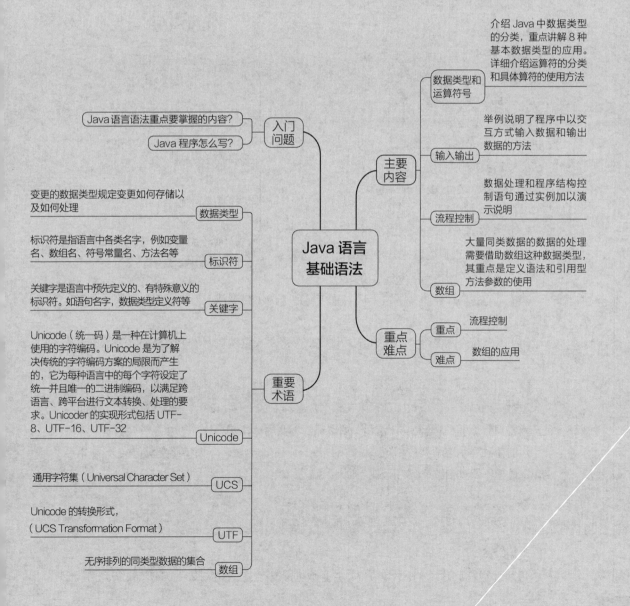

介绍 Java 中数据类型的分类，重点讲解 8 种基本数据类型的应用。详细介绍运算符的分类和具体算符的使用方法

举例说明了程序中以交互方式输入数据和输出数据的方法

数据处理和程序结构控制语句通过实例加以演示说明

大量同类数据的数据的处理需要借助数组这种数据类型，其重点是定义语法和引用型方法参数的使用

数据类型和运算符号

输入输出

流程控制

数组

主要内容

Java 语言语法重点要掌握的内容？

Java 程序怎么写？

入门问题

Java 语言基础语法

重点难点

重点 —— 流程控制

难点 —— 数组的应用

变更的数据类型规定变更如何存储以及如何处理

数据类型

标识符是指语言中各类名字，例如变量名、数组名、符号常量名、方法名等

标识符

关键字是语言中预先定义的、有特殊意义的标识符。如语句名字，数据类型定义符等

关键字

Unicode（统一码）是一种在计算机上使用的字符编码。Unicode 是为了解决传统的字符编码方案的局限而产生的，它为每种语言中的每个字符设定了统一并且唯一的二进制编码，以满足跨语言、跨平台进行文本转换、处理的要求。Unicoder 的实现形式包括 UTF-8、UTF-16、UTF-32

Unicode

重要术语

通用字符集（Universal Character Set）

UCS

Unicode 的转换形式，（UCS Transformation Format）

UTF

无序排列的同类型数据的集合

数组

2.1 数据类型和运算符号

2.1.1 Java 数据类型

整型数

Java 语言本身定义的数据类型称为基本数据类型。在基本数据类型的基础上，还可以定义其他数据类型，称为自定义类型，如后面讲到的类、接口和枚举等。在实际进行程序设计时，多数情况下，都要根据问题自定义数据类型。

基本数据类型是自定义数据类型的基础，所以读者在学习时应该先掌握好基本数据类型。

Java 中的基本数据类型有字节型（byte）、短整型（short）、基本整型（int）、长整型（long）、单精度型（float）、双精度型（double）、布尔型或逻辑型（boolean）和字符型（char）。

基本数据类型可以分为 4 个类型，即整型数、实型数（浮点数）、布尔型数和字符型数，可以用图 2-1 表示基本数据类型的组成。

1. 整型数

没有小数部分的数值型数就是整型数，如 123、−456 等，而 123.0、−456.78 则不是整型数。

（1）字节型。用一个字节（8 位二进制数）表示整型数，所以一个字节型数表示数的范围是 −128~127。使用字节型数，在有些情况下可以节省内存空间。

（2）短整型。用两个字节（16位二进制数）表示整型数，一个短整型数表示数的范围是 −32768~32767。

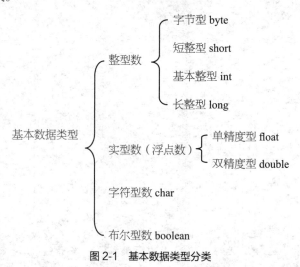

图 2-1 基本数据类型分类

（3）基本整型。用 4 个字节（32 位二进制数）表示整型数，一个基本整型数表示数的范围是 $-2^{31} \sim 2^{31}-1$。

（4）长整型。用 8 个字节（64 位二进制数）表示长整型数，一个长整型数表示数的范围是 $-2^{63} \sim 2^{63}-1$。

给定一个整型数，它的默认类型是基本整型，如 123、−456 都是基本整型数。如果想使一个整数表示的是长整型数，则可以在整型数后加 L 或 l，如 123L、−456l 是长整型数而不是基本整型数（小写 l 容易与 1 混淆，所以最好不要用小写 l）。

没有单独表示字节型数和短整型数的方法。在定义变量时（请参照变量定义），如果给变量赋的值不超过相应类型的范围，则该数就是相应的类型。如：

```
byte b=123;        // 字节型变量 b 的初值是 123
short s=12345;  // 短整型变量 s 的初值是 12345
```

整型数还可以用八进制、十六进制和二进制的形式表示。

用八进制表示时，使用数字 0~7，并且数据以 0 开头。如：0123、0447 都是八进制数，而 0789 则是非法数据。

用十六进制表示时，使用数字 0~9 和字母 A~F（或 a~f）表示，并且以 0x（或 0X）开头。如：0x123、0x45fa、0x97AE 等都是十六进制数。

用二进制表示时，只使用数字 0 和 1，并且以 0b（或 0B）开头。如：0b1101、0B010011 都是二进制数，而 0b123 则是非法数据。

在进行科学计算时，一般不使用八进制、十六进制或二进制的形式表示整型数，而是使用十进制数的形式表示整型数。在写计算机系统程序时，使用八进制、十六进制和二进制表示数据时较为方便。

2. 浮点数

浮点数、
布尔型数

带有小数点的数值数就是浮点数。如：123.、123.0、123.45 都是浮点数。

浮点数所表示的数据是有误差的。浮点数根据其所表示数的精度可以将浮点数分为单精度数和双精度数。

一个浮点数默认为是双精度度数，如 123.0 是一个双精度度数。如果想明确地说明一个数是双精度数，可以在数据的后面加 D 或 d，如：123.0d、−456.78D 都是双精度数。

如果在一个浮点数后面加 F 或 f，明确地表示该数是一个单精度数。如：123.0f、−456.78F 是单精度数而不是双精度数。

浮点数可以用指数形式表示。如：123.45e3、−1.25E−5F、12.456e1D 使用指数形式表示浮点数时，e 或 E 的前面必须有数字，其后面必须是一个整型数。如：12.3e、12.3e2.5、e-3 等不是合法的指数形式的浮点数。

3. 布尔型数

字符型数

布尔型数是逻辑值，用于表示"真"和"假"。

布尔型数的值用 true 和 false 表示。true 表示"真"，false 表示"假"。

4. 字符型数

用单引号引起的单个字符就是字符型数。如：'a'、'X'、'd'、'2'、'8'、' 中 '、' 国 ' 等都是字符型数。

在 Java 中，任何一个字符型数都是 Unicode 字符集中的字符。Unicode 是计算机科学领域中的字符编码标准，在这个字符集中为每种语言中的每个字符设定了统一并且唯一的二进制编码，以满足跨语言、跨平台进行文本转换、处理的要求。

由于用两个字节的编码表示字符，所以字符集中最多可以有 65536 个字符。字符 "（空字符，或 0，或 ' \u0000' ——十六进制表示的转义字符）在表中有最小值，而字符 ' \uffff ' 在表中有最大值（65535）。

在编写程序时，有些特殊字符无法在程序中输入，这时可以用转义字符来表示。转义字符是字符 '\' 和个别字符组合而形成的字符，组合之后的字符表示的是其他字符。转义字符及含义如表 2-1 所列。

表 2-1　转义字符及含义

转义字符	含义	转义字符	含义
\a	响铃 Bell	\'	单引号

转义字符	含义	转义字符	含义
\b	退格键 Backspace	\\	字符 '\'
\f	换页 form feed	\"	双引号
\n	换行 line feed	\u0000	空字符 ''
\r	回车 carriage return	\ddd	3 个八进制数表示的转义字符
\t	制表键 Tab	\udddd	4 个十六进制数表示的转义字符

如：

字符 'a' 用转义字符表示可以写成 '\141' 或 '\u0061'

字符 '2' 用转义字符表示可以写成 '\62' 或 '\u0032'（字符 '2' 的 Unicode 编码为 50）

表面上看，字符是非数值型数据，但是字符在内存中存储时存放的是字符的 Unicode 编码，而 Unicode 编码是一个整型数，所以有些情况下可以把字符型数当作整型数。例如，将数值 8 转换成字符 '8'，可以进行下面的运算：

```
(char)(8+'0')
```

"8+'0'" 运算时先获得字符 '0' 的 Unicode 编码（整型数），再和 8 相加，得到 '8' 的 Unicode 编码（整型数），再将这个编码强制转换成字符型数，最后得到字符 '8'。

5. 字符串型数

当需要表示一个人的姓名、专业、班级和通信地址等信息时，必须使用文字来表示。在 Java 程序中，用文字表示的信息也是数据（非数值型数据），这样的数据在程序中以字符串的形式表示。字符串是用双引号引起的若干字符序列，如 "Math""This is a Javaprogram.""China""123""Beijing"。字符串中可以包含转义字符。

字符串不是基本类型的数据，但是通常情况下都被当作是基本数据类型的数据使用。具体表示字符串时是用 String 类的对象来表示。

【例 2.1】转义字符及字符串的使用。

【代码】

```java
publicclass Example2_01
{
    publicstaticvoid main(String args[])
    {
// 注意下面两条语句的不同
        System.out.println("He said:\"I'm learning Java.\"");
        System.out.print("He said:\"I\'m learning Java.\"\n");

        int a=123,b=456;// 下面用 3 个退格转义字符将 789 删除
        System.out.println(a+"+"+b+"=789"+"\b\b\b"+(a+b));

        System.out.println();// 只输出一个换行
// 利用制表符控制间距
        System.out.println("\t 学号 \t 姓名 \t 年龄 \t 专业 \t 通讯地址 ");
```

```
System.out.println("\n\t0001\t 张三 \t18  \t 计算机 \t 学府路 1 号 ");
System.out.println("\t0002\t 李四 \t19  \t 计算机 \t 学府路 1 号 ");
    }
}
```

程序运行结果如图 2-2 所示。

图 2-2　例 2.1 的运行结果

6. 数据分隔符

如果数据比较大或数据的位数比较多，则该数的可读性差，这时可以用 "_" 对数据进行分隔以增加数据的可读性。如：

```
long creditCardNumber = 1234_5678_9012_3456L;
long socialSecurityNumber = 999_99_9999L;
float pi = 3.14_15F;
long hexBytes = 0xFF_EC_DE_5E;
long hexWords = 0xCAFE_BABE;
long maxLong = 0x7fff_ffff_ffff_ffffL;
byte nybbles = 0b0010_0101;
long bytes = 0b11010010_01101001_10010100_10010010;
int x3 = 5_____2;// 多个连续的分隔符
```

分隔符 "_" 只能用于数字之间，只要有需要就可以使用。但下列情况不可以使用分隔符：

（1）数据的开始和结束处不许使用分隔符

（2）浮点数的小数点旁不允许使用分隔符

（3）在数据的前缀或后缀（如 F 或 L）之前或之后不许使用分隔符

（4）字符串中使用 "_" 当作普通字符

如：

```
float pi1 = 3_.1415F;
float pi2 = 3._1415F;
long socialSecurityNumber1 = 999_99_9999_L;
int x2 = 52_;
int x4 = 0_x52;
int x5 = 0x_52;
int x7 = 0x52_;
```

等都是对 "_" 的不正确使用。

7. 基本数据类型数据的优先次序

一般地，字节数多的数有较高的精度，字节数少的数的精度较低。所以，基本数据类型中数值型数据按精度从低到高的次序为：

$$byte \rightarrow short \rightarrow char \rightarrow int \rightarrow long \rightarrow float \rightarrow double$$

当不同类型的数据进行混合运算时，低精度数先转换成高精度数再与高精度数进行运算，最后得到的数据的类型是高精度类型。

8. 数据在内存中的存放形式

这里只介绍整型数在内存中的存放形式。数据在内存中是以二进制的补码形式存放的。

0 和正数的补码与其本身的二进制数相同，负数的补码需要进行转换才能得到。转换过程如下。

（1）将负数取绝对值，并转换成二进制数。如一个字节型数 -12：

0	0	0	0	1	1	0	0

（2）将二进制数的各位取反：

1	1	1	1	0	0	1	1

（3）低位（最右侧的位）再加 1：

1	1	1	1	0	1	0	0

所以 -12 的补码是 1111_0100。

再将字节型数 -128 转换成补码：

1	0	0	0	0	0	0	0	取绝对值并转换成二进制数
0	1	1	1	1	1	1	1	按位取反
1	0	0	0	0	0	0	0	再加 1

所以 -128 的补码是 1000_0000。

如果一个数的高位（最左侧的位）是 1，则表示该数是负数，如 -12 和 -128，而 13 和 127 的高位都是 0。

在数据进行运算时，直接用数据的补码进行计算。例如 **-10+15** 的运算：

	1	1	1	1	0	1	1	0	（-10 补码）
+	0	0	0	0	1	1	1	1	（15 补码）
	0	0	0	0	0	1	0	1	=5

再执行 -10-（15）计算：

	1	1	1	1	0	1	1	0	（-10 补码）
-	0	0	0	0	1	1	1	1	（15 补码）
	1	1	1	0	0	1	1	1	（相减补码）
-								1	（转原码 -1）
	1	1	1	0	0	1	1	0	（取反）
	0	0	0	1	1	0	0	1	=25

25 加上负号后等于 -25。

2.1.2 标识符与关键字

1. 标识符

在程序中用于标识变量、类、对象和接口等元素的名字称为标识符。如：

```
int i;
class Student{//…}
```

i 是一个标识符，它表示一个整型变量；Student 也是一个标识符，它表示一个类的类名。

2. 关键字

关键字也是标识符，但是关键字是由 Java 语言定义的，程序员不可以再重新定义为用户的标识符。如上面的 int、class 都是关键字，不能把它们再重新定义。

一般地，标识符指的是用户自定义的名字，关键字是 Java 语言定义的名字。

3. 变量

变量是用户自定义的标识符，用于保存数据。

变量在使用前必须先定义。变量定义的形式：

数据类型 变量列表；

如：

标识符、
关键字、变量

```
int a,b;
int i,j;
double d;
float f;
```

上面的前两条语句可以用一条语句实现：

```
int a,b,i,j;
```

一般来说，性质类似或相同的变量可以用同一条语句定义。

变量在参与运算前必须有确定的值，可以通过赋值运算（"="）把确定的数据赋给变量。如上面定义的变量：

```
a=123;
d=-457.89;
```

则变量 a 和 d 可以参加相应的运算。如果不对变量赋值，则编译时会出现编译错误，如上面定义的变量：

```
f=2*b;
```

变量 b 还没有确定的值，所以编译不能通过。

变量在定义时可以给变量赋初值，称为变量初始化。变量初始化的语法形式：

数据类型　变量 1= 初始 1, 变量 2= 初值 2,……, 变量 *n*= 初值 *n*;

如：

```
int a=10,b=-35;
```

变量的类型决定了它所保留的值的类型。如：

```
d=123;
```

d 是一个双精度型的变量，123 是一个整型数。赋值后再访问变量 d 只能得到 123.0，得不到整型数 123。

赋值时不能将一个高精度的数据赋给一个低精度的变量。如果这样赋值，编译时同样不能通过。如：

```
a=123.45;
```

123.45 是一个双精度数，变量 a 是一个整型变量，赋值后会造成数据的丢失。为了保证程序的健壮性，Java 不允许这样赋值。

把一个低精度的数据赋给一个高精度的变量是可以的。

4. 数据类型转换

不同类型的数据是不能运算的。但是在实际的数据处理中，通常是不同类型的数据混合运算（尤其在科学计算中）。为了能够实现不同类型数据的运算，在运算前先将数据转换成同一类型后再进行运算。

数据类型转换的基本原则是将低精度的数据转换成高精度的数据（可以避免数据的丢失）。数据类型转换又可以分为自动类型转换和强制类型转换。

（1）自动类型转换

Java 编译器能根据参与运算的数据的数据类型自动地将一些数据转换为其他类型。如上面的赋值语句 "d=123;"，d 是一个双精度数，编译器会自动将整型数 123 转换成双精度数 123.0，然后赋给变量 d。再如下面的运算：

```
123+'a'+2*150.0
```

计算 "123+'a'" 时，自动将字符 'a' 转换成 int 型数 97，再与 123 相加得到 int 型数 220；计算 "2*150.0" 时，2 是 int 型数，150.0 是 double 型数，所以先将 2 转换成 double 型的数 2.0，再与 150.0 相乘得到 double 型数 300.0。最后的运算是 "220+300.0"，先将 220 转换成双精度数 220.0，再与 300.0 相加，最后得到一个双精度数。

（2）强制类型转换

上面的语句：

```
a=123.45;
```

编译不能通过。如果将该语句改成：

```
a=(int)123.45;
```

则编译能够通过并将 123 赋给变量 a。其中的运算"(int)123.45"是一个强制类型转换表达式，它是将双精度数 123.45 强制转换成整型数 123。

强制类型转换的语法形式：

（数据类型）（表达式）

或

（数据类型）表达式

其作用是将"表达式"的值转换成"数据类型"所说明的类型。

例如，表达式"1/3"，它的结果是 0（整型数除以整型数的结果仍然是整型数）。如果想得到结果 0.33，则可以写成下面的表达式：

(float)1/3

或

1/(float)3

在第 1 个表达式中，"(float)1"是将 1 强制转换成单精度数 1.0，然后再被整型数 3 除。1.0 和 3 是不同类型的数据，所以先将 1.0 和 3 都自动转换为双精度数后再进行运算。

注意，"(float)1/3"与"float(1/3)"不同。

2.1.3 运算符

运算符用于执行数据的运算。Java 中的运算符如表 2-2 所列。

表 2-2 运算符

运算符	含　义	举　例
+、−、*、/、%	二元算术运算符	2*3.14*radius
+、−、++、−−	一元算术运算符	i++、−−j
>、>=、<、<=、==、!=	关系运算符	x>y、a+b==c+d
&&、‖、!	逻辑运算符	x>y && a+b==c+d
&、|、~、^、<<、>>、>>>	位运算符	x&y、a>>2
=	赋值运算符	x=a+b
?:	条件运算符	x>y?x:y
+= −= *= /= %= &= ^= |= <<= >>= >>>=	扩展的赋值运算符	x+=a+b
instanceof	判断某一对象是否是某个类的实例	aStu instanceof Student

运算符有两个性质，分别是优先级和结合性。

当进行混合运算时，必须根据运算符的优先级进行运算。如"a+b*c"，乘法"*"的优先级比加法"+"的优先级高，所以先计算"b*c"，然后再与"a"做加法运算。

结合性指的是相同优先级的运算符进行运算时，是从左侧开始计算还是从右侧开始计算。如果从左侧开始计算称为左结合，否则称为右结合。

根据运算符的运算对象（操作数）的个数可以将运算符分为一元运算符、二元运算符和三元运算符。Java 中多数运算符都是二元运算符，少数是一元运算符，三元运算符只有一个 "?:"。

算术运算符

1. 算术运算符

算术运算符执行算术运算，Java 中共有 9 个算术运算符，其中包含 5 个二元运算符，4 个一元运算符。

（1）二元算术运算符

二元算术运算符分别是 +（加）、–（减）、*（乘）、/（除）和 %（取余），其中的 +、–、*、/ 的操作数可以是任何数值型数据。

做除法运算时，整型数和整型数相除，结果是整型数，如 1/3=0、5/2=2。

取余运算时，两个操作数必须是整型数，其结果是两个数相除后的余数，如 1%3=1，5%2=1，2%3=2。求余数可按 a%b=a-a/b*b 计算，如：

```
System.out.println(11%2);      // 结果为 1
System.out.println(11%-2);     // 结果为 1
System.out.println(-11%2);     // 结果为 -1
System.out.println(-11%-2);    // 结果为 -1
```

从结果看，结果的符号取决于第 1 个操作数，所以当两个整数做取余运算时，可以先计算两数绝对值的余数，再根据第 1 个操作数的符号确定结果的符号。

二元算术运算符中，*、/ 和 % 有相同的优先级，结合性是从左往右。+ 和 – 有相同的优先级，但是比前 3 个优先级低，结合性也是从左往右。

注意，在程序中写算术表达式时，不能将数学中的算术式直接写在程序中，而应按 Java 的语法写表达式。如：

$$\frac{-b+\sqrt{b^2-4ac}}{2a}$$

在 Java 中应写成：

```
(-b+Math.sqrt(b*b-4*a*c))/(2*a)
```

其中的 Math 是 Java 的数学类，sqrt 是 Math 类中的方法，用这个方法可以计算一个数的平方根。

（2）一元算术运算符

一元算术运算符分别是 +（取正）、–（取负）、++（变量值增加 1）和 ––（变量值减 1）。其中 + 和 – 的操作数可以是任何数值型数据。语法形式：

```
+( 表达式 )
```

或

```
–( 表达式 )
```

表示将 "表达式" 的值取正或取负。取正（+）运算较少用。

++ 和 –– 运算符可以使变量增加 1 或减少 1，它们的操作数一定是变量，不能是表达式。

多数情况下变量都是整型变量，浮点型变量较少用这样的运算。

根据运算符和操作数的位置不同可以分为前缀运算和后缀运算。运算符在操作数前称前缀运算，在后则称为后缀运算。语法形式如下（以 ++ 为例）：

> ++ 变量

或

> 变量 ++

前缀和后缀的运算结果都可以使变量增加或减少 1，但运算过程不同。

如果是前缀运算，先使变量增加 1，然后再用这个变量参与其他运算；如果是后缀运算，则先使用这个变量，使用变量后再使变量增加或减少 1。如下面的两组运算：

```
int i=10,j;          int i=10,j;
j=++i;               j=i++;
```

左侧的运算先使 i 增加 1 变成 11，再将 i 的值赋给 j，所以 j 的值是 11。右侧的运算先将 i 的值赋给 j，再将 i 增加 1 变成 11，而 j 值是 10。由此可见，前缀与后缀的运算过程是不同的。

如果单独使变量增 1 或减 1，如：

> i++;

则不用考虑前缀还是后缀。

2. 关系运算符

关系运算符用于比较两个量大小关系的运算，它通常用于表示运算条件。

关系运算符共有 6 个，分别是：> （大于）、>= （大于或等于）、< （小于）、<= （小于或等于）、== （等于）和 != （不等于），它们都是二元运算符。

关系运算符
逻辑运算符

由关系运算符连接操作数所形成的式子称为关系表达式。关系表达式的语法形式：

> 操作数 1 关系运算符 操作数 2

"操作数 1" 和 "操作数 2" 的数据类型都是数值型。

关系运算的结果是一个逻辑值：true 或 false。

关系运算符中 >、>=、< 和 <= 的优先级相同，== 和 != 的优先级相同，后两个的优先级小于前 4 个。

算术运算的优先级高于关系运算。例如：

a+b>c+d 等价于 (a+b)>(c+d)；

x+y==z 等价于 (x+y)==z；

b*b-4*a*c>=0 等价于 (b*b-4*a*c)>=0。

3. 逻辑运算符

逻辑运算可以看作是连接运算。

一个关系运算只能表示一个条件。如果一个问题有多个条件，这时可以用逻辑运算将多个条件连接在一起。如算术不等式：

> x>y 或 a<=b

写成等价的 Java 表达式就要用到逻辑运算：

> x>y || a<=b

逻辑运算符有 &&（逻辑与）、||（逻辑或）和!（逻辑非）。前两个是二元运算符，后一个是一元运算符。

由逻辑运算符连接操作数所形成的式子就是逻辑表达式。逻辑表达式的语法形式：

> 操作数1 逻辑运算符　操作数2
> ！操作数

操作数 1、操作数 2 和操作数的值的类型必须是逻辑型（布尔型）。逻辑运算的结果仍然是逻辑值。表 2-3 所列的是逻辑运算的结果（真值表）。

表 2-3　逻辑运算的结果

a	b	!a	!b	a&&b	a||b
true	true	false	false	true	true
true	false	false	true	false	true
false	true	true	false	false	true
false	false	true	true	false	false

其中 a 和 b 是关系或逻辑表达式。

除运算符 ()、[] 和 . 外，！（逻辑非）运算符的优先级比其他运算符的优先级都高，&& 和 || 的优先级低于关系运算符，而 && 的优先级比 || 高。如：

> a>b && c>d　等价于　(a>b)&&(c>d)
> !b==c||d<a　等价于　((!b)==c)||(d<a)
> a+b>c&&x+y<b　等价于　((a+b)>c)&&((x+y)<b)

位运算符

4. 位运算符

计算机内部表示数时是用二进制表示的。有时候想获得一个数中的某一位或某几位，就可以通过位运算来实现。

位运算符有 &（位与）、|（位或）、~（位反）、^（位异或）、<<（位左移）、>>（位右移，算术右移）和 >>>（无符号位右移），其中的"~"是一元运算符，其余的是二元运算符。

（1）位与运算

两个操作数的对应二进位进行与运算。如果对应位都是 1，则位与结果为 1，否则为 0。例如"25&−12"运算，可以用下面的式子完成计算（以一个字节为例）：

	0	0	0	1	1	0	0	1	（25）
&	1	1	1	1	0	1	0	0	（−12 补码）
	0	0	0	1	0	0	0	0	（16）

（2）位或运算

两个操作数的对应二进位进行或运算。如果对应位都是 0，则位或结果为 0，否则只要有一位为 1 则结果为 1。例如 "25|-12" 运算，可以用下面的式子完成计算（以一个字节为例）：

	0	0	0	1	1	0	0	1	（25）
|	1	1	1	1	0	1	0	0	（-12 补码）
	1	1	1	1	1	1	0	1	（-3）

（3）位反运算

一个操作数的各个二进位按位取反，原来是 1 的变成 0，原来是 0 的变成 1。例如 "~-12" 运算，可以用下面的式子完成计算（以一个字节为例）：

~	1	1	1	1	0	1	0	0	（-12 补码）
	0	0	0	0	1	0	1	1	（11）

（4）位异或运算

两个操作数的对应二进位进行异或运算，异或运算是取不同。如果对应位不同，则位异或结果为 1，否则结果为 0。例如 "25^-12" 运算，可以用下面的式子完成计算（以一个字节为例）：

	0	0	0	1	1	0	0	1	（25）
	1	1	1	1	0	1	0	0	（-12 补码）
	1	1	1	0	1	1	0	1	（-19）

（5）位左移运算

将一个操作数的各个二进位顺序往左移动若干位。移动后，空出的低位用 0 填充，移出的高位舍弃不要。位左移运算的表达式形式：

操作数 << 移动的位数

例如 "-12<<3" 运算是将 -12 的各位顺序往左移动 3 位，可以用下面的式子完成计算（以一个字节为例，斜体是原来的位）：

<<3	1	1	1	1	*0*	*1*	*0*	*0*	（-12 补码）
	1	*0*	*1*	*0*	0	0	0	0	（-96）

结果为 -96，相当于 $-12*2^3$。实际上，把一个数往左移动 n 位，相当于该数与 2^n 相乘。移位运算比乘法运算快。

（6）位右移运算 >>

将一个操作数的各个二进位顺序往右移动若干位。移动后，空出的高位用原来的高位值填充，也就是，如果原来的高位是 1，则空出的高位都用 1 填充；如果原来的高位是 0，则空出的高位都用 0 填充。移出的低位舍弃不要。位右移运算的表达式形式：

操作数 >> 移动的位数

例如 "-12>>3" 运算是将 -12 的各位顺序往右移动 3 位，可以用下面的式子完成计算（以一个字节为例，斜体是原来的位）：

>>3	*1*	*1*	*1*	*1*	*0*	*1*	*0*	*0*	（-12 补码）
	1	1	1	*1*	*1*	*1*	*1*	*0*	（-2）

结果为 -2（实际结果为 -1.5，但因为是整数，所以取比 -1.5 小的最大整数 -2），相当于 $-12/2^3$。实际上，把一个数往右移动 n 位，相当于该数被 2^n 除。移位运算比除法运算快。

位右移运算可以使结果的符号与原操作数的符号相同。

（7）无符号位右移运算 >>>

将一个操作数的各个二进位顺序往右移动若干位。移动后，空出的高位全部用 0 填充，移出的低位舍弃不要。无符号位右移运算的表达式形式：

操作数 >>> 移动的位数

例如 "-12>>>3" 运算是将 -12 的各位顺序往右移动 3 位，可以用下面的式子完成计算（以一个字节为例，斜体是原来的位）：

>>>3	*1*	*1*	*1*	*1*	*0*	*1*	*0*	*0*	（-12 补码）
	0	0	0	*1*	*1*	*1*	*1*	*0*	（30）

结果为 30。

对于负数，无符号位右移的结果与原数差别较大。

条件运算符

5. 条件运算符

条件运算符是 "?:"，可以根据条件进行计算。使用时的语法形式：

关系或逻辑表达式（条件）？表达式 1：表达式 2

计算时，先计算 "关系或逻辑表达式" 的值，如果该值为 "true"，则整个表达式的值就是 "表达式 1" 的值，否则就是 "表达式 2" 的值。例如，找出整型数 a 和 b 中的大值，可以用关系运算符计算：

max=a>b?a:b;

或

max=b<a?a:b;

条件运算符的优先级高于赋值运算符，但低于其他运算符。结合性是右结合。

再看一个条件表达式（c 是整型变量，表示天气温度）：

> c<15?" 有点冷 ":c<25?" 感觉舒适 ":c<30?" 有点热 ":" 太热了 "

它的等价表达式：

> c<15?" 有点冷 ":(c<25?" 感觉舒适 ":(c<30?" 有点热 ":" 太热了))"

6. 赋值运算符

赋值运算符执行赋值运算。可以将赋值运算符分为基本的赋值运算符和扩展的赋值运算符。

（1）基本的赋值运算符

基本的赋值运算符即 "="。

可以通过赋值运算将变量初始化，更多情况下，通过赋值将表达式的运算结果保存在变量中。

由赋值运算符连接操作数所形成的式子称为赋值表达式。它的语法形式：

> 变量 = 表达式

赋值运算符的左侧必须是变量，右侧是合法的表达式（常数、单一变量都是表达式的特例）。例如：

> x1=(-b+Math.sqrt(b*b-4*a*c))/(2*a);

将右侧表达式的值赋给变量 x1（或者说，将方程的根保存在变量 x1 中）。

"表达式"的值的数据类型不能高于变量的数据类型（如表达式的值的类型为 double，变量的类型为 int，则编译不能通过，反之则可以）。

赋值表达式的作用在于将 "表达式" 的值赋给变量，赋值后，变量原来的值被覆盖（丢失）。

赋值表达式本身也是表达式，其值就是赋值后的变量的值。如，已定义整型变量 a 和 b，可以用如下方式赋值：

> a=b=12;

赋值运算符的结合性为从右往左，所以 "12" 和 "b" 先结合，形成表达式 "b=12"，该表达式的值就是变量 b 的值，再将该值赋给变量 a，最后可以得到 a 和 b 的值都是 12。

（2）扩展的赋值运算符

扩展的赋值运算符是由基本的赋值运算符与算术运算符和位运算符组合而成的运算符。扩展的赋值运算符共 11 个，包括：+=、-=、*=、/=、%=、&=、|=、^=、<<=、>>= 和 >>>=。

扩展的赋值运算符使用的语法形式：

> 变量　扩展的赋值运算符　表达式

同样，赋值运算符的左侧必须是变量，右侧是表达式，赋值时类型要匹配。如：

```
x*=a+b
```

它的等价形式:

```
x=x*(a+b)
```

将一个扩展的赋值表达式转换成基本的赋值表达式,可以通过下面的步骤完成。

(1)将右侧表达式加括号:

```
x*=(a+b)
```

(2)再将左侧的"x*"移到赋值号右侧:

```
=x* (a+b)
```

(3)最后再在赋值号左侧加上变量 x:

```
x=x*(a+b)
```

使用扩展的赋值运算符可以提高编译速度。

赋值运算符的优先级在所有的运算符中最低,也就是,所有其他运算都执行完后才能执行赋值运算。其结合性是右结合。

7. 类型比较运算符

instanceof 是类型比较运算符,用于判断某一个对象是否是某一个类或其子类的实例,如果是,则表达式的值为"true",否则为"false"。它的语法形式:

```
对象 instanceof 类名
```

类型比较运算符的优先级较高,结合性是左结合。

关于 instanceof 的详细讲解参见第 4 章。

以上介绍了 Java 中的运算符。除了已介绍的运算符,"()""[]"(下标运算符)和"."(分量运算符)也是运算符,它们的优先级最高,结合性是左结合。"()"可以用于表达式中,改变运算次序,还可以用于函数的定义与调用。

表 2-2 是从运算符的用途角度进行了分类。下面再从运算符的优先级角度进行一下分类,见表 2-4。

表 2-4　运算符的优先级和结合性

优先级	运算符	结合性
1	( ) [ ] .	从左到右
2	! +(正) -(负) ~ ++ --	从右向左
3	* / %	从左向右
4	+(加) -(减)	从左向右
5	<< >> >>>	从左向右
6	< <= > >= instanceof	从左向右

优先级	运算符	结合性
7	== !=	从左向右
8	&(按位与)	从左向右
9	^	从左向右
10	|	从左向右
11	&&	从左向右
12	||	从左向右
13	?:	从右向左
14	= += -= *= /= %= &= |= ^= ~= <<= >>= >>>=	从右向左

从表 2-3 中可以看到，只有优先级为 2、13 和 14 的运算符的结合性是右结合，其余全是左结合。

在写表达式时：

（1）不要一次写成一个很复杂的表达式；

（2）可以先写几个简单的表达式，简单表达式的值再进行运算；

（3）如果掌握不好优先级和结合性，可以用"()"改变运算次序。

2.2 输入输出

程序运行时，可能需要给程序输入数据，这时需要用到输入语句；程序处理完数据，要将结果输出出来，这时就要用到输出语句。

Java 采用流式方式对数据进行输入输出。Java 定义了很多流类，可以通过流类的对象及其中的方法实现数据的输入输出（关于类、对象的概念读者可以先不必深入理解，只要按照下面介绍的方法使用就可以了）。

2.2.1 输入

从键盘（标准输入设备）输入数据，可以用 Scanner 类的对象及其中的方法（C/C++ 语言称为函数）实现输入。

Scanner 类的对象的定义形式：

```
Scanner reader=new Scanner(System.in);
```

reader 是 Scanner 类的一个对象。

Scanner 类中有较多的方法，常用的与基本数据类型有关的方法见表 2-5。

表 2-5 Scanner 类中的常用方法

类 型	方 法	作 用
boolean	hasNextBoolean()	判断是否还有可读的布尔型数
boolean	hasNextByte()	判断是否还有可读的字节型数
boolean	hasNextDouble()	判断是否还有可读的双精度型数
boolean	hasNextFloat()	判断是否还有可读的单精度型数

类　型	方　法	作　用
boolean	hasNextInt()	判断是否还有可读的整型数
boolean	hasNextLine()	判断是否还有可读的字符串型数
boolean	hasNextLong()	判断是否还有可读的长整型数
boolean	hasNextShort()	判断是否还有可读的短整型数
boolean	nextBoolean()	读入一个布尔型数
byte	nextByte()	读入一个字节型数
double	nextDouble()	读入一个双精度型数
float	nextFloat()	读入一个单精度型数
int	nextInt()	读入一个整型数
String	nextLine()	读入一个字符串型数
long	nextLong()	读入一个长整型数
short	nextShort()	读入一个短整型数

【例 2.2】基本数据类型数据的输入与输出。

【代码】

```java
import java.util.Scanner;// 必须写上这条语句
public class Example2_02
{
    public static void main(String args[])
    {
      boolean bool;
      byte b;
      short s;
      int i;
      long lg;
      float f;
      double d;
      String str;

      Scanner reader=new Scanner(System.in);

      bool=reader.nextBoolean();
      b=reader.nextByte();
      s=reader.nextShort();
      i=reader.nextInt();
      lg=reader.nextLong();
      f=reader.nextFloat();
      d=reader.nextDouble();
      str=reader.nextLine();

      System.out.println(" 输出: ");
      System.out.println("\tbool="+bool);
      System.out.println("\tb="+b);
```

```
        System.out.println("\ts="+s);
        System.out.println("\ti="+i);
        System.out.println("\tlg="+lg);
        System.out.println("\tf="+f);
        System.out.println("\td="+d);
        System.out.println("\tstr="+str);
    }
}
```

程序运行结果如图 2-3 所示。

```
true 123 1234 12345678 11223344556677 12.45 78.974 Beijing Road
输出:
        bool=true
        b=123
        s=1234
        i=12345678
        lg=11223344556677
        f=12.45
        d=78.974
        str= Beijing Road
```

图 2-3　例 2.2 的运行结果

例 2.2 程序运行时，所有数据可以在一行输入，也可以分多行输入。

【例 2.3】已知若干名学生某一课程的成绩，计算这些学生的总成绩和平均成绩。

由于学生人数未知（如多个班级），所以无法准确输入成绩数。这时可以利用方法 hasNextXXX() 判断是否还有成绩。如果有，则继续累加；否则计算平均成绩。

输入时，所有学生的成绩输入完成后，再输入任意一个字符或字符串（非数值型数），则程序不再等待输入。

【代码】

```
import java.util.Scanner;

public class Example2_03
{
public static void main(String args[])
{
    double score,total=0;
    int counter=0;
    Scanner input=new Scanner(System.in);

    System.out.println(" 输入若干学生成绩,以任一字符(串)结束: ");

    while(input.hasNextDouble())
    {
        score=input.nextDouble();

        total+=score;
        counter++;
    }
```

```
            System.out.printf(" 总成绩:%.1f,",total);
            System.out.printf(" 平均成绩:%.1f\n",total/counter);
      }
   }
```

程序运行结果如图 2-4 所示。

输入若干学生成绩，以任一字符（串）结束：
50 60 70 80 90 asd
总成绩：350.0,平均成绩：70.0

图 2-4　例 2.3 的运行结果

输出

2.2.2 输出

基本数据类型可以用 PrintStream 类中的方法完成输出。类中有 3 种常用的方法:

```
void print( 基本数据类型数据 );
void println([ 基本数据类型数据 ]);
void printf( 输出格式控制字符串, 输出项表列 );
```

1.　print() 方法

print() 方法有并且只有一个基本数据类型的数据，包括字符串类型，它输出数据后不换行。

如输出 "a=10"。"a=10" 相当于两个数据，"a=" 是一个数据，"10" 是一个数据。如果想调用一次 print() 函数将 "a=10" 输出，可以将两个数变成一个数:

"a=" +a

其中的 "+" 运算可将 a 的值转换成对应的字符串 "10" 并连接到 "a=" 后面形成一个字符串 "a=10"，这个字符串再当作 print() 的参数就可以输出想要的结果，如例 2.2。

2.　println() 方法

println() 方法可以有参数也可以没有参数。

如果没有参数，只输出一个换行。如果有参数，有并且只能有一个基本数据类型的参数，输出该参数后换行。它的参数用法与 print() 方法相同。

print() 方法与 println() 方法有两个区别，一个是是否换行，另一个是是否可以不带参数。println() 方法的使用参见例 2.2。

3.　printf() 方法

printf() 方法是有格式的数据输出方法，它一次可以按给定的格式输出较多的数据。使用起来较方便。它的使用形式:

```
printf(String format, Object… args)
```

"format" 是用于控制后面输出项的字符串，"args" 是个数可变的输出数据。

"format"的格式如下：

[普通字符]%[标志字符][输出宽度][. 小数位数] 格式控制字符 [普通字符]

其中的"%"和"格式控制字符"必须有，其余的可有可无。"普通字符"按原样输出。"格式控制字符"如表 2-6 所列。

表 2-6 格式控制字符

控制字符	作　用
b 或 B	输出布尔型值。"b"以小写形式输出，"B"以大写形式输出。以下同
h 或 H	将数据在内存中的形式以十六进制输出
s 或 S	输出字符串
c 或 C	输出字符
d	输出整型数
o	将数据在内存中的形式以八进制输出
x 或 X	将数据在内存中的形式以十六进制输出
e 或 E	数据以指数形式输出
f	数据以十进制浮点形式输出
g 或 G	根据数据的大小和精度，自动选择合适的格式输出
a 或 A	十六进制数以 p 计数法输出 *
n	输出一个换行符

* 如 0x1.9p6，1.9 是十六进制数，p6 是 26，0x1.9p6=(1+9/16)*26=100.0

"标志字符"如表 2-7 所列。

表 2-7 标志字符

标志字符	作　用
−	输出数据左对齐
#	以八或十六进制输出时，数据前会加上"0"或"0x"
+	强制输出符号（正或负）
' '（空格）	输出正数时前面有一个空格
0	输出数据达不到指定宽度则用 0 填充
,	千分位（整数部分）
(	如果输出的是负数，则给负数加括号但不显示负号

"输出宽度"是一个整型数，指的是一个数据输出时占的位数。如果数据的实际宽度比指定宽度大，则按数据的实际宽度输出。如果指定的宽度比实际宽度大，则用空格填充不足部分，或者指定了标志字符"0"，则用"0"填充。

"小数位数"指的是输出浮点数时小数的个数，不指定（默认）则输出 6 位。

"格式控制字符"必须与后面的输出项相对应。

Java 中有一个系统类 System，类中有一个域——PrintStream 类的对象，这个对象是一个标准输出对象。利用这个对象调用上面的 3 个方法就可以将数据输出到屏幕上。

【例 2.4】printf() 方法的使用。

【代码】

```java
public class Example2_04
{
    public static void main(String args[])
    {
        int a=123,b=456;

        System.out.printf("1:a>b=%b,a<b=%B%n",a>b,a<b);// 注意换行
        System.out.printf("2:%-8d,%8d",a,b);// 无换行
        System.out.print('\n');// 换行
        System.out.printf("3:%d,%o,%x\n", -1,-1,-1);
        System.out.printf("4:%(d,%#o,%#x\n",-1,-1,-1);
        System.out.printf("5:%2d,%8d,%08d\n", a,b,b);

        double d=1234.45678901;
        System.out.printf("6:%f,%.2f,%8.5f\n",d,d,d);
        System.out.printf("7:%E,%8.2e,%15.6E\n",d,d,d);
        System.out.printf("8:%a\n",99.0);

        String str="Beijing";
        System.out.printf("9:addr——%s\n",str);// 注意大小写
        System.out.printf("10:addr——%20S\n",str);

        long l=123456778899L;
        System.out.printf("11:%,+d\n",l);
    }
}
```

程序运行结果如图 2-5 所示。

```
1:a>b=false,a<b=TRUE
2:123      ,     456
3:-1,37777777777,ffffffff
4:(1),037777777777,0xffffffff
5:123,     456,00000456
6:1234.456789,1234.46,1234.45679
7:1.234457E+03,1.23e+03,    1.234457E+03
8:0x1.8cp6
9:addr——Beijing
10:addr——           BEIJING
11:+123,456,778,899
```

图 2-5 例 2.4 运行结果

2.3 流程控制

处理数据时，需要分若干步骤逐步地进行处理。

不同的数据处理过程不同。即使相同的数据，在不同的情况下，处理过程也可能不同。所以，要对数据的处理过程进行控制。

控制数据处理的过程可以通过流程控制语句来实现。

流程控制语句包括顺序控制语句、选择控制语句和循环控制语句。

2.3.1 顺序控制语句

顺序控制语句是按程序员所写程序中的语句顺序由前往后顺序执行。

顺序控制语句

【例 2.5】给定三角形的三边长（一定能组成三角形），计算三角形的周长和面积。计算三角形的面积可以用海伦公式。

【代码】

```java
import java.util.Scanner;

public class Example2_05
{
    public static void main(String args[])
    {
        Scanner reader=new Scanner(System.in);

        double a,b,c;
        double area,perim,s;

        System.out.print("输入三边的长度: ");

        a=reader.nextDouble();//读入三边长度
        b=reader.nextDouble();
        c=reader.nextDouble();

        perim=a+b+c;
        s=perim/2;
        area=Math.sqrt(s*(s-a)*(s-b)*(s-c));

        System.out.println("三角形的三边长是: "+a+","+b+","+c);
        System.out.printf("三角形的面积: %.2f,",area);
        System.out.printf("三角形的周长: %.2f\n",perim);
    }
}
```

程序运行结果如图 2-6 所示。

计算机在执行程序时，绝对不会从中间的某一条语句甚至最后一条语句开始执行，执行完成后再从第一条语句执行，而只能从第一条语句开始按照程序员所写的语句的顺序逐条语句执行。

图 2-6　例 2.5 程序运行结果

2.3.2　选择控制语句

利用选择控制语句，可以使程序有条件地执行某些语句，或不执行某些语句，而不必按照语句顺序执行程序。使用选择控制语句，可以提高程序的通用性。

Java 中选择控制语句包括 if 语句和 switch 语句。

1. if 选择语句

可以通过 if 语句给出条件，只有满足条件的语句才能被执行。

if 语句可以分为简单的 if 语句、if-else 语句和 if-else if-else 语句。if 语句中还可以有 if 语句，称为 if 语句的嵌套。

if 选择语句

（1）简单的 if 语句

简单的 if 语句可以带有一个条件和子句。根据子句是一条语句还是多条语句，if 语句分为两种语法形式如下：

形式 1:

```
if( 条件表达式 )
      一条语句（if 子句）
```

形式 2:

```
if( 条件表达式 )
{
      多条语句（if 子句）
}
```

"条件表达式"可以是一个逻辑常量（true 或 false），也可以是一个逻辑变量，多数情况下是一个关系或逻辑表达式。"if"之后是它的子句，子句可以是一条语句，也可以是多条语句。如果是一条语句，使用"形式 1"；如果是多条语句作为子句，则使用"形式 2"，加"{}"可以使子句成为一个复合语句。当然，"形式 1"的子句也可以加"{}"，但通常情况下都不加。作为 if 子句的多条语句又可称为复合语句。

if 语句的执行过程是，当执行 if 语句时，先计算"条件表达式"的值。如果值为"true"，则执行下面的子句，接着再继续往下执行下面的语句；如果值为"false"，则越过（不执行）子句执行子句下面的语句。if 语句的执行过程可用图 2-7 表示。

【例 2.6】给定两个正整数，找出这两个正整数中的大数。

要找两个数中的大数，就需要判断哪一个数大，可以使用 if 语句判断。

【代码】

图 2-7　if 语句的执行过程

```java
import java.util.Scanner;
public class Example2_06
{
      public static void main(String args[])
      {
          int a,b,max;
          Scanner reader=new Scanner(System.in);

          System.out.print(" 输入两个整型数: ");
          a=reader.nextInt();
          b=reader.nextInt();

          max=a;// 先假设最大数是 a

          if(a<b)// 再判断，条件还可写成"max<b"
                max=b;

          System.out.println(" 大数是: "+max);
      }
}
```

程序运行结果如图 2-8 所示。

也可以将子句和语句写在一行：

```
输入两个整型数：-25 10
大数是：10
```

图 2-8　例 2.6 运行结果

```java
if(a<b) max=b;
```

但是一般都分行写以提高程序的清晰性和可读性。

【例 2.7】重写例 2.5,当给定的三边长能构成三角形时才计算三角形的面积。

例 2.5 的程序不算是一个完整的程序。现在的程序要先判断三边能构成三角形才计算三角形的面积。现在利用 if 语句进行判断,可以写出完整的程序。

【代码】

```java
import java.util.Scanner;

public class Example2_07
{
    public static void main(String args[])
    {
        Scanner reader=new Scanner(System.in);

        double a,b,c;
        double area,perim,s;

        System.out.print("输入三边的长度: ");

        a=reader.nextDouble();// 读入三边长度
        b=reader.nextDouble();
        c=reader.nextDouble();

        if(a+b>c && a+c>b && b+c>a)// 任意两边之和大于第三边
        {
            perim=a+b+c;
            s=perim/2;
            area=Math.sqrt(s*(s-a)*(s-b)*(s-c));

            System.out.println("三角形的三边长是: "+a+","+b+","+c);
            System.out.printf("三角形的面积: %.2f,",area);
            System.out.printf("三角形的周长: %.2f\n",perim);

            return;// 执行此语句,程序结束,下面的语句不再执行
        }

        System.out.println("所给的三边不能构成三角形! ");
    }
}
```

程序运行结果如图 2-9 所示。

上例中的计算过程也可以写成下面的形式:

```
输入三边的长度: 15 30 10
所给的三边不能构成三角形!
```

图 2-9 例 2.7 运行结果

```java
if(a+b<=c || a+c<=b || b+c<=a)// 任意两边之和不大于第三边
{
    System.out.println("所给的三边不能构成三角形! ");

    return;// 执行此语句,程序结束,下面的语句不再执行
}
```

```
// 开始计算
perim=a+b+c;
s=perim/2;
area=Math.sqrt(s*(s-a)*(s-b)*(s-c));

System.out.println(" 三角形的三边长是: "+a+","+b+","+c);
System.out.printf(" 三角形的面积: %.2f,",area);
System.out.printf(" 三角形的周长: %.2f\n",perim);
```

（2）if-else 语句

if-else 语句可以实现两个分支。它的语法形式：

```
if( 条件表达式 )
        语句 1
else
        语句 2
```

if-else 语句

"条件表达式"与简单的 if 语句相同。"语句 1"和"语句 2"可以是一条语句，也可以是多条语句。如果是多条语句，需要用"{}"括起来形成一个复合语句，如简单的 if 语句中的形式 2。

if-else 语句的执行过程是，当执行 if-else 语句时，先计算"条件表达式"的值。如果该值为"true"，则执行"语句 1"，否则执行"语句 2"。图 2-10 表示的是 if-else 语句的执行过程。

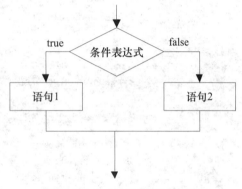

图 2-10　if-else 语句的执行过程

【例 2.8】用 if-else 语句重写例 2.7。

【代码】

```
import java.util.Scanner;

public class Example2_08
{
    public static void main(String args[])
    {
        Scanner reader=new Scanner(System.in);

        double a,b,c;
        double area,perim,s;

        System.out.print(" 输入三边的长度: ");

        a=reader.nextDouble();// 读入三边长度
        b=reader.nextDouble();
        c=reader.nextDouble();

        if(a+b>c && a+c>b && b+c>a)// 任意两边之和大于第三边
        {
                perim=a+b+c;
```

```
            s=perim/2;
            area=Math.sqrt(s*(s-a)*(s-b)*(s-c));

            System.out.println(" 三角形的三边长是: "+a+","+b+","+c);
            System.out.printf(" 三角形的面积: %.2f,",area);
            System.out.printf(" 三角形的周长: %.2f\n",perim);

            //return; 这条语句不需要了！

        }
        else
            System.out.println(" 所给的三边不能构成三角形！ ");
    }
}
```

例 2.6 中的语句：

```
    max=a;// 先假设最大数是 a

    if(a<b)// 再判断，条件还可写成 "max<b"
        max=b;
```

可以写成：

```
    if(a>b)// 再判断，条件还可写成 "max<b"
            max=a;
    else
            max=b;
```

还可以用条件运算符计算：

```
    max=a>b? a:b;
```

（3）if 语句的嵌套

如果 if 或 else 的子句还包含 if 语句，则将所包含的 if 语句称为 if 语句的嵌套。

用嵌套的 if 语句可以实现更复杂的判断，或者将复杂的判断分成几个简单的判断。

if 语句的嵌套

if 语句的嵌套没有固定形式，根据问题的需要进行判断。可以写出如下几种形式：

```
形式 1:                              形式 2:
if( 条件 1)                          if( 条件 1)
    if( 条件 2)                          if( 条件 11)
        语句                                 语句 1
                                        else
                                             if( 条件 2)
                                                 语句 2

形式 3:                              形式 4:
if( 条件 1)                          if( 条件 1)
    if( 条件 11)                        {
```

语句 1	if(条件 11)
else	语句 1
语句 2	}
	else
	if(条件 2)
	语句 2

对于形式 1，第 1 个 if 语句嵌套了第 2 个 if 语句，当"条件 1"和"条件 2"都为"true"时，会执行"语句"。形式 1 可以用一个 if 语句实现：

```
if( 条件 1 && 条件 2)
     语句
```

对于形式 2，当条件 1 为真并且条件 11 也为真时执行语句 1。如果条件 1 为真，但条件 11 为假，则计算条件 2，如果条件 2 为真，则执行语句 2；条件 1 为真但条件 2 为假，则不执行语句 2。如果条件 1 为假，语句 1 和语句 2 都不能被执行，而直接执行语句 2 下面的语句。

对于形式 3，当条件 1 为真并且条件 11 也为真时执行语句 1。如果条件 1 为真而条件 11 为假，则执行语句 2。如果条件 1 为假，语句 1 和语句 2 都不能被执行，直接执行语句 2 下面的语句。

对于形式 4，当条件 1 为真并且条件 11 也为真时执行语句 1。如果条件 1 为假而条件 2 为真，则执行语句 2。

形式 1 和形式 3 有相似之处，形式 2 和形式 4 有相似之处，请读者分析一下它们的区别。

if 语句嵌套时要注意 if 和 else 的对应关系，else 总是和它上面离其最近的 if 对应的。但可以通过加"{}"改变对应关系，如形式 4 就是在形式 2 的基础上加了"{}"而改变了对应关系。

【例 2.9】根据学生的百分成绩给出成绩等级。90 分以上为优秀，80 分以上为良好，70 分以上为中等，60 分以上为及格，低于 60 分为不及格。

本例可以用嵌套的 if 语句实现。

【代码】

```java
import java.util.Scanner;

public class Example2_09
{
    public static void main(String args[])
    {
        int score;
        String grade;
        Scanner reader=new Scanner(System.in);

        System.out.print(" 输入成绩: ");
        score=reader.nextInt();

        if(score>=90)
            grade=" 优秀 ";
```

```
                else
                    if(score>=80)
                        grade=" 良好 ";
                    else
                        if(score>=70)
                            grade=" 中等 ";
                        else
                            if(score>=60)
                                grade=" 及格 ";
                            else
                                grade=" 不及格 ";

            System.out.println(" 成绩等级为: "+grade);
        }
    }
```

使用嵌套的 if 语句时，嵌套的层数不宜过多。如果嵌套的层数过多，会降低程序的可读性。一般嵌套层数不应超过 3 层。

（4）if-else if-else 语句

if-else if-else 可以实现更多情况的判断。它的语句形式：

if-else if-else 语句

```
if( 条件表达式 1)
    语句 1
else if( 条件表达式 2)
    语句 2
…
else if( 条件表达式 n)
    语句 n
else
    语句 n+1
```

"条件表达式……"必须是关系或逻辑表达式，"语句"的写法同 if-else，最后的"else"可以没有。

if-else if-else 语句的执行过程是，先计算"条件表达式 1"的值，如果该值为"true"，则执行"语句 1"，否则计算"条件表达式 2"的值；如果"条件表达式 2"的值为"true"，则执行"语句 2"；……；如果前 n 个表达式的值都为"false"，则执行"语句 n"。它的执行过程如图 2-11 所示。

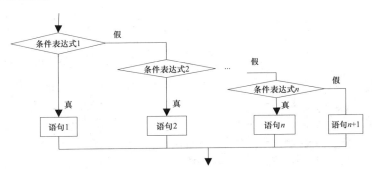

图 2-11　if-else if-else 语句的执行过程

【例 2.10】用 if-else if-else 语句改写例 2.9。

【代码】

```java
import java.util.Scanner;

public class Example2_10
{
    public static void main(String args[])
    {
        int score;
        String grade;
        Scanner reader=new Scanner(System.in);

        System.out.print(" 输入成绩: ");
        score=reader.nextInt();

        if(score>=90)
                grade=" 优秀 ";
        else if(score>=80)
                grade=" 良好 ";
        else if(score>=70)
                grade=" 中等 ";
        else if(score>=60)
                grade=" 及格 ";
        else
                grade=" 不及格 ";

        System.out.println(" 成绩等级为: "+grade);
    }
}
```

同样的问题,用 if-else if-else 语句进行判断处理,程序的清晰性更好。实际上,if-else if-else 语句就是嵌套的 if 语句,只不过在书写形式上做了改变。

【例 2.11】闰年问题——根据给定的年份判断该年是否是闰年。

一个年份是否是闰年,只要满足下面条件中的一个条件即可。如果年份能被 4 整除,但不能被 100 整除;或者,能被 400 整除。

可以用几种方法写出这个程序。

【代码】

```java
public class Example2_11
{
    public static void main(String args[])
    {
        boolean leap;
        int year=2005;

        // 方法 1: if-else 语句,最好的方法
        if ((year%4==0 && year%100!=0) || (year%400==0))
                System.out.println(year+" 年是闰年 ");
```

```
else
        System.out.println(year+" 年不是闰年 ");

// 方法 2, if-else if-else 语句
year=2008;
if (year%4!=0)
        leap=false;
else if (year%100!=0)
        leap=true;// 满足第 1 个条件
else if(year%400!=0)
        leap=false;// 两个条件都不满足
else
        leap=true;// 满足第 2 个条件

if (leap==true)
        System.out.println(year+" 年是闰年 ");
else
        System.out.println(year+" 年不是闰年 ");

// 方法 3, 嵌套的 if 语句
year=2040;
if (year%4==0)
        if (year%100!=0)
                leap=true;
        else
                if (year%400==0)
                        leap=true;
                else
                        leap=false;
        else
                leap=false;
        if (leap==true)
                System.out.println(year+" 年是闰年 ");
        else
                System.out.println(year+" 年不是闰年 ");
    }
}
```

在本例中，方法 1 将判断闰年的条件直接表达出来，简单明了，有良好的清晰性。而方法 2 的判断过于复杂，方法 3 的判断复杂并且嵌套过多。

读者在编写程序时应以程序简洁、清晰为原则。

程序运行结果如图 2-12 所示。

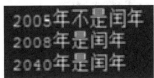

图 2-12 例 2.11 运行结果

2. switch 选择语句

switch 语句也用于选择判断。

当判断条件较多时，用 if 或嵌套的 if 语句会降低程序的可读性，这时可用 switch 语句实现多重选择判断。

switch 语句的语法形式：

switch 选择语句

```
switch( 表达式 )
{
    case 常量 1:
        语句组 1;
    case 常量 2:
        语句组 2;
        ......
    case 常量 n:
        语句组 n;
    default:
        语句组 n+1;
}
```

其中，"表达式"的值和"常量"的数据类型必须是 byte、short、char、int、枚举或 String，"常量"值必须互不相同。若干个常量没有顺序要求，但一般按常量的升序或降序书写。"default"也可以写在最前面，或中间某个位置，"default"也可以没有。

switch 语句的执行过程是，先计算"表达式"的值，表达式的值与哪一个"常量"相同（匹配）则转到哪个"语句组"并执行该"语句组"，执行之后，再接着执行下面的语句组，直到之后的所有语句组执行完毕，整个 switch 语句结束。

例如，"表达式"的值和"常量 1"相等，则程序转向"语句组 1"并执行，执行完毕后，再接着执行"语句组 2""语句组 3"、……、"语句组 n+1"；如果"表达式"的值和"常量 2"相等，则程序从"语句组 2"开始执行下面的所有语句；如果"表达式"的值和所有的"常量"都不相等，则执行"语句组 n+1"，如果没有"default"，则 switch 不执行任何语句，程序结束。

switch 语句的执行过程如图 2-13 所示。

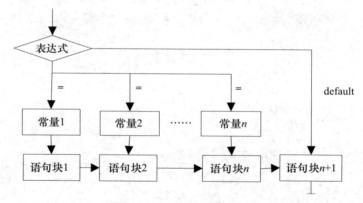

图 2-13　switch 语句的执行过程

【例 2.12】用 switch 语句重写例 2.9。

在例 2.9 中，用 if 对成绩进行判断：

```
if(score>=90)
    ......
```

score 是一个整型数，满足条件"score>=90"的 score 有 11 个；如果 score 是一个浮点数，则 score 有无数多个——用 switch 语句时无法全部列举出 score 的值。所以，需要对 score 进行等值转换，转换成有限的几个值，甚至一个值，这时就可以用 switch 语句进行处理了。

表达式：

```
score/10
```

可以将成绩转换成有限个整型数。如成绩在 90~100 之间，可以得到整型数 9 或 10；成绩在 80~89 之间，可以得到 8，……，成绩在 0~59 之间可以得到整型数 0、1、2、3、4 或 5。

通过上面的处理，可以得到较少的整型数，从而可以用 switch 语句进行判断。

【代码】

```java
import java.util.Scanner;

public class Example2_12
{
    public static void main(String args[])
    {
        int score,grade;
        Scanner reader=new Scanner(System.in);

        System.out.print(" 输入成绩: ");
        score=reader.nextInt();

        grade=score/10;

        switch(grade)
        {
        default: //default 在最前面
            System.out.println(" 成绩输入错误 !");
        case 10:
            System.out.println(" 优秀 ");
        case 9:
            System.out.println(" 优秀 ");
        case 8:
            System.out.println(" 良好 ");
        case 7:
            System.out.println(" 中等 ");
        case 6:
            System.out.println(" 及格 ");
        case 5:
            System.out.println(" 不及格 ");
        case 4:
            System.out.println(" 不及格 ");
        case 3:
            System.out.println(" 不及格 ");
        case 2:
            System.out.println(" 不及格 ");
        case 1:
            System.out.println(" 不及格 ");
        case 0:
            System.out.println(" 不及格 ");
        }
    }
}
```

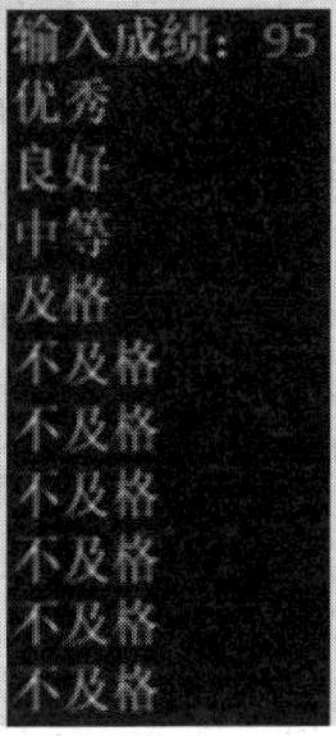

程序运行结果如图 2-14 所示。

图 2-14 例 2.12 运行结果

这个程序有两个问题。一个是虽然程序运行正确，但结果不正确，另一个是程序中有较多的重复语句。

在 switch 语句的执行过程中，某一种情况（case）下，可能有多组语句被执行，如本例。如果想使某一情况下只执行某一语句组，可以在每一语句组后加上"break"语句。"break"语句可以提前结束 switch 的执行，后面的语句组都不被执行了。

break 语句

每一个语句组后面加上"break"后的 switch 语句的语法形式：

```
switch( 表达式 )
{
    case 常量1:
        语句组1;break;
    case 常量2:
        语句组2;break;
        ……
    case 常量n:
        语句组n;break;
    default:
        语句组n+1;
}
```

在运行时，如果"表达式"的值和"常量1"相等，则程序开始执行"语句组1"，执行完成后再执行"break"语句，此时程序会转向"}"下面的语句继续运行，而其他语句组就不被执行了。

加上"break"语句后，switch 语句的执行过程如图 2-15 所示。

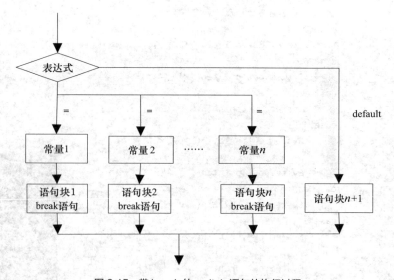

图 2-15　带 break 的 switch 语句的执行过程

另外一个解决问题的方法是，让多个"case"共用一组语句（相当于有的 case 语句组是一个空的语句组）。

【例 2.13】重写例 2.12，使程序能有正确的运行结果。

【代码】

```java
import java.util.Scanner;

public class Example2_13
{
    public static void main(String args[])
    {
        int score,grade;
        Scanner reader=new Scanner(System.in);

        System.out.print("输入成绩: ");
        score=reader.nextInt();

        grade=score/10;

        switch(grade)
        {
        case 10:
        case 9:
            System.out.println("优秀");break;
        case 8:
            System.out.println("良好");break;
        case 7:
            System.out.println("中等");break;
        case 6:
            System.out.println("及格");break;
        case 5:
        case 4:
        case 3:
        case 2:
        case 1:
        case 0:
            System.out.println("不及格");break;
        default://default 放在最后
            System.out.println("成绩输入错误!");
        }
    }
}
```

程序运行结果如图 2-16 所示。

再从程序结构看，这个程序就简洁多了！

图 2-16 例 2.13 运行结果

2.3.3 循环控制语句

有些问题，需要采用同一方法进行重复处理。如果用程序来解决这样的问题，就要用到循环结构。

循环结构根据一定的条件可以对问题或问题的部分进行反复处理，直到条件不满足结束循环。含有循环结构的程序可以更有效地利用计算机。

Java 语言中有 3 种循环控制语句，分别是 while 循环、do-while 循环和 for 循环。

while 循环

1. while 循环

while 循环是先判断条件是否为真，如果为真，则执行循环体。

while 循环的语句形式：

形式 1:	形式 2:
while(循环条件)	while(循环条件)
一条语句（循环体）	{
	多条语句（循环体）
	}

"循环条件"可以是一个逻辑常量（true 或 false）、一个逻辑变量，更多的时候是一个关系或逻辑表达式，用于表示循环是否能进行的条件。"while"之后是循环执行的循环体，循环体可以是一条语句，也可以是多条语句。如果是一条语句作为循环体，使用"形式 1"；如果是多条语句作为循环体，则使用"形式 2"，加"{}"使得循环体成为一个复合语句。当然，"形式 1"的循环体也可以加"{}"，但通常情况下都不加。

while 语句的执行过程是，先计算"循环条件"。如果"循环条件"的值为"true"，则执行"循环体"；循环体执行结束后，程序会返回到 while 处再计算"循环条件"，如果其值仍然为"true"，则再执行"循环体"，……，重复这个过程，直到"循环条件"的值为"false"，"循环体"不再被执行，程序接着执行 while 语句的下一条语句。

while 语句的执行过程如图 2-17 所示。

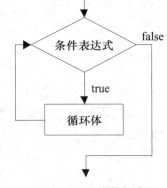

图 2-17　while 的执行过程

while 语句与 if 语句有相似之处，但 if 语句执行一次之后不能再返回计算"条件表达式"的值，而 while 语句可以。

编写循环程序时，关键要找出循环条件和重复执行的语句（循环体）。

【例 2.14】计算 1+2+3+…+100 值。

此例可以用归纳法进行计算。前 50 项中的某一个数与后 50 项中的位置对称的数，其和为 101，而这样的数共有 50 个，从而可算出和是多少。

现在不用归纳法，而是一个数一个数累加地计算，即表示出求和的过程。设 sum 表示和值，i 表示其中的某一个数。开始时 sum=0、i=1，可以写出下面的计算过程：

第 1 次	第 2 次	第 3 次	…	第 100 次
sum=sum+i;	sum=sum+i;	sum=sum+i;	sum=sum+i;	sum=sum+i;
i++;	i++;	i++;	i++;	i++;

从上述计算过程可以看到，每一次的计算过程都一样，所以可以把"sum=sum+i;i++"作为一个循环体。

"循环条件"是不能超过 100 次。因为被累加的数 i 和循环次数相同，所以可以用 i 控制循环次数。当 i ≤ 100 时，让循环重复执行。

【代码】

```java
public class Example2_14
{
    public static void main(String args[])
    {
        int sum,i;

        sum=0;// 变量初始化
        i=1;

        while(i<=100)
        {
                sum=sum+i;
                i++;
        }

        System.out.println("sum="+sum);
    }
}
```

上面程序中的循环语句可以写成：

```java
while(i<=100)// 循环体只有一条语句，可以去掉括号
    sum=sum+i++;
```

或

```java
while(i<=100) sum=sum+i++;// 写在一行
```

或

```java
while(i<=100){sum=sum+i;i++;}// 写在一行
```

编写程序时，通常都不写成后两种形式。

下面利用循环语句，再写一个通用的累加程序。

【例 2.15】给定一个数列，已知数列的第 1 个数、数的增量（正数）和最大的数，计算这个数列各元素之和。

设数列的第 1 个数为 a，增量为 d，最大数为 b，则数列中某一个数为

$$a_{i+1}=a_i+d$$

当 $a_{i+1} \leqslant b$ 时，重复执行 "sum=sum+a_i"。

【代码】

```java
import java.util.Scanner;

public class Example2_15
{
```

```
public static void main(String args[])
{
    int sum=0;
    int a,b,d;
    Scanner reader=new Scanner(System.in);

    System.out.print(" 输入数列的初值、增量和终值: ");
    a=reader.nextInt();
    d=reader.nextInt();
    b=reader.nextInt();

    while(a<=b)
    {
        sum=sum+a;
        a=a+d;
    }

    System.out.println("sum="+sum);
}
}
```

程序运行结果如图 2-18 所示。

输入数列的初值、增量和终值: 23 6 155
sum=2047

图 2-18　例 2.15 运行结果

do-while 循环

2. do-while 循环

do-while 循环是先执行循环体,再根据条件确定是否能再执行循环体。

do-while 循环的语句形式:

形式 1:
　do
　　一条语句(循环体)
　while(循环条件);

形式 2:
　do
　{
　　多条语句(循环体)
　} while(循环条件);

同样,如果多条语句作为循环体,需要加 "{}" 使其成为一个复合语句,此时这个复合语句作为循环体。"循环条件" 一定要是关系或逻辑表达式,表示循环是否能进行的条件。注意,"while" 最后有 ";"。

do-while 的执行过程是,先执行一遍循环体,然后计算 "循环条件"。如果 "循环条件" 的值为 "true",则再执行循环体;循环体执行结束后,再计算 "循环条件",……,一直重复这个过程,直到 "循环条件" 的值为 "false",循环结束,接着执行 do-while 下面的语句。执行过程如图 2-19 所示。

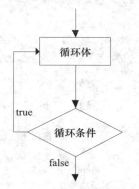

图 2-19　do-while 的执行过程

【例 2.16】用 do-while 语句重写例 2.14。
【代码】

```
public class Example2_16
{
    public static void main(String args[])
    {
        int sum=0,i=1;

        do
        {
            sum=sum+i;
            i++;
        }while(i<=100);

        System.out.println("sum="+sum);
    }
}
```

循环体可以写成：

```
do
    sum=sum+i++;// 只有一条语句，不用加 “{}”
while(i<=100);
```

或

```
do  sum=sum+i++;while(i<=100);// 写成一行
```

或

```
do{sum=sum+i;i++;}while(i<=100);
```

一般不写成后两种形式。

【例 2.17】输出斐波那契数列。斐波那契数列的前两项都是 1，从第 3 项开始，每一项都是前两项之和，如：

1，1，2，3，5，8，13……

编写程序找出斐波那契数列前 36 项元素并输出，每行输出 6 个元素，每个元素占 10 位。
【代码】

```
public class Example2_17
{
    public static void main(String args[])
    {
        long f1=1,f2=1;
        int counter=0;
        String format="%10d";// 输出格式

        do
        {
```

```
            System.out.printf(format+format, f1,f2); //format+format=>"%10d%10d"
            counter+=2;

            if(counter%6==0)// 循环中嵌套了 if 语句
                    System.out.println();// 每行 6 个,输出换行

            f1=f1+f2;// 输出前两个数后, f1 表示第 3 个元素,
            f2=f2+f1;//f2 表示第 4 个元素,以此类推……
        }while(counter<36);// 条件不是 <=
    }
}
```

程序运行结果如图 2-20 所示。

1	1	2	3	5	8
13	21	34	55	89	144
233	377	610	987	1597	2584
4181	6765	10946	17711	28657	46368
75025	121393	196418	317811	514229	832040
1346269	2178309	3524578	5702887	9227465	14930352

图 2-20 例 2.17 运行结果

do-while 循环与 while 循环的关键字有相同之处,在语法上也类似,但执行过程有区别。对于 do-while 循环,循环体至少被执行一次,因为执行一次后才会计算循环条件;而对于 while 循环,循环体可能一次也不被执行,因为当第一次计算循环条件时就可能为 “false”。多数情况下,while 和 do-while 可以互相替代。

3. for 循环

for 循环是 3 种循环中最灵活、使用最多的循环。在 for 循环中,可以对变量(循环控制变量)进行初始化、控制循环(循环条件)和使变量变化(循环控制变量增量)。

for 循环

for 循环的一般语法形式:

> for(变量初始化表达式;循环条件表达式;变量增量表达式)
> 　　循环体

“变量初始化表达式”用于对变量尤其是循环控制变量进行初始化,“循环条件表达式”用于确定是否能进行循环,“变量增量表达式”用于对变量尤其是循环控制变量赋新值。

for 循环的执行过程是:

> 变量初始化表达式 → 循环条件表达式（=true）→ 循环体 → 变量增量表达式 →
> 　　循环条件表达式（=true）→ 循环体 → 变量增量表达式 →
> 　　……
> 　　循环条件表达式（=false）→循环结束

在 for 循环中,“变量初始化表达式”只在循环开始时计算一次,“变量增量表达式”从循环第 2 次开始时每次都被计算一次,“循环条件表达式”在每次循环时都要被计算一次。

可以用图 2-21 表示 for 循环的执行过程。

【**例** 2.18】用 for 语句重写例 2.14。

```
public class Example2_18
{
    public static void main(String args[])
    {
        int sum,i;

        //sum 和 i 都在变量初始化表达式中被初始化
        for(sum=0,i=1;i<=100;i++)
            sum=sum+i;

        System.out.println("sum="+sum);
    }
}
```

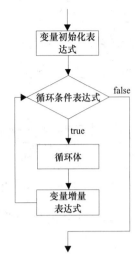

图 2-21 for 语句的执行过程

循环语句也可以写成:

```
for(sum=0,i=1;i<=100;i++)sum=sum+i;
```

但是通常都是分行写。

【**例** 2.19】判断一个自然数是否是素数。所谓素数是指,如果一个数只能被 1 和自身整除,则该数是素数,又称为质数。

按照素数的定义,对于一个自然数 x,如果在 2 ~ (x-1)范围内没有 x 的因子,则 x 是一个素数。

【**代码**】

```
import java.util.Scanner;

public class Example2_19
{
    public static void main(String args[])
    {
        int x,i;
        boolean prime=true;// 先假设 x 是素数
        Scanner input=new Scanner(System.in);

        System.out.print(" 输入一个自然数: ");
        x=input.nextInt();

        // 通过循环判断是否有因子
        for(i=2;i<=x-1;i++)//i 在 2~(x-1) 之间
            if(x%i==0)//i 是 x 的因子
                prime=false;

        System.out.print(x);
        if(prime)
            System.out.println(" 是素数。");
        else
```

```
                              System.out.println(" 不是素数。");
            }
     }
```

图 2-22　例 2.19 运行结果

程序运行结果如图 2-22 所示。

一个数的因子除该数本身外不可能大于该数的一半，所以上述循环语句可以写成：

```
for(i=2;i<=x/2;i++)          //i 在 2~x/2 之间
     if(x%i==0)              //i 是 x 的因子
          prime=false;
```

计算量减少了一半，从而提高程序的执行效率。去掉注释后可以写成一行：

```
for(i=2;i<=x-1;i++)if(x%i==0)prime=false;
```

但是通常不能这样写。

更快的方法是在 $2 \sim \sqrt{x}$ 之间找 x 的因子。因为从 2 开始，只要找到一个因子，x 就不是素数，就没必要再往后找其他的因子了，循环就应结束，所以循环语句写成：

```
for(i=2;i<=(int)Math.sqrt(x) && prime;i++)
     if(x%i==0)              //i 是 x 的因子
          prime=false;
```

注意循环条件的写法，这样的写法又可以减少计算量。

for 语句是可以灵活使用的循环。for 语句中有 3 个表达式，根据需要，3 个表达式中可以没有任何一个、没有任何两个，甚至 3 个表达式都可以没有。

如果没有第 1 个表达式，则应该将变量初始化的语句放在 for 语句之前；如果没有第 2 个表达式，表示循环条件永远为 "true"，这时需要在循环体中用 if 语句进行判断，以便在适当的时机结束循环；如果没有第 3 个表达式，则应该将变量的增量放在循环体的后面部分。

以例 2.18 为例，其中的 for 语句可以写出下面几种形式。

for 语句的
6 种形式

形式 1：没有第 1 个表达式，变量 i 的初始化在 for 之前用赋值语句实现。

```
sum=0;
i=1;
for(;i<=100;i++)
     sum+=i;
```

形式 2：没有第 2 个表达式，循环结束的条件在循环体中判断，其中的 break 语句用于结束循环。

```
sum=0;
for(i=1;;i++)
{
     sum+=i;
     if(i>=100)
          break;
}
```

形式 3：没有第 3 个表达式，变量 i 的改变放在循环体中，成为循环体中的一条语句。

```
sum=0;
for(i=1;i<=100;)
{
    sum+=i;
    i=i+1;
}
```

形式 4：没有第 1 个表达式和第 3 个表达式，综合使用形式 1 和形式 3。

```
sum=0;
i=1;
for(;i<=100;)
{
    sum+=i;
    i++;
}
```

形式 5：3 个表达式都没有，综合使用形式 1、形式 2 和形式 3。

```
sum=0;
i=1;
for(;;)
{
    sum+=i;
    if(i>=100)
            break;
    i++;
}
```

形式 6：循环体是空循环体，累加过程放在第 3 个表达式中。

```
for(sum=0,i=1;i<=100;sum+=i,i++)
    ;
```

虽然是空循环体，但 ";" 不能少。

4. for 循环的嵌套

如果循环体中还有循环语句，则形成循环的嵌套。以下是几种循环的嵌套形式。

for 循环的嵌套

形式 1：

```
for(…)
    while()
    {…}
```

形式 2：

```
while(…)
    do
    {…}
    while(…);
```

形式 3：

```
do
  for(…)
  {…}
while(…);
```

形式 4：

```
while(…)
  while(…)
  {…}
```

在执行时，可以将被嵌套的语句看作一条语句。当这条语句执行结束后，才能进行外层循环的下一次循环。

【例 2.20】给定两个自然数，找出这两个自然数之间的所有素数。

在例 2.19 中可知，判断一个数 x 是否是素数，可以通过下面的语句实现：

```
for(i=2;i<=(int)Math.sqrt(x) && prime;i++)
    if(x%i==0)              //i 是 x 的因子
        prime=false;
```

现在要找出两个数之间的所有素数，虽然数值不同，但是判断过程都一样，所以只需让每一个数重复一遍上述过程即可。

【代码】

```
import java.util.Scanner;

public class Example2_20
{
    public static void main(String args[])
    {
        int a,b,x,i;
        int counter=0;// 素数个数计数器
        boolean prime=true;
        Scanner input=new Scanner(System.in);

        System.out.print(" 输入两个自然数: ");
        a=input.nextInt();
        b=input.nextInt();

        if(a>b)// 交换两个数的值，使得 a 小、b 大
        {
            x=a;// 交换两个数需要通过第 3 个数实现
            a=b;
            b=x;
        }

        if(a!=2)
            x=a%2==0?a+1:a;//x 从奇数开始，偶数不能是素数，但 2 除外，2 是素数

        while(x<=b)// 用 while 循环
        {
            prime=true;// 先假设 x 是素数

            // 通过循环再进一步确认，循环嵌套
            for(i=2;i<=(int)Math.sqrt(x)&&prime;i++)
                if(x%i==0)
                    prime=false;

            if(prime)
            {
                System.out.printf("%5d", x);
```

```
                        counter++;
                        if(counter%10==0) // 每行输出 10 个素数
                            System.out.println();
                }

                x+=2;// 只判断素数
            }
            if(counter%10!=0)// 最后一行不足 10 个素数时也要换行
                System.out.println();
            System.out.printf(" 总共 %d 个素数。", counter);
        }
    }
```

程序运行结果如图 2-23 所示。

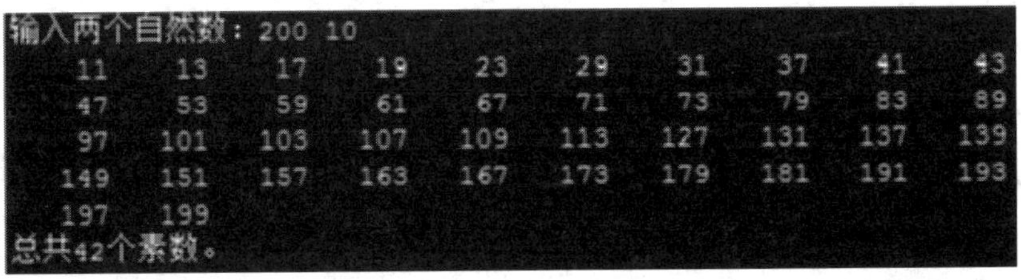

图 2-23 例 2.20 运行结果

【例 2.21】给定数 1、2、3 和 4，由这 4 个数字能组成多少个数字不重复的三位数?

设 i、j 和 k 是一个三位数的百、十和个位数，这 3 个数互不相同（不重复）的条件是:

$$i!=j \&\& i!=k \&\& j!=k$$

采用穷举法，将 1、2、3 和 4 能组成的每一个三位数都判断一下。如果满足上述条件，则可以得到不重复的三位数。用嵌套的循环实现。

【代码】

```
public class Example2_21
{
    public static void main(String args[])
    {
        int i,j,k;
        int counter=0;

        for(i=1;i<=4;i++)// 三重循环
            for(j=1;j<=4;j++)
            {
                if(i!=j)// 前两位不相同再往下计算, 可以减少计算量
                    for(k=1;k<=4;k++)
                        if(i!=k && j!=k)// 满足条件, 则互不相同
                        {
                            System.out.printf("%4d",i*100+j*10+k);

                            counter++;
                            if(counter%5==0)
```

```
                                              System.out.println();
                        }
                }
                if(counter%5!=0)// 最后一行不足 5 个素数也要换行
                        System.out.println();
                System.out.printf(" 总共 %d 个不重复的三位数。",counter);
        }
}
```

```
123 124 132 134 142
143 213 214 231 234
241 243 312 314 321
324 341 342 412 413
421 423 431 432
总共24个不重复的3位数。
```

程序运行结果如图 2-24 所示。

Java 对循环嵌套的层数没有限制，但最多不要超过三层。

图 2-24　例 2.21 运行结果

2.3.4　选择控制语句与循环控制语句的嵌套

在 2.3.3 小节中分别讲述了选择控制语句和循环控制语句。

在实际使用时，两种控制语句经常被混用，选择语句嵌套循环语句，或者循环语句嵌套选择语句。但多数情况下，都是循环控制语句嵌套选择控制语句，如例 2.20 和例 2.21 中就是在循环控制语句中嵌套了选择控制语句。

2.3.5　break 语句与 continue 语句

break 语句和 continue 语句都是控制转移语句。

对于循环控制语句，只有当循环条件为假时，循环才会结束。如果循环条件为真并且想使循环提前结束，可以使用 break 语句和 continue 语句。

break 语句和 continue 语句用在循环中，可以使循环提前结束。但 break 语句和 continue 语句有区别。

break 语句和 continue 语句一般不能单独用在循环中，基本上都是与选择语句配合使用，也就是作为选择语句的子句。

1．break 语句

在前面介绍 switch 语句时讲过 break 语句。break 语句用于 switch 语句中可以提前结束 switch 语句。

break 语句

break 语句更多是被用在循环语句中。break 语句用在循环中可以提前结束它所在的循环语句，不管后面还有多少次循环都不再被执行了。

break 语句可以分成基本的 break 语句和带标号的 break 语句。

（1）基本的 break 语句

基本的 break 语句的语法形式：

```
break;
```

一定要将这个语句放到循环体中，否则会出现编译错误。

在例 2.20 中，判断一个数是否是素数的过程：

```
for(i=2;i<=(int)Math.sqrt(x)&&prime;i++)
        if(x%i==0)
                prime=false;
```

也可以写成：

```
for(i=2;i<=(int)Math.sqrt(x);i++)// 注意循环条件
    if(x%i==0)
    {
        prime=false;
        break;// 如果 i 是因子，则没必要再判断，用 break 结束循环
    }
```

当一个数在指定范围内有一个因子，该数就不是素数，没有必要往下再找是否还有因子了，所以用 break 语句结束循环。

【例 2.22】计算 1!+2!+3!+…，直到某一个数的阶乘大于 10 000 000 为止（大于 1000_0000 的数不累加）。

这是一个有规律的累加问题，所以可以用循环来解决。但是，循环多少次，或者什么情况下执行循环（循环条件），程序未运行时不可知。

所以，在程序运行时，对每一个阶乘数先判断是否大于 10 000 000，如果大于则结束循环，结束循环时就可以用 break 语句。

另外，对于每一个数的阶乘，不必每次都从 1 开始算起，只需在前一个阶乘的基础上再乘下一个数即可。

【代码】

```
public class Example2_22
{
    public static void main(String[] args)
    {
        long sum=0;// 表示和值，可能比较大
        int item=1,i=1;//item 表示每一个阶乘

        while(true)// 无限（死）循环
        {
            if(item>1000_0000)
            {
                System.out.print("=");// 结束时
                break;
            }
            else if(i>1)
                System.out.print("+");// 未结束

            sum=sum+item;// 将一个阶乘累加到 sum 中

            System.out.print(i+"!");// 输出 i!

            i++;// 下一个数
            item=item*i;// 下一个数的阶乘
        }
        System.out.printf("%,d\n",sum);
    }
}
```

程序运行结果如图 2-25 所示。

```
1!+2!+3!+4!+5!+6!+7!+8!+9!+10!=4,037,913
```

图 2-25　例 2.22 运行结果

（2）带标号的 break 语句

基本的 break 语句使它所在的循环提前结束，而带标号的 break 语句可以使标号所指的循环提前结束。

带标号的 break 语句的语法形式：

```
标号：
    ……
    break 标号；
```

其中"标号"是合法的标识符，指向循环时后面加一个 ":"。

一般地，带标号的 break 语句多用在多重循环中，用于在内层循环中提前结束外层的循环。

【例 2.23】找出从 100 开始的若干个素数，直到某一个非素数的第一个因子大于 15 为止。

【代码】

```java
public class Example2_23
{
    public static void main(String args[])
    {
        int x,x1,i;
        int counter=0;/* 素数计数器 */
        boolean prime=true;

        label://标号
        for(x=101;;x+=2)//无限循环
        {
            prime=true;
            x1=(int)Math.sqrt(x);
            for(i=2;i<=x1;i++)
                if(x%i==0)
                {
                    if(i>15)//非素数第 1 个因子大于 15
                        break label;//结束外层循环
                            //break label 所在的循环是内层循环,
                            // 但结束的是外层循环
                    prime=false;
                    break;//注意: break 所在的循环是内层循环
                }// 当 break 被执行的时候, 结束的是内层循环,
                // 而不是外层循环

            if(prime)
            {
                System.out.printf("%4d",x);
                counter++;
```

```
                          if(counter%5==0)/* 输出的每一行素数是 5 的倍数则换行 */
                              System.out.println();
                      }
                  }
              }
          }
```

程序运行结果如图 2-26 所示。

```
101 103 107 109 113
127 131 137 139 149
151 157 163 167 173
179 181 191 193 197
199 211 223 227 229
233 239 241 251 257
263 269 271 277 281
283
```

图 2-26　例 2.23 运行结果

2. continue 语句

continue 语句用在循环中，可以使它所在循环的当前一次循环提前结束，即使它下面还有语句也不再执行，接着执行下一次循环。

continue 语句

continue 语句也分为基本的 continue 语句和带标号的 continue 语句。

continue 语句只结束当前一次循环，后面的循环还能继续执行；而 break 语句则使它所在的循环完全结束，无论后面还有多少次循环都不再执行。

（1）基本的 continue 语句

基本的 continue 语句的语法形式：

```
continue;
```

这条语句必须在一个循环体中。

在例 2.21 中，三重循环也可以写成下面的形式：

```
for(i=1;i<=4;i++)// 三重循环
    for(j=1;j<=4;j++)
    {// 循环体内共有两条语句：if 和 for
        //if(i!=j) 改成 i==j
        if(i==j)// 语句 1
            continue;// 当 i==j 时，可以使第 2 层循环提前结束，
                    // 下面的 for 语句不能被执行
        for(k=1;k<=4;k++)// 语句 2
            if(i!=k && j!=k)// 满足条件，则互不相同
            {
                System.out.printf("%4d",i*100+j*10+k);

                counter++;
                if(counter%5==0)
```

```
                                System.out.println();
                }
        }
```

【例 2.24】从键盘输入若干个正整数，将其中不能被 3 整除的数累加在一起，并输出其和，当输入负数时结束。

【代码】

```
import java.util.Scanner;

public class Example2_24
{
        public static void main(String args[])
        {
                int sum=0,x;
                Scanner reader=new Scanner(System.in);
                System.out.println("输入若干个正整数,以负数结束: ");

                while((x=reader.nextInt())>0)
                {
                    if(x%3==0)
                            continue;// 与 continue 在同一循环体内还有下面一条语句
                            // 当执行到 continue 语句后,当前循环的下面语句不被执行,
                            // 继续下一次循环
                    sum=sum+x;
                }

                System.out.println("sum="+sum);
        }
}
```

程序运行结果如图 2-27 所示。

本例只为说明如何使用 continue 语句。采用下面的形式，程序更合理：

输入若干个正整数，以负数结束：
12 34 56 78 90 -5
sum=90

图 2-27 例 2.24 运行结果

```
while((x=reader.nextInt())>0)
        if(x%3!=0)// 注意条件
                sum=sum+x;
```

（2）带标号的 continue 语句

带标号的 continue 语句使它标号所指的当前一次循环提前结束，后面的若干次循环还能继续执行。它的语法形式：

```
标号:
    ......
    continue 标号 ;
```

带标号的 continue 语句一般用在多重循环中，"标号"指向外层循环。

【例 2.25】带标号的 continue 语句的使用。

【代码】

```
public class Example2_25
{
    public static void main(String args[])
    {
        int i,j;

        label://标号
        for(i=1;i<=3;i++)
        {
            for(j=1;i<=50;j++)
            {
              if(i+j>4)
                    continue label;//转向外层循环

              System.out.println("i:"+i+",j:"+j);
            }
        }
    }
}
```

程序运行结果如图 2-28 所示。

在例 2.25 中，按照 i 和 j 值，应该循环 150 次，但是由于内层循环有带标号的 continue 语句，在没有达到循环次数的时候就提前结束了，所以一共只循环了 6 次。外层循环正常结束。

```
i:1,j:1
i:1,j:2
i:1,j:3
i:2,j:1
i:2,j:2
i:3,j:1
```

图 2-28
例 2.25 运行结果

2.4 数组

计算机最适合处理大量的数据。

一个数可以用一个变量保存，多个数可以用多个变量保存。如果数据太多，为每一个数据单独定义一个变量就不合适了。这时，可以用数组来保存大量的数据。

一个数组用一个标识符表示，后面跟 "下标"，带不同 "下标" 的数组元素名就可以表示不同的变量，例如 a[0]、a[1]、a[2] 这些变量名对应不同的数组元素。

一个数组中的所有元素具有相同的性质（尤其是数据类型，所有元素都相同）。

定义数组比定义多个变量方便，一次定义一个足够长的数组就相当于定义了多个变量。

数组在使用之前必须先声明、创建，然后才能使用。

根据数组下标的个数，可以将数组分为一维数组、二维数组和三维数组等，一般只用到三维数组。

2.4.1 一维数组

1. 声明数组

声明一维数组的形式：

一维数组

数据类型 数组名 [];

"数据类型"表示数组中元素的数据类型,"数组名"是标识符,"[]"是下标运算符,例如:

```
int a[];
```

或者将"[]"放在数组名前面声明数组也可以:

```
数据类型 [] 数组名;
```

[]与数据类型和数组名之间有无空格都可以。例如

```
float  []x;    //[]与数据类型间有空格
float[]y;      //[]与数据类型间无空格
```

可以一次声明多个数组,这时需注意[]的位置。

```
double []x,y;   //[]在数组名列表前,表示声明两个double型数组x和y
double x[],y;    //[]在x后,表示声明了double型数组x,y是普通变量
```

2. 创建数组

必须创建数组后才能使用数组。数组的创建方法:

```
new 数据类型 [ 数组长度表达式 ]
```

"数据类型"指的是数组元素的类型;数组长度表达式定义数组长度或元素个数,它可以是常量、变量或者任意表达式,其值的类型必须是整型。如:

```
a = new int[10];
```

创建了一个整型数组,共有 10 个元素,即 a[0]~a[9]。

3. 使用数组

数组声明的是数组的名称,是引用;创建数组则是为数组元素分配内存空间。使用数组就是使用引用访问元素。使用数组名可以访问某一个具体的数组,使用带下标的变量则是访问某个数组元素。使用之前要把数组名和创建的数组连接起来。

已声明的数组名 = 创建的数组;

如前面已声明的数组名 a 和 x,让它们分别表示一个数组:

```
a=new int[10];
x=new double[20];
```

则可以分别通过 a 和 x 使用这两个数组。也可以将数组的声明和创建放在一起。如:

```
int a[]=new int[10];
double x[]=new double[20];
```

使用数组应注意以下几方面问题。

(1)使用合法下标。下标有合法范围,下标在下界和上界之外称为越界,下标越界导致抛出异常 ArrayIndexOutOfBoundsException。(异常的内容详见第 6 章)

(2)数组创建后,每一个元素都有默认值。对于数值型数组,默认值是 0(整型、字符型)

或 0.0（浮点型）；对于布尔型数组，默认值是 false。当然，根据需要，在元素参与运算前应通过赋值的形式使元素有确定的值。

（3）在 Java 中，任何一个数组（无论什么类型）都有一个 "length" 属性，该属性表示数组的长度。如：a.length 表示数组 a 的元素个数。

（4）数组名作为方法形参时，传递的是数组的引用，可在主调和被调方法之间起到 "双向传递" 数据的效果。

【例 2.26】一维数组的使用。将一个数组中的各个元素赋值并按逆序打印出来。

【代码】

```java
public class Example2_26
{
    public static void main(String args[])
    {
        int a[]=new int[10],i;// 声明一个数组和一个变量

        // 创建数组后各元素的值
        System.out.println(" 刚创建数组后各元素的值: ");
        for(i=0;i<a.length;i++)
        System.out.printf("%5d",a[i]);
        System.out.println();

        for(i=0;i<a.length;i++)
            a[i]=2*i;

        // 逆序打印出各元素的值
        System.out.println(" 赋值后各元素值（逆序）: ");
        for(i=a.length-1;i>=0;i--)
        System.out.printf("%5d",a[i]);
        System.out.println();
    }
}
```

程序运行结果如图 2-29 所示。

【例 2.27】给定一组数据，将这组数据按由小到大的顺序输出。

这个问题涉及数据的排序。本题采用下述方法排序。

先将最大的数放到最后面。

从第 0（下标）个数开始，两两比较，如果前面的数比后面的数大，则交换两个数的值。比如下面 5 个数的比较过程：

图 2-29　例 2.26 运行结果

位置	0	1	2	3	4
0 位和 1 位比较	95	77	90	50	5
1 位和 2 位比较	77	95	90	50	5
2 位和 3 位比较	77	90	95	50	5

3 位和 4 位比较	77	90	50	95	5
	77	90	50	5	95

经过这一趟比较，最大的数已经排到了最后。上述比较过程是有规律的，可以用下面的循环实现上述过程：

```
for(j=0;j<a.length-1-0;j++)// 注意循环条件
    if(a[j]>a[j+1])
    {
        t=a[j];
        a[j]=a[j+1];
        a[j+1]=t;
    }
```

5 个数比较了 4 次。

因为最大数已经到了最后位置，所以再排序时可以暂不考虑最后一个数，只需要考虑前 4 个数就可以了。前 4 个数的比较过程如下：

位置	0	1	2	3
0 位和 1 位比较	77	90	50	5
1 位和 2 位比较	77	90	50	5
2 位和 3 位比较	77	50	90	5
	77	50	5	90

经过第 2 趟比较，剩余 4 个数中的最大数也已经到了最后。这个过程可以用下面的循环实现：

```
for(j=0;j<a.length-1-1;j++)// 注意循环条件
    if(a[j]>a[j+1])
    {
        t=a[j];
        a[j]=a[j+1];
        a[j+1]=t;
    }
```

上述过程再重复两趟，即可完成排序。

可以得出结论，如果有 n 个数，则需要进行 $n-1$ 趟的排序。而其中第 i 趟的排序需要比较 $n-1-i$ 次，这是因为比较时访问了 $a[j+1]$，以避免下标越界。

【代码】

```
import java.util.Random;

public class Example2_27
{
    public static void main(String args[])
    {
        int a[]=new int[10];

        getElements(a);// 这 4 条语句分别用于调用相应的方法
        print(a);
```

```java
        sort(a);
        print(a);
    }
    private static void sort(int a[])// 方法，用于排序
    {
        int i,j,t;

        for(i=0;i<a.length-1;i++)// 进行 a.length-1 趟
        {
            for(j=0;j<a.length-1-i;j++)// 每趟比较 a.length-1-i 次
                if(a[j]>a[j+1])// 如果前比后大，则交换值
                {
                    t=a[j];
                    a[j]=a[j+1];
                    a[j+1]=t;
                }
        }
    }
    private static void getElements(int a[])// 方法，为数组元素赋随机值
    {
        Random rand=new Random();// 随机数类的对象

        for(int i=0;i<a.length;i++)
            a[i]=rand.nextInt(100);// 每次创建一个不大于 100 的随机数
    }
    private static void print(int a[])// 方法，用于输出数组中各元素
    {
        for(int i=0;i<a.length;i++)
            System.out.printf("%3d", a[i]);
            System.out.println();
    }
}
```

程序运行结果如图 2-30 所示。

上述方法实际上是冒泡排序法，小数是

逐渐排到最前面的。

```
38 57 10 69 74 44  9 66  0 97
 0  9 10 38 44 57 66 69 74 97
```

图 2-30 例 2.27 运行结果

在这个例子中，额外定义了 3 个方法。getElements() 方法用于为数组元素赋值，赋值时利用了随机数类 Random 类的对象创建随机数作为元素的值，使得程序运行时每次数组元素都有不同的值。print() 方法用于输出数组中的各个元素。sort() 方法是用于排序的方法。

方法是功能的实现，如本例中 getElements()、print() 和 sort() 方法都是相应功能的实现，编程时应尽量使用方法。关于方法的定义请参见第 4 章。

Java 中有一个类 Arrays，该类中有 sort() 方法，可以对数组进行排序。所以，对例 2.27 中数组 a 进行排序，语句：

```java
    Arrays.sort(a);
```

就可以完成对数组 a 的排序。

在实际软件开发中，尽量使用系统定义的类及类中的方法，可以提高程序的开发效率，

提高程序的稳定性和健壮性。从学习角度看，有些基本算法应该了解和掌握，并编程实现，可以提高对语言的掌握程度和提高编程能力。

数组的内存模型

4. 数组的内存模型

表达式：

```
new int[10]
```

创建一个有 10 个元素的整型数组，同时表达式的值是数组在内存中起始地址。

赋值语句：

```
a=new int[10];
```

是将数组的起始地址保存在变量 a 中。这样当想访问数组 "new int[10]" 时，就可以通过访问 a 得到数组的起始地址，从而可以访问到数组中的每一个元素。

数组的内存模型如图 2-31 所示。图中 "[I@4aa0ce" 是内存地址值。从此单元开始的连续内存区域用于存储 a 数组的 10 个元素。

赋值语句：

```
a=new int[10];
```

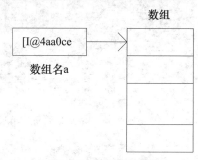

图 2-31　数组的内存模型

则 a 表示的是一个有 10 个整型元素的数组。如果在之后再有赋值语句：

```
a=new int[20];
```

则 a 现在表示的是一个有 20 个整型元素的数组（变量 a 的值是新数组的地址）。原来的数组的地址被覆盖了，这个数组再也访问不到了。

【例 2.28】数组的内存表示。

【代码】

```
public class Example2_28
{
    public static void main(String args[])
    {
        int i;
        int a[]={10,20,30,40,50};
        int b[]={-15,-25,-35,-45,-55,-65,-75};

        System.out.println("数组 a 和数组 b 的元素: ");

        for(i=0;i<a.length;i++)
            System.out.printf("%4d", a[i]);
        System.out.println();

        for(i=0;i<b.length;i++)
            System.out.printf("%4d", b[i]);
```

```
        System.out.println();

        a=b;// 赋值后，a 的值与 b 的值相同，都表示第 2 个数组

        System.out.println(" 执行 \"a=b;\" 后，数组 a 和数组 b 的元素: ");

        for(int x:a)// 增强型循环
            System.out.printf("%4d", x);
        System.out.println();

        for(int x:b)// 增强型循环
            System.out.printf("%4d", x);
        System.out.println();
    }
}
```

程序运行结果如图 2-32 所示。

理解数组的内存模型，有助于理解数组名做方法参数时参数的传递（参见方法的参数的传递部分）。

图 2-32　例 2.28 运行结果

5. 增强型 for 循环

for 循环还可以写成另一种形式：

> for(数据类型变量名：数组名)
>   循环体（循环体中访问"变量名"）

其中的"变量名"的类型应与"数组名"中数组的类型相同。

增强型 for 循环的执行过程是，当执行 for 循环时会将数组中的元素顺序（每次）地赋给"变量"，在循环体中通过访问"变量"就可以得到相应数组元素的值。在例 2.28 中就使用了增强型 for 循环。增强型 for 循环只可用于浏览或读出数组元素值，却不能写入元素值。

2.4.2　二维数组

二维数组有两个下标。

1. 二维数组的声明

二维数组的声明形式：

> 数组类型　数组名 [][];

或

> 数组类型 [] 数组名 [];

或

> 数组类型 [][] 数组名 ;

例如：

> int a[][],b[];

73

a 是一个二维数组，b 是一个一维数组。

如果一条语句只声明一个二维数组，则 3 种声明方式相同。如果一条语句同时声明多个数组，则下标[] 的位置不同，声明的结果也不相同。如：

```
int a[][],b;//a 是一个二维数组，b 是一个简单变量
int []a[],b;//a 是一个二维数组，b 是一个一维数组
int [][]a,b;//a 和 b 都是二维数组
```

2. 二维数组的创建

声明了二维数组，仅仅是声明了数组名，数组并不真正存在，所以还必须创建二维数组。创建形式：

```
new 数据类型 [ 行数表达式 ][ 列数表达式 ]
```

一个二维数组可以看作是一个行列式。如：

```
int a[][]=new int[3][4];
```

a 所表示的数组一共有 3 行，每行有 4 个元素。

不同于 C/C++ 语言，Java 的二维数组中每一行的元素个数可以不同。如：

```
int x[][]=new int[3][];
x[0]=new int[5];
x[1]=new int[10];
x[2]=new int[20];
```

x 表示一个二维数组，每一行的元素分别是 5、10 和 20。

可以将一个二维数组看作是多个一维数组。如上述 x 数组，可以看作是 3 个一维数组，数组元素分别是 "x[0]"、"x[1]" 和 "x[2]"，而这 3 个元素名又可以看作是另外 3 个一维数组的数组名。

3. 二维数组元素的访问

访问二维数组时需要给出两个下标值。访问形式：

```
二维数组名 [ 下标 1][ 下标 2]
```

同一维数组，下标从 0 开始，最大不超过 "数组长度 –1"，不能越界。如果想知道二维数组的行数，可用表达式：

```
x.length
```

如果想知道第 i 行元素的个数，可用表达式：

```
x[i].length
```

4. 二维数组元素的初始化

二维数组在刚创建时每个元素都有初值，数值型的初值为 0，字符型的为空（''或 0），布尔型为 "false"。

改变二维数组元素的值可以通过赋值语句来实现。

二维数组也可以初始化。如：

```
int a[][]={{1,2,3,4},{5,6,7,8},{9,10,11,12}};
int b[][]={{1},{3,5,7},{2,4,5,8,10,12}};
int x[][]={{10,20,30,45},
           {15,25,35,50},
           {19,28,38,49}};
```

数组 a 有 3 行，每一行有 4 个元素。数组 b 有 3 行，每一行的元素个数分别是 1、3 和 7。x 有 3 行、4 列。如果用二维数组表示行列式并初始化，最好采用第 3 种形式。

【例 2.29】编程对两个矩阵进行相加和相减运算。

两个相加或相减的矩阵的行数相同、列数相同，结果矩阵的行数和列数也必须与前两个矩阵相同。

【代码】

```java
import java.util.Random;

public class Example2_29
{
    public static void main(String args[])
    {
        // 声明并创建二维数组，行数相同，列数相同
        int a[][]=new int[3][4],b[][]=new int[3][4];
        int result[][]=new int[3][4];

        getElements(a);
        getElements(b);
        compute(a,b,result,'+');
        print(a,b,result,'+');

        compute(a,b,result,'-');
        print(a,b,result,'-');

    }
    private static void getElements(int x[][])// 给数组元素赋值（随机）
    {
        Random rand=new Random();

        for(int i=0;i<x.length;i++)
            for(int j=0;j<x[i].length;j++)
                x[i][j]=rand.nextInt(100);
    }
    // 执行加或减运算
    private static void compute(int a[][],int b[][],int result[][],char oper)
    {
        for(int i=0;i<result.length;i++)
            for(int j=0;j<result[i].length;j++)
                result[i][j]=oper=='+'?a[i][j]+b[i][j]:a[i][j]-b[i][j];
    }
    // 打印矩阵
```

```java
private static void print(int a[][],int b[][],int result[][],char oper)
{
    int i;

    for(i=0;i<result.length;i++)
    {
        for(int x:a[i])// 用增强型循环
            System.out.printf("%3d", x);
        System.out.printf("%3c",oper);

        //for(j=0;j<b[i].length;j++)// 在同一行打印 b 的第 i 行
        for(int x:b[i])
            System.out.printf("%3d", x);
        System.out.printf("%3s","=");

        for(int x:result[i])// 在同一行打印 result 的第 i 行
            System.out.printf("%4d", x);
        System.out.println();// 在下一行打印数组第 i+1 行
    }
    System.out.println();
}
```

程序运行结果如图 2-33 所示。

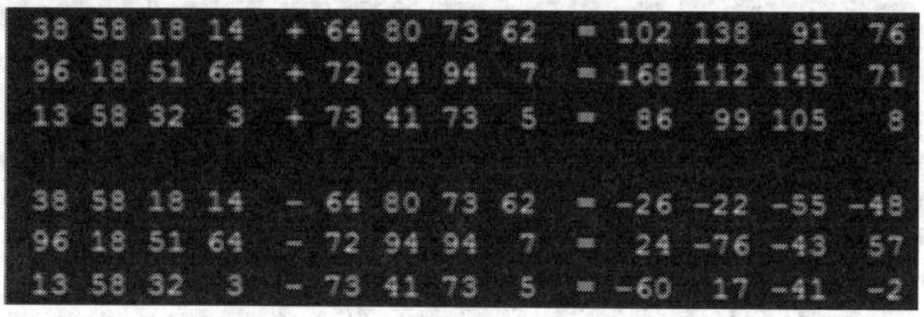

请读者自行阅读例 2.29。

【例 2.30】魔方矩阵。

有一个 $n*n$ 矩阵，其各个元素的值由 1 到 $n*n$ 个自然数组成。将这 $n*n$ 个自然数放到 $n*n$ 矩阵中，

```
38 58 18 14  +  64 80 73 62  = 102 138  91  76
96 18 51 64  +  72 94 94  7  = 168 112 145  71
13 58 32  3  +  73 41 73  5  =  86  99 105   8

38 58 18 14  -  64 80 73 62  = -26 -22 -55 -48
96 18 51 64  -  72 94 94  7  =  24 -76 -43  57
13 58 32  3  -  73 41 73  5  = -60  17 -41  -2
```

图 2-33   例 2.29 运行结果

使得矩阵的每一行元素之和、每一列元素之和、主对角线元素之和及副对角线元素之和都相等。n 是奇数，最大不超过 99。如下的矩阵就是一个魔方阵：

8   1   6
3   5   7
4   9   2

往魔方阵中放数的规则如下。

（1）将 1 放在第 0 行中间一列。

（2）从 2 开始直到 $n*n$ 结束各数依次按下列规则存放：

按 45° 方向向右上行走（每一个数存放的行比前一个数的行数减 1，列数加 1）

（3）如果行列范围超出矩阵范围，则回绕。

例如 1 在第 0 行，则 2 应放在最下一行，列数同样减 1。

（4）如果按上面规则确定的位置上已有数，或上一个数是第 0 行第 $n-1$ 列时，则把下一个数放在上一个数的下面。

编程时，将"放数的规则"用 Java 语言描述出（相当于翻译成 Java 语言）即可编写出程序。

【代码】

```
import java.util.Scanner;

public class Example2_30
{
    public static void main(String args[])
    {
        int n,a[][];
        Scanner reader=new Scanner(System.in);

        System.out.print(" 输入一个自然数（奇数）: ");
        n=reader.nextInt();

        a=new int[n][n];

        toMagic(a);
        display(a);
    }

    private static void toMagic(int a[][])// 方法，形成魔方矩阵
    {
        int i,n;
        int row=0,col=0;
        int row1=0,col1=0;
        n=a.length;
        for(i=1;i<=n*n;i++)
        {
            if(i==1)
              {
                row=0;
                col=n/2;
              }
            else if(row==-1 && col==n)
              {
                row=1;
                col=n-1;
              }
            else if(col==n)
                col=0;
            else if(row<0)
                row=n-1;
    if(a[row][col]!=0)
              {
    row=row1+1;
    col=col1;
              }
            a[row][col]=i;
            row1=row;
            col1=col;
            row--;
            col++;
        }
    }
```

```
private static void display(int a[][])
{
    for(int i=0;i<a.length;i++)
    {
        for(int x:a[i])

System.out.printf("%5d ",x);
        System.out.println();
    }
}
}
```

输入一个自然数（奇数）：5

```
17    24     1     8    15
23     5     7    14    16
 4     6    13    20    22
10    12    19    21     3
11    18    25     2     9
```

程序运行结果如图 2-34 所示。

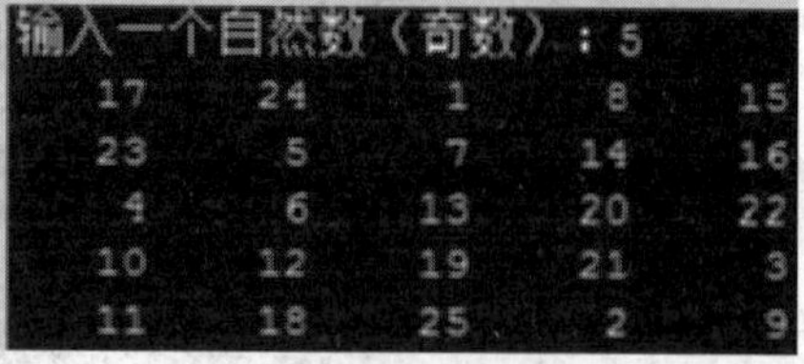

图 2-34 例 2.30 运行结果

2.5 小结

本章介绍了基本数据类型、运算符、输入输出、流程控制和数组。

（1）计算机存储和处理数据时要对数据区分类型。Java 语言中已经定义的数据类型称为基本数据类型，包括整型、浮点型、字符型和布尔型。在实际开发程序时，都要针对具体问题定义新的数据类型，而自定义的数据类型必须基于基本数据类型定义。

（2）数据处理的过程就是数据运算的过程，运算需要运算符才能完成。Java 语言中定义了较丰富的运算符，利用这些运算符可以完成数据处理。

从操作个数看，运算符有一元运算符、二元运算符和三元运算符。

从运算过程看，运算符有优先级和结合性，在写复合运算表达式时应注意优先级和结合性。表达式应尽可能简洁、明了，可以通过加 "()" 改变运算的优先级。

（3）程序在处理数据过程中，需要输入数据和输出数据。Java 中定义了相应的输入输出流类，并且类中定义了相应的方法可以实现数据的输入和输出。

（4）一个程序可以由 3 种基本结构组成，分别是顺序结构、选择结构和循环结构。

顺序结构按语句的组成顺序执行的。

选择结构按给定的条件有选择地执行或不执行某些语句，Java 中选择语句有 if 和 switch，if 语句又可以分为 if 和 if-else 及 if 语句的嵌套。

循环结构可以按给定的条件反复地执行某些语句，Java 中的循环语句有 while、do-while 和 for，循环语句也可以嵌套。

选择语句和循环语句可以互相嵌套，多数情况下，都是循环语句嵌套选择语句。

任何计算机可解的问题都可以用这 3 种结构来实现。

（5）用数组可以表示大量的数据。

数组在使用前必须先声明数组名并创建数组，然后可以通过下标访问不同的元素。访问数组元素时下标不能越界。

根据数组的下标个数，数组可以分为一维、二维、三维等数组，较常用的是一维和二维数组，三维数组比较少用，三维以上的数组基本不用。

二维数组通常用来表示行列式，但是在 Java 中，二维数组的每一行的元素个数可以不同。

可以用增强型循环来访问数组元素。

2.6　习题

1．已知一个由小到大已排好序的数组，采用二分法将一个数据插入到这个数组中，使插入后的数组仍然按由小到大的顺序排列。

2．编写程序实现对矩阵的加法、减法和乘法运算。

3．求出以下形式的算式，每个算式中有 9 个数位，正好用尽 1~9 这 9 个数字。

$$○○○ + ○○○ = ○○○ （共有 168 种可能的组合）$$

4．从键盘输入 4 个整数，按由小到大的顺序输出。

5．在一个方阵中找出马鞍数。所谓马鞍数是这样一个数，在它所在行是最小的数，在它所在列是最大的数。方阵中也可能没有马鞍数。

6．n 只猴子选大王。选举方法如下：所有猴子按 1、2、3、…、n 的顺序围坐一圈，从第 1 只猴子开始报数，报到 m 的退出圈子。如此循环报数，直到圈中只剩下一只猴子，即为大王。编程实现。

7．编程序，将一个数组中的最小数与第一个数交换、最大数与最后一个数交换。

8．输出九九乘法表。

9．写一个程序，读入秒数，然后按小时、分钟及秒输出（例如，5322 秒输出 1 小时 28 分 42 秒）。

10．从键盘输入 4 个整数，按由小到大的顺序输出。

11．编程求出所有的水仙花数。所谓水仙花数是一个三位数，其每一位的立方和等于该数本身，例如 $153 = 1^3 + 5^3 + 3^3$。

12．求两个数的最大公约数和最小公倍数。

13．求 1 000 以内的所有完数。完数是指一个整数的所有因子之和等于该数本身，如 6=1+2+3。

14．编写程序，将一个数组按逆序存放。

15．下面的程序从键盘接收任意 6 个数，假设这 6 个数为：1 3 8 7 5 6，则要输出一个具有如下形式的方阵：

```
1   3   8   7   5   6
3   8   7   5   6   1
8   7   5   6   1   3
7   5   6   1   3   8
5   6   1   3   8   7
6   1   3   8   7   5
```

16．从键盘输入一个正整数 n，根据 n 形成一个方阵。方阵最外层是第 1 层，每层上用的数字与层数相同。如输入 3，则方阵为

```
1   1   1   1   1
1   2   2   2   1
1   2   3   2   1
1   2   2   2   1
1   1   1   1   1
```

17．给定一元二次方程的 3 个系数，求方程的根。

Chapter 3

第3章

面向对象思想

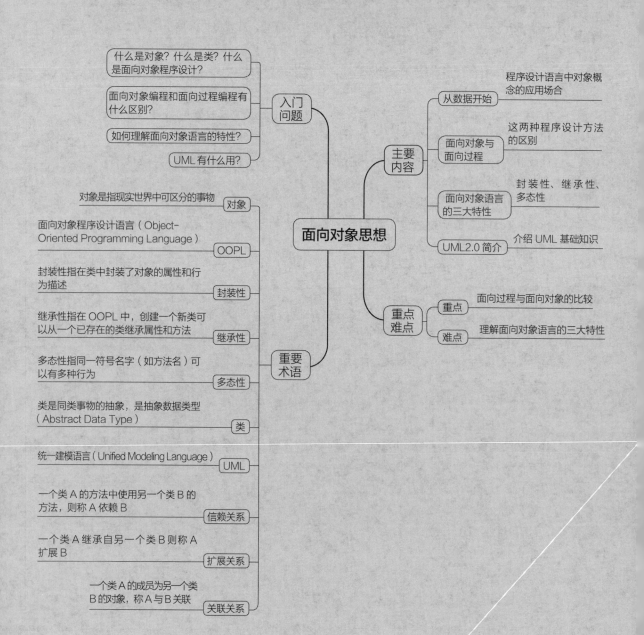

什么是对象？什么是类？什么是面向对象程序设计？

面向对象编程和面向过程编程有什么区别？

如何理解面向对象语言的特性？

UML 有什么用？

入门问题

对象是指现实世界中可区分的事物 — **对象**

面向对象程序设计语言（Object-Oriented Programming Language） — **OOPL**

封装性指在类中封装了对象的属性和行为描述 — **封装性**

继承性指在 OOPL 中，创建一个新类可以从一个已存在的类继承属性和方法 — **继承性**

多态性指同一符号名字（如方法名）可以有多种行为 — **多态性**

类是同类事物的抽象，是抽象数据类型（Abstract Data Type） — **类**

重要术语

统一建模语言（Unified Modeling Language） — **UML**

一个类 A 的方法中使用另一个类 B 的方法，则称 A 依赖 B — **信赖关系**

一个类 A 继承自另一个类 B 则称 A 扩展 B — **扩展关系**

一个类 A 的成员为另一个类 B 的对象，称 A 与 B 关联 — **关联关系**

面向对象思想

主要内容

从数据开始 — 程序设计语言中对象概念的应用场合

面向对象与面向过程 — 这两种程序设计方法的区别

面向对象语言的三大特性 — 封装性、继承性、多态性

UML2.0 简介 — 介绍 UML 基础知识

重点难点

重点 — 面向过程与面向对象的比较

难点 — 理解面向对象语言的三大特性

3.1 从数据开始

语言程序是进行数据处理的。有什么样的数据以及对数据进行什么样的处理，决定了程序怎么写，与此同时对选择什么样的语言进行开发也提出了要求。

3.1.1 类的角色

本章是承前启后的一章。本章的意图是给读者一个渐进的台阶，先蜻蜓点水、泛泛而论面向对象，了解一些名词术语和基础知识，尽管可能不求甚解。然后再进入面向对象的世界里使用洪荒之力。这样避免读者直接接触面向对象复杂的语法而头昏脑胀。经验表明这种情况很常见。

关于类，学过前面两章，我们知道它是 Java 程序的外壳。在这个壳里面定义一个或多个方法，其中有一个 main 方法（对 Java applications 而言），程序执行从 main 方法开始，也在 main 方法结束，执行期间可能调用其他方法。

好的，我们再看一看这个熟悉的结构：

```
class  ConcreteName{    // ConcreteName 是椰子壳
    public static void main(String[] args){    // 椰汁
        //write your code                      // 椰汁
    }
}
```

一个问题是：类仅仅是个程序代码的外壳吗？像椰子壳？人们喝的是外壳包藏着的甜蜜的椰汁，那个生硬的外壳是个没价值的东西？

并非如此。我们不久将发现：类中可以封装丰富的内容，它代表着一类事物。我们的程序中可以有不止一个类，类和类之间相互关联着，就像现实世界中诸多的事物相互关联着一样。

3.1.2 事物数据化

今日世界已经进入信息化时代。各行各业都在使用计算机管理各种数据信息。

在电子商务系统中，商品信息描述为如表 3-1 所列的数据。

表 3-1　商品信息表

品　名	品　牌	单价 / 元	数　量	单　位	产　地
计算机	Lenovo	4000	100	台	北京
电　视	TCL	4000	200	台	广东
球　鞋	Li-Ning	400	3000	双	浙江
……	……	……	……	……	……

在学校的教务管理系统中，你会看到如表 3-2 所列的数据。

表 3-2　教师信息表

教师姓名	工　号	所在系	授　课
何其亮	0001	机械系	工程制图
栾小晨	0002	管理系	企业管理
章玲玲	0003	建筑系	建筑设计
……	……	……	……

在图书管理系统中，书籍信息数据以表 3-3 形式存储。

表 3-3　图书信息表

书　名	书　号	编者	出版社	出版时间	定价 / 元
计算机网络	34687-6	谢天	高等教育出版社	2010-6	39
Java 语言	20167-7	王蕾	×××出版社	2012-8	49
……	……	……	……	……	……

这样的例子数不胜数。

这些表中存储的是各种类型的数据，它们表示了不同的事物，即商品、教师和图书。表的每一列表示事物的一个属性，例如图书的书号、编者、定价等。这些不同列既可能是数值型的，可能是日期型的，可能是字符串的，也可能是其他的类型。

表中的一行数据表示具体的一种商品如一双 Li-Ning 牌运动鞋、一名教师如栾小晨、一本书如《计算机网络》。

为了区别于那些基本类型的数据，我们把这些代表某种事物的"复杂"数据称为对象。

对象数据大量出现在程序中，当然是计算机应用领域拓展到事物管理阶段的结果。

为什么面向对象的语言如 Simula-67 和 Smalltalk 在 20 世纪 60 年代即推出，但是面向对象语言和面向对象成为主流软件开发工具和开发方法却是在 90 年代。在 60 年代软件危机出现时，面向过程的结构化语言应运而生，其中最具代表性的语言包括 Pascal、C 语言等。其后在 80 年代和 90 年代，计算机的微型化和网络化使之从束之高阁到走入寻常百姓家，计算机应用迅速普及，应用领域也迅速拓展。大量的事务管理数据处理需求导致软件规模迅速膨胀，要求语言安全、高效、易于维护软件。这使得一批新的面向对象语言登堂入室，被广大学习者和开发者青睐，其中的典型语言包括 Java、C++ 等。

拓展知识

Smalltalk 被公认为历史上第二个面向对象的程序设计语言和第一个真正的集成开发环境 (IDE)。由 Alan Kay，Dan Ingalls，Ted Kaehler，Adele Goldberg 等于 20 世纪 70 年代初在 Xerox PARC 开发。Smalltalk 对其他众多的程序设计语言的产生起到了极大的推动作用，主要有 Objective-C，Actor，Java 和 Ruby 等。90 年代的许多软件开发思想得利于 Smalltalk，例如设计模式、极限编程和重构等。

3.1.3　对象的特殊性

对象不同于基本类型数据，它们有什么特殊性呢？

首先我们发现，对象没有现成的类型可用，需要自己动手定义。就是说，数据都有个类型，1、2、3 是整型数，int 用于定义整型变量；"a" "b" "c" 是字符型数，char 用于定义字符型变量；"true" "false" 是布尔型数，布尔型变量用 boolean 定义。张三、李四这两个对象是什么类型的，怎么定义他们的类型？

这就回到了本章开头的问题，类名不是简单的没有意义的"椰子壳"，它意味着很多。我们需要用 class 来定义一个类，这个类就是类型。假如张三、李四的类型是学生，那就需要定义学生类 Student。在类中需要说明这类事物有哪些属性，属性可以列举许多，在系统中根据需要进行选择。

```
class Student{          // 对象的类
    ……                 // 对象的属性
    ……                 // 对象的行为
}
```

对象的特殊性还在于，不同的对象对应不同的操作（处理），比如说学生可能会注册、选课，正如数值有加减乘除取余操作。基本类型的操作，在 Java 语言中用算符完成。而对象的操作需要自己定义。定义哪些操作？在哪里定义？这些都是必须做的事。

1、2、3、'a'、'b'、'c'、true、false

简单事物
基本类型

张三、李四
电视机、冰箱、洗衣机
铅笔、钢笔、橡皮、小刀

复杂事物称为对象
分属于不同事物：类
Student
Appliance
Stationery

万事万物

图 3-1　基本类型与对象

关于对象有另一个问题：既然万事万物皆为对象，1、2、3、'a'、'b'、'c' 不是事物？它们不是对象？

这是个值得思考的问题。事实上，确实有的语言例如 Ruby 把一切数据都作为对象看待，1、2、3、'a'、'b'、'c' 在 Ruby 中也是对象。但是，Java 不是这样。Java 中有了基本类型 int、char、float、double 等，用它们定义那些基本类型的数据。Java 似乎把基本类型数据排斥在万事万物之外了，分类示意如图 3-1 所示。Java 和 Ruby 在这一点孰是孰非，读者将来可以给出判断。

总之，Java 把那些复杂的事物数据，称为对象。

这里已经不可避免地提到了类，我们马上把目光移向它。

3.1.4　对象分类

俗话说，物以类聚。在对象数量很多的情况下，需要对其分类。表 3-1～表 3-3，表示的是不同的事物类型，因为每个表的属性名与其他表不同。对象为什么要分类？

想象一下：在一个大型电子商务网站，网站单日销售额可达几十亿甚至几百亿元，销售的商品数量特别大，这意味着需要管理的数据可能是海量的。那么，海量的商品信息如何保存呢？需要考虑的问题主要有两个：首先是对商品分类，然后是确定商品的属性信息。某网站显示其商品种类的方式如图 3-2 所示。

客户在网上购物的时候，首先确定买哪类商品，首先需要在分类列表中选择一个类别，例如要买笔记本计算机，就选择计算机、办公类。然后再按照价格、屏幕尺寸、处理器种类等商品属性进行选择，如图 3-3 所示。

对象分类是为了管理方便。分类存储，分类显示，按属性进行查询和显示，用户选择操作简单快捷。正如在超市里，琳琅满

图 3-2　某电商网站
商品分类

目的商品如果不分区分类地摆放在货架上，大家去超市购物势必像大海捞针一样费力，如果那样，谁还愿意逛超市？谁还能轻松购物呢？

对象分类的依据是它们的属性。一类事物与其他类事物不同，是由于不同事物类有着不同的属性。

对象什么样，谁来说明？用类来说明，类就是类型。例如int规定了它定义的变量的大小，一个类规定了它定义的对象具有哪些属性以及可以进行哪些操作，因此说类就是类型。一个类是一些对象的代表，用这个类定义的对象则是类的具体实例。

价格:	0-2399	2400-3499	3500-3899	3900-5199	5200-6099	6100-7699
屏幕尺寸:	11.6英寸	12.5英寸	13.3英寸	14.0英寸	15.6英寸	17.3英寸
处理器:	Intel CoreM	Intel i3	Intel i5低功耗版	Intel i5标准电压版	Intel i7低功耗版	
分类:	游戏本	轻薄本	二合一笔记本	常规笔记本	加固笔记本	其他

图 3-3　按商品属性选择

现实生活中的对象分类是我们习以为常的。在 Java 程序中的类设计与此相对应。类设计首要的任务就是关注它具有哪些属性。

3.1.5　对象处理

程序是要处理数据的。问题本身决定了进行什么处理。比如教师提交的学生成绩，按要求应该把平时成绩和期末考试成绩按比例折算出总成绩，还要把分数按照公式折合成绩点(Grade Point Average,GPA)，然后按绩点从高到低排序，作为评奖学金或保送研究生的依据。

对象处理

对象的数据处理，也是根据程序的任务，以及要解决的问题的需要，确定定义哪些方法（method）。对象的处理方法也和属性一样，往往是对象独有的。例如平面几何图形类对象有计算面积和周长的需求，可能需要定义 area() 和 perimeter() 方法。但是对于立体类对象，往往需要计算体积，那就需要定义 volume() 方法了。

再比如，在学校的管理系统中，学生类 Student 对象，可能要定义注册、交学费、选课等方法，而教师则有提交教学材料、提交成绩等方法。

不同类的对象也会用相同的操作，参见例 3.1 可知。但是，重点关注的应该是不同的操作。

看下面的例子，可以关注一下类中定义的属性和方法有哪些？概要了解类定义和对象定义的关系。语法细则在此不必深究。

【例 3.1】定义圆、矩形和三角形类，观察边长相等情况下哪种图形的面积最大。

【分析】试图用这个例子说明，一个程序可以定义多个类，类中可以定义数据和方法，用方法可以处理数据。对代码做到理解要旨，不求甚解即可。要比较周长为 18 的 3 个图形的面积，假设圆的半径为 18 /（2×3.14）=2.866、矩形的宽（width）和高（height）分别为 5 和 4、三角形三边均为 6。

【代码】

```
class Circle
{
```

```
        double x, y, r;// 圆的位置坐标、半径
        Circle(double x1,double y1,double r1)   // 构造方法，为对象属性 x,y,r 赋初值的
        {
                x = x1;
                y = y1;
                r = r1;
        }

        double area()           // 计算圆面积方法
        {
                return 3.14*r*r;
        }
}

class Rectangle
{
    double width, height;// 矩形长、宽

    Rectangle(double a, double b)
    {
            width = a;
            height = b;
    }

    double area()                   // 计算矩形面积方法
    {
            return width*height;
    }
}

class Triangle
{
    double a, b, c;// 三角形三条边

    Triangle(double a1,double b1,double c1)
    {
            a = a1;
            b = b1;
            c = c1;
    }

    double area()                       // 计算三角形面积方法
    {
            double s = (a + b + c)/2;
            // 用海伦公式求三角形面积，sqrt() 是计算平方根的方法
            return Math.sqrt(s*(s-a)*(s-b)*(s-c));
    }
}

public class Example3_1
{
```

```
public static void main(String[] para)
{
        Circle c = new Circle(100,50,2.866);// 定义一个圆类对象
        Rectangle rect = new Rectangle(5,4);// 定义一个矩形对象
        Triangle tr = new Triangle(6,6,6);// 定义一个三角形对象
        System.out.println("The area of the circle is: "+c.area());
        System.out.println("The area of the rectangle is: "+rect.area());
        System.out.println("The area of the triangle is: "+tr.area());
}
}
```

```
The area of the circle is: 25.79182184
The area of the rectangle is: 20.0
The area of the triangle is: 15.588457268119896
```

程序运行结果如图 3-4 所示。

图 3-4　例 3.1 程序运行结果

3.2　面向对象与面向过程

20 世纪 60 年代开始，面向过程的程序设计语言获得广泛应用，那时的主要问题是困扰软件开发人员的软件危机。引用工程化的管理方法和采用结构化程序设计语言是解决软件危机的良方。所以，以 Pascal 语言、C 语言为代表的结构化语言深受欢迎。这种状况一直持续到面向对象程序设计语言如 C++ 和 Java 等语言的兴起。

3.2.1　问题与解决问题的思维方式

Kristen Nygaard 说过：编程即理解。用程序解决实际问题，首先要分析问题，理解问题，得出解题思路和解题步骤，然后选用具体的语言实现解题步骤。

事实上，语言的作用不仅体现在程序的实现方式，而且关系到分析问题的方式方法。语言给思维定型，也给思维定界。

1.　面向过程方式

分析出解决问题的步骤，然后用函数（Function）或者程序过程（Procedure）把这些步骤一步一步地实现，程序执行的过程就是按一定顺序调用函数并且执行函数的过程。解决问题的过程就是函数执行的过程。所以面向过程（Procedure-Oriented）的核心是，分析事物过程，用函数来实现。

有些计算问题，适合于采用面向过程的方式来处理。

【例 3.2】编程完成如下计算。

$$s= 1！ +3！ +5！ +\cdots+21！$$

【分析】这个计算过程就是循环地得到 1~21 这 11 个奇数，调用已定义的计算阶乘值的函数，并对函数返回的阶乘值累加求和。

这个计算过程以及所有诸如此类的问题的特点是：计算过程的每一步，包括循环地给出操作数 n、调用计算阶乘的函数 f、累加求和 s 等动作在时间先后顺序都是确定的。这个过程参见图 3-5。

计算阶乘是一个循环（或者递归）过程，计算阶乘的和的过程也是一个循环过程。在方法中实现计算某数阶乘，在主方法 main 中给出 1~21 这 11 个操作数的循环，调用求阶乘方法。

求阶乘的方法包括递归和非递归实现。

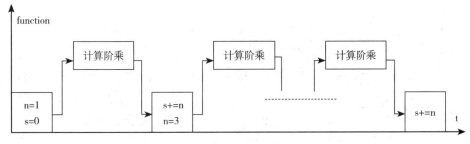

图 3-5　程序执行过程

【代码】

```java
public class Example3_02{
// 非递归方法计算阶乘
static long nonRecurFactorial(int n)
{
        long facto = 1;
        for(int i = 1;i < n; i++)
        {
            facto *= i;
        }
        return facto;
    }
// 递归方法计算阶乘
static long recurFactorial(int n)
{
        if(n == 1||n ==0) return 1;
        else
        return n* recurFactorial(n-1);
}
public static void main(String[] args){
    long sum = 0;
    int i = 1;
    for(; i<=21;i=i+2){
        sum += nonRecurFactorial(i));
        // 或者 sum +=recurFactorial(i);
    }
    System.out.println( "sum=  " + sum);
    }
}
```

这类问题我们在第 2 章中接触了许多。

在面向过程语言解题过程中，编程人员是总指挥，他们控制程序的执行过程。

在面向过程解题思路中，函数本来是整个过程的一部分。程序员把它们从其原来的位置提取出来，作为一个相对独立的单元，是为了让它们可以被重复调用，为了让程序变得短小一些，仅此而已。在有的语言中，为了提高执行速度，还可以让函数再"站回"到它本来的位置上，就是所谓内联（inline，联想 stand in line 便知内联的含义了）。因为在函数的执行过程之外，函数的调用 / 返回动作本身也耗费时间。就像看资料花时间，查资料、还资料也要花时间一样。

函数是否提取出来，都不影响面向过程程序执行过程的本质：程序中的语句按照顺序、分支或者循环结构被执行，程序的执行逻辑是固定的。

如果解题过程是确定的，面向过程是合适的。但是，有些问题，涉及很多不同类对象。它们相互作用，共同影响，事物过程是不可预知的。面向过程思维不适用于解决这类问题。

分析下面几个实际场景，观察对象行为的不可预知性和系统运行的不确定性。之后，请认真思考一下，你愿意做控制一切的"总指挥"吗？即使愿意，你能不能指挥各个对象的行为？在编程阶段，预先设定在执行阶段出场的各种对象的行为合理吗？

2. 面向对象方式

程序员交出控制权，把权利还给对象自己。事实上，这权利本来就属于它们自己。程序员专注于分析系统，找出其中的对象和类，分析一个事物类和对象与其他事物类和对象之间的关系。在程序中再现它们在现实世界中原始的状态和模样、不同类和对象之间的关系、对象的行为方式以及整个系统的运行方式。

观察下面的几个场景，体会其中蕴含的面向对象因素。

场景 1： 计算机系统中，中央处理单元（Central Processing Unit，CPU）并不独断专行，相反，它以民主的方式工作。它在大部分时间执行一个主程序，当某外部设备需要它时就以中断方式（类似于有人来敲门）打断 CPU，CPU 在紧急处理完一些必须处理的工作（入栈保护，类似你读书被别人打断时需要一个书签标识当前位置！），转而为这个外设处理中断服务。例如，打印机检测到没有打印纸了，希望主机（其实就是 CPU）及时通知计算机用户！或者打印机已经打印完上一批数据，希望 CPU 再发给它下一批打印数据！如图 3-6 所示。可见，系统中各种组件和设备既各行其道，又协同工作。程序员无法按照面向过程思路提前安排好什么时间打印机无纸，什么时间打印机发生故障。

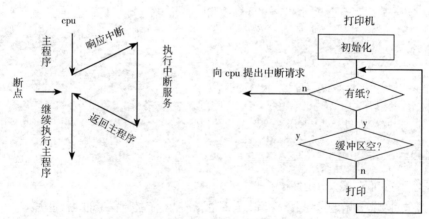

图 3-6　CPU 响应打印机中断请求示意图

为了理解图 3-6 所解释的机制，下面简要地解释一下中断的相关概念。

首先，类比说明什么是中断。中断就是打断（Interrupt）、暂停。假设你的名字叫 CPU，你的主程序（与那个中断服务子程序相对而言，成为主子关系）是在认真读一本很有趣的书。你读书之前叫了个外卖，外卖送到时按你的门铃，门铃声打断了你读书，这就是"中断"。

你在书的当前页放一个书签，记录了"断点"，然后去开门，付款，然后坐下来品尝美味。这就是"响应中断执行中断服务子程序"。最后，你"返回主程序"，找到"断点"，继续读书。后面，一定还有其他人来打断你。类似地，在计算机系统中，向 CPU 发中断请求的也不只打印机一种设备。

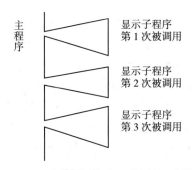

图 3-7　内存数据送显示器的过程示意图

然后，我们再用对比法理解计算机的操作机制，参见图 3-7。我们知道 CPU 用于计算和控制，显示器用于显示信息。因为显示器和 CPU 一样是电子设备，工作速度相当。因此 CPU 向显示器输出数据进行显示采用了与中断方式不同的控制方式：编写一个从内存读数据，输出到显示器的子程序（类似函数），在 CPU 执行主程序过程中，需要输出数据时，即调用子程序，子程序执行完返回到主程序继续执行，这个过程由 CPU 主导。由于显示器不像打印机存在这样那样的不确定性，它的显示过程可以预先在程序中设定，计算机的这种工作方式是面向过程的。而采用中断方式工作则是面向对象的。在中断方式下，CPU 和打印机是两类对象，它们协调动作，共同决定计算机如何工作。

对比一下以上所说的两种情况，有助于深入理解面向过程和面向对象的思想。

场景2： 在电商系统中，客户、商家、商品是 3 个不同事物类。客户和商家操作总体描述如图 3-8 所示。具体到某个客户和某个商家，他们进行某种操作的时间、顺序和内容是他们自己的事情，比如商家决定商品打折的方式是商家自己根据市场总体供求关系和商品销售情况决定的。顾客买或不买某个商品也是顾客根据自己的需求和财力决定。交易双方无法预知交易过程，编程人员当然也不能够用面向过程方法提前对买卖这件事情的执行过程进行安排。

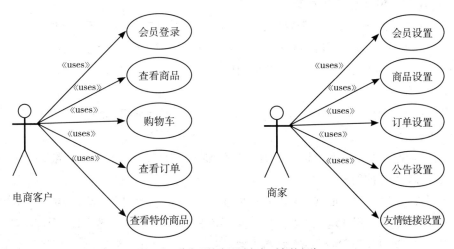

图 3-8　电商系统中两种角色对象的行为

面向对象语言的解题思路是：在程序中定义与现实世界中相一致的事物类和对象，定义其属性和行为，对象按系统状态（包括和其他对象的交互）决定自身的行为。

场景3： 在交通系统中，有十字路口的红绿灯和在路上不同方向行驶的汽车。路上有没有车，车多或少，行驶速度，启动与停车，红绿灯颜色的切换等都不是编程人员可以事先设定的，应该由对象自己根据系统状态，根据对象间消息通信来决定它们自己的行为和操作，如图 3-9 所示。车要看红绿灯颜色决定行车还是停车，红绿灯要根据时间切换颜色。而程序员需要研究这些不同的类对象的属性和行为，以及它们之间的关系，是这些因素而不是程序员决定系统的运行。

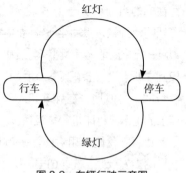

图 3-9　车辆行驶示意图

通过以上 3 个场景的分析，体会一下在一个应用程序中存在什么样的对象，存在哪些不同的类。对象之间传递什么样的消息，消息和程序运行的状态是怎样决定对象行为的。

拓展知识

　　克瑞斯坦·内加德 (Kristen Nygaard，1926—2002 年)，出生于挪威奥斯陆，是著名的计算机科学家，社会活动家。1948 年大学毕业后，他进入挪威国防研究院 NDRE，从事有关计算、程序设计和运筹学方面的工作。经过不断的努力，他成为 SIMULA-67 语言的创始人、面向对象技术的先驱，曾获得冯·诺依曼奖和第 36 届图灵奖。Simula 67 于 1967 年 5 月 20 日发布，之后，在 1968 年 2 月形成了正式文本。Simula 67 被认为是最早的面向对象程序设计语言，它引入了后来面向对象程序设计语言所遵循的所有基础概念：对象、类、继承。

3.2.2　面向对象的内涵

　　究竟什么是面向对象？我们需要一点咬文嚼字的精神，需要一点穷理尽微的劲头。

　　早晨起来面向太阳，不是只要求站立的姿势，而是要求怎么看世界的。看到了早晨的太阳在哪里，就知道了它红彤彤、朝气蓬勃的样子，还知道了前面是东，后面是西的方位，太阳为方向提供了参照。

　　面向对象 (Object-Oriented，OO) 也是同样的道理。面向它们，而不是背离它们，不是对它们的存在视而不见。

　　面向对象，把对象当作整体，而不是撕裂的条块分割的东西，因为对象以整体存在于世。这有点像以人为本的理念。

　　基于这个基本理念，面向对象语言（OOPL）中把对象的属性和操作封装起来，作为一个整体。认为对象的操作是对象自己的事情，这在思维方式和解决问题方式上是回归自然。

　　基于这个理念，易于发现了对象之间的继承关系，例如学生干部类从学生类继承了许多，又新增了某些属性和操作，例如职务。这使得代码可以重用（Reusable），编程效率更高了。

　　基于这个理念，让同类操作拥有同一个名字，它们在不同语境下有不同的含义。例如：三角形、矩形、圆形、梯形计算面积，可以共用一个名字 area，而不必取 4 个不同的名字，这使得软件的维护变得容易了。其实，我们还是要定义 4 个方法：

```
double area(Triangle tri){              // 计算三角形面积代码
    double area;
    double s = (tri.a + tri.b + tri.c)/2;
    area = Math.sqrt(s*(s-tri.a)*(s-tri.b)*(s-tri.c));
    return area;
}
    double area(Rectangle rect){          // 计算矩形面积代码
}
    double area(Circle circ){             // 计算圆形面积代码
}
    double area(Trapezoid trap){          // 计算梯形面积代码
}
```

面向对象语言有许多优点,如代码重用、易于扩充、易于维护等。这些优点需要在程序设计训练中尤其是软件开发中逐渐深入地理解。

我们用一个对比的例子结束对面向对象的赞美。有一句话说得好:此时无声胜有声。你认为呢?

【例 3.3】假设一个班有 26 名学生,本学期大家一致选修了两门课程。要求按总分从高到低排序,打印输出一个表,表中各列分别是学号、姓名、各科成绩、总成绩、名次。

【分析】可以用数组来保存学号、姓名、各科成绩数据。由于数组中元素必须是同类型的,因此需要用多个数组,分别存储这些数据。相应地,在排序时分别存储不同数组中的对应数据需要按照总成绩比较的结果同时进行交换。

【代码】

```
package ch3;
import java.util.Scanner;
public class Example3_3 {
 public static void main(String[] args) {
 Scanner scan = new Scanner(System.in);
 int studentNumber = scan.nextInt();
 String number[]=new String[studentNumber],temp1;
 String name[]=new String[studentNumber],temp2;
 int course1[]=new int[studentNumber],temp3;
 int course2[]=new int[studentNumber],temp4;
 int sum[]= new int[studentNumber],temp5;
 // 输入学生的学号、姓名、科目 1 分数、科目 2 分数,计算各人两科总分
 for(int i=0;i<studentNumber;i++) {
     number[i] = scan.next();
     name[i] = scan.next();
     course1[i] = Integer.parseInt(scan.next());
     course2[i] = Integer.parseInt(scan.next());
     sum[i] = course1[i] + course2[i];
 }
 // 用选择排序法,按总分从高到低排序
 for(int i=0;i<studentNumber-1;i++)
     for(int j=i+1;j<studentNumber;j++) {
             if(sum[i] < sum[j]) {
                     temp1=number[i];number[i]=number[j];number[j]=temp1;
```

```
                              temp2=name[i];name[i]=name[j];name[j]=temp2;
                              temp3=course1[i];course1[i]=course1[j];course1[j]=temp3;
                              temp4=course2[i];course2[i]=course2[j];course2[j]=temp4;
                              temp5=sum[i];sum[i]=sum[j];sum[j]=temp5;

                      }
              }
        // 输出学生成绩单: 学号、姓名、科目1、科目2、总分、名次
        System.out.println("      学号----姓名----科目1----科目2----总分----名次");
        for(int i=0;i<studentNumber;i++) {
              System.out.println("      "+number[i]+"----"+name[i]+"----
"+course1[i]+"----"
                              +course2[i]+"----"+sum[i]+"----"+(i+1));
        }
    }
}
```

【例 3.4】题目同例 3.3, 要求用面向对象方法实现。

【分析】在例 3.3 中, 学生对象数据被拆分成若干条, 存储在不同数组中, 给后续排序和交换带来一些麻烦。本例中以对象整体存储, 后续处理简单许多。

其实, 面向对象的好处在大型系统中, 尤其在多线程情况下, 最能显现出来。在简单问题中, 往往看不出它有什么明显的优势。

【代码】

```
package ch3;
import java.util.Scanner;
class Student{
    String number;
    String name;
    int course1;
    int course2;
    int sum;
    int rank;

    Student(String number,String name,int course1,int course2){
        this.number = number;
        this.name = name;
        this.course1 = course1;
        this.course2 = course2;
    }
}
public class Example3_4 {
    public static void main(String[] args) {
        String number;
        String name;
        int course1;
        int course2;
        Scanner scan = new Scanner(System.in);
        int studentNumber = scan.nextInt();
```

```
Student []s = new Student[studentNumber];
Student temp;
// 输入学生的学号、姓名、两门课成绩，算出个人总分
for(int i=0;i<studentNumber;i++) {
    number = scan.next();
        name = scan.next();
        course1 = Integer.parseInt(scan.next());
        course2 = Integer.parseInt(scan.next());
        s[i] = new Student(number,name,course1,course2);
        s[i].sum = course1 + course2;
}
// 按个人总分排序
for(int i=0;i<studentNumber-1;i++) {
        for(int j=i+1;j<studentNumber;j++) {
            if(s[i].sum < s[j].sum) {
                temp = s[i];s[i] = s[j];s[j] = temp;
                // 与 Example3_3 对比一下，对象作为一个整体的好处显
                而易见吧？
            }
            s[i].rank = i+1;
        }
    }
    s[studentNumber-1].rank = studentNumber;
// 输出学生成绩单：学号、姓名、科目 1、科目 2、总分、名次
System.out.println("      学 号 ---- 姓 名 ---- 科 目 1---- 科 目 2----
总分 ---- 名次 ");
for(int i=0;i<studentNumber;i++) {
        System.out.printf("%6s%7s%9s%9s%8s%8s\n",s[i].number,s[i].
        name,s[i].course1,
                            s[i].course2,s[i].sum,s[i].rank);
        }
    }
}
```

3.2.3 面向对象和面向过程思想的关系

面向对象和面向过程的语言并存于世界已经多年，可能还会继续并存下去。面向对象和面向过程的编程思想也是一样。

面向对象并不取代面向过程，二者是相辅相成的。面向对象关注于从宏观上把握事物类的结构和事物类之间的关系，在具体实现类方法的时候，仍然会用到面向过程的思维方式。

面向对象如果离开了面向过程，就无法从抽象的思维层面落实到实现，成为无源之水。

3.3 面向对象语言的三大特性

面向对象语言兴起的时代，是软件规模空前庞大的时代。要使大规模的软件开发高效率，且易于维护，易于扩展，客观上要求面向对象语言具有相应的内在机制上的保证。本节介绍的三大特性就是基于这个目的的设计。

3.3.1 封装性

在你的计算机中，有很多文件夹，每个文件夹里有许多文件。同一个文件夹中的文件一般有相同属性：比如，都是 .java 文件，或者都是 .class 文件。每个文件是一个对象，文件夹就是一个类。具有相同属性的对象归为一个类。文件夹名字就是类名。

文件对象除了具有文件名、大小、最后修改时间等属性，是不是还有对属性的操作？文件可能被编辑，拷贝、删除、粘贴，这些操作，可以改变属性的值。例如，编辑文件后，文件的名字、大小和最后修改时间都发生了改变。

封装（Encapsulation），就是在类中对本类对象有哪些属性，属性的名字、数据类型、可见性，以及对象有哪些操作进行集中说明。按程序语言术语，类是一种数据类型，用类可以定义一个一个对象。对象是变量或者称为类的实例。

封装，实现了数据的隐藏（data hiding），部分数据对程序的其他部分隐藏。隐藏的目的是防止别人修改数据。

例 3.1 中，Circle、Rectangle 和 Triangle 类中分别封装了一些数据和方法。实现隐藏，Java 只需要在数据定义的语句中使用修饰符即可。例如：

private double x, y, r;// 数据 x、y、r 在其他类中不能被直接访问，故其被"隐藏"语句中的 private 就是描述变量可见性的修饰符。

比如说有一家人要去国外旅游，来去共 20 天。家里的钥匙交给一个好朋友，每隔几天去给鱼缸投点鱼食，给花浇水，可以开冰箱拿瓶可乐喝。但是家里保险柜的钥匙主人随身带着，不许别人打开。类中的属性和方法也和家中物品一样，有的可以开放共享，有的为私密则隐藏。

3.3.2 继承性

继承（inheritance）机制是为了支持代码的可重用性（reusability）。定义新的类，可以从已有的类中继承代码，减少了程序的总代码量和写代码时间，缩短了开发周期。

例如，已经定义了三角形类 Triangle，则定义直角三角形 Rtriangle 可以继承 Triangle 中的数据和方法，再添加新的数据和方法，即实现了代码的重用。

生活中继承的情况比比皆是。建筑设计部门开始一个新楼设计时可能从一个过去的设计中继承一些风格、结构思路。修改增补之后得到一个新设计。

3.3.3 多态性

多态性（polymorphism）类似自然语言的一词多义现象，比如汉字"打"，用在不同上下文中含义不同。"打酱油"是买酱油，"打苹果"是削苹果皮，"打牌"是玩牌，"打车"则是租车。这种根据某个词的上下文确定词义的做法显然增强了词的表达能力。面向对象语言中的多态性也是为了用单一的接口形式，表达多种不同的动作。

Java 中有方法重载（method overloading）和方法重写（method overriding）两种多态。为了简要说明多态性的概念，在此对重载的用法用代码举例说明。关于多态性更多的内容在第 4、5 章中介绍。

定义 max 为求最大数方法，Java 允许使用同一个名字定义多个函数，例如：

```
int max (int a, int b)
{
    return a>b? a:b;
}

int max(int a, int b, int c)
{
    if(a>b && a>c) return a;
    if(b>a && b>c) return b;
        else return c;
}

double max(double x, double y)
{
    return x>y? x:y;
}
```

调用函数的时候，语言系统视实参情况（即 max 的上下文）从 3 个函数中选择一个对的。例如 max（34，45）则调用上面的第 1 个函数，而 max（2.4，5.6）一定是调用第 3 个函数，而 max（2，4，7）调用第 2 个函数。用同一个名字，同一个符号 max，根据上下文，可以调用 3 个不同函数，产生不同的执行动作，这就是多态性，和一词多义是一样的道理。

3.4 UML2.0 简介

面向对象的语言是用来写程序代码的，相应地，在软件设计过程中也需要面向对象的工具。UML 就是这样的工具。UML 是 3 位面向对象方法学家 Booch、Rumbaugh 和 Jacobson 共同提出的，用一系列图形描述软件设计的建模工具。

3.4.1 UML 概述

我们写程序，需要先分析问题，建立解决问题的思路。有了思路，写程序就容易了。我们可以用很多表达思路的工具。

在面向过程语言中，常用的工具包括流程图、NS 图、PAD 图、伪码（Pseudo-code）等。

在面向对象场合，有一个常用的工具，叫作统一建模语言 UML（Uniform Modeling Language）。UML 是软件设计阶段的有用工具，利用它的各种图形符号，可以描述软件系统的结构和行为特性。为程序员写代码提供规范标准的设计文档。程序员依据它才能写出满足用户需求的代码。所以我们说 UML 很重要。

UML2.0 提供 13 种图形，如表 3-4 所列。其中用于描述系统静态结构的包括：类图、对象图、复合结构图、组件图、包图和部署图。用于表达动态行为特性的包括：用例图、活动图、状态机图、通信图、顺序图、交互总图、时序图。我们仅对现阶段常用的部分图形加以讲解。

表 3-4　UML2.0 的 13 种图形

序　号	名　称	作　用
1	用例图	对系统的使用方式分类
2	类图	显示类及类间关系

序　号	名　称	作　用
3	对象图	显示对象及它们的相互关系
4	活动图	显示人或对象的活动，其方式类似于流程图
5	状态机图	显示生命周期比较有趣或复杂的对象的各种状态
6	通信图	显示在某种情形下对象之间发送的消息
7	顺序图	显示与通信图类似的信息，但强调的是顺序，而不是连接
8	包图	显示相关的类如何组合
9	部署图	显示安装已完成系统的机器、过程和部署制品
10	组件图	显示可重用的组件（对象或子系统）及接口
11	交互总图	将活动图和顺序图组合图形
12	时序图	显示消息和对象状态的准确时间限制
13	复合结构图	显示对象在聚合或复合中的相互关系，显示接口和协作的对象

3.4.2　类图

在 UML 类图中，将表示类的名称、属性、方法，包括它们的可见性，封装在一个矩形中，如图 3-10 所示。

类图中的可见性，也叫访问权限，在 Java 中分为 4 种情况：公有 (public)、受保护的 (protected)、私有 (private) 和友好的。分别用符号 +、#、-、~ 表示。

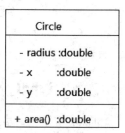

图 3-10　类的 UML 图示

3.4.3　对象图

类中描述的属性和行为，在实际系统中具体为对象。类中的属性名，在对象那里有了属性值。类中有方法描述，对象则有方法执行。就是说，类是抽象的，而对象是具体的事物，因此，对象图是设计中必不可少的。图 3-11 所示为一个对象图实例。图中 c1、c2、c3 即为类 Circle 的 3 个对象。

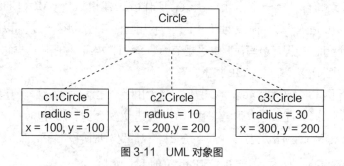

图 3-11　UML 对象图

3.5　本章小结

本章从计算机应用普及推动着事物数据化的角度开始，进而着眼于对象的本质，之后是类的作用，最后从事物处理角度谈如何理解面向对象。用实例说明方式引领大家理解面向对象技术的基本概念的含义。为理解面向对象的机制和操作奠定基础。为了使读者快速深入理解所讲述的知识，我们运用了一些类比和隐喻，这在文学作品中寻常的做法在科技书中并不多见，希望读者可以接受，并主动地让它们起作用。

按照这个逻辑，从实际问题出发，从现实出发，有助于大家深入理解面向对象程序设计语言和面向对象开发方法的优势。这是一种自然的导入，因此，读者也能按照一种自然的方式而不是从钻研教科书字里行间的暗示去理解面向对象语言的三大特性的意义。本章最后，简要介绍了 UML 类图和对象图等描述设计的图形工具，这些是读者进行面向对象软件设计和开发必需的基础知识。

3.6 习题

1. 什么是对象？什么是类？

2. 什么是面向过程？

3. 什么是面向对象程序设计？

4. UML 对面向对象程序设计有什么意义？

5. 类与类之间有哪几种关系？是什么？结合实例加以说明。

6. 试比较面向过程程序设计和面向对象程序设计的不同。

7. OOPL 的三大特性是什么？

Chapter 4

第4章

类设计基础

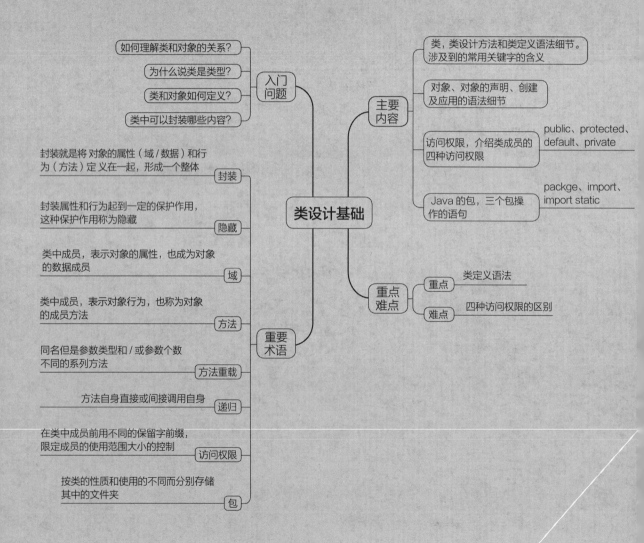

- 如何理解类和对象的关系?
- 为什么说类是类型?
- 类和对象如何定义?
- 类中可以封装哪些内容?

入门问题

主要内容
- 类,类设计方法和类定义语法细节。涉及到的常用关键字的含义
- 对象、对象的声明、创建及应用的语法细节
- 访问权限,介绍类成员的四种访问权限 —— public、protected、default、private
- Java 的包,三个包操作的语句 —— packge、import、import static

类设计基础

重点难点
- 重点 —— 类定义语法
- 难点 —— 四种访问权限的区别

封装就是将对象的属性(域/数据)和行为(方法)定义在一起,形成一个整体 —— 封装

封装属性和行为起到一定的保护作用,这种保护作用称为隐藏 —— 隐藏

类中成员,表示对象的属性,也成为对象的数据成员 —— 域

类中成员,表示对象行为,也称为对象的成员方法 —— 方法

重要术语

同名但是参数类型和/或参数个数不同的系列方法 —— 方法重载

方法自身直接或间接调用自身 —— 递归

在类中成员前用不同的保留字前缀,限定成员的使用范围大小的控制 —— 访问权限

按类的性质和使用的不同而分别存储其中的文件夹 —— 包

4.1　类

类是对某一类事物的抽象描述，比如学生类，就可以对某一类学生进行描述。对象是某一类中一个或多个具体的事物，比如学生类中的一个或多个学生。

类和对象在使用前必须先定义后使用，如同变量的定义和使用。

从数据角度看，类是用户自定义的一种数据类型，但它不是简单的类型，而是其他多种数据类型的集合，它还包括若干方法（行为），表示某一类对象的共同行为；对象也是变量，但它也不是简单的变量，而是多个变量的集合体，对象本身还有若干行为（方法）。

4.1.1　封装和隐藏

封装就是将对象的属性（域／数据）和行为（方法）定义在一起，形成一个集合。封装的结果得到一个类。

比如对学生类的封装，学生的属性有学号、姓名、性别、年龄和成绩（可以称为学生的基本信息），行为有"显示学生信息"，可以定义类：

```
class Student
{
        private String id;// 学号
        private String name;// 姓名
        private char gender;// 性别
        private int age;// 年龄
        private float score;// 成绩
        public void show(){//……}// 方法，显示学生信息
}
```

封装并不是简单地将对象的属性和行为定义在一起，而是要对属性和行为起到一定的保护作用，这种保护作用称为隐藏。

在上面学生类的定义中，id、name、gender、age 和 score 都是变量，但这些变量不能让人随便改写，所以封装时要对这些信息进行隐藏，使这个对象之外的其他对象不能改写这些信息。在对学生类封装时，使用关键字 private 就可以做到隐藏。

不同类的对象封装的结果不同，即使是同一类的对象在不同环境（系统）中封装结果也会不同。

比如描述人，在户籍管理系统中，要描述人的身份证号、姓名、性别、年龄、婚否、家庭住址等信息；而在某一健康管理系统中，除了描述人的基本信息外，还要描述人的各项生理指标，如脉搏、血压、身高和体重等。

在对对象进行封装时，应该针对问题的需要进行恰当的封装，所封装的属性和行为不能有冗余，更不能缺少。

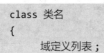

类的定义

4.1.2　类的定义

类的定义形式如下：

```
class 类名
{
        域定义列表；
```

```
        方法定义列表；
    }
```

"class"是关键字，表示定义类。"类名"是类的标识，是一个合法的标识符。"{}"中是类的具体定义。在类中有两种成员：一种是"域"（field），另一种是"方法"（method）。在类中可以定义若干个"域"，"域"是对象的属性（又可称为数据成员）；类中还可以定义若干"方法"，方法是对象的行为（又可称为成员方法）。

4.1.3 域的定义

域的最基本定义方法与变量定义一样。它的基本定义形式：

```
数据类型 域名 1[= 初值 1], 域名 2[= 初值 2],…, 域名 n[= 初值 n];
```

"数据类型"可以是基本数据类型，也可以是自定义（类或接口）类型，还可以是系统类类型。"域名"是合法的标识符。

在 4.1.1 中，Student 中定义了域：

```
private String id;// 学号
private String name;// 姓名
private char gender;// 性别
private int age;// 年龄
private float score;// 成绩
```

定义域时可以给出域的初值。不同于变量的定义，如果域的类型是基本数据类型，在定义域时，如果不给出域的初值，域也会被初始化。对于数值型的域，其初值为 0/0.0，字符型为空（"），布尔型为 false。

域的定义形式与一般变量的定义基本相同。但是域定义在类中，是类的成员，可以称为成员变量，一般变量是定义在方法中，称为局部变量。

局部变量只在它所定义的方法中有效，而成员变量在整个类中都起作用。

如果类中定义的成员变量与方法中的局部变量同名，则在方法中只能访问到局部变量，也就是局部变量覆盖了成员变量。

4.1.4 方法的定义

方法就是 C/C++ 语言中的函数，在 Java 中称为方法。它的基本定义形式：

方法的定义

```
方法类型 方法名([ 形式参数列表 ])
{
    // 方法体——若干语句
}
```

1. 方法类型

方法是对象的行为，也是对数据进行处理的功能。一般地，数据处理完成后应将处理的结果数据返回。如果返回数据，该数据一定有类型，这个类型就是定义方法时声明的"方法类型"。所以，"方法类型"是方法返回值的类型。

2. return 语句

return 语句用在方法中。当执行到 return 语句时，这个方法执行结束并返回到上一个方法的调用处，不论 return 语句后面还有多少条语句都不执行了。

方法的返回值可用 return 语句实现。return 语句的使用方法：

```
return 表达式；
```

执行 return 语句时先计算"表达式"的值，然后 return 语句将该值返回。"表达式"值的类型应该与"方法类型"一致，如果不一致，则会将表达式的值的类型自动转换为"方法类型"。但高精度数转换为低精度数时会出现运行错误。

方法也可以不返回值。如果方法不返回值，则定义方法时应该将"方法类型"声明为"void"，明确表示该方法不返回值。

在前面看到的例子中都有 main() 方法，而 main() 方法的"方法类型"是"void"，表示 main() 执行结束后不返回值。

如果方法的类型为"void"，则在方法中一定不能有语句"return 表达式；"，但是可以使用语句：

```
return;
```

使得方法执行结束并返回。

在一个方法中，return 语句可以有多个，无论执行到哪个 return 语句都可以使方法执行结束并返回。

3. 方法名

"方法名"是方法的标识，执行一个方法是通过"方法名"完成的。"方法名"是一个合法的标识符。

在给方法起名时，应该使方法名尽可能表示一定的含义，以便于对方法的理解和使用。

4. 形式参数列表

如果执行一个方法时，需要给方法一些原始数据，则可以通过"形式参数列表"来完成。

将参数说明为"形式"参数，是因为这个参数并不是真正的数据，只有当方法执行时，才会给方法真正的、实际的参数。相对地，当执行方法时给出的参数称为"实际"参数。

"形式参数列表"的形式：

数据类型 1 形式参数 1，数据类型 2 形式参数 2，…，数据类型 n 形式参数 n

"数据类型"可以是程序中任何已经存在的数据类型，每个"形式参数"（简称形参）都要单独说明"数据类型"。

根据需要，"形式参数列表"可以有也可以没有。如果定义方法时没有"形式参数列表"，则执行方法不需要给出实际数据；否则，一定要给出相应的实际数据。

实际数据又称"实际参数"（简称实参），实参可以是常量、变量或表达式，但形参一定是变量。

5. 方法体

方法用来执行一定的功能，完成相应数据的处理，所以，"方法体"是方法的具体实现。想让方法完成什么样的运算，就可以在方法体中定义相应的语句。在第 2 章中介绍的所有语句都可以写在方法体中。

任何一个 Java Application 都有一个 main() 方法，它是程序的入口，也就是从 main() 方法开始执行程序。

main() 的"方法类型"是 void，表示方法不返回值。它有一个参数"args"，是一个 String 类的对象数组。main() 方法的声明形式是固定的，不能改变。

6. 方法执行

执行一个方法称为方法的调用。

如果方法 A 在执行过程中调用了方法 B，则称方法 A 是主调方法，方法 B 是被调方法。主调方法与被调方法具有相对性，因为主调方法也可能被其他方法调用，被调方法也可能调用其他方法。

【例 4.1】方法的定义与调用。

【代码】

```java
public class Example4_01
{
  public static void main(String args[])
  {
      int x,y,z;

      x=10;
      y=25;
      z=add(x,y);// 调用时也可以直接给出常量: add(10,25)
      System.out.println(x+"+"+y+"="+z);
      // 也可以直接输出: System.out.println(add(10,25));

      int m=max(x,y,z);
      System.out.printf("%d、%d 和 %d 中最大数: %d\n",x,y,z,m);

  }
  private static int add(int a,int b)//add 方法，返回整型值
  {
      int c=a+b;
      return c;
  }
  // 如果 add 方法如下定义不可以
  /*private static int add(double a,double b)
  { 形参 a 和 b 都是 double，相加结果也是 double
  但方法类型是 int，将 double 转换为 int 时会出现错误
      return a+b;
  }*/
```

```
private static int max(int a,int b,int c)//max方法，返回整型值
{
        int max;
        max=a>b?a:b;
        max=max>c?max:c;
        return max;
}
}
```

程序运行结果如图 4-1 所示。

在例 4.1 中一共定义了 3 个方法：main()、add() 和
max()。执行过程中 main() 方法分别调用了 add() 和 max()

图 4-1　例 4.1 运行结果

方法，调用时先将实际参数的值传递给形参变量，然后再执行被调方法，被调用方法执行结束后将结果返回。

main() 方法在执行过程中，还调用了 println() 和 printf()。这两个方法不是程序员自定义的，而是 Java 语言本身定义的方法，这样的方法在需要时可以直接调用。

4.1.5　方法的重载

在一个作用域（如一个类中）内定义的多个同名方法称为方法的重载。

方法重载时要求方法的形式参数互不相同，如形参个数互不相同，或者形参个数相同，但只要有一对对应的形参类型不同即可构成方法的重载。

方法重载不能靠"方法类型"来区分。

当方法调用时，只要给出实际参数，运行时系统就会自动调用相应的方法而不需程序判断。

一般地，具有相似性质或功能的运算使用重载方法。

【例 4.2】方法的重载。找出两个整型数、3 个整型数和 3 个以上整型数中的最大值。

可以定义 3 个重载方法完成题目的要求。

【代码】

```
public class Example4_02
{
 public static void main(String args[])
 {
     int a=10,b=25,c=-90;
     int x[]={98,34,78,934,8,93,48,928,92,8,83};

     System.out.println(" 两个数中的最大数: "+max(a,b));// 调用第 1 个 max
     System.out.println("3 个数中的最大数: "+max(a,b,c));// 调用第 2 个 max
     System.out.println(" 多个数中的最大数: "+max(x));// 调用第 3 个 max
 }
 private static int max(int x,int y)//3 个重载方法的形参互不相同
 {
     return x>y?x:y;
 }
```

```
private static int max(int x,int y,int z)
{
    int m=max(x,y);// 调用第 1 个 max 方法找前两个数中的最大数
    return m>z?m:z;
}
private static int max(int a[])
{
    int m=a[0];
    for(int x:a)
        m=m>x?m:x;
    return m;
}
}
```

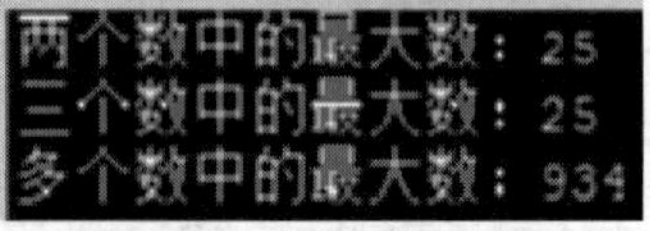

两个数中的最大数: 25
三个数中的最大数: 25
多个数中的最大数: 934

程序运行结果如图 4-2 所示。

图 4-2　例 4.2 运行结果

4.1.6　方法的递归

方法的调用有两种形式，一种是嵌套调用，另一种是递归调用。

嵌套调用是一个方法在执行过程中调用了另外的方法，而这个另外的方法还可以再调用其他的方法，其他的方法还可以再调用其他方法，等等。前面内容中涉及方法调用的程序都是嵌套调用。

递归调用是一个方法在执行过程中直接或间接调用了自身。通过递归调用，可以将问题简化为规模缩小了的同类问题的子问题。

使用方法递归调用时，应满足 3 个要求：

（1）每一次的调用都会使问题得到简化；

（2）前后调用应该有一定的关系，通常是前一次调用要为后一次调用准备好条件（数据）；

（3）在问题规模极小时应该终止递归调用，以避免无限递归调用，也就是应该有递归调用结束的条件。

【例 4.3】用递归方法计算 $1+2+3+\cdots\cdots+n$ 的值。

设函数

$$\text{sum}(n) = 1+2+3+\cdots+n$$

写成递归形式：

$$\text{sum}(n) = \begin{cases} \text{sum}(n-1)+n, & n>1 \\ 1, & n \leq 1 \end{cases}$$

根据递归形式就可以写出求和值的方法。

【代码】

```
import java.util.Scanner;

public class Example4_03
{
    public static void main(String args[])
    {
```

```
        int n;
        Scanner reader=new Scanner(System.in);
        System.out.print(" 输入一个正整数: ");
        n=reader.nextInt();

        System.out.println("1到 "+n+" 的和值: "+sum(n));
    }
private static int sum(int n)// 递归方法
{
        if(n>1)
        return sum(n-1)+n;// 直接调用自身
    else
        return 1;
    }
}
```

程序运行结果如图 4-3 所示。

再看一个递归的例子。

【例 4.4】用递归方法找出一个数组中的最大数。

图 4-3　例 4.3 运行结果

设 a 是一个数组，函数 max(a,n) 表示寻找数组 a 前 n 个元素中的最大值，则 max(a,n-1) 可以得到数组 a 前 n-1 个元素中的最大值，等等。可以写出下面的递归公式：

$$\max(a, n) = \begin{cases} a[0], & n=0 \\ \max(\max(a, n-1), a[n-1]), & n>0 \end{cases}$$

编写程序时注意数组下标从 0 开始。

【代码】

```
public class Example4_04
{
  public static void main(String args[])
  {
      int a[]={28,34,893,83,573,98,459,385,38};
      int n=a.length;

      System.out.print(" 数组元素: ");
      print(a);
      System.out.println(" 数组中最大值: "+max(a,n));
  }
  // 寻找数组 a 前 n 个元素中的最大值，n 是元素个数
  private static int max(int a[],int n)
  {
      n--;// 下标从 0 开始
      if(n==0)
         return a[0];

      int m=max(a,n);// 递归，寻找数组 a 前 n-1 个元素中的最大值 m
      return m>a[n-1]?m:a[n-1];
```

```
        }
        private static void print(int a[])
        {
            for(int x:a)
                System.out.printf("%4d",x);
            System.out.println();
        }
    }
```

```
数组元素： 28  34 893  83 573  98 459 385  38
数组中最大值：893
```

程序运行结果如图 4-4 所示。　　　　　　　　图 4-4　例 4.4 运行结果

以上内容介绍了类、域和方法的定义，下面看一个具体类的定义。

【例 4.5】平面上有若干个点，已知每个点的位置。要求定义一个类描述这些点，并能对点进行平移变换。

定义类时应先针对问题的需要进行抽象。

平面上的点可以用坐标（x, y）表示。对点进行平移变换相当于点的行为，可以定义一个方法实现行为。

【代码】

```
class Point
{
 int x,y;// 域，点的位置

        int getX()// 方法，获得 x 分量
        {
            return x;
        }
        int getY()// 方法，获得 y 分量
        {
            return y;
        }
        void move(int offsetX,int offsetY)// 方法，对点平移
        {
            x+=offsetX;
            y+=offsetY;
        }
    }
```

4.2　对象

定义了类之后，就可以用类定义对象（object）了。对象又可以称为实例（instance）。

4.2.1　对象的声明与创建

1. 对象的声明

对象声明的形式：

对象的声明
与创建

　　　类 对象名列表；

"类"是已经定义的类,"对象列表"是声明的对象,可以是一个,也可以是多个。

例如,例 4.5 中定义的 Point 类,可以用这个类声明对象名:

```
Point p1,p2;
```

这条语句声明了两个 Point 类的对象名 p1 和 p2。

声明对象后还必须创建对象才能使用对象。

2. 对象的创建

对象创建的形式:

```
new 构造方法()
```

"new"运算符后跟"构造方法()"就可以创建对象。有关构造方法的内容请参见 4.2.3 小节。

在例 4.5 中,Java 编译器会提供一个构造方法,利用这个构造方法可以创建 Point 类的对象。如:

```
new Point()
```

但是,这个对象没有名字,还无法使用。可以通过赋值的形式给这个对象取一个名字。如前面定义的对象名 p1,可以用 p1 表示创建的对象:

```
p1=new Point();
```

以后就可以通过对象 p1 使用这个对象了。

也可以在声明对象时创建对象。如:

```
Point p1=new Point();
Point p2=new Point();
```

4.2.2 对象的使用

使用对象的形式:

```
对象名.域
对象名.方法名([实际参数列表])
```

其中的"."称为分量运算符。

每一个对象都有自己的属性和行为,就如同一个人的身份信息(属性)和行为与他人不同一样。

创建一个对象后,这个对象就有自己的属性和行为。通过对象名访问域或方法,只能是对象本身的域或方法,而不能是其他对象的域或方法,就如同一个人不能干涉其他人一样。

如定义的对象 p1 和 p2:

```
p1=new Point();
p2=new Point();
```

可以访问：

```
p1.x、p1.y、p2.x、p2.y
p1.move(10,20)、p2.move(15,20)
```

p1 有自己的域 x 和 y，p2 有自己的域 x 和 y，虽然域名都一样，但它们都是各自的域，就如同人的身份证号一样，每一个人都有自己独有的身份证号。

【例 4.6】对象的声明、创建与使用。

【代码】

```java
class Point
{
    //……类的定义同例 4.5
}
public class Example4_06
{
 public static void main(String args[])
 {
    Point p1,p2;// 声明对象
    p1=new Point();// 创建对象
    p2=new Point();

    System.out.println("p1 表示的点坐标: ("+p1.x+","+p1.y+")");
    System.out.println("p2 表示的点坐标: ("+p2.x+","+p2.y+")");

    System.out.println(" 改变 p1 和 p2 的坐标后的坐标: ");
    p1.x=10;// 通过对象名访问其中的域
    p1.y=15;
    p2.x=-20;
    p2.y=-34;
    System.out.println("p1 表示的点坐标: ("+p1.x+","+p1.y+")");
    System.out.println("p2 表示的点坐标: ("+p2.x+","+p2.y+")");

    p1.move(11, 22); // 对 p1 平移
    System.out.print(" 对点 p1 平移 (11,22) 后的坐标: ");
    // 通过对象调用方法 getX() 和 getY() 获得对象的域值
    System.out.println("("+p1.getX()+","+p1.getY()+")");
    p2.move(-11, -22); // 对 p2 平移
    System.out.print(" 对点 p2 平移 (-11,-22) 后的坐标: ");
    System.out.println("("+p2.getX()+","+p2.getY()+")");
 }
}
```

程序运行结果如图 4-5 所示。

因为域有默认值，所以刚创建两个对象后，两个对象都表示 (0,0) 点。然后对两个点的坐标进行赋值，可以使两个对象表示不同的点。还可以通过调用 move() 方法改变对象所表示的点。

```
p1表示的点坐标：(0,0)
p2表示的点坐标：(0,0)
改变p1和p2的坐标后的坐标：
p1表示的点坐标：(10,15)
p2表示的点坐标：(-20,-34)
对点p1平移(11,22)后的坐标：(21,37)
对点p2平移(-11,-22)后的坐标：(-31,-56)
```

图 4-5　例 4.6 运行结果

获得点的坐标可以直接访问域，也可以调用方法 getX() 和 getY()。

4.2.3 构造方法

构造方法

创建对象时通过 "new" 运算符调用类中的构造方法。如果类中没有相应的构造方法，则不能创建对象。所以，在定义类时应该定义构造方法。

在一个类中可以定义多个构造方法，形成构造方法的重载。利用重载的构造方法可以创建不同初始状态的对象。

构造方法的定义形式：

```
方法名 ([ 形参列表 ])
{
    //……方法体
}
```

构造方法没有"方法类型"，写"void"也不可以。"方法名"必须与所在的类的类名一致。"形参列表"和"方法体"与其他方法的定义一样。

【例 4.7】为 Point 类增加构造方法。

【代码】

```
class Point
{
  int x,y;// 域，点的位置

  Point()// 没有参数的构造方法
  {
      x=0;
      y=0;
  }
  Point(int x1,int y1)// 有两个参数的构造方法
  {
      x=x1;
      y=y1;
  }

  int getX()// 方法，获得 x 分量
  {
      return x;
  }
  int getY()// 方法，获得 y 分量
  {
      return y;
  }
  void move(int offsetX,int offsetY)// 方法，对点平移
  {
      x+=offsetX;
      y+=offsetY;
  }
}
```

```java
public class Example4_07
{
public static void main(String args[])
{
    Point p1,p2;// 声明对象
    p1=new Point();// 调用第 1 个构造方法
    p2=new Point(5,8);// 调用第 2 个构造方法

    System.out.println("p1 表示的点坐标: ("+p1.x+","+p1.y+")");
    System.out.println("p2 表示的点坐标: ("+p2.x+","+p2.y+")");

    p1.move(11, 22);// 对 p1 平移
    System.out.print(" 对点 p1 平移 (11,22) 后的坐标: ");
    // 通过对象调用方法 getX() 和 getY() 获得对象的域值
    System.out.println("("+p1.getX()+","+p1.getY()+")");
    p2.move(-11, -22);// 对 p2 平移
    System.out.print(" 对点 p2 平移 (-11,-22) 后的坐标: ");
    System.out.println("("+p2.getX()+","+p2.getY()+")");

}
}
```

程序运行结果如图 4-6 所示。

从例 4.7 可以看到，通过调用构造方法创建了对象并对对象中的域进行了初始化。所以构造方法相当于有两个作用，一个作用是创建对象，另一个作用是可以对对象进行初始化。

图 4-6　例 4.7 运行结果

在例 4.6 中并没有定义构造方法，但是也能调用构造方法创建对象。如果在类中不定义构造方法，Java 编译器会为类生成一个默认的构造方法，这个构造方法没有参数，方法体是一个空方法体。所以例 4.6 中利用了这个默认的构造方法创建了对象。

如果在类中定义了任意一个构造方法，则 Java 编译器就不再提供默认的构造方法。

4.2.4　对象的内存模型

在上例中的语句：

```java
p2=new Point(5,8);
```

表示创建一个 Point 类的对象并用对象名 p2 表示。

表达式 "new Point(5,8)" 创建 Point 类的对象，同时，整个表达式的值是这个对象在内存中的地址。但这个对象没有名字，无法使用。

语句 "p2=new Point(5,8);" 是将对象 "new Point(5,8)" 的地址保存在变量（对象名）p2 中，所以访问对象名 p2 就可以访问到对象 "new Point(5,8)"。

用对象名表示对象，就是对象在内存中的表示方法。如图 4-7 所示。

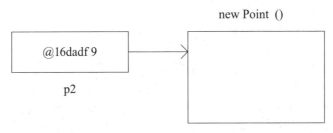

图 4-7　对象的内存模型

4.2.5　this

this 是当前对象，也可以看作是当前对象的别名（当前对象名）。

当通过一个对象调用一个成员方法时，系统会将当前对象的别名传递到被调方法中，在这个被调方法中，当前对象名就是 this。所以，this 只能在成员方法中可见。

一个成员方法可以被这个类的多个对象调用，在某一时刻，哪一个对象调用这个方法，this 就表示的是哪一个对象。

因为当局部变量与域名重名时，在方法中只能访问到局部变量。如果想访问同名的域，就需要在域名前加上 this，表示是当前对象中的域，而不是局部变量。也就是，如果不存在同名问题，则无须使用 this，当然，使用也可以。

【例 4.8】this 的使用。

【代码】

```java
class Point
{
        int x,y;// 域，点的位置

        Point()// 没有参数的构造方法
        {
                x=0;// 可以写成 this.x
                y=0;//this.y
        }
        Point(int x,int y)// 有两个参数的构造方法
        {
                this.x=x;// 必须写成 this.x，否则访问不到域 x
                this.y=y;// 必须写成 this.y，否则访问不到域 y
                System.out.println(" 构造方法中当前对象地址: "+this);
        }

        int getX()// 方法，获得 x 分量
        {
                return x;// 可以写成 this.x
        }
        int getY()// 方法，获得 y 分量
        {
                return y;// 可以写成 this.y
        }
        void move(int offsetX,int offsetY)// 方法，对点平移
        {
```

```
                            x+=offsetX;// 同样可以写成 this.x this.y
                            y+=offsetY;
                    }
                    public void print()
                    {
                            System.out.println(" 点坐标: ("+x+","+y+")");
                            System.out.println("print 方法中当前对象地址: "+this);
                    }
            }
            public class Example4_08
            {
                    public static void main(String args[])
                    {
                            Point p=new Point(10,20);

                            p.move(11, 22);

                            System.out.println("main() 方法中对象 p 的地址: "+p);

                            p.print();

                            //—————— 再创建一个对象 ——————————————
                            System.out.println("————————— 再创建一个新对象 —————————");
                            p=new Point(-10,-20);

                            p.move(-11, -22);

                            System.out.println("main() 方法中新对象 p 的地址: "+p);

                            p.print();
                    }
            }
```

程序运行结果如图 4-8 所示。

对象 "new Point(10,20)" 创建时要调用
构造方法，调用构造方法时会将当前对象的
别名（地址）传递到（第 2 个）构造方法中。
在构造方法中，当前对象就是 "this"。由于
域名与形参（局部变量）名相同，所以为了
能访问到对象中的域 x 和 y，使用 "this.x"
和 "this.y"。

图 4-8　例 4.8 运行结果

对象 "new Point(10,20)" 的地址保存在对象名 p 中，所以在构造方法中打印出的当前对
象的地址与 main() 方法中对象名 p 的值相同。

对于语句 "p.move(11, 22);"，当它被执行时，会将 p 所表示的对象的地址传递到 move()
方法中并赋给 this。所以，在 move() 方法中 this 的值也与前两个值相同。

再创建新对象并调用相应方法，this 表示的就是新对象的地址了。所以，哪一个对象调
用方法，在方法中，this 就是哪一个对象的别名（地址）。

4.2.6 参数传递

参数传递

当一个方法定义时定义了形式参数，则调用这个方法时必须给出实际参数。

调用开始时先将实际参数的值传递给形式参数，然后再执行方法。无论形参的类型是基本数据类型、数组类型或类类型，都是将实际参数的值传递给形式参数。

1. 基本数据类型作方法的参数

如果参数是基本数据类型，当这个方法被调用时，运行时系统会为形式参数开辟新的存储单元。所以，即使实际参数是一个变量，它与形参也不是同一个存储单元，形参的值改变了，实际参数的值不会变化。

【例 4.9】基本类型的数据作方法参数。

本例中用一个简化的 Point 类。

【代码】

```
class Point
{
    int x,y;// 域，点的位置

    Point(int x,int y)// 有两个参数的构造方法
    {
        this.x=x;
        this.y=y;
    }
    public void print()
    {
        System.out.println("("+x+","+y+")");
    }
}
public class Example4_09
{
    public static void main(String args[])
    {
        Point p=new Point(11,22);

        System.out.print(" 调用 move() 方法前点的坐标: ");
        p.print();

        move(p.x,p.y);

        System.out.print(" 调用 move() 方法后点的坐标: ");
        p.print();
    }
    private static void move(int x,int y) // 基本数据作方法参数
    {
        x=x+11;
        y=y+22;
```

```
            System.out.print(" 在 move() 方法中点的坐标: ");
            System.out.println("("+x+","+y+")");
        }
    }
```

程序运行结果如图 4-9 所示。

从运行结果看，在 move() 方法中，点的坐标的确发生了改变，但是调用结束后点的坐标仍然没变。

调用move方法前点的坐标: (11,22)
在move方法中点的坐标: (22,44)
调用move方法后点的坐标: (11,22)

图 4-9　例 4.9 运行结果

当 move() 方法被调用时，运行时系统为形式参数 x 和 y 开辟存储空间，并且将 p.x 和 p.y 的值分别传递给形参 x 和 y。形参 x 和 y 与 p.x 和 p.y 是完全不同的变量（占用完全不同的存储单元），所以当 x 和 y 变化后，一定不会改变 p.x 和 p.y 的值。

2. 对象名作方法的参数

因为对象名的值就是对象在内存中的地址，所以，当对象名作方法的参数时，是将对象的地址传递到被调方法中。这样，在被调用方法中的形参与主调方法中的实参指的是同一个对象。

【例 4.10】对象名作方法的参数。

【代码】

```
class Point
{
// 同例 4.9
}
public class Example4_10
{
    public static void main(String args[])
    {
        Point p=new Point(11,22);
        System.out.println(" 在 main() 方法中 p 表示的对象的地址: "+p);
        System.out.print(" 调用 move() 方法前点的坐标: ");
        p.print();

        move(p);

        System.out.print(" 调用 move() 方法后点的坐标: ");
        p.print();
    }
    private static void move(Point p)// 对象名作方法的参数
    {
        System.out.println(" 在 move() 方法中 p 表示的对象的地址 :"+p);
        p.x=p.x+11;
        p.y=p.y+22;
        System.out.print(" 在 move() 方法中点的坐标: ");
        System.out.println("("+p.x+","+p.y+")");
    }
}
```

程序运行结果如图 4-10 所示。

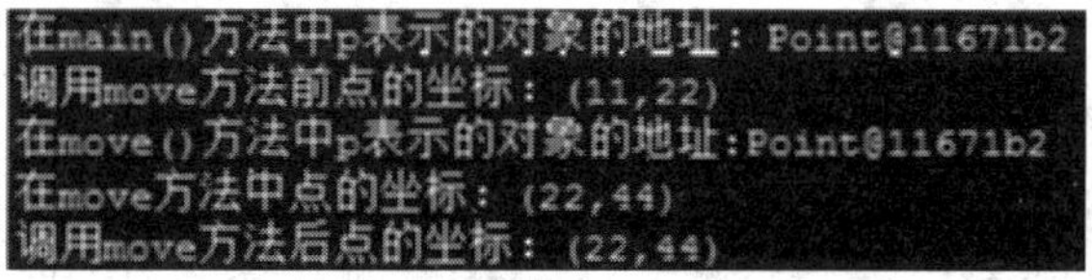

从程序运行结果看，在 move() 方法中改变了坐标值，返回后原对象 p 的坐标也改变了。

图 4-10　例 4.10 运行结果

当 move() 方法被调用时，运行时系统要为形参对象 p 开辟存储空间，并将主调方法中 p 的值传递给形参 p。所以，move() 方法中的 p 与 main() 方法中的 p 表示的是同一个对象。从运行结果看，它们表示的对象的地址相同。

当在 move() 方法中改变对象 p 所表示的域值时，显然，主调方法中的对象 p 必然改变。

注意，main() 方法中的对象名与 move() 方法中的对象名虽然相同（都是 p），但它们是两个完全不同的对象，有各自的存储空间和作用域。

3. 数组名作方法的参数

数组名表示的是数组在内存中的起始地址。所以用数组名作方法的参数时，是将数组在内存中的起始地址传递到被调方法中，在被调用方法中就可以通过数组起始地址访问到数组中的每一个元素。

【例 4.11】数组名作方法的参数。

【代码】

```java
public class Example4_11
{
    public static void main(String args[])
    {
        int a[]={23,93,84,78,48,28,92,38,46};

        System.out.println(" 在 main() 方法中数组的地址: "+a);
        System.out.println(" 数组中原始值: ");
        print(a);// 实参数组名
        System.out.println("----------- 调用 add() 方法 -------------");

        add(a);// 实参数组名
        System.out.println(" 调用方法 add() 后数组中元素值: ");
        print(a);// 实参数组名

        System.out.println("----------- 调用 sort() 方法 ------------");
        sort(a);// 实参数组名
        System.out.println(" 调用方法 sort() 排序后数组中元素值: ");
        print(a);// 实参数组名
    }
    private static void print(int x[])// 输出数组中各元素, 形参数组名
    {
        for(int a:x)
            System.out.printf("%3d",a);
        System.out.println();
        //System.out.println(" 在 print() 方法中数组的地址: "+x);
    }
```

```
              private static void add(int x[])// 改变数组元素的值，形参数组名
              {
                    System.out.println(" 在 add() 方法中数组的地址: "+x);
                    for(int i=0;i<x.length;i++)
                        x[i]=x[i]+5;// 每个元素都加 5
              }
              private static void sort(int x[])// 排序，形参数组名
              {
                    System.out.println(" 在 sort() 方法中数组的地址: "+x);
                    int i,j,k;

                    for(i=0;i<x.length-1;i++)
                    {
                         k=i;
                         for(j=i+1;j<x.length;j++)
                            if(x[k]>x[j])
                                  k=j;

                         if(k!=i)
                           {
                             int t=x[i];
                             x[i]=x[k];
                             x[k]=t;
                           }
                    }
              }
          }
```

程序运行结果如图 4-11 所示。

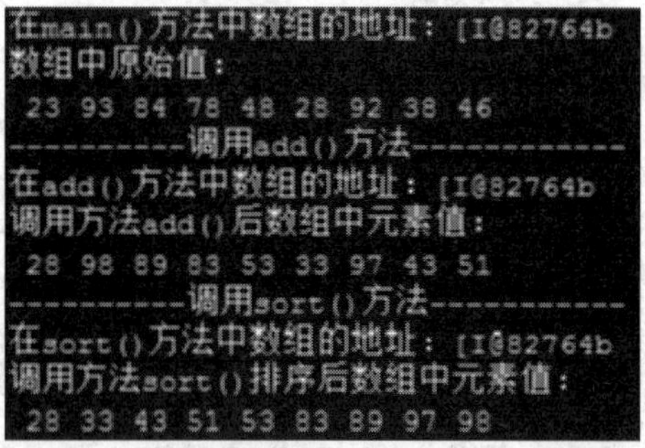

在 main() 方法中，数组名 a 表示数组的起始地址。当调用方法 print()、add() 或 sort() 时，把 a 的值（也就是数组的起始地址）传递给形参 x，形参 x 和实参 a 表示的是同一个数组，所以通过形参 x 就可以访问到主调方法中 a 所表示的数组。

在第 2 章中介绍了一个冒泡排序法，在例 4.11 中又使用了一个排序方法——选择法。

图 4-11 例 4.11 运行结果

用变量 i 表示第 0 个元素的下标，变量 k 表示数组中最小元素的下标。开始时，假设第 0 个元素是最小的元素（$k=0$）。要想找出最小的数，必须逐个数进行比较。从 i 的下一个数开始，每一个数都与 k 处元素比较，如果后面的某一个数比 k 处的元素小，则使 k 表示该元素的下标。第 1 趟比较的结果：

第一趟	10	22	−52	73	42
	↑		↑		
	i		k		

第一趟比较可以用下面的代码表示：

```
k=i=0;
for(int j=i+1;j<a.length;j++)
      if(a[k]>a[j])
          k=j;
```

将 i 和 k 位置的数据交换，接着进行第二趟比较。

经过第一趟比较后，最小的数已经到了最前面，所以以下一趟比较时，不用考虑第 0 个数，只需从第 1 个数开始即可，在其后的 $n-1$ 个数中找最小的数并放在 1 的位置。

第二趟	-52	22	10	73	42
		↑	↑		
		i	k		

第二趟比较可以用下面的代码表示：

```
k=i=1;
for(int j=i+1;j<a.length;j++)
      if(a[k]>a[j])
          k=j;
```

将 i 和 k 位置的数据再交换，接着进行第三趟比较。

第三趟	-52	10	22	73	42
			↑		
			i, k		

i 和 k 表示的是同一个数，不需要交换，接着进行第四趟比较。

第四趟	-52	10	22	73	42
				↑	↑
				i	k

将 i 和 k 位置的数据再交换，完成排序。

	-52	10	22	42	73

从上述比较过程可以看到，虽然每趟比较时的数据量不同，但是比较过程相同，所以可以用一个循环重复这个比较过程。如果有 n 个数，则需要重复 $n-1$ 趟。注意，下标从 0 开始。变量 i 表示的是最小数位置，它与趟数同步变化，可以用 i 控制循环。

4.2.7 对象数组

如果想表示一个类的多个对象，可以用对象数组来表示，即数组中的每一个元素都是一个类的对象。

1. 对象数组的定义

先声明一个对象数组名。声明形式：

对象数组

```
类名 对象数组名 [];
```

再创建对象数组，形式：

> 对象数组名 =new 类名 [数组长度];

例如，平面上有若干个点，可以用一个点类的对象数组表示：

> Point p[]=new Point[10];

注意，创建对象数组与创建对象的不同之处。创建对象数组时在类名后用 "[]"，创建对象时在构造方法后用 "()"。

创建对象数组后，相当于声明了若干个对象名，而对象并不真正存在，还需要为每个对象名创建对象。如刚创建的数组 p，它有 10 个元素，相当于声明了 10 个 Point 类的对象名，并不是真正的对象，还需要调用构造方法创建每一个对象。例如，让对象数组 p 中的每个元素都表示一个对象，可以使用循环：

```
for(int i=0;i<p.length;i++)
    p[i]=new Point();
```

【例 4.12】对象数组的使用。

【代码】

```
class Point
{
// 同例 4.9
}
public class Example4_12
{
    public static void main(String args[])
    {
        Point point[]=new Point[5];// 创建对象数组

        init(point);// 对对象数组初始化
        System.out.println(" 对象数组创建后元素的值: ");
        print(point);// 打印对象数组

        move(point);// 移动点
        System.out.println(" 调用 move() 方法后元素的值: ");
        print(point);
    }
    private static void init(Point p[])// 方法，初始化对象数组
    {
        for(int i=0;i<p.length;i++)
            p[i]=new Point(10+i,20+2*i);// 为每个元素调用构造方法
    }
    private static void print(Point p)// 打印一个点，与下一方法重载
    {
        System.out.print(" ("+p.x+","+p.y+")");
    }
    private static void print(Point p[])// 打印所有元素，重载方法
    {
```

```
            for(Point p1:p)
                print(p1);
            System.out.println();
    }
    private static void move(Point p[])// 对数组中的所有点平移变换
    {
            for(Point p1:p) // 改变 p 中元素值可以用增强型循环（为什么？）
            {
                p1.x+=11;
                p1.y+=12;
            }
    }
}
```

程序运行结果如图 4-12 所示。

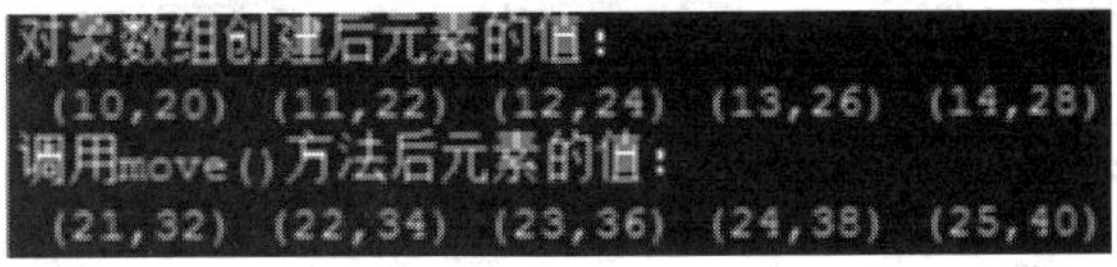

在例 4.12 中，方法 init()、print()
（第 2 个）和 move() 的形参是对象数
组名，当这些方法被调用时，同样是
将数组的起始地址传递到被调方法

对象数组创建后元素的值：
　(10,20)　(11,22)　(12,24)　(13,26)　(14,28)
调用move()方法后元素的值：
　(21,32)　(22,34)　(23,36)　(24,38)　(25,40)

图 4-12　例 4.12 运行结果

中，在被调用方法中就可以通过数组的起始地址访问到数组中的每一个元素。print()（第 1 个）
方法的形参是对象名，当它被调用时，会得到主调方法中对象的地址，从而可以访问到主调
方法中的对象。

2. 对象数组初始化

在声明数组时就使数组中的每一个元素表示一个对象，称为对象数组初始化。

对象数组初始化形式：

```
类名 对象数组名 []={ 对象列表 };
```

"对象列表" 可以是新创建的对象，也可以是已存在的对象。

【例 4.13】对象数组初始化。

【代码】

```
class Point
{
// 同例 4.9
}
public class Example4_13
{
    public static void main(String args[])
    {
        // 用新创建的对象初始化数组
        Point point[]={new Point(-10,-11),new Point(-20,-21),new Point(-30,-31)};

        System.out.println(" 对象数组初始各元素的值 : ");
        print(point);
        move(point);
        System.out.println(" 移动后对象数组中各元素的值: ");
```

```
        print(point);

        Point p1=new Point(10,11);
        Point p2=new Point(20,21);
        Point p3=new Point(30,31);
        // 用已存在和新创建的对象初始化数组
        Point point1[]={p1,p2,p3,new Point(40,41)};
        System.out.println("-- 用已存在和新创建的对象初始化数组 ---");
        System.out.println(" 对象数组初始各元素的值 : ");
        print(point1);
        move(point1);
        System.out.println(" 移动后对象数组中各元素的值: ");
        print(point1);

        // 如果写成: point={p1,p2,p3};——不可以，因为不是初始化
    }
    private static void init(Point p[])
    {
        for(int i=0;i<p.length;i++)
                p[i]=new Point(10+i,20+2*i);
    }
    private static void print(Point p)
    {
        System.out.print(" ("+p.x+","+p.y+")");
    }
    private static void print(Point p[])
    {
        for(Point p1:p)
            print(p1);
        System.out.println();
    }
    private static void move(Point p[])
    {
        for(Point p1:p)
        {
            p1.x+=11;
            p1.y+=12;
        }
    }
}
```

程序运行结果如图 4-13 所示。

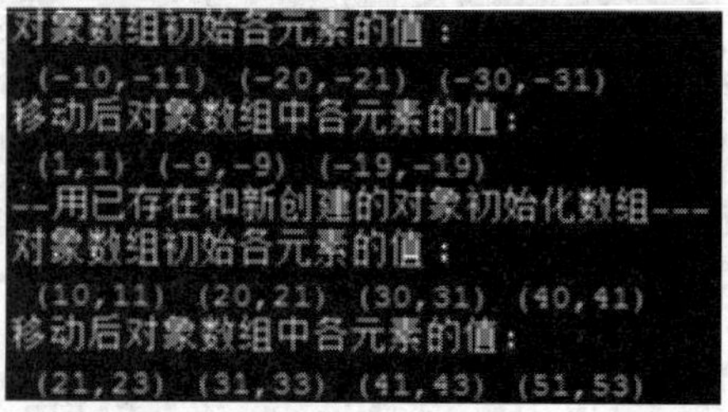

4.2.8　static 关键字

关键字 static 用于修饰域和方法。用 static 修饰的域和方法称为类域和类方法，或称为静态域和静态方法。

1. static 修饰域

【例 4.14】平面上有若干个点，统计点的数量。

对象数组初始各元素的值 :
 (-10,-11) (-20,-21) (-30,-31)
移动后对象数组中各元素的值:
 (1,1) (-9,-9) (-19,-19)
--用已存在和新创建的对象初始化数组---
对象数组初始各元素的值 :
 (10,11) (20,21) (30,31) (40,41)
移动后对象数组中各元素的值:
 (21,23) (31,33) (41,43) (51,53)

图 4-13　例 4.13 运行结果

可以设一个计数器变量 counter，每创建一个点就使 counter 增加 1。程序如下。

```
class Point
{
// 同例 4.9
}
public class Example4_14
{
    public static void main(String args[])
    {
        int counter=0;

        Point p1=new Point(1,2);
        counter++;

        Point p2=new Point(3,4);
        counter++;

        Point point[]={new Point(5,6),new Point(7,8),new Point(9,10)};
        counter+=3;

        System.out.println(" 平面上点的个数: "+counter);
    }
}
```

在上述程序中，每创建一个点就需要使计算器加 1。

这种方式有两个缺点，一个是容易遗漏，二是没有做到数据封装。

将计数器变量定义在类中，每创建一个对象时，就在构造方法中使计数器增 1，这样可以保证不遗漏，并做到数据封装。

static 关键字

【例 4.15】在 Point 类中定义一个计数器域，用于统计平面上点的数量。

【代码】

```
class Point
{
    int x,y;
    int counter=0;// 不初始化也是 0（默认）

    Point(int x,int y)
    {
        this.x=x;
        this.y=y;

        counter++;// 创建对象后增加 1
    }
    public void print()
    {
        System.out.println("("+x+","+y+")");
    }
}
public class Example4_15
```

```
{
    public static void main(String args[])
    {
        Point p1=new Point(1,2);

        Point p2=new Point(3,4);

        Point point[]={new Point(5,6),new Point(7,8),new Point(9,10)};

        System.out.println(" 通过对象 p1 获得点数: "+p1.counter);
        System.out.println(" 通过对象 p2 获得点数: "+p2.counter);

        for(int i=0;i<point.length;i++)
            System.out.println(" 通过对象 "+i+" 获得点数: "+point[i].counter);
    }
}
```

程序运行结果如图 4-14 所示。

在类中定义域 counter 后,每创建一个对象,这个对象中就
有一个 counter。一个对象中的 counter 与其他对象中的 counter
没有必然联系,所以每个对象的 counter 加 1 时是在自己的
counter 基础上加 1,而不是在已创建的对象的 counter 基础上加 1。

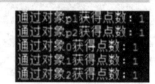

图 4-14　例 4.15 运行结果

程序中一共创建了 5 个对象,每个对象的 counter 都是 1。采用这种封装方式也达不到
目的。

可以用关键字 static 修饰域。当用 static 修饰一个或多个域后,不论用这个类创建多少
个对象,这些对象都有共同的一个或多个域,而不是每个对象独有的域。

【例 4.16】在 Point 类中定义静态域 counter,用于统计点的个数。

【代码】

```
class Point
{
    int x,y;
    static int counter=0;// 不初始化也是 0(默认)

    Point(int x,int y)
    {
        this.x=x;
        this.y=y;

        counter++;// 创建对象后增加 1
    }
    public void print()
    {
        System.out.println("("+x+","+y+")");
    }
}
public class Example4_16
{
```

```
        public static void main(String args[])
        {
            // 可以通过类名访问静态域
            System.out.println(" 开始时对象数: "+Point.counter);

            Point p1=new Point(1,2);

            Point p2=new Point(3,4);

            Point point[]={new Point(5,6),new Point(7,8),new Point(9,10)};

            System.out.println(" 通过对象名访问静态域: ");
            System.out.println(" 通过对象 p1 获得点数: "+p1.counter);
            System.out.println(" 通过对象 p2 获得点数: "+p2.counter);

            for(int i=0;i<point.length;i++)
                System.out.println(" 通过对象 "+i+" 获得点数: "+point[i].counter);

            System.out.println(" 通过类名访问静态域: ");
            System.out.println(" 平面上点的个数: "+Point.counter);
        }
    }
```

程序运行结果如图 4-15 所示。

把 counter 声明为静态域后，程序中所创建的 5 个对象
有一个共同的域（属性）counter，所以无论通过哪个对象
访问 counter，都是同一个 counter。

当创建第 1 个对象时，counter 变为 1，此后每创建一
个对象都是在前一个对象基础上加 1。

通过将域声明为静态域，能够正确地表示出一个类的
所有对象的共同属性（域）。

声明静态域的形式：

图 4-15　例 4.16 运行结果

数据类型 static 域名 [= 初值];

一次可以声明多个静态域，默认值（不初始化）为 0。

因为静态域是一个类的所有对象的共同属性，所以又可以将静态域称为类域，可以通过
类名直接访问，如例 4.16 中：

Point.counter

多数情况下应该通过类名访问，因为是类的属性。

没有类的对象时，也可以通过类名访问静态域，如 main() 方法中的
第一条语句，此时还没有 Point 类的对象。

static 修饰方法

2. static 修饰方法

static 修饰的方法称为类方法或静态方法，可以通过对象名访问，更多的是通过类名访问。

定义类方法的主要目的是用类方法访问类域。定义类方法的形式：

```
static 方法类型 方法名 ([ 形参列表 ])
{
    //……方法体
}
```

【例 4.17】在 Point 类中定义类方法访问类域。

【代码】

```
class Point
{
    int x,y;
    static int counter=0;// 不初始化也是 0（默认）

    Point(int x,int y)
    {
        this.x=x;
        this.y=y;

        counter++;// 创建对象后增加 1
    }
    public void print()
    {
        System.out.println("("+x+","+y+")");
    }
    public static int getCounter()// 类方法
    {
        return counter;
    }
}
public class Example4_17
{
    public static void main(String args[])
    {
        // 通过类名访问类方法
        System.out.println(" 开始时对象数: "+Point.getCounter());

        Point p1=new Point(1,2);

        Point p2=new Point(3,4);

        Point point[]={new Point(5,6),new Point(7,8),new Point(9,10)};

        System.out.println(" 通过对象名访问静态方法: ");// 下面调用类方法
        System.out.println(" 通过对象 p1 获得点数: "+p1.getCounter());
        System.out.println(" 通过对象 p2 获得点数: "+p2.getCounter());

        for(int i=0;i<point.length;i++)
            System.out.println(" 通过对象 "+i+" 获得点数: "+point[i].getCounter());

        System.out.println(" 通过类名访问静态方法: ");
```

```
        System.out.println(" 平面上点的个数: "+Point.getCounter());
    }
}
```

程序运行结果如图 4-16 所示。

没有类的对象时，也可以通过类名访问静态方法，如 main() 方法中的第一条语句，此时还没有 Point 类的对象。

在前面的所有程序中都有 main() 方法，而 main() 方法前面都用关键字 static 修饰，就是因为当程序开始运行时，还没有类的对象，只能通过类名调用 main() 方法运行程序。所以，定义 main() 方法时前面必须有关键字 static。

图 4-16　例 4.17 运行结果

4.2.9　@Deprecated 注解

注解用于对程序或数据进行说明。@Deprecated 是注解中的一种，表示它所注解的域或方法已经过时，不建议再使用。当然，使用也可以。

使用时，将 "@Deprecated" 放在被注解的域或方法的前面。

【例 4.18】注解 @Deprecated 的使用。

【代码】

@Deprecated 注解

```
class Point
{
    int x,y;
    @Deprecated// 表示 counter 过时
    static int counter=0;

    Point(int x,int y)
    {
        setPosition(x,y);
        counter++;
    }
    void setPosition(int x,int y)
    {
        this.x=x;
        this.y=y;
    }
    @Deprecated// 表示 move 方法过时
    void moveTo(int x,int y)// 移动到 (x,y)
    {
        this.x=x;
        this.y=y;
    }
    public void print()
    {
        System.out.println("("+x+","+y+")");
    }
}
public class Example4_18
```

```
{
    public static void main(String args[])
    {
        Point p1=new Point(10,20);
        Point p2=new Point(-15,-8);

        System.out.println(" 平面上点的个数: "+p2.counter);

        System.out.print(" 点p1 的位置: ");
        p1.print();

        p1.moveTo(100, 200);// 移动 p1 点
        System.out.print("p1 移动到: ");
        p1.print();
    }
}
```

```
平面上点的个数: 2
点p1的位置: (10,20)
p1移动到: (100,200)
```

图 4-17　例 4.18 运行结果

程序运行结果如图 4-17 所示。

例 4.18 的程序如果在命令行编译，编译结果如图 4-18 所示。

```
>javac Example4_18.java
注: Example4_18.java使用或覆盖了已过时的 API。
注: 有关详细信息, 请使用 -Xlint:deprecation 重新编译。
```

图 4-18　命令行编译例 4.18

按照编译提示加上参数 "Xlint:deprecation" 后再编译一次，编译结果如图 4-19 所示。

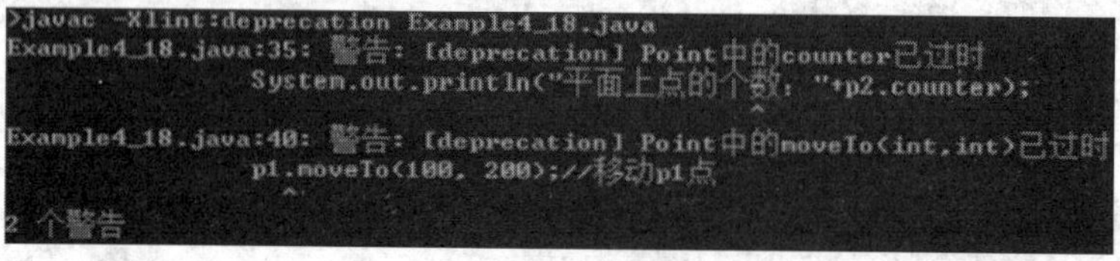

```
>javac -Xlint:deprecation Example4_18.java
Example4_18.java:35: 警告: [deprecation] Point中的counter已过时
                System.out.println("平面上点的个数: "+p2.counter);
                                                      ^
Example4_18.java:40: 警告: [deprecation] Point中的moveTo(int,int)已过时
                p1.moveTo(100, 200);//移动p1点
                   ^
2 个警告
```

图 4-19　加参数后再编译例 4.18

如果例 4.18 在 Eclipse 中编译，则 Eclipse 会在过时的域或方法处加上删除线。在 Eclipse 中定义的类如图 4-20 所示。

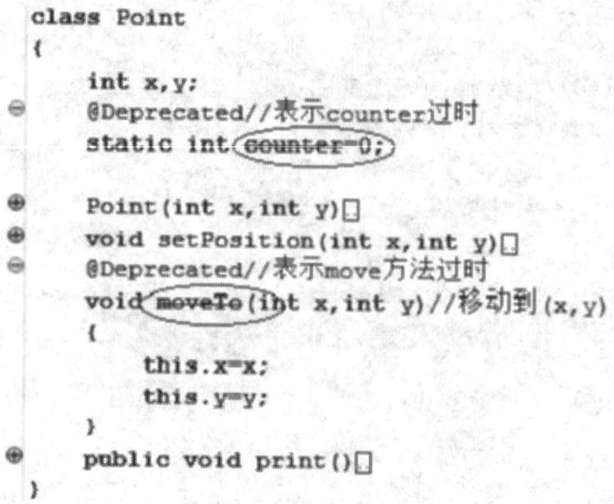

```
class Point
{
    int x,y;
    @Deprecated//表示counter过时
    static int counter=0;

    Point(int x,int y)□
    void setPosition(int x,int y)□
    @Deprecated//表示move方法过时
    void moveTo(int x,int y)//移动到(x,y)
    {
        this.x=x;
        this.y=y;
    }
    public void print()□
}
```

图 4-20　在 Eclipse 中定义类

在使用域或方法时，也会在相应的域或方法处加上删除线，如图 4-21 所示。

```java
public static void main(String args[])
{
    Point p1=new Point(10,20);
    Point p2=new Point(-15,-8);

    System.out.println("平面上点的个数："+p2.counter);

    System.out.print("点p1的位置：");
    p1.print();

    p1.moveTo(100, 200);//移动p1点
    System.out.print("p1移动到：");
    p1.print();
}
```

图 4-21　在 main 方法访问注解的域和方法

4.3　访问权限

访问权限

类是对同一类对象的共同属性和行为的封装。但是，封装并不是简单地将属性和行为定义在一起，还要对属性和行为起到一定的保护作用。

封装时用适当的保护修饰词就可以对域或方法起到保护作用。Java 中保护修饰词包括 private（私有的）、protected（保护的）和 public（公有的），定义类时用这些修饰词就可以对域或方法设置保护权限。

4.3.1　private 修饰成员

用关键字 private 修饰的成员称为私有成员。private 修饰域的形式：

```
private 数据类型 域名 ;
```

private 修饰方法的形式：

```
private 方法类型 方法名 ([ 形参列表 ])
{
    //……方法体
}
```

私有成员只能被所在类中的方法访问，类外的其他任何方法或对象都不能访问，所以私有成员具有最高的保护权限。

一般地，域的访问权限应该声明为 private，以便对数据起到保护作用。

4.3.2　public 修饰成员

用关键字 public 修饰的成员称为公有成员。public 修饰域的形式：

```
public 数据类型 域名 ;
```

public 修饰方法的形式：

```
public 方法类型 方法名 ([ 形参列表 ])
```

```
        {
            //……方法体
        }
```

公有成员可以被所在类的其他方法访问；可以在类体外通过对象名直接访问；可以被同一包中或不同包中的子类继承，并且可以被子类中的方法直接访问，还可以在子类的类体外通过子类的对象名直接访问。

public 提供了对成员最灵活的访问方式，但是也是最不安全的访问方式。一般地，成员方法的保护权限应该声明为 public，以使对象能够与其他类的对象进行适当的通信。

main() 方法的访问修饰词是 public，以方便在任何地方都运行这个程序（调用这个方法）。

【例 4.19】重新定义 Point 类，为类中的域和方法加上必要的访问权限。

【代码】

```java
class Point
{
    private int x,y;// 私有域
    private static int counter=0;// 私有静态域

    public Point()// 公有的构造方法
    {
        x=0;// 在本身类中访问私有成员无限制，以下同
        y=0;

        counter++;
    }
    Point(int x,int y)// 公有的构造方法
    {
        this.x=x;
        this.y=y;

        counter++;
    }

    public int getX()// 公有方法，获得 x 分量
    {
        return x;
    }
    public int getY()// 公有方法，获得 y 分量
    {
        return y;
    }
    public void move(int offsetX,int offsetY)// 公有方法，对点平移
    {
        x+=offsetX;
        y+=offsetY;
    }
    public void print()// 公有方法，对点平移
    {
        System.out.println("("+x+","+y+")");
    }
```

```
            public static int getCounter()// 公有静态方法
            {
                    return counter;
            }
    }
    public class Example4_19
    {
        public static void main(String args[])
        {
                System.out.println(" 现在平面上的点数: "+Point.getCounter());
                // 不可以直接通过类名访问静态域，因为它是私有的
                //System.out.println(" 现在平面上的点数: "+Point.counter);

                Point p1=new Point();
                System.out.print(" 点 p1 的位置: ");
                p1.print();

                p1.move(-11, -12);
                System.out.print(" 点 p1 移动后位置: ");
                p1.print();
                // 不能用下面的方式移动
                //p1.x=p1.x+11;——不可以
                //p1.y=p1.y+12;——不可以

                Point p2=new Point(11,22);
                System.out.print(" 点 p2 的位置: ");
                System.out.println("("+p2.getX()+","+p2.getY()+")");
                // 不可以直接通过对象名访问 x 或 y，因为它们是私有的
                //System.out.println("("+p2.x+","+p2.y+")");

                System.out.println(" 现在平面上的点数: "+Point.getCounter());
        }
    }
```

程序运行结果如图 4-22 所示。

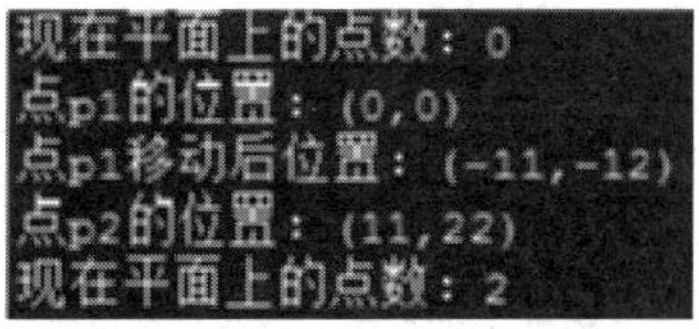

现在平面上的点数: 0
点 p1 的位置: (0,0)
点 p1 移动后位置: (-11,-12)
点 p2 的位置: (11,22)
现在平面上的点数: 2

图 4-22　例 4.19 运行结果

4.3.3 protected 修饰成员

用关键字 protected 修饰的成员称为保护成员。

protected 修饰域的形式:

```
    protected 数据类型 域名 ;
```

protected 修饰方法的形式 :

```
    protected 方法类型 方法名 ([ 形参列表 ])
    {
        //……方法体
    }
```

保护成员可以被所在类的其他方法访问；被子类继承后，可以被子类中的方法直接访问；在同一个包中，在类体外可以通过对象名直接访问；不是同一包中的非子类，不能通过对象

名直接访问（子类的概念参见第 5 章）。

4.3.4 默认的访问权限

如果在定义域或方法时，在域或方法前不加任何访问限定词，则域或方法的访问权限是默认的。本章前 18 个例子中，域和方法名前都没有访问限定词，它们的访问权限都是默认的。

默认访问权限的域或方法可以被类中的其他方法直接访问；在这个类所在的包中，可以在类体之外通过对象名直接访问（如本章前 18 个例子）。默认的域或方法具有包的访问权限，利用包的访问权限，可以提高访问的灵活性。

表 4-1 列出了访问权限的作用范围。

表 4-1 访问权限的作用范围

	同一个类	同一个包	不同包的子类	不同包的非子类
private	√			
默认的	√	√		
protected	√	√	√	
public	√	√	√	√

4.3.5 public 修饰类

关键字 public 还可以修饰类，使类成为公共类。

公共类可以被任何其他包中的类访问，公共类中的公有成员也可以被任何其他包中的类访问。

一个 Java 源程序文件中可以定义多个类，但是最多只能有一个类是 public 类。

一般地，main() 方法应该定义在 public 类中。main() 方法本身是公有的，所以在任何地方都可以运行直接程序（通过类名调用 main() 方法），这也是把 main() 的访问权限声明为 public 并且定义在 public 类中的原因。

4.4 对象组合

如果一个类中的域是由其他类所定义的对象，这个类称为组合类，组合类所定义的对象称为组合对象。

通过对象组合，可以实现代码重用，可以使复杂问题简单化。

【例 4.20】平面上有若干条线段，已知每条线段的两个端点坐标。定义一个线段类并生成类的对象表示这些线段。

因为已知线段的端点坐标，所以可以用 (x1,y1) 和 (x2,y2) 表示线段的两个端点，则类中的域有 x1、y1、x2 和 y2，再在类中定义必要的方法。

【代码】

```
class Line// 线段类
{
        private int x1,y1;// 两个端点
        private int x2,y2;
        public Line(int x1,int y1,int x2,int y2)
        {// 构造方法
```

```java
            this.x1=x1;
            this.y1=y1;
            this.x2=x2;
            this.y2=y2;
        }
        public int getStartX()
        {
            return x1;
        }
        public int getStartY()
        {
            return y1;
        }
        public int getEndX()
        {
            return x2;
        }
        public int getEndY()
        {
            return y2;
        }
        public void move(int offsetX,int offsetY)// 线段平移
        {
            x1=x1+offsetX;
            y1=y1+offsetY;
            x2=x2+offsetX;
            y2=y2+offsetY;
        }
        public double length()// 计算线段长度
        {
            int dx=x1-x2;
            int dy=y1-y2;

            return Math.sqrt(dx*dx+dy*dy);
        }
        public String toString()// 将端点形成一个字符串
        {
            String str="("+x1+","+y1+")-";
            str+="("+x2+","+y2+")";
            return str;
        }
        public void print()// 输出线段的位置
        {
            System.out.println(toString());
        }
}
public class Example4_20
{
    public static void main(String args[])
    {
        int x1=10,y1=11;
```

```
                          int x2=20,y2=15;

                          Line line=new Line(x1,y1,x2,y2);

                          System.out.print(" 直线的位置: ");
                          line.print();// 直接调用 print() 输出

                          System.out.print(" 直线的长度: ");
                          System.out.printf("%.2f\n",line.length());

                          line.move(15, 17);
                          System.out.print(" 移动后直线的位置: ");
                          System.out.println(line.toString());// 形成字符串后再输出
                  }
          }
```

程序运行结果如图 4-23 所示。

【**例 4.21**】平面上有若干条线段和若干圆，已知每条线段的两个端点坐标、每个圆的圆心位置和半径。定义线段类和圆类并生成类的对象表示这些线段和圆。

直线的位置: (10,11)-(20,15)
直线的长度: 10.77
移动后直线的位置: (25,28)-(35,32)

图 4-23　例 4.20 运行结果

在例 4.20 中单独定义的线段类，现在在本例定义组合类。

【**代码**】

```
          class Point
          {
                  private int x,y;

                  public Point()
                  {
                          x=0;
                          y=0;
                  }
                  Point(int x,int y)
                  {
                          this.x=x;
                          this.y=y;
                  }
                  public int getX()
                  {
                          return x;
                  }
                  public int getY()
                  {
                          return y;
                  }
                  public void move(int offsetX,int offsetY)
                  {
                          x+=offsetX;
```

```
                    y+=offsetY;
            }
    public double length(Point p)// 计算当前点与点 p 之间的距离
    {
            int dx=x-p.x;
            int dy=y-p.y;
            return Math.sqrt(dx*dx+dy*dy);
    }
    public String toString()// 点的位置形成一个字符串
    {
            String str="("+x+","+y+")";
            return str;
    }
    public void print()
    {
            System.out.println(toString());
    }
}
class Line// 线段类，组合类
{
    // 用 Point 类的两个对象表示线段端点
    private Point start,end;// 对象（域）成员

    public Line(int x1,int y1,int x2,int y2)// 构造方法
    {
            start=new Point(x1,y1);// 创建对象域
            end=new Point(x2,y2);
    }
    public Line(Point p1,Point p2)// 重载构造方法
    {
            start=new Point(p1.getX(),p1.getY());// 重新创建对象
            end=new Point(p2.getY(),p2.getY());
            // 最好不要写成 :start=p1;end=p2;
    }
    public int getStartX()
    {
            return start.getX();// 代码重用
    }
    public int getStartY()
    {
            return start.getY();// 代码重用
    }
    public int getEndX()
    {
            return end.getX();// 代码重用
    }
    public int getEndY()
    {
            return end.getY();// 代码重用
    }
    public void move(int offsetX,int offsetY)
    {
```

```
                start.move(offsetX, offsetY);// 代码重用
                end.move(offsetX, offsetY);// 代码重用
        }
        public double length()
        {
                return start.length(end);// 代码重用
        }
        public String toString()// 将端点形成一个字符
        {
                String str=start.toString();// 代码重用
                str+="-"+end.toString();// 代码重用
                return str;
        }
        public void print()
        {
                System.out.println(toString());
        }
}
class Circle// 圆类，组合类
{
        private Point center;// 用 Point 类的对象表示圆心
        int radius;

        public Circle(int x,int y,int radius)// 构造方法
        {
                center=new Point(x,y);
                this.radius=radius;
        }
        public Circle(Point p,int radius)// 重载构造方法
        {
                center=new Point(p.getX(),p.getY());
                this.radius=radius;
        }
        public int getX()// 获取圆心 x 坐标
        {
                return center.getX();// 代码重用
        }
        public int getY()// 获取圆心 y 坐标
        {
                return center.getY();// 代码重用
        }
        public int getRadius()// 获取圆的半径
        {
                return radius;
        }
        public void move(int offsetX,int offsetY)// 移动圆
        {
                center.move(offsetX, offsetY);// 代码重用
        }
        public double area()// 计算圆的面积
        {
```

```
                        return Math.PI*radius*radius;
                }
        public double perim()// 计算圆的周长
        {
                return 2*Math.PI*radius;
        }
        public String toString()// 将圆的数据形成一个字符串
        {
                String str=radius+",";
                str+=center.toString();// 代码重用
                return str;
        }
        public void print()
        {
                System.out.println(toString());
        }
}
public class Example4_21
{
        public static void main(String args[])
        {
                int x1=10,y1=11;
                int x2=20,y2=15;

                //------------ 先生成直线类的对象 --------------
                Line line=new Line(x1,y1,x2,y2);

                System.out.print(" 直线的位置: ");
                line.print();// 直接调用 print() 输出

                System.out.print(" 直线的长度: ");
                System.out.printf("%.2f\n",line.length());

                line.move(15, 17);
                System.out.print(" 移动后直线的位置: ");
                System.out.println(line.toString());// 形成字符串后再输出

                //------------ 再生成圆类的对象 --------------
                System.out.println("---------------------------------");
                Circle circle=new Circle(-10,-20,10);

                System.out.print(" 圆的半径和位置: ");
                circle.print();

                System.out.print(" 圆的面积和周长: ");
                System.out.printf("%.2f,%.2f\n",circle.area(),circle.perim());

                circle.move(5,6);
                System.out.print(" 移动后圆的半径和位置: ");
                System.out.println(circle.toString());
        }
}
```

程序运行结果如图 4-24 所示。

在例 4.21 中，先定义了一个 Point 类，然后定义了 Line 类和 Circle 类。Line 类和 Circle 类中的域都是 Point 类的对象，所以这两个称为组合类。

从程序中可以看到，定义组合类可以实现代码的重用，Line 类和 Circle 类中的

图 4-24 例 4.21 运行结果

多数操作（方法）是通过 Point 类的对象调用 Point 类中的方法完成，没有再写具体的操作步骤。

如果不定义组合类，则除 Point 类要定义外，在 Line 类和 Circle 类中要定义重复的操作（代码）。这样的定义降低了程序的开发效率，程序中有较多的代码冗余，更重要的是容易产生错误。

除了 Line 类和 Circle 类外，其他的平面图形（如多边形、折线等）如果需要用点表示，则可以在图形类中直接定义点的对象，从而做到代码重用。

通过定义组合类，还可以使复杂问题简单化。解决复杂问题时将问题分解为多个相对简单的问题，如果有必要还可以再分解，再将已解决的简单问题进行组合，就可能使复杂问题得到解决。

4.5 嵌套类

在类的内部还可以定义类，称为嵌套类（nested classes）。

如果嵌套类前面有关键字 static，则称为静态嵌套类（static nested classes），否则称为内部类（inner classes）。

嵌套类

内部类又可以分局部类（local classes）和匿名类（anonymous classes）。

在方法中可以定义类，这样的类称为局部类。匿名类实际上是一个类的子类，关于匿名类的内容参见第 5 章。

如果一个类只在某一个地方使用一次，则应定义为内部类。使用内部类可以提高封装性、可读性和可维护性，因为类的定义与使用在一起（它们"距离比较近"）。

嵌套类的定义形式与非嵌套类的定义形式基本相同，在嵌套类中可以定义域和方法。

可以将嵌套的类看作外层类中的一个成员，所以它可以访问外层类中的任何成员。

【例 4.22】某公司为解决员工住房问题，筹建了一批房屋，该批房屋只在公司内部发售。编程序模拟公司发售房屋的情况。

由于房屋只在内部发售，所以将雇员类和房屋类定义成公司类的内部类。

【代码】

```java
class Company
{
    private String name;// 公司名称
    private Employee employee[];// 公司雇员

    public Company()// 构造方法
    {
```

```java
        name=" 京东 ";
        employee=new Employee[2];
        employee[0]=new Employee(" 张三 ");
        employee[1]=new Employee(" 李四 ");
}
public void saleHouses()// 销售房屋
{
        employee[0].buyAHouse(85);
        employee[1].buyAHouse(102);
}
public void show()// 显示销售情况
{
        for(int i=0;i<employee.length;i++)
        {
                System.out.print("     "+employee[i].getName()+" 买的房屋面积: ");
                System.out.println(employee[i].getHouse().houseArea()+"平方米");
        }
}


class Employee// 内部类, 雇员类
{
        private String name;// 雇员姓名
        private House house;// 雇员购买的房屋

        public Employee(String name)
        {
            this.name=name;
        }
        public String getName()
        {
          return name;
        }
        public void buyAHouse(int area)
        {
            house=new House(area);
        }
        public House getHouse()
        {
          return house;
        }
        public int houseArea()
        {
            return house.houseArea();
        }
}

class House// 内部类, 房屋类
{
        private int area;// 房屋面积
```

```
                    public House(int area)
                    {
                        this.area=area;
                    }
                    public int houseArea()
                    {
                      return area;
                    }
                }
        static class Test// 静态嵌套类
        {
                private int value;
                public Test(int value)
                {
                    this.value=value;
                }
                    public int getValue()
                {
                  return value;
                }
        }
    }
    public class Example4_22
    {
        public static void main(String args[])
        {
                Company aCompany=new Company();

                aCompany.saleHouses();

                System.out.println(" 房屋销售情况: ");
                aCompany.show();

                // 静态嵌套类可以通过外层类使用
                Company.Test test=new Company.Test(115);
                System.out.println(test.getValue());

                // 内部类不允许通过外层类使用, 如下:
                //Company.House aHouse=new Company.House(101);
        }
    }
```

程序运行结果如图 4-25 所示。

图 4-25 例 4.22 运行结果

4.6 Java 的包

package 用于定义包，import 用于引入包中的类。

包是对类的一种管理方式。开发 Java 程序时，可以将功能相近或相似的类放在一个包中，其他功能相近或相似的类再放在另一个包中，如同管理文件、对文件进行分类。

Java 的包

如果想使用包中已经有的类，可以使用 import 语句。import 引入类后，就相当于在当前类中定义了相应的类，在程序中就可以用类创建对象了。

4.6.1 package 语句

package 语句可以将当前程序文件中的类放到指定的包中。从操作系统看，包就是文件系统中的文件夹，package 语句将类放到相应的文件夹中。

它的使用形式：

package 包名 [. 子包名 1[. 子包名 2[……]]];

package 必须放在第一行，而且最多只能有一条 package 语句。如果程序中没有package，则将类放在源文件所在的文件夹中（默认包）。

包名一般用小写字母。

【例 4.23】将例 4.21 中的 Point 类、Line 类和 Circle 类放到包 classeslib 中。

（1）如果在命令窗口编写这个程序，需要在主类 Example4_21.java 所在的目录（文件夹）下再建一个子目录 classeslib，并在这个子目录中分别新建 3 个程序文件：Point.java、Line.java 和 Circle.java，这 3 个类都必须用 public 修饰。

```
Point.java 文件：              Line.java 文件：              Circle.java 文件：
package classeslib;           package classeslib;          package classeslib;


public class Point            public class Line            public class Circle
{                             {                            {
     // 类定义同例 4.21             // 类定义同例 4.21              // 类定义同例 4.21
}                             }                            }
```

这 3 个程序文件可以编译也可以不编译。如果不编译，当运行主类程序时，系统（JVM）会自动编译。

程序的文件结构如图 4-26 所示。

（2）如果在 Eclipse 中编写这个程序，需要在当前工程中先建一个包。创建包时，在工程名处按右键，单击 New → Package，如图 4-27 所示。

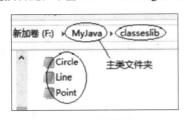

图 4-26 文件结构

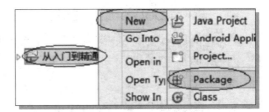

图 4-27 在 Eclipse 中创建包

选择 Package 命令后，出现创建包的对话框，如图 4-28 所示。

创建 classeslib 包后，在包名处按右键，单击 New → Class（图 4-27 中单击 Class），创建 3 个程序文件（操作 3 次分别创建）。

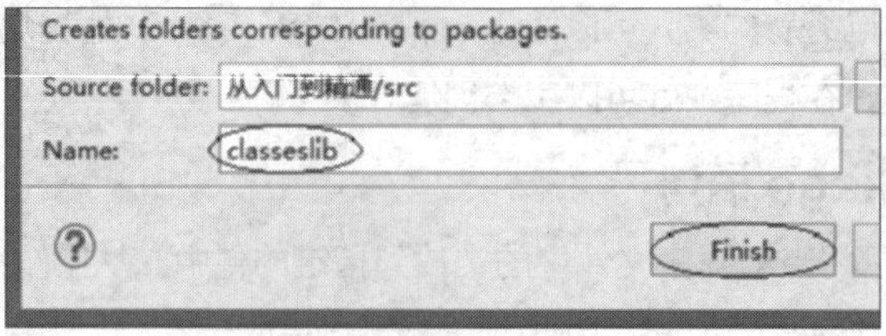

Creates folders corresponding to packages.

Source folder: 从入门到精通/src

Name: classeslib

?   Finish

图 4-28   创建包的对话框

4.6.2   import 语句

import 将其他包中的类引入当前程序文件中。它的使用形式：

import 语句
import static 语句

> import 包名 [. 子包名 1[. 子包名 2[…]]]. 类名；

将包中名为"类名"的类引入到当前程序文件中。或：

> import 包名 [. 子包名 1[. 子包名 2[…]]].*;

将"包名"（或"子包 n"）中的所有类引入到当前程序文件中，但不包括"包名"（或"子包 n"）中的子包。

现在针对例 4.23 编写一个主程序，在主程序中创建包 classeslib 中的 Line 类和 Circle 类的对象。

（1）在命令窗口中写主程序时，在 classeslib 目录的上一级目录创建主程序文件。

```
Example4_23.java:
    import classeslib.*;

    public class Example4_23
    {
        // 同例 4.21
    }
```

```
F:\MyJava>javac Example4_23.java

F:\MyJava>java Example4_23
直线的位置：（10,11）-（20,15）
```

图 4-29   命令行编译与运行

在命令行下编译、运行程序。操作如图 4-29 所示。

（2）如果在 Eclipse 中运行，则在工程名处按右键，单击 New → Class（在图 4-27 中单击 Class）创建程序文件 Example4_23.java，然后编译、运行即可。

4.6.3   import static 语句

import static 可以引入类中的静态成员，静态成员被引入后就可以直接使用类中的静态成员，而不必加上类名。当然，加上类名也可以。

import static 使用形式：

> import static 类名 . 静态成员；

可以将"类名"类中的"静态成员"引入到当前程序中，然后直接使用"静态成员"就可以了。或：

> import static 类名 .*;

可以将"类名"类中的所有静态成员引入到当前程序中。

【**例** 4.24】import static 的使用。

在包 classeslib 中分别创建两个程序文件 MyMath.java 和 MyArray.java。

创建程序 MyMath.java。

【代码】

```
package classeslib;

import static java.lang.Math.sqrt;// 只引入 Math 类中的静态方法 sqrt

public class MyMath
{
    public static boolean isPrime(int x)// 静态方法，判断一个数是素数？
    {
        if(x<=1)
          return false;

        int y=(int)sqrt(x);//Math 中的 sqrt

        for(int i=2;i<=y;i++)
           if(x%i==0)
                 return false;

        return true;
    }
}
```

创建程序 MyArray.java。

【代码】

```
package classeslib;

import static java.lang.System.out;// 只引入 System 类中的静态域 out

public class MyArray
{
    public static void print(int a[])// 静态方法，打印一个整型数组
    {
        for(int x:a)
                out.print(" "+x);//System 中的 out
        out.println();//System 中的 out
    }
}
```

再在包 classeslib 的上一级包中创建程序文件 Example4_24.java：

【代码】

```
import static java.lang.System.*;// 引入 System 中的所有静态成员
import static java.lang.Math.PI;// 只引入 Math 类中的静态域 PI
import static java.util.Arrays.sort;// 只引入 Arrays 类中的静态方法 sort()
```

```java
import java.util.Scanner;

// 引入自定义包中类
import static classeslib.MyArray.*;// 引入 MyArray 类中的所有静态成员
import static classeslib.MyMath.*;// 引入 MyMath 类中的所有静态成员

public class Example4_24
{
    public static void main(String args[])
    {
        int a[]={28,37,47,83,42,98,78,23,4,82};
        int x;
        double radius;
        Scanner reader=new Scanner(in);

        out.println(" 数组元素: ");//System 中的 out
        print(a);//MyArray 中的 print() 方法
        sort(a);//Arrays 中的方法 sort()
        out.println(" 数组元素排序后: ");//System 中的 out
        print(a);//MyArray 中的 print() 方法

        //---------------------------------------
        out.print(" 输入一个圆的半径: ");
        radius=reader.nextDouble();
        out.printf(" 半径为 %.1f 的圆的面积 %.2f\n",
                radius,PI*radius*radius);//Math 中的静态域 PI

        //---------------------------------------
        out.print(" 输入一个自然数: ");//System 中的 out
        x=reader.nextInt();

        if(isPrime(x))//MyMath 中的 isPrime() 方法
            out.print(x+" 是一个素数 ");//System 中的 out
        else
            out.print(x+" 不是一个素数 ");//System 中的 out
    }
}
```

程序 Example4_24.java 的运行结果如图 4-30 所示。

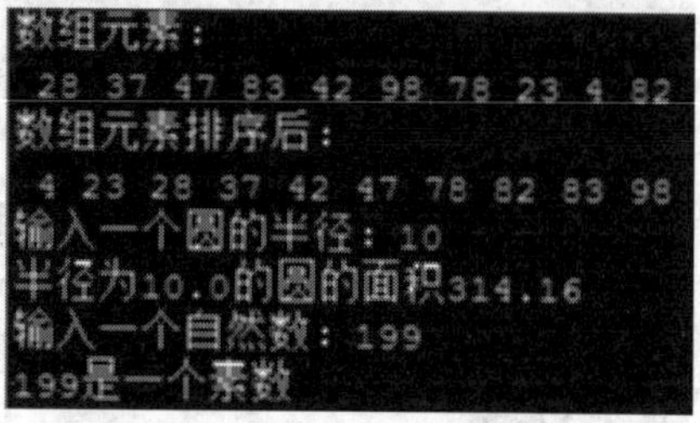

通过静态引入，提高了静态域或方法的使用的方便性，但也会引起混淆。所以，使用时应在方便性与清晰性之间进行权衡。

图 4-30　Example4_24.java 运行结果

4.7　小结

本章的内容主要介绍类的定义与使用。

对象是基于类产生的，所以必须先定义类。类是对同一类对象的共同属性和行为的抽象描述，定义时，属性定义成类中的域，行为定义成类的方法。类中还可以定义类，称为类的嵌套。

为了使类的成员得到保护或能够被使用，定义域或方法应加上适当的访问修饰词。

如果一个类的所有对象有共同的属性和行为，可以将它们定义成静态成员。

一个对象的行为是靠方法表现出来的，所以类中一般要定义方法。一类比较重要的方法是构造方法，构造方法用来创建对象并可以对对象进行初始化。方法可以重载，可以递归。

方法调用时，是将主调方法中的参数值传递给形式参数，不管形式参数的类型是基本数据类型还是非基本类型。

通过调用构造方法可以创建对象。对象创建后就可以通过对象访问其中的成员，访问时要考虑成员是否能被访问（可见性，访问修饰词限定）。

关键字 this 表示的是当前对象，这个对象只能在（非静态）成员方法中可见。在局部变量与域同名时可以通过 this 来访问域，避免引起混淆。

需要一个类的大量对象可以定义对象数组，还可以定义组合类，表示更复杂的对象。

基于软件维护或版本升级的需要，类中已定义的域或方法不建议再使用时，可以用 @ Deprecated 进行注解。

用包的方式可以对类进行分类管理和使用，需要时可以引入相应包中的类或类中的静态成员。

4.8 习题

1．设计一个线段类，每一个线段用两个端点的坐标表示，类中定义计算线段长度的方法、对线段进行平移的方法和对线段绕原点旋转的方法。定义线段类对象并进行相应的操作。

2．设计一个自然数类，该类的对象能表示一个自然数。类中定义方法能计算 1 到这个自然数的各个数之和、能够判断该自然数是否是素数。定义自然数的对象并进行相应的操作。

3．设计一个三角形类，每一个三角形由 3 个顶点的坐标表示。类中定义方法能计算三角形的周长和面积、能对三角形进行平移和绕原点旋转。定义三角形类的对象并进行相应的操作。

4．设计一个分数类，分数的分子和分母用两个整型数表示，类中定义方法能对分数进行加法、减法、乘法和除法运算。定义分数类的对象、运算并输出运算结果。

5．设计一个复数类，复数类的实部和虚部都是实型数，类中定义方法能对复数进行加法、减法和乘法运算。定义复数类的对象、运算并输出结果。

6．设计一个矩阵类，类中的方法能够对矩阵进行加法、减法和乘法运算。在矩阵中再定义两个方法，这两个方法能够生成下面形式的矩阵：

```
1    3    8    7    5    6         1    1    1    1    1
3    8    7    5    6    1         1    2    2    2    1
8    7    5    6    1    3         1    2    3    2    1
7    5    6    1    3    8         1    2    2    2    1
5    6    1    3    8    7
6    1    3    8    7    5
```

定义矩阵类的对象并输出结果。

7．设计一个学生类，学生信息有身份证号、学号、专业、姓名、性别、年龄及数学、英语、Java 程序设计三门课程的成绩。创建学生类的对象并输出对象的信息。

8．设计一个教师类，教师信息有身份证号、教师号、专业、姓名、性别、年龄及授课的学时数。创建教师类的对象并输出对象的信息。

Chapter 5

第5章
类设计进阶

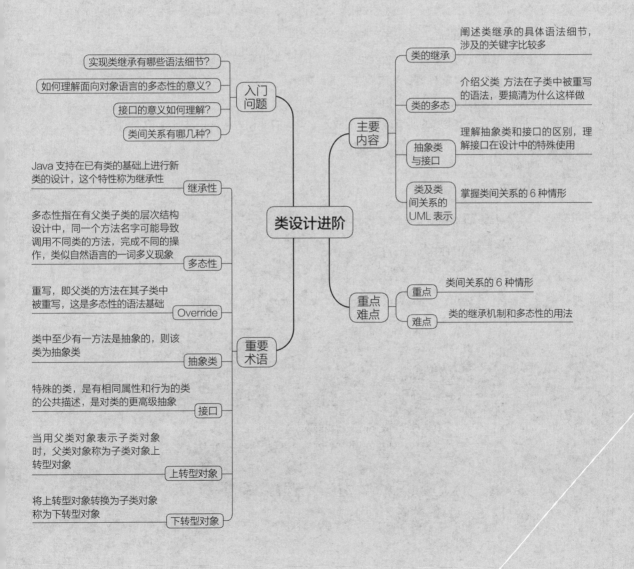

实现类继承有哪些语法细节？

如何理解面向对象语言的多态性的意义？

接口的意义如何理解？

类间关系有哪几种？

入门问题

Java 支持在已有类的基础上进行新类的设计，这个特性称为继承性

继承性

多态性指在有父类子类的层次结构设计中，同一个方法名字可能导致调用不同类的方法，完成不同的操作，类似自然语言的一词多义现象

多态性

重写，即父类的方法在其子类中被重写，这是多态性的语法基础

Override

类中至少有一方法是抽象的，则该类为抽象类

抽象类

特殊的类，是有相同属性和行为的类的公共描述，是对类的更高级抽象

接口

当用父类对象表示子类对象时，父类对象称为子类对象上转型对象

上转型对象

将上转型对象转换为子类对象称为下转型对象

下转型对象

重要术语

类设计进阶

主要内容

类的继承 —— 阐述类继承的具体语法细节，涉及的关键字比较多

类的多态 —— 介绍父类 方法在子类中被重写的语法，要搞清为什么这样做

抽象类与接口 —— 理解抽象类和接口的区别，理解接口在设计中的特殊使用

类及类间关系的 UML 表示 —— 掌握类间关系的 6 种情形

重点难点

重点 —— 类间关系的 6 种情形

难点 —— 类的继承机制和多态性的用法

5.1 类的继承

在已有类的基础上生成新类的过程称为继承。已有的类称为父类或基类，新生成的类称为子类或派生类。

通过继承，可以实现代码重用，并且能够提高程序的开发效率。继承是实现多态的基础。

子类的定义

5.1.1 子类的定义

定义子类也是定义类，但是是在已有类的基础上进行定义。子类的定义形式：

```
class 子类名 extends 父类名
{
    // 子类中定义的域
    // 子类中定义的方法
}
```

用关键字"extends"表示子类所继承的父类。

子类也是对父类的扩展，所以定义子类时在子类中应增加不同于父类的域和方法，以使子类对象比父类对象有更多的属性和行为。如果子类是一个空的类体（不定义域和方法），则子类与父类的域和方法完全相同，定义子类就无意义了。

通过继承，父类中的所有域和方法成为子类中的域和方法，子类对象可以直接使用继承自父类的方法，从而可以实现代码重用。

【例5.1】类的继承。

【代码】

```
class Base// 定义一个基类
{
    int base_var1;// 两个域
    double base_var2;

    void setBaseVar(int var1,double var2)// 方法，设置域值
    {
        base_var1=var1;
        base_var2=var2;
    }

    void basePrint()// 方法，打印域值
    {
        System.out.print("base_var1="+base_var1+",");
        System.out.println("base_var2="+base_var2);
    }
}
class Derived extends Base// 定义一个基于 Base 类的派生类
{
    int derived_var1;// 子类新定义的两个域
    double derived_var2;
```

```
        void setDerivedVar(int var1,double var2)// 方法，设置域值
        {
                derived_var1=var1;
                derived_var2=var2;
        }

        void derivedPrint()// 方法，打印域值
        {
                System.out.print("derived_var1="+derived_var1+",");
                System.out.println("derived_var2="+derived_var2);
        }

        void print()
        {
                System.out.print("base_var1="+base_var1+",");// 子类方法直接访问
                    继承自父类的域
                System.out.println("base_var2="+base_var2);
                System.out.print("derived_var1="+derived_var1+",");
                System.out.println("derived_var2="+derived_var2);
        }
    }
```

在例 5.1 中，Derived 类是基于 Base 类派生出来的派生类。从 Derived 类的定义看，Derived 类中有 5 个成员：

```
    int derived_var1;
    double derived_var2;
    void setDerivedVar(int var1,double var2);
    void derivedPrint();
    void print();
```

但是，由于有继承关系，Derived 类中实际上有 9 个成员：

```
    int derived_var1;// 子类本身定义
    double derived_var2;// 子类本身定义
    int base_var1;// 继承自父类
    double base_var2; // 继承自父类
    void setDerivedVar(int var1,double var2); // 子类本身定义
    void derivedPrint();// 子类本身定义
    void print();// 子类本身定义
    void setBaseVar(int var1,double var2); // 继承自父类
    void basePrint();// 继承自父类
```

虽然有些成员继承自父类，但是在子类中就跟子类本身定义的成员一样使用，所以可以写出下面的程序（测试程序）。

```
    public class Example5_01
    {
        public static void main(String args[])
        {
                Derived derived=new Derived();// 创建派生类对象
```

```
        derived.setBaseVar(10, 20);// 通过派生类对象设置域值
        derived.setDerivedVar(-15, -25);

        derived.basePrint();// 通过派生类对象打印域值
        derived.derivedPrint();

        System.out.println("--------  再打印一遍  --------");
        derived.print();
    }
}
```

程序运行结果如图 5-1 所示。

在测试程序中，对象 derived 中共有 4
个域，分别可以通过继承自父类的方法和
本身定义的方法访问。

一般地，把相似的对象但是还不适合

```
base_var1=10,base_var2=20.0
derived_var1=-15,derived_var2=-25.0
--------  再打印一遍  --------
base_var1=10,base_var2=20.0
derived_var1=-15,derived_var2=-25.0
```

图 5-1　例 5.1 运行结果

定义成同一个类的对象进行抽象，抽象出共同的属性和行为。用抽象出的共同属性和行为单
独定义一个类，再在这个类的基础上再派生不同的子类，以便生成相似的对象。

例如，中学生和大学生，它们有相似的地方，但还不完全相同。所以，可以将他们相同
之处抽象出来定义一个学生类，在这个类的基础上再派生出中学生类和大学生类。

【例 5.2】学生类的定义。

【代码】

```
class 学生 // 父类
{
    String 学号 ;// 学生共有的属性
    String 姓名 ;
    char 性别 ;
    int 年龄 ;

    // 共有的操作
    void 设置学生信息 (String no,String name,char gender,int age)
    {
        学号 =no;
        姓名 =name;
        性别 =gender;
        年龄 =age;
    }
    public String 学生信息 ()
    {
        String str= 学号 +" "+ 姓名 +" ";
        str+=( 性别 =='m'?" 男 ":" 女 ")+ 年龄 +" 岁 ";
        return str;
    }
}
class 中学生 extends 学生 // 子类定义
{
    int 数学 , 语文 ;// 中学生课程
```

```java
        void 填写中学生成绩 (int math,int chinese)
        {
                数学 =math;
                语文 =chinese;
        }

        public String 中学生成绩 ()
        {
                String str=" 数学 : "+数学 +", 语文 "+语文 ;
                return str;
        }
        void print()
        {
                System.out.print( 学生信息 ()+" ");
                System.out.println( 中学生成绩 ());
        }
}
class 大学生 extends 学生 // 子类定义
{
        int 高数 ,Java;// 大学生课程

        void 填写大学生成绩 (int math,int prog)
        {
                高数 =math;
                Java=prog;
        }

        public String 大学生成绩 ()
        {
                String str=" 高等数学 : "+高数 +",Java: "+Java;
                return str;
        }

        void print()
        {
                System.out.print( 学生信息 ()+" ");
                System.out.println( 大学生成绩 ());
        }
}
public class Example5_02
{
        public static void main(String args[])
        {
                中学生   张三 =new 中学生 ();
                张三 . 设置学生信息 ("160101", " 张三 ", 'f', 15);
                张三 . 填写中学生成绩 (90, 91);

                大学生   李四 =new 大学生 ();
                李四 . 设置学生信息 ("0416010101", " 李四 ", 'm', 19);
                李四 . 填写大学生成绩 (80, 81);

                张三 .print();
```

```
                               李四 .print();
            }
    }
```

```
160101 张三 女15岁 数学：90,语文91
0416010101 李四 男19岁 高等数学：80,Java：81
```

程序运行结果如图 5-2 所示。　　　　　　　　　　图 5-2　例 5.2 运行结果

5.1.2　域的隐藏和方法的重写

通过继承，子类可以将父类的域和方法继承下来成为子类的域和方法。但是，父类中的域或方法可能不适合子类使用（尤其是方法），这时，在子类中可以重新定义继承自父类的域或方法。

在子类中重新定义继承自父类的域称为域的隐藏，重新定义继承自父类的方法称为方法的重写。

1.　域的隐藏

隐藏域时，子类中所定义的域的域名必须与继承自父类的域名相同。

【例 5.3】域的隐藏。

【代码】

域的隐藏和
方法的重写

```java
class SuperClass
{
        int var;

        public void setSuperVar(int var)
        {
                this.var=var;
        }
        public int getSuperVar()
        {
                return var;
        }
}
class SubClass extends SuperClass
{
        int var;// 与继承自父类的域同名（覆盖父类的域）

        public void setSubVar(int v)
        {
                var=v;// 访问本身类所定义的域，访问不到继承自父类的域
        }
        public int getSubVar()
        {
                return var;// 访问本身类所定义的域，访问不到继承自父类的域
        }
}
public class Example5_03
{
        public static void main(String args[])
        {
```

```
        SubClass obj=new SubClass();

        obj.setSubVar(20);
        obj.setSuperVar(-20);

        System.out.println(" 子类对象本身的域的值: "+obj.getSubVar());
        System.out.println(" 子类对象继承父类的域的值: "+obj.getSuperVar());
    }
}
```

程序运行结果如图 5-3 所示。

在例 5.3 中，子类中所定义的域与继承自父类
的域同名，所以在子类中继承自父类的域被覆盖，
子类中的方法只能访问子类中所定义的域。

子类对象本身的域 的值: 20
子类对象继承父类的域 的值: -20

图 5-3　例 5.3 运行结果

2. 方法的重写

子类重写父类的方法时，方法的名称、类型和形式参数应该与继承自父类的方法相同。

【例 5.4】平面上有若干圆和矩形，计算这些圆和矩形的面积和周长。

可以将计算圆和矩形的面积和周长的方法抽象出来，单独定义在一个类中，再在这个类
的基础上再派生出圆类和矩形类。由于计算圆和矩形的面积和周长的方法不同，所以在圆类
和矩形类中应对继承自父类的方法重新定义（重写）。如果子类不重新定义，就不能正确地
计算出图形的面积和周长。

【代码】

```
class Shape
{
    public double area()
    {
        return 0;// 因为不知道是何种图形，无法计算面积和周长
    }
    public double perimeter()
    {
        return 0;
    }
}
class Circle extends Shape
{
    private double radius;

    public Circle(double radius)
    {
        this.radius=radius;
    }
    public double area()// 重写继承自父类的方法，因为是具体图形，知道计算方法
    {
        return Math.PI*radius*radius;
    }
    public double perimeter()// 重写
```

```
                {
                        return 2*Math.PI*radius;
                }
        }
class Rectangle extends Shape
{
        private double width,height;

        public Rectangle(double width,double height)
        {
                this.width=width;
                this.height=height;
        }
        public double area()// 重写继承自父类的方法，因为是具体图形，知道计算方法
        {
                return width*height;
        }
        public double perimeter()// 重写
        {
                return 2*(width+height);
        }
}
public class Example5_04
{
        public static void main(String args[])
        {
                Circle circle=new Circle(10);
                Rectangle rect=new Rectangle(15.2,10.8);

                System.out.print(" 圆的面积和周长: ");
                System.out.printf("%.2f,%.2f\n",circle.area(),circle.perimeter());

                System.out.print(" 矩形的面积和周长: ");
                System.out.printf("%.2f,%.2f\n",rect.area(),rect.perimeter());
        }
}
```

程序运行结果如图 5-4 所示。

```
圆的面积和周长：314.16,62.83
矩形的面积和周长：164.16,52.00
```

图 5-4　例 5.4 运行结果

5.1.3　super 关键字

如果子类隐藏了父类的域或重写了父类的方法，但是在子类中还想访问被隐藏的域或重写的方法，则可以通过关键字 "super" 进行访问。

super 可以理解为父类（直接父类）对象的引用（指针）。在子类中访问继承自父类的成员的形式：

```
super. 域
super. 方法名 ([ 实际参数 ])
```

通过 super 还可以调用父类的构造方法以便对继承自父类的域进行初始化。调用父类的构造方法的形式：

```
        super([ 实际参数 ]);
```

这条语句一定要放在子类构造方法的第一条语句的位置。

【例 5.5】super 的使用。

【代码】

super 关键字

```
import static java.lang.System.out;
class Super
{
        int var;

        public Super(int var)
        {
                this.var=var;
        }
}
class Sub extends Super
{
        int var;

        public Sub(int var1,int var2)
        {
                super(var2);// 调用父类的构造方法
                this.var=var1;// 不加 this 也可
        }
        public void display()
        {
                out.println(" 继承自父类的域: "+super.var);// 访问被隐藏的父类的域
                out.println(" 本身定义的域: "+var);// 本身类定义的域
        }
}
public class Example5_05
{
        public static void main(String args[])
        {
                Sub sub=new Sub(10,-200);
                sub.display();
        }
}
```

程序运行结果如图 5-5 所示。

5.1.4　Object 类

Java 只支持单重继承，也就是，一个类只能有一个父类。

图 5-5　例 5.5 运行结果

Java 基础类中有一个 Object 类，它是所有类的直接或间接父类。Object 是最顶级的类，它没有父类。

定义类时，如果不说明这个类继承自哪一个父类，则这个类的父类就是 Object。在例 5.1 中的 "Base" 类和例 5.2 中的 "学生" 类，它们的父类都是 Object。

Object 类
instanceof 关键字

继承具有传递性。在例 5.2 中，Object 也是"中学生"类和"大学生"类的父类。

Object 类中定义了一些方法，子类根据需要可以对这些方法重写。表 5.1 列出的是 Object 类中的方法。

表 5.1　Object 中的方法

类　型	方　法	作　用
protected Object	clone()	创建并返回一个对象副本（复制，克隆）
boolean	equals(Object obj)	判断当前对象与"obj"对象是否是同一个对象
protected void	finalize()	回收不再被使用的对象所占用的内存
Class<?>	getClass()	返回对象所对应的类（用于反射）
int	hashCode()	返回对象的哈希码
void	notify()	唤醒一个线程
void	notifyAll()	唤醒所有的线程
String	toString()	返回用字符串表示的对象
void	wait()	使当前线程处于等待状态
void	wait(long timeout)	使当前线程等待 timeout 毫秒
void	wait(long timeout, int nanos)	使当前线程等待 timeout 毫秒 +nanos 纳秒

【例 5.6】Object 中的 clone() 方法的使用。

clone() 方法可以利用当前对象生成一个新的对象（俗称"克隆"），这个新的对象与当前对象的属性（域）完全一样，所以在类中需要定义改变对象属性的方法。

【代码】

```
// 点类，实现接口 Cloneable
class Point implements Cloneable// 父类是 Object
{
        private int x,y;

        Point(int x,int y)
        {
                this.x=x;
                this.y=y;
        }
        public void move(int offsetX,int offsetY)
        {
                x+=offsetX;
                y+=offsetY;
        }
        // 重写父类 clone() 方法，可能会产生异常
        protected Point clone()throws CloneNotSupportedException
        {
                return (Point)super.clone();// 通过 super 调用父类 clone() 方法复制
                当前对象
        }
        // 重写父类 toString() 方法，使点的位置形成一个字符串
        public String toString()
        {
                String str="("+x+","+y+")";
```

```
            return str;
        }
        public void print()
        {
            System.out.println(toString());
        }
}

public class Example5_06
{
    public static void main(String args[])throws CloneNotSupportedException
    {
        Point oldPoint=new Point(10,20);
        Point newPoint;

        System.out.print("原来的点的坐标: ");
        oldPoint.print();

        newPoint=oldPoint.clone();// 克隆 oldPoint 生成一个新对象
        System.out.print("复制生成的新点的坐标: ");
        newPoint.print();// 新对象与原对象表示同一个点

        oldPoint.move(11, 22);
        System.out.print("原来的点移动后的坐标: ");
        oldPoint.print();

        newPoint.move(-11, -33);
        System.out.print("复制生成的新点移动后的坐标: ");
        newPoint.print();
    }
}
```

程序运行结果如图 5-6 所示。

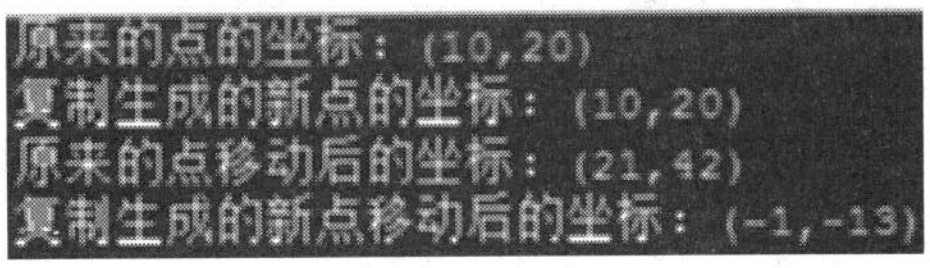

5.1.5 instanceof 关键字

instanceof 关键字用于判断一个对象是否是某一个类（或其父类）的实例。它的语法形式：

原来的点的坐标：(10,20)
复制生成的新点的坐标：(10,20)
原来的点移动后的坐标：(21,42)
复制生成的新点移动后的坐标：(-1,-13)

图 5-6　例 5.6 运行结果

```
对象 instanceof 类名
```

这是一个表达式，其值为逻辑值。如果"对象"是"类名"的一个实例对象，则为"true"，否则为"false"。

【例 5.7】instanceof 的使用。

【代码】

```
class Point implements Cloneable// 父类是 Object
{
    // 类的定义同例 5.6
}
```

```
public class Example5_07
{
    public static void main(String args[])
    {
        Point point=null;// // 此处一定要赋值 null

        System.out.println( 对象名 point 表示的是一个空对象，则: ");
        System.out.println("    \"point instanceof Point\"="+(point
            instanceof Point));
        System.out.println("    \"point instanceof Object\"="+(point
            instanceof Object));

        System.out.println(" 对象名 point 表示了一个真正的对象，则: ");
        point=new Point(10,20);// 它是 Point 类和 Object 类的对象
        System.out.println("    \"point instanceof Point\"="+(point
            instanceof Point));
        System.out.println("    \"point instanceof Object\"="+(point
            instanceof Object));
    }
}
```

程序运行结果如图 5-7 所示。

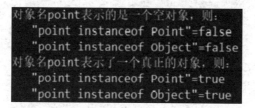

图 5-7　例 5.7 运行结果

子类的可访问性

5.1.6　子类的可访问性

子类的可访问性指的是子类对象是否能够访问（或怎样访问）继承自父类的成员。

子类继承自父类的成员，其访问权限与在父类中相同。

子类可以继承父类中的所有成员并成为自身的成员，但是继承的成员的访问方式与自身定义的成员的访问方式有所区别。以下几方面是子类对象对父类成员的可访问性。

（1）父类的私有成员可以被子类继承，但在子类中不能被子类的方法直接访问，在子类类体外也不能通过子类对象访问，只能通过继承自父类的并且子类可以访问的方法间接访问。

（2）父类中的公有成员可以被子类中的方法直接访问，在子类类体外可以通过子类对象访问。

（3）父类与子类在同一个包中，则父类中的保护成员可以被子类中的方法直接访问，在子类类体外可以通过子类对象访问。

（4）父类与子类不在同一个包中，则父类中的保护成员可以被子类中的方法直接访问，但在子类类体外不可以通过子类对象访问。

（5）父类与子类在同一个包中，则父类中的友好成员可以被子类中的方法直接访问，在子类类体外可以通过子类对象直接访问。

（6）父类与子类不在同一个包中，则父类中的友好成员不可以被子类中的方法直接访问，在子类类体外不可以通过子类对象访问，只能通过继承自父类的并且子类可以访问的方法间接访问。

【例 5.8】子类对象对继承自父类成员的可访问性。

【代码】

```java
class BaseClass
{
        private int a;// 私有成员，不可被子类直接访问
        protected int b;//b,c,d 可以被子类直接访问
        public int c;
        int d;

        public BaseClass(int a,int b,int c,int d)
        {
                this.a=a;
                this.b=b;
                this.c=c;
                this.d=d;
        }
        public int getA()
        {
                return a;
        }
}
class DerivedClass extends BaseClass
{
        int x;
        protected int y;
        private int z;

        public DerivedClass(int a,int b,int c,int d,int x,int y,int z)
        {
                super(a,b,c,d);
                this.x=x;
                this.y=y;
                this.z=z;
        }
        public int getZ()
        {
                return z;
        }
        public String toString()
        {
                String str="  a="+getA();// 必须调用 getA() 方法，不能直接写 "a"
                str+=",b="+b+",c="+c;// 直接访问继承自父类成员
                str+=",d="+d+",x="+x+",y="+y+",z="+z;
```

```
                                 return str;
                         }
                }
public class Example5_08
{
        public static void main(String args[])
        {
                DerivedClass d=new DerivedClass(1,2,3,4,-10,-20,-30);

                System.out.println(" 对象中的域值: ");
                System.out.println(d.toString());

                System.out.println(" 直接访问输出: ");
                System.out.print("   a="+d.getA());// 必须调用方法 getA() 间接得到
私有成员
                System.out.print(",b="+d.b+",c="+d.c+",d="+d.d);// 父类非私有
成员直接访问
                System.out.print(",x="+d.x+",y="+d.y);// 本身类非私有成员直接访问
                System.out.println(",z="+d.getZ());// 通过公有方法间接获得私有成员
        }
}
```

程序运行结果如图 5-8 所示。

```
对象中的域值:
   a=1,b=2,c=3,d=4,x=-10,y=-20,z=-30
直接访问输出:
   a=1,b=2,c=3,d=4,x=-10,y=-20,z=-30
```

图 5-8　例 5.8 运行结果

5.1.7　final 关键字

final 关键字可以修饰域，也可以修饰方法，还可以修饰类。

final 修饰的域称为最终域。修饰域的形式：

> [访问修饰词][static] final 数据类型域名 = 值 ;

final 域在定义时必须给出"值"，不能用默认值。

final 修饰的域可以看作符号常量（用符号表示常量）。因为这个域所在的类的所有对象有完全相同的值，所以将其声明为类域（static）比较合适；又因为这个域值在运行过程中不能改变，所以将其声明为 public，以便通过类名或对象名直接访问。

final 修饰的方法称为最终方法。修饰方法的形式：

> [访问修饰词][static] final 方法类型方法名 ([形参列表])
> {
> // 方法体
> }

final 修饰的方法可以被子类继承，但不能被子类重写。如果类中的方法比较重要，不希望被子类重写，则可以将这样的方法声明为最终方法。

【例 5.9】final 的使用。

【代码】

```
class A
{
        // 符号常量，最终域
        public static final double PI=3.1415926;

        int a=10;

        public final int getA()// 最终方法
        {
                return a;
        }
}
class B extends A
{
        int b=-15;

        public B()
        {
                PI=2.71828;// 为继承自父类的最终域重新赋值
        }

        public int getA()// 重写父类方法
        {
                return b;
        }
}
public class Example5_09
{
        public static void main(String args[])
        {
                B obj=new B();

                obj.PI=2.71828;// 运行中为最终域重新赋值

                System.out.println(obj.getA());
        }
}
```

在命令行下对程序进行编译，编译结果如图 5-9 所示。

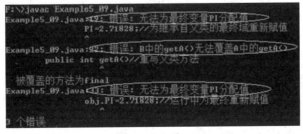

图 5-9　例 5.9 运行结果

5.1.8 @Override 注解

注解 @Override 表示它所标注的方法必须是对父类方法的重写。如果它所标注的方法在父类中没有，则编译时会出现编译错误。

【例 5.10】@Override 注解的使用。

【代码】

```
class Transport// 交通工具类
{
        public void run()
        {
                System.out.println(" 一个交通工具正在行驶！ ");
        }
}
class Plane extends Transport// 飞机类
{
        @Override// 表示下面的方法是对父类方法的重写
        public void planeRun()
        {
                System.out.println(" 一架飞机正在空中飞行！ ");
        }
}
public class Example5_10
{
    public static void main(String [] args)
    {
        Plane aPlane=new Plane();

        aPlane.planeRun();
    }
}
```

在命令行下对例 5.10 编译，编译结果如图 5-10 所示。

图 5-10 例 5.10 运行结果

将 Plane 类中的方法 planeRun() 改成 run()，则表示重写了父类的方法，程序能够编译通过并运行。

5.1.9 继承与组合的比较

有些问题既可以用继承的方式实现，又可以用组合的方式实现。

【例 5.11】用继承的方式重写例 4.21（题目：平面上有若干条线段和若干圆，已知每条线段的两个端点坐标、每个圆的圆心位置和半径。定义线段类和圆类并生成类的对象表示这些线段和圆）。

定义圆类时，圆类继承自 Point 类，这样可以用继承的 x 和 y 作为圆心的坐标；定义线段类时，线段类也继承自 Point 类，在线段类中定义一个 Point 类的对象用于表示一个端点，则另一个端点可以用继承的 x 和 y 表示。

【代码】

```
class Point
{
//Point 类的定义同例 4.21
}
class Line extends Point// 线段类，组合和继承
{
      // 用 Point 类的一个对象表示线段一个端点
      private Point start;// 对象（域）成员

      public Line(int x1,int y1,int x2,int y2)// 构造方法
      {
            super(x2,y2);
            start=new Point(x1,y1);// 创建对象域
      }
      public Line(Point p1,Point p2)// 重载构造方法
      {
            super(p2.getX(),p2.getY());
            start=new Point(p1.getX(),p1.getY());// 重新创建对象
      }
      public int getStartX()
      {
            return start.getX();// 代码重用
      }
      public int getStartY()
      {
            return start.getY();// 代码重用
      }
      public int getEndX()
      {
            return getX();// 继承自父类的 getX()
      }
      public int getEndY()
      {
            return getY();// 继承自父类的 getY()
      }
      public void move(int offsetX,int offsetY)
      {
            start.move(offsetX, offsetY);// 代码重用
            super.move(offsetX, offsetY);// 调用父类 move() 对继承自父类的 x
                  和 y 平移
      }
      public double length()
      {
            Point end=new Point(getX(),getY());
            return start.length(end);// 代码重用
      }
```

```java
        public String toString()// 将端点形成一个字符
        {
                //Point end=new Point(getX(),getY());

                String str=start.toString();// 代码重用
                str+="-"+super.toString();// 代码重用
                return str;
        }
        public void print()
        {
                System.out.println(toString());
        }
}
class Circle extends Point// 圆类，继承
{
        //private Point center; 不定义，用继承的 x 和 y 表示圆心
        int radius;

        public Circle(int x,int y,int radius)// 构造方法
        {
                super(x,y);// 调用父类的构造方法对继承的 x 和 y 初始化
                this.radius=radius;
        }
        public Circle(Point p,int radius)// 重载构造方法
        {
                super(p.getX(),p.getY());
                this.radius=radius;
        }
        public int getX()// 获取圆心 x 坐标
        {
                return super.getX();// 调用父类的方法
        }
        public int getY()// 获取圆心 y 坐标
        {
                return super.getY();// 调用父类的方法
        }
        public int getRadius()// 获取圆的半径
        {
                return radius;
        }
        public void move(int offsetX,int offsetY)// 移动圆
        {
                super.move(offsetX, offsetY);// 调用父类的方法
        }
        public double area()// 计算圆的面积
        {
                return Math.PI*radius*radius;
        }
        public double perim()// 计算圆的周长
        {
                return 2*Math.PI*radius;
        }
```

```
public String toString()// 将圆的数据形成一个字符串
{
        String str=radius+",";
        str+=super.toString();// 调用父类的方法
        return str;
}
public void print()
{
        System.out.println(toString());
}
}

public class Example5_11
{
    public static void main(String args[])
    {
            //main() 方法同例 4.21
    }
}
```

程序运行结果如图 4-24 所示。

通过例 5.11 和例 4.21 的程序的比较，可以有如下结论：

（1）大多数的问题，用继承或组合的方式都可以实现；

（2）组合方式可以通过组合对象直接使用被组合的类（如 Point）中的成员，不必覆盖域或重写方法，避免方法被重写；

（3）继承方法可以继承父类的所有成员，继承过程中可以覆盖父类的域，根据子类的需求可以重写继承自父类的方法；

（4）两种方式的最大区别在于，组合方式无法实现多态性，而继承方式可以实现多态性。

5.2 类的多态

同一类对象的不同行为称为多态性。

多态性一定是在同一类对象之中表现出来的，不同类的对象即使行为不同，也不能称为多态性。

对象的赋值
兼容规则

例如，人与汽车的运动方式，虽然运动方式不同，但是由于人和汽车不是同一类的对象，不能称这样不同的运行方式具备多态性；飞机和汽车都是交通工具类的对象，它们是同一类的对象，而且它们的运行方式不同，这种不同就可以称为交通工具具备多态性。

5.2.1 对象的赋值兼容规则

1. 赋值兼容规则

在有继承关系的类中，可以用父类对象表示子类的对象，称为赋值兼容规则。

比如在例 5.11 中，类 Circle 是类 Point 的子类，则可以进行下面的赋值：

```
Point p=new Circle(15,25,10);
```

对象 p 是 Point 类的对象名，但是它实际上表示的是子类 Circle 的对象，符合赋值兼容规则。

当用父类对象表示子类对象时，父类对象称为子类对象的上转型对象。如对象 p 是圆类对象的上转型对象。

当一个父类对象表示的是子类对象时，还可以将该父类对象强制转换成子类对象。如：

```
Circle c=(Circle)p;
```

父类对象 p 实际上表示的是子类对象，所以可以将 p 强制转换成 Circle 类型。

将上转型对象转换为子类对象称为下转型对象。

2. 上转型对象的使用

当用一个父类对象表示子类对象后（上转型对象），父类对象：

（1）可以访问子类继承自父类的域或被子类隐藏的域；

（2）可以调用子类继承自父类的方法或被子类重写的方法；

（3）不能访问子类相对于父类新增加的域或方法。

由此可见，通过父类访问的域或方法一定是继承自父类的域或方法，或者是隐藏继承自父类的域，或者是重写继承自父类的方法。

使用赋值兼容规则主要是为了实现多态性。

5.2.2 多态的实现

通过下面的步骤可以实现多态性：

（1）定义一个父类，并在这个父类的基础上派生出若干个子类；

（2）每一个子类根据自身的需要，对继承自父类的方法进行重写以使子类表现出自身的行为；

（3）声明父类对象，并用父类对象表示子类的对象；

（4）通过父类对象调用被子类重写的方法。

多态的实现

按照上述步骤编写的程序，当其运行时，系统（JVM Java 虚拟机）能够判断父类对象实际上表示的是哪一个子类的对象，从而调用相应子类中的方法。

通过多态性，可以避免程序员在编写程序时进行对象类型的判断，直接交给运行时系统判断，从而可以提高程序的开发效率、提高程序运行的稳定性，尤其在派生层次较多的时候更能体现出多态性的优越性。

【例 5.12】利用多态性重写例 5.4（例 5.4 问题：平面上有若干圆和矩形，计算这些圆和矩形的面积和周长。）。

在例 5.4 中，定义了一个图形类 Shape，这个类又派生出 Circle 类和 Rectangle 类。因为有继承关系，所以可以用 Shape 类的对象表示 Circle 类和 Rectangle 类的对象，通过多态性，用 Shape 的对象调用 area() 和 perimeter() 方法求出相应图形的面积。

【代码】

```
class Shape
{
        //Shape 的定义同例 5.4
```

```
    }
    class Circle extends Shape
    {
        //Circle 的定义同例 5.4
    }
    class Rectangle extends Shape
    {
        //Rectangle 的定义同例 5.4
    }
    public class Example5_12
    {
        public static void main(String args[])
        {
            Shape aShape=new Circle(10);// 父类对象表示 Circle 子类对象
            System.out.print(" 圆的面积和周长: ");
            // 通过父类对象调用子类方法
            System.out.printf("%.2f,%.2f\n",aShape.area(),aShape.
                perimeter());

            aShape=new Rectangle(15.2,10.8);// 父类对象表示 Rectangle 子类对象
            System.out.print(" 矩形的面积和周长: ");
            // 通过父类对象调用子类方法
            System.out.printf("%.2f,%.2f\n",aShape.area(),aShape.
                perimeter());
        }
    }
```

程序运行结果如图 5-4 所示。

在例 5.12 中，"aShape.area()" 和 "aShape.perimeter()" 分别出现了两次，而每一次对象 aShape 表示的是不同子类的对象。当程序运行时，运行时系统能够判断出 aShape 到底表示的是哪一子类的对象，从而调用子类中的方法——这是多态性。

【例 5.13】有多种交通工具，利用多态性表现出每种交通工具的正确运行状态。

要表现出多态性，就应该定义父类和子类。先定义一个交通工具 Transport 类，类中定义一个表示交通工具运行的方法 run。在交通工具类的基础上，派生出汽车、飞机、轮船子类，类中重写父类 Transport 中的方法 run。用父类 Transport 类的对象表示每一个具体交通工具的对象，然后调用方法 run，使每种交通工具表现出自身的行为。

【代码】

```
class Transport// 交通工具类
{
    int speed;
    String name;
    public Transport(){}// 构造方法
    public Transport(String name,int speed)// 构造方法
    {
        this.speed=speed;
```

```
                this.name=name;
        }
        public void run()// 交通工具运行
        {
                System.out.println(" 交通工具在运行！ ");
        }
}
class Plane extends Transport// 飞机子类
{
        public Plane(String name,int speed)// 构造方法
        {
                super(name,speed);// 调用父类构造方法
        }
        public void run()// 重写父类方法
        {
                System.out.println(name+" 飞机以 "+speed+"km/h 的速度在空中飞行。");
        }
}
class Ship extends Transport// 轮船子类
{
        public Ship(String name,int speed)
        {
                super(name,speed);
        }
        public void run()// 重写父类方法
        {
                System.out.println(name+" 轮船以 "+speed+" 节的速度在水中航行。");
        }
}
class Rocket extends Transport// 火箭子类
{
        public Rocket(String name,int speed)
        {
                super(name,speed);
        }
        public void run()// 重写父类方法
        {
                System.out.println(name+" 火箭以 "+speed+"km/h 的速度在太空中穿行。");
        }
}
class Vehicle extends Transport// 汽车子类
{
        public Vehicle(String name,int speed)
        {
                super(name,speed);
        }
        public void run()// 重写父类方法
        {
                System.out.println(name+" 汽车以 "+speed+"km/h 的公路上行驶。");
        }
}
```

```
class Car extends Vehicle// 汽车类派生小轿车子类
{
        public Car(String name,int speed)
        {
                super(name,speed);
        }
        public void run()// 重写父类方法
        {
                System.out.println(name+" 轿车以 "+speed+"km/h 的速度在公路上飞驰。");
        }
}
class Truck extends Vehicle// 汽车类派生卡车子类
{
        public Truck(String name,int speed)
        {
                super(name,speed);
        }
        public void run()// 重写父类方法
        {
                System.out.println(name+" 卡车以 "+speed+"km/h 的公路上行驶。");
        }
}
public class Example5_13
{
        public static void main(String args[])
        {
                Transport aTransport;// 声明一个交通工具类的对象

                aTransport=new Rocket(" 长征 4 号 ",2200);// 赋值兼容规则，表示火箭对象
                aTransport.run();// 调用 run 方法

                aTransport=new Car(" 红旗 ",120);// 表示轿车对象
                aTransport.run();

                aTransport=new Plane(" 空客 A320",800);// 表示飞机对象
                aTransport.run();

                aTransport=new Ship(" 辽宁舰 ",23);// 表示轮船对象
                aTransport.run();

                aTransport=new Truck(" 东风 ",80);// 表示卡车对象
                aTransport.run();

                aTransport=new Vehicle(" 金龙 ",70);// 表示汽车对象
                aTransport.run();
        }
}
```

程序运行结果如图 5-11 所示。

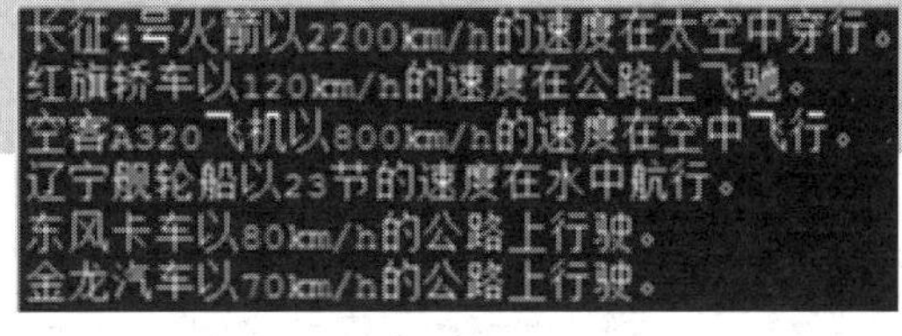

在上例中，语句 "aTransport.run()" 出现了多次。因为是同一语句，所以运

长征 4 号火箭以 2200km/h 的速度在太空中穿行。
红旗轿车以 120km/h 的速度在公路上飞驰。
空客 A320 飞机以 800km/h 的速度在空中飞行。
辽宁舰轮船以 23 节的速度在水中航行。
东风卡车以 80km/h 的公路上行驶。
金龙汽车以 70km/h 的公路上行驶。

图 5-11 例 5.13 运行结果

行结果应该完全一样，但是实际结果却大不同。就是因为在每次调用时，aTransport 表示的都是不同子类的对象，运行时系统要判断是哪一子类对象，再调用相应子类中的 run() 方法，从而使交通工具表现出正确的行为。

5.2.3 匿名类

匿名类是嵌套类的一种。

匿名类实际上是某一个类的子类，并利用多态性表现出匿名类对象的行为。

【**例** 5.14】匿名类的定义与使用。

【**代码**】

匿名类

```
class Person
{
        public void doing()
        {
                System.out.println(" 人们正在做……");
        }
}
public class Example5_14
{
        public static void main(String args[])
        {
                Person aPerson=new Person();
                aPerson.doing();

                aPerson=new Person()// 生成子类对象
                {// 定义匿名类，它是 Person 类的子类
                        public void doing()// 重写父类中的方法
                        {
                          System.out.println(" 学生们正在学习！");
                        }
                };// 注意，一条语句写在多行，到此结束
                aPerson.doing();// 通过父类对象调用子类中的方法，多态性

                aPerson=new Person()
                {// 再声明匿名类并创建对象
                        public void doing()
                        {
                                System.out.println(" 环卫工人正在清扫！");
                        }
                };
                aPerson.doing();// 多态性
        }
}
```

程序运行结果如图 5-12 所示。

图 5-12　例 5.14 运行结果

5.3 抽象类与接口

抽象类

5.3.1 抽象类

抽象类用来表述在对问题分析、设计中得出的抽象概念，是对一系列本质上相同的具体概念的抽象。

1. 抽象类的定义

关键字 abstract 修饰的类就是抽象类。抽象类的定义形式：

```
abstract class 类名
{
        // 类体
}
```

抽象类中也可以定义域和方法，但不能生成抽象类的实例，因为抽象类描述的是不存在的事物。

定义抽象类的目的在于使行为相似的对象有共同的父类，则可以用父类对象表示子类对象，从而实现多态性。

2. 抽象方法的定义

用关键字 abstract 修饰的方法就是抽象方法。抽象方法只有方法的声明（方法头部），而没有方法的实现。抽象方法的定义形式：

```
abstract 方法类型方法名 ([ 形式参数 ]);
```

抽象方法的定义由子类实现，所以抽象方法一定不能用 final 修饰。

如果一个类中声明了抽象方法，则该类一定要定义成抽象类。

抽象类描述的是不存在的事物，不存在的事物也就没有明确的行为，所以在抽象类中应将方法声明为抽象方法。当然，抽象类中也可以定义非抽象方法。

【例 5.15】用抽象类重写例 5.12。

在例 5.12 中，由于 Shape 类描述的图形是不具体的，所以将 Shape 类定义成抽象类是比较合适的。因为描述的是不具体的图形，也就无法确定计算面积和周长的方法（在例 5.12 中，这两个方法返回任何值都是不合理的），所以这两个方法应定义为抽象方法。

【代码】

```
abstract class Shape// 抽象类的定义
{
        public abstract double area();// 抽象方法
        public abstract double perimeter();// 抽象方法
}

class Circle extends Shape
{
        // 类的定义同例 5.4
}
```

```
class Rectangle extends Shape
{
        // 类的定义同例 5.4
}
public class Example5_15
{
        public static void main(String args[])
        {
                Shape aShape;// 声明一个抽象类的对象

                //aShape=new Shape();// 不允许，不能创建抽象类的对象

                aShape=new Circle(10);// 用抽象的父类对象表示子类对象
                System.out.print(" 圆的面积和周长: ");
                System.out.printf("%.2f,%.2f\n",aShape.area(),aShape.perimeter());

                aShape=new Rectangle(15.2,10.8);// 用抽象的父类对象表示子类对象
                System.out.print(" 矩形的面积和周长: ");
                System.out.printf("%.2f,%.2f\n",aShape.area(),aShape.perimeter());
        }
}
```

程序运行结果如图 5-4 所示。

【例 5.16】用抽象类重写例 5.13。

在例 5.13 中，由于 Transport 类所描述的对象也不是具体的对象，所以应该将 Transport 类也定义为抽象类，类中的 run() 方法定义为抽象方法。

【代码】

```
abstract class Transport// 抽象的交通工具类
{
        int speed;
        String name;
        public Transport(){}// 构造方法
        public Transport(String name,int speed)// 构造方法
        {
                this.speed=speed;
                this.name=name;
        }
        public abstract void run();// 抽象方法
}
// 其他子类定义同例 5.13
public class Example5_16
{
        public static void main(String args[])
        {
                Transport aTransport;// 声明一个交通工具类的对象

                //aTransport=new Transport();// 不允许，因为 Transport 是一个抽象类

                aTransport=new Rocket(" 长征 4 号 ",2200);// 赋值兼容规则，表示火箭对象
```

```
        aTransport.run();// 调用 run 方法

        aTransport=new Car(" 红旗 ",120);// 表示轿车对象
        aTransport.run();

        aTransport=new Plane(" 空客 A320",800);// 表示飞机对象
        aTransport.run();

        aTransport=new Ship(" 辽宁舰 ",23);// 表示轮船对象
        aTransport.run();

        aTransport=new Truck(" 东风 ",80);// 表示卡车对象
        aTransport.run();

        aTransport=new Vehicle(" 金龙 ",70);// 表示汽车对象
        aTransport.run();
    }
}
```

程序运行结果如图 5-11 所示。

接口、抽象类与
接口比较

5.3.2 接口

1. 接口的定义

接口用于规范对象应有的行为。接口的定义形式：

```
interface 接口名
{
    // 符号常量定义
    // 方法声明
}
```

在接口中定义的域（变量）必须是常量，它的值不能被实现它的类（见"接口的使用"）重新赋值。接口中也只能对方法进行声明，不能定义方法体。

接口可以看作是一种特殊的抽象类，但它与类不同。类是对同一类事物的描述，而接口可以描述不同类的事物。

接口还可以有多个父接口，所以一个接口的完整定义为如下形式：

```
interface 接口名 extends 父接口列表
{
    // 符号常量定义
    // 方法声明
}
```

2. 接口变量

定义了一个接口，相当于定义了一种新的数据类型，就可以用这种新的数据类型定义变量。用接口定义的变量称为接口变量。接口变量的定义形式：

```
接口名 变量列表；
```

3. 接口的使用

接口必须通过类才能使用。

如果一个类定义了接口中的所有方法，称这个类实现了接口。实现接口的形式如下。

```
class 类名 implements 接口列表
{
    // 类体
}
```

其中，关键字"implements"表示"类名"类要实现"接口列表"中的所有接口中的所有方法。如果有一个接口方法没有在"类名"类中定义，则该类为抽象类。

Java 不支持多重继承（一个类只能有一个父类，除 Object 类外），但一个类可以同时实现多个接口。

实现接口的过程也是定义类的过程，但这个类要定义接口中的所有方法。

因为接口相当于特殊的抽象类，所以可以用接口变量表示实现它的类（可以看作子类）的对象，接口变量可以称作是对象的上转型对象。

同样，作为上转型的接口变量调用方法时，调用的是"子类"中实现的接口中的方法，从而可以表现出对象的多态性。

【例 5.17】用接口重写例 5.15。

【代码】

```
interface Shape// 接口的定义
{
    public final static double PI=3.1415926;// 常量定义
    public abstract double area();// 方法声明
    public abstract double perimeter();// 方法声明
}

class Circle implements Shape// 实现接口
{
    private double radius;

    public Circle(double radius)
    {
        this.radius=radius;
    }
    public double area()// 实现接口中的方法
    {
        return PI*radius*radius;// 此处使用的是接口中的常量 PI，而不是 Math.PI
    }
    public double perimeter()// 实现接口中的方法
    {
        return PI*radius;// 接口中的常量 PI
    }
}
class Rectangle implements Shape// 实现接口
```

```
    {
        // 同例 5.15
    }
public class Example5_17
{
    public static void main(String args[])
    {
        Shape aShape;// 声明一个接口变量

        //aShape=new Shape();不允许,不能创建接口实例

        aShape=new Circle(10);// 接口变量表示子类对象,上转型对象
        System.out.print(" 圆的面积和周长: ");
        System.out.printf("%.2f,%.2f\n",aShape.area(),aShape.perimeter());

        aShape=new Rectangle(15.2,10.8);// 接口变量表示子类对象,上转型对象
        System.out.print(" 矩形的面积和周长: ");
        System.out.printf("%.2f,%.2f\n",aShape.area(),aShape.perimeter());
    }
}
```

程序运行结果如图 5-4 所示。

例 5.16 中的 Transport 抽象类也可以定义成接口,其余的子类实现这个接口,程序运行结果相同。

5.3.3 抽象类与接口的比较

从抽象类的定义、接口的定义及例 5.15 和例 5.17 的比较可以看出,抽象类和接口非常相似,甚至可以互相替代。

但是抽象类与接口不同。抽象类用于表示同一类对象的共同属性和行为,而接口可以表示不同类的对象的属性和行为,这是概念上的不同。

接口用于规范不同类的对象所应具有的操作,但每类对象的具体操作由具体类定义。

【例 5.18】不同类实现接口。

【代码】

```
interface Charge// 接口声明
{
    public void 收费 ();// 抽象方法
}
class Cinema implements Charge// 电影院类,实现接口
{
    public void 收费 ()
    {
        System.out.println(" 电影票 10 元一张。");
    }
}
class Taxi implements Charge// 出租车类,实现接口
{
    public void 收费 ()
    {
```

```
                            System.out.println("出租车基价9.9元 ");
                    }
            }
    class Highway implements Charge// 高速公路类，实现接口
    {
            public void 收费()
            {
                    System.out.println(" 高速公路收费 25.0 元 ");
            }
    }
    class Mountain implements Charge// 山类，实现接口
    {
            public void 收费()
            {
                    System.out.println(" 黄山门票 120 元 ");
            }
    }
    public classExample5_18
    {
            public static void main(String args[])
            {
                    Charge charge;// 声明接口变量

                    charge=new Cinema();// 接口变量表示电影院对象
                    charge. 收费();// 多态性

                    charge=new Taxi();// 接口变量表示出租车对象
                    charge. 收费();// 多态性

                    charge=new Highway();// 接口变量表示高速公路对象
                    charge. 收费();// 多态性

                    charge=new Mountain();// 接口变量表示黄山对象
                    charge. 收费();// 多态性
            }
    }
```

程序运行结果如图 5-13 所示。

在例 5.18 中，电影院、出租车、高速公路和山是不同的类，它们的收费过程可以用一个接口规定，但每个类的具体收费由每个类自己确定。

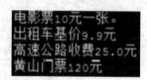

图 5-13　例 5.18 运行结果

例 5.18 中的接口 Charge 定义成抽象类也可以，但概念上有本质的不同——关键在于它们是不同的类，不能有共同的父类。

5.4　类及类间关系的 UML 表示

5.4.1　类的表示

类用一个矩形框表示，分成三栏，第一栏写类名，第二栏写属性，第三栏写操作，这种方式称为展开表示法，如图 5-14(a) 所示。

类、对象和
接口的表示

如果没必要表示类的属性和行为，可以只用一栏显示类名，这种方式称为折叠表示法，如图 5-14(b) 所示。

类名
-属性
+操作()

（a）

类名

（b）

图 5-14 类的表示方法

1. 类名

类名用于表示类。

在程序设计语言中，"类名"必须符合标识符规定，但是在 UML 中，"类名"没有这样严格的规定，只要表示一定的含义（如用 Book 表示书类）就可以了。UML 中的其他元素名也是如此。

如果是抽象类，则"类名"用斜体表示（手绘时，在类名下面加下划线）。

2. 可见性表示

可见性即成员的可访问性（Java 中的访问限定词）。在 UML 中，私有成员用"−"表示，公有成员用"+"表示，保护成员用"#"表示。如果成员的可见性为默认（default），则成员前用"~"表示，或不用任何符号。

3. 属性的表示

属性的表示形式是：

> 属性名 : 类型 [= 初值]

4. 操作的表示

操作的表示形式是：

> 方法名 ([in/out] 参数名 : 参数类型 [,⋯]) : 操作类型

其中，"in/out"表示参数是输入参数还是输出参数。

通常情况下，用 UML 表示类时，只给出操作名和操作类型，而操作的参数可以不写。

如果属性或操作有下划线，则该属性或操作为静态成员。

如例 4.7 中，Point 类可以表示成图 5-15 所示的类图，其中 (a) 为展开式，(b) 为折叠式。

例 5.15 中的 Shape 类（抽象类）可以表示成图 5-16 所示的类图，(a)、(b) 分别为展开和折叠图。

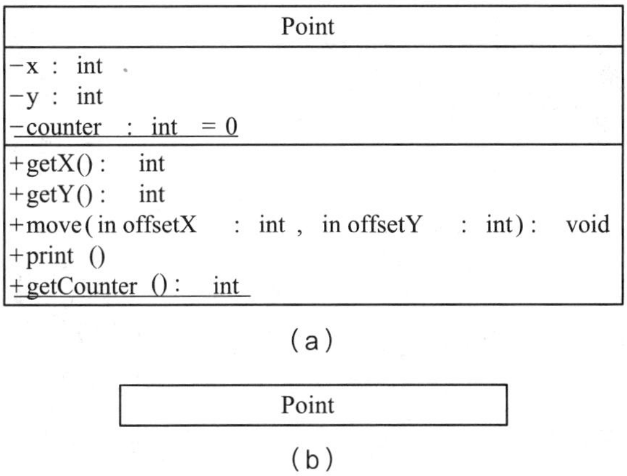

Point
−x : int
−y : int
−counter : int = 0
+getX() : int
+getY() : int
+move(in offsetX : int , in offsetY : int) : void
+print ()
+getCounter () : int

（a）

Point

（b）

图 5-15 Point 类的表示

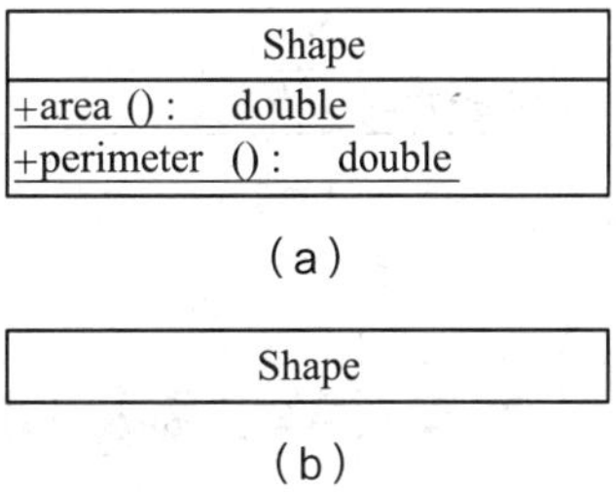

Shape
+area () : double
+perimeter () : double

（a）

Shape

（b）

图 5-16 Point 类的表示

5.4.2　对象的表示

表示对象时，将一个矩形分为两栏，第一栏表示对象名，第二栏表示属性值。表示对象时不表示操作。

1.　对象名的表示

对象名的表示形式是：

対象名：类名

在"对象名：类名"下面要加下划线。

2.　属性值的表示

属性值的表示形式是：

属性名：类型 = 值

如图 5-15 中的 Point 类的一个对象 aPoint 可以表示成图 5-17 所示的对象图，(a)、(b) 分别为展开和折叠图。

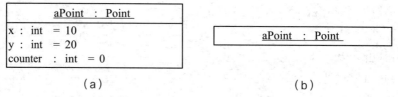

图 5-17　一个 Point 类对象的表示

5.4.3　接口的表示

表示接口时，将一个矩形分为两栏，第一栏表示接口名，第二栏表示方法名，接口中不表示属性。接口还可以用"棒棒糖"的形式表示。

1.　接口名的表示

为了与类区别，接口名前面加上构造型（stereotype）"<<interface>>"表示是接口而不是类。

2.　操作的表示

操作的表示与类中操作的表示相同，但使用斜体。例 5.18 中的接口 Charge 可以表示成图 5-18 所示的接口图，(a)、(b) 和 (c) 分别是展开图、折叠图和"棒棒糖"图。

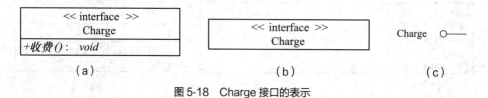

图 5-18　Charge 接口的表示

5.4.4　类间关系及 UML 表示

类和类之间有 6 种关系，分别是泛化（继承）、实现、依赖、关联、聚合和组合。

1. 泛化关系

泛化即继承，用一个带空心箭头的实线表示，箭头指向父类，另一端指向子类。如例 5.2 中的学生类与中学生类、学生类与大学生类的泛化关系可用图 5-19 表示。

接口也可以泛化，接口的泛化如图 5-20 所示（多重继承）。

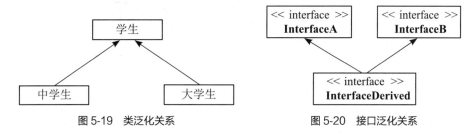

图 5-19　类泛化关系　　　　　　　　　　　图 5-20　接口泛化关系

2. 实现关系

实现指的是一个类继承了一个接口或多个接口中的方法，并在类中定义了接口中所声明的方法，称为类实现了接口。

在 UML 中，用一个带空心箭头的虚线表示，箭头指向接口，另一端指向实现接口的类。

如例 5.17 中，Circle 类和 Rectangle 类都实现了接口 Shape，类和接口的关系如图 5-21 所示。

类间关系及
UML 表示

3. 依赖关系

依赖关系是对象之间最弱的一种关联方式，一般指由局部变量、函数参数、返回值相对于其他对象的关系。

一个类调用被依赖类中的某些方法而得以完成这个类的一些职责。

在类图中使用带箭头的虚线表示，箭头从使用类指向被依赖的类。

图 5-22 所示的是依赖关系，其中折角的矩形是注释（如方法的代码）。

4. 关联关系

关联关系是类与类之间最常用的一种关系，用于表示一类对象与另一类对象之间有联系，它是一种结构化关系。在编程实现时，通常是将一个类的对象作为另一个类的属性。

在 UML 类图中，用实线连接有关联的类。

在使用类图表示关联关系时可以在关联线上标注角色名。

在图 5-23 中表示的是类 Customer 与类 Product 和类 Account 的关联关系。

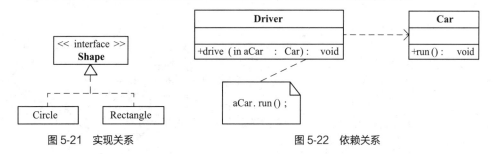

图 5-21　实现关系　　　　　　　　　　　　图 5-22　依赖关系

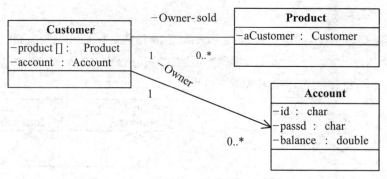

图 5-23 关联关系

表示关联关系时，可以用角色名称、导航箭头和多重性进一步说明类间的关联关系。

在图 5-23 中，关联线上都有"Owner"，它是角色名称，表示 Customer 类的对象是 Product 类的对象和 Account 类的对象的所有者，而"sold"表示产品可以卖给客户。

在图 5-23 中，Customer 类和 Account 类的关联线的一端有箭头，表示只能是 Customer 类的对象拥有 Account 类的对象。这个箭头称为导航箭头，如果是单向关系，必须使用导航箭头。

如果是双向关系，则可以没有箭头，当然两端加上箭头也可以。一般地，默认关联关系是双向关联。图 5-23 中，Customer 类和 Product 类是双向关联，表示 Customer 类的对象可以拥有 Product 类的对象，Product 类的对象也属于 Customer 类的对象。

在图 5-23 中，有数字"1"和"0..*"，它们表示的是对象的数量关系，称为多重性。Customer 类和 Product 类的多重性表示，一个 Customer 类的对象可以没有、也可以拥有多个 Product 类的对象，而 Product 类的对象可以不卖给 Cutstomer 类的对象，也可以将多个产品卖给一个 Customer 类的对象。Customer 类与 Account 类是单向关系，表示一个 Customer 类的对象可以没有、也可以有多个 Account 类的对象。

5. 聚合关系

聚合关系与组合关系都是整体和部分的关系。

如果部分可以独立于整体的存在而存在，则称为聚合；如果部分依赖于整体的存在而存在，当整体不存在时部分也不存在，则称为组合关系。

在 C++ 中定义类时，可以明确区分出组合类和聚合类。

如在例 4.21 中，如果用 C++ 定义 Line 类，则可以写成两种形式：

```
// 形式 1
class Line
{
private:
    Point start,end;
    //…
}
```

```
// 形式 2
class Line
{
private:
    Point *start,*end;
    //…
}
```

用 Java 语言也可以实现聚合和组合。

聚合关系用一个带有空心菱形和箭头的实线表示，空心菱形指向聚合类，箭头指向被聚合（部分）类。如例 4.21 中的 Line 类如果是一个聚合类，则可以用图 5-24 表示 Line 类和 Point 类的关系。

6. 组合关系

组合关系用一个带有实心菱形和箭头的实线表示，实心菱形指向组合类，箭头指向组合（部分）类。如例 4.21 中的 Line 类如果是一个组合类，则可以用图 5-25 表示 Line 类和 Point 类的关系。

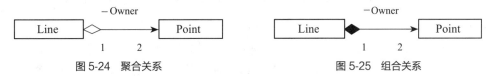

图 5-24　聚合关系　　　　　　　　　　　　图 5-25　组合关系

5.5　小结

本章内容讲解的是面向对象中的继承和多态。

一个类可以在已有类的基础上定义，称为继承或派生。已有类称为一般类、基类或父类，新生成的类称为特殊类、派生类或子类。

通过继承，子类可以拥有父类的所有域和方法。根据需要，子类可以定义和父类重名的域，称为域的隐藏；子类可以定义与父类原型相同的方法，称为方法的重写。

如果在子类中想访问被子类覆盖的父类成员，可以使用关键字 super。也可以用 super 调用父类的构造方法。

Object 是 Java 中定义的一个类，它是所有其他类的直接或间接父类。除 Object 类外，任何一个类有且仅有一个父类。

Object 中定义了一些方法，子类应根据需要对相应的方法重写，以便表示出子类对象的行为，便于实现多态性。

子类虽然可以继承父类中的所有成员，但继承的成员在子类中不一定都能被子类中的成员访问，这涉及子类成员对父类成员的可访问性。

关键字 instanceof 用于判断一个对象是否是一个类的实例。

关键字 final 可以修饰域，表示该域的值不可以改变；还可以修饰方法，表示该方法是最终方法，可以被子类继承，但不能被子类重写。

注解 @Override 放在某一个方法定义前，表示该方法是对父类方法的重写。

多态性实现的基础是继承，而且子类应对父类中的方法重写。

实现时，用父类对象表示子类，运行时系统会判断父类对象表示的是哪一个子类的对象，从而自动调用子类中的方法。

如果一个类只用一次，则可以定义匿名类。

接口是对不同类的约束。接口中能定义常量和方法声明，方法的定义由实现它的类定义。使用时，也是通过实现其类的对象而使用。

Java 语言只支持单重继承，但一个类可以同时实现多个接口。一个接口在定义时也可以同时继承自多个接口。

UML 是面向对象的建模语言，它可以表示在软件开发过程中用面向对象方法建立的模型。类和类之间有 6 种关系，分别用不同的方式表示。

5.6 习题

1．某家庭有电视机、洗衣机、电冰箱和微波炉。编程序显示家用电器的工作状态：电视机在播放节目、洗衣机在洗衣服、电冰箱在制冷及微波炉在加热食物。

2．某学校教师的工资＝基本工资＋课时补贴。教授的基本工资为 5000 元，每学时补贴 70 元；副教授的基本工资为 3500 元，每学时补贴 60 元；讲师的基本工资为 2600 元，每学时补贴 55 元。已知每个教师的学时数，计算每个教师的每月工资数。

3．在一个学校中有教师和学生两类人员。学生信息有身份证号、学号、专业、姓名、性别、年龄及数学、英语、Java 程序设计三门课程的成绩。教师信息有身份证号、教师号、专业、姓名、性别、年龄及授课的学时数。创建学生和教师的对象并输出对象的信息。

4．有一个类 Door，可以实现基本的开、关行为，现在要扩展其功能，增加报警行为。如何对类 Door 进行修改更合理？编程实现。

5．有若干个直柱体（底面与柱面垂直），其底面可能是圆形、矩形或三角形。已知柱体的高度、圆的半径、矩形的宽度和高度及三角形的三边长（一定能构成三角形），计算柱体的体积和表面积（包括两个底的面积）。

第6章

异常处理机制

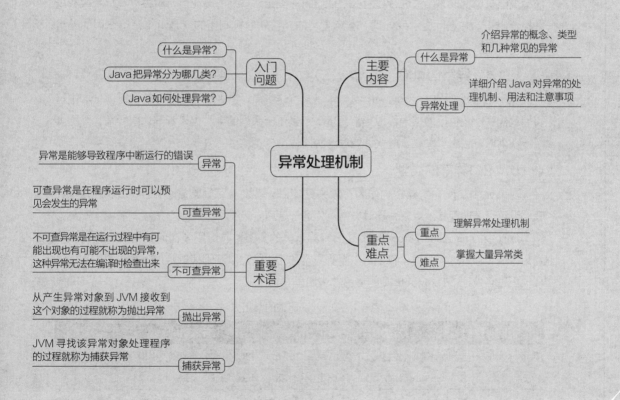

6.1　什么是异常

异常

当我们在进行程序设计和运行时，经常会遇到一些错误，这些错误可分成 3 类。

第一类错误是语法错误，编译系统能直接检查出来，如变量名错误，语句格式错误等。这类错误会导致编译不通过，所以程序员会第一时间发现和处理。

第二类错误是算法设计错误。这类错误会使得程序运行不正确或引起系统异常，而且系统无法检查出来，只能通过调试、测试才能发现原因并由程序员重写程序来解决。

第三类错误是在程序运行中由于一些特殊原因出现的错误，如打开一个不存在的文件，读取一个有字符的数字，程序运行内存不足等。这类错误可能发生也可能不会发生，一旦发生会导致程序无法继续运行或系统异常。

这三类错误中，第一类错误系统能直接检查出来并进行提示或处理。第二类错误系统无法检查出来也就根本无法进行提示或处理。第三类错误系统能够在运行时根据运行状况和条件检查出来，并进行提示或处理。本章学习的异常处理机制指的就是对第三类错误的异常处理。

6.1.1　异常的概念

程序在运行过程中，有时会出现一些错误，这些错误会中断当前程序的执行。Java 把这类导致程序中断运行的错误称为异常。Java 定义了一系列的异常类来管理这些异常，并提供了一系列的方法用于发现、捕获、处理这些异常。

6.1.2　异常的类型

在 Java 中，所有的异常均作为对象来处理，一旦发生了异常就会产生一个异常对象，我们就可以像处理其他对象一样对异常对象进行处理。

Java 中的 java.lang.Throwble 类是所有异常类的父类，其给出了访问异常类对象的一些通用方法。通过这些方法，我们可以得到异常的相关信息以及堆栈追踪信息等，便于找出错误原因进行处理。Throwable 类的常用方法如表 6-1 所列。

表 6-1　Throwable 类的常用方法

返回类型	方法名	方法功能
Throwable	getCause()	返回此 Throwable 对象的 cause（原因）
String	getMessage()	返回此 Throwable 对象的详细信息
void	printStackTrace()	将此 Throwable 对象的堆栈跟踪输出至错误输出流

Throwable 类有两个重要子类 Error（错误）类和 Exception（异常）类。Error 类产生的对象通常是程序运行时 JVM 产生的异常对象，如内存溢出等，这种异常无法预见，属于不可查错误，主要用于表示系统错误或底层资源的错误，用户不需要处理，这些错误都交由系统进行处理。

实现 Error 类的直接子类有 13 个，常见的子类如图 6-1 所示。

Exception 类产生的对象通常都是程序本身可以预见和处理的异常对象，如文件不存在、

socket 连接错误等，这样的异常我们可以在程序中进行捕获并处理。

Exception 异常具体可分为两类：可查（checked）异常和不可查（unchecked）异常。

不可查异常是指在运行过程中有可能出现也有可能不出现的异常，这种异常无法在编译时检查出来，所以这类异常在程序中可以选择捕获处理，也可以不处理。如果程序中不处理则默认由系统进行处理。这类异常通常是由程序逻辑错误引起的，所以程序应该从逻辑角度尽可能避免这类异常的发生。不可查异常都是 RuntimeException 类及其子类异常。

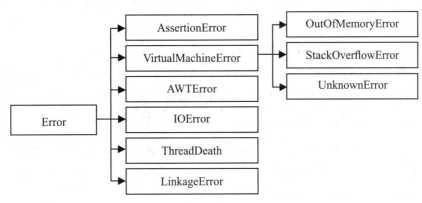

图 6-1　Error 类的常见子类

可查异常是指在程序运行时可以预见会发生的异常，所以必须在编程时对其进行处理，即要么进行捕获并处理，要么明确抛出给上一级主调方法进行处理。这类异常在编译时会被强制检查，否则编译无法通过。RuntimeException 以外的异常都属于可查异常。

实现 Exception 类的子类较多，约有 70 余个，其中常见的子类如图 6-2 所示。

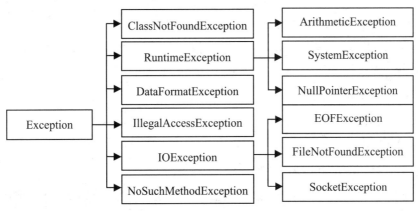

图 6-2　Exception 类的常见子类

6.1.3　程序中的常见异常类型

Java 语言中提供了很多异常类，这些异常类为我们编程提供了极大的便利，基本上每个包中都会给出相关的异常类。下面介绍一些程序中经常遇到的异常类，其他异常请查看 Java 的帮助文档。

1. ArithmeticExecption 异常

java.lang.ArithmeticException 异常是指数学运算异常。如程序中出现了除数为 0 的运算，就会抛出该异常。

2. NullPointerException

java.lang.NullPointerException 异常是指空指针异常。如当读取某个数时该位置为 null 时，就会抛出该异常。

3. NegativeArraySizeException

java.lang.NegativeArraySizeException 异常是指数组大小为负值异常。如使用负数值创建数组时，就会抛出该异常。

4. ArrayIndexOutOfBoundsException 异常

java.lang. Array IndexOutOfBoundsException 异常是指数组下标越界异常。如访问某个序列的索引值小于 0 或大于等于序列大小时，就会抛出该异常。

5. NumberFormatException 异常

java.lang.NumberFormatException 异常是指数字格式异常。当试图将一个 String 转换为指定的数字类型，而该字符串却不满足数字类型要求的格式时，就会抛出该异常。

6. InputMismatchException 异常

java.util.InputMismatchException 异常是指输入类型不匹配异常。它由 Scanner 抛出，当读取的数据类型与期望类型不匹配，就会抛出该异常。

7. NoSuchMethodException 异常

java.lang.NoSuchMethodException 异常是指方法不存在异常。当无法找到某一特定方法时，就会抛出该异常。

8. DataFormatException 异常

java.util.zip.DataFormatException 异常是指数据格式错误异常。当数据格式发生错误时，就会抛出该异常。

9. FileNotFoundException 异常

java.io.FileNotFoundException 异常是指访问的文件不存在异常。当打开一个不存在的文件时，就会抛出该异常。

10. NoClassDefFoundError 错误

java.lang.NoClassDefFoundError 错误是指未找到类定义错误。当 Java 虚拟机或者类装载器试图实例化某个类，而找不到该类的定义时，就会抛出该错误。

11. OutOfMemoryError 错误

java.lang.OutOfMemoryError 错误是指内存不足错误。当可用内存不足以让 Java 虚拟机分配给一个对象时，就会抛出该错误。

12. StackOverflowError 错误

java.lang.StackOverflowError 错误是指堆栈溢出错误。当一个应用递归调用的层次太深而导致堆栈溢出时，就会抛出该错误。

13. ThreadDeath 错误

java.lang.ThreadDeath 错误是指线程结束。当调用 Thread 类的 stop 方法时就会抛出该错误，用于指示线程结束。

14. UnknownError 错误

java.lang.UnknownError 错误是指未知错误。用于指示 Java 虚拟机发生了未知严重错误的情况。

6.2 异常处理

6.2.1 异常处理机制

在 Java 应用程序中，对异常的处理机制分为抛出异常和捕获异常。

异常处理

1. 抛出异常

如果一个方法在程序执行过程中产生了异常，这时该方法会创建一个异常对象交给 JVM。这个异常对象中包含了该异常的类型和异常出现时的程序状态等信息。JVM 接到这个异常对象后从这个方法开始按调用栈回溯查找合适的处理程序并执行。这个从产生异常对象到 JVM 接收到这个对象的过程就称为抛出异常。

2. 捕获异常

当方法抛出异常之后，JVM 从发生异常的方法开始，首先查找该方法中是否有处理该异常的代码，如果有则处理该异常；如果没有，则查找调用该方法的方法中是否有处理该异常的代码，依次回溯，直至找到含有合适的处理代码的位置并执行异常处理。如果查找到最后仍没有找到，则 JVM 终止程序的运行。这个 JVM 寻找处理程序的过程就称为捕获异常。

3. 异常的处理方法

对于不可查异常、错误（Error）或可查异常，Java 对相应的异常处理方式有所不同。

RuntimeException 异常属于不可查异常，其通常发生在程序运行期间。为了更合理、更容易地编写应用程序（异常处理过多，会增加程序结构的复杂性），Java 规定，运行时异常可由 Java 运行时系统自动抛出，允许应用程序忽略这类异常。

对于方法运行中可能出现的错误（Error），如果此方法不对其进行捕获，Java 也允许该方法不做任何抛出声明。

对于所有的可查异常，一个方法必须捕捉异常，或者声明抛出该异常到方法之外。也就是说，如果一个方法不对可查异常进行捕获，它必须声明抛出此异常。

总之，Java 要求所有的可查异常必须被捕获或者声明抛出，而对于不可查异常 RuntimeException 和错误异常 Error 可以忽略。

如果一个方法能够捕获异常，就必须提供处理该异常的代码。该方法捕获的异常，可能是方法本身产生并抛出的异常，也可能是由某个调用的方法或者 Java 虚拟机等抛出的异常，即所有的异常一定是先被抛出再被捕获。

任何 Java 代码都可以抛出异常，其可以使用 throw 语句抛出异常。如果一个方法不想对自己产生的异常进行捕获和处理，则在方法定义时必须使用 throws 子句声明该方法不对此异常进行处理，而是抛出该异常交由其他程序完成处理工作。

捕获异常是通过 try-catch 语句或者 try-catch-finally 语句实现的。

6.2.2　try-catch-finally 异常处理语句

1. 语句结构

在 Java 中使用 try-catch 语句来捕获和处理异常。语句格式如下：

```
try
{
    // 可能会发生异常的程序代码
}
catch ( 异常类型 1 e)
{
    // 捕获并处理 try 抛出的异常类型 1 的程序代码
}
catch ( 异常类型 2 e)
{
    // 捕获并处理 try 抛出的异常类型 2 的程序代码
}
…
catch( 异常类型 n e)
{
    // 捕获并处理 try 抛出的异常类型 n 的程序代码
}
finally
{
    // 对 try 语句块进行的后续处理
}
```

其中的 try 部分用于监视可能产生异常的语句，其后可接零个或多个 catch 块；catch 语句块用于处理 try 捕获到的异常，try 语句当中可能会产生多个异常对象，这时会按照顺序优先的条件进行匹配和处理；finally 部分的程序可以让程序员在数据处理或异常处理后做一些收尾工作。无论是否捕获或处理异常，finally 块里的语句都会被执行。当在 try 块或 catch 块中遇到 return 语句时，finally 语句块将在方法返回之前被执行。有 catch 时，finally 可以没有，如果没有 catch 块，则必须跟一个 finally 块。

【例 6.1】捕获并处理算术运行异常。

【代码】

```
import java.util.InputMismatchException;
import java.util.Scanner;
public class Example6_01
{
    public static void main(String[] args)
    {
        Scanner scanner=new Scanner(System.in);
        System.out.println(" 输入两个整数完成除法运算: ");
```

```
try
{ // 异常的捕获区域
int a=scanner.nextInt();
int b=scanner.nextInt();
System.out.println("a/b 的值是: " + a/b);
}
catch (ArithmeticException e)
{ // catch 捕捉 ArithmeticException 异常
System.out.println(" 程序出现异常，除数 b 不能为 0。");
}
catch(InputMismatchException e)
{ // catch 捕捉 InputMismatchException 异常
System.out.println(" 输入数据类型错误，请输入整型数据！ ");
}

System.out.println(" 程序结束。");
    }
 }
```

程序运行结果如图 6-3 所示。

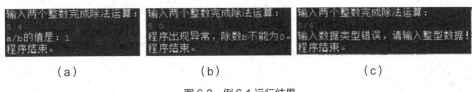

（a） （b） （c）

图 6-3 例 6.1 运行结果

运行例 6.1，从键盘读取两个整数并且第 2 个整数不为 0，则正常运算，程序运行结果如图 6-3（a）所示；如果第 2 个数为 0，则会抛出 ArithmeticException 异常，该异常被 catch 语句捕获后显示 "程序出现异常，除数 b 不能为 0"，运行结果如图 6-3（b）所示；如果输入的数据不合法，则会产生 InputMismatchException 异常，该异常被第 2 个 catch 捕获。

在本段程序中，共捕获并处理了两种异常，一般来讲，对异常的处理比较简单，主要是给出提示信息，让用户了解产生错误的原因。

2. try-catch-finally 语句执行过程

在程序运行时，首先执行的是 try 语句块，其中的语句会逐一执行，如果没有产生任何异常，则程序会跳过所有 catch 语句块，执行 finally 语句块和其后的语句。

如果 try 语句块中产生了异常，则不会再执行 try 语句块中后续程序，而是跳到 catch 语句块，并与 catch 语句块逐一匹配，找到对应的异常处理程序并执行。执行完匹配的 catch 块代码会继续执行 finally 语句块以及后续的程序语句，而其他的 catch 语句块将不会被执行。

如果 catch 语句块中没有匹配该异常的程序代码，则将该异常抛给 JVM 进行处理，finally 语句块中的语句仍会被执行，但 finally 语句块后的其他语句不会被执行。

finally 语句块不会执行的几种特殊情况：

（1）在 finally 语句块中发生了异常；

（2）在前面的代码中使用了 System.exit() 退出程序；

（3）程序所在的线程死亡；

（4）关闭 CPU。

3. try-catch-finally 语句的使用规则

必须在 try 之后添加 catch 或 finally 块，try 块后可同时接 catch 和 finally 块，但至少有一个块。若同时使用 catch 和 finally 块，则必须将 catch 块放在 try 块之后。

可嵌套 try-catch-finally 结构，并且在 try-catch-finally 结构中，可重新抛出异常。

【例 6.2】从键盘读入前 6 个月的工资，计算平均工资收入。

【代码】

```java
import java.util.InputMismatchException;
import java.util.Scanner;
public class Example6_02 {
        public static void main(String[] args) {
            Scanner scanner = new Scanner(System.in);
            double sum = 0;
            int i=1;
            try{
                System.out.println(" 请输入前 6 个月的工资输入 :");
                while (i<=6){
                    double in = scanner.nextDouble();
                    sum+=in;
                    i++;
                }
            }
            catch(InputMismatchException e){
                System.out.println(" 第 "+i+" 个月的数据输入错误 !");
            }
            finally{
                System.out.println(" 当前共输入 "+(i-1)+" 个月的
                    数据，平均收入为：  "+sum/(i-1));
            }
        }
},
```

程序运行结果如图 6-4 所示。

运行例 6.2 时，如果 6 个数据类型没有错误，完成数据求和并计算平均值，运行结果如图 6-4(a) 所示。如果数据输入类型错误，则捕获异常，显示提示信息；但 finally 部分仍然执行，计算前面无误的数据的平均值，运行结果如图 6-4(b) 所示。

在这一示例中，我们看到不管是否产生异常，finally 语句块都会被执行。但其后的语句一旦产生异常则不会被执行。

请输入前6个月的工资输入：
6000 5400 4800 6000 6000 4800
当前共输入 6 个月的数据，平均收入为：5500.0

（a）

请输入前6个月的工资输入：
5400 6000 4500 550q
第4个月的数据输入错误！
当前共输入 3 个月的数据，平均收入为：5300.0

（b）

图 6-4　例 6.2 运行结果

6.2.3 throw 异常抛出语句

throw 异常
抛出语句

throw 是出现在方法中的一条语句，用来抛出一个 Throwable 类型的异常。程序会在 throw 语句后立即终止，它后面的语句不再执行。然后在包含 throw 语句的所有 try 块中（包括在上层调用方法中）从里向外寻找含有与其匹配的 catch 子句，对这个抛出的异常进行捕获和处理。

throw 语句的语法格式为

```
throw 异常类对象；
```

例如抛出一个 IOException 类的异常对象：

```
throw new IOException();
```

需要注意的是，throw 语句抛出的只能够是类 Throwable 或其子类的实例对象。下面的操作是错误的：

```
throw new String("exception");
```

因为 String 不是 Throwable 类的子类。

如果抛出的是可查异常，则还应该在方法定义的头部进行声明，该方法可能抛出的异常类型，该方法的调用者也必须检查处理抛出的异常。

如果抛出的是 Error 或 RuntimeException 异常，则该方法的调用者可选择性地处理该异常。

【例 6.3】使用 throw 语句抛出异常。

【代码】

```java
import java.util.InputMismatchException;
import java.util.Scanner;
public class Example6_03
{
    public static void main(String[] args)
    {
        Scanner scanner=new Scanner(System.in);
        System.out.println(" 输入两个整数完成除法运算: ");

        try
        {
            int a=scanner.nextInt();
            int b=scanner.nextInt();
             if(b==0)
                    throw new ArithmeticException();// 抛出异常
            System.out.println("a/b 的值是: " + a/b);
        }
        catch (ArithmeticException e)
        {
            System.out.println(" 程序出现异常，除数 b 不能为 0。");
        }
```

```
            catch(InputMismatchException e)
            {
                System.out.println(" 输入数据类型错误，请输入整型数据！ ");
            }

            System.out.println(" 程序结束。");
        }
    }
```

从该例中我们看到，对于可能产生的异常，使用 throw 语句主动抛出了这个异常对象。对于这样的异常需要进行捕获并处理。

6.2.4 自定义异常类

自定义异常类

Java 中虽然提供了许多异常类，但并不可能满足编程的所有需求，比如，学生的考试成绩不可能是负数，如果满分是 100 分的话，成绩也不能超出 100。这样的异常情况就需要自行定义异常类进行判定和处理。自定义异常类必须继承自 Exception 类。而对于自定义异常类的使用与系统定义的异常类的使用方法完全一样。

【**例 6.4**】从键盘输入用户的姓名和年龄信息，其中年龄不能是负数。试用异常处理机制完成程序设计。

根据题意，该题目主要是要求使用异常完成年龄的判定和处理，所以需要定义一个异常类来实现这一功能。

【**代码**】

```
import java.util.Scanner;
class MyException extends Exception// 自定义异常类，必须基于 Exception 派生
{
    String message;// 定义 String 类型变量，用于提示信息
    public MyException(String error)
    {
        message = error;
    }
    public String getMessage()
    { // 重写 getMessage() 方法
        return message;
    }
}

public class Example6_04
{
    public static void main(String[] args)
    {
        try
        {
        Scanner scanner=new Scanner(System.in);
        System.out.println(" 请输入用户的姓名、年龄: ");
        String name=scanner.next();
        int age=scanner.nextInt();
```

```
        if(age<0)// 如果年龄为负数，则抛出异常
            throw new MyException("年龄不能为负");// 抛出 MyException 异常对象

        System.out.println(" 该用户的基本信息是: ");
        System.out.println(" 姓名:"+name+"，年龄:"+age);
        }
        catch (MyException e)
        {// 捕获并处理 MyException 异常
            System.err.println(e.getMessage());
        }
        }
    }
```

在本例中，首先自定义了一个异常类 MyException 类，该类继承了 Exception 类，并重写了 getMessage() 方法。然后主程序中对输入的年龄进行了判定。如果年龄为负，则使用 throw 语句抛出一个 MyException 异常对象。在后面的 catch 语句块中捕获到抛出的这个异常对象，通过输出语句显示错误提示信息。

本程序运行两次。第 1 次年龄输入正数，运行结果如图 6-5（a）所示；第 2 次年龄输入负数运行结果如图 6-5（b）所示。

（a）

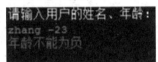

（b）

图 6-5　例 6.4 的运行结果

6.2.5　方法声明抛出异常

1. throws 关键字

如果一个方法可能会出现异常，但该方法不想或不能处理这种异常，可以在方法声明时用 throws 关键字来声明抛出异常。

throws 语句的语法格式为

方法声明
抛出异常常

```
类型 方法名 ([ 参数表列 ]) throws 异常类 1, 异常类 2, …
{// … 方法体 }
```

方法声明后的 throws Exception1,Exception2,… 是该方法可能产生的异常的类型。当方法抛出异常列表中的异常时，方法将不对这些类型及其子类的异常作处理，而是抛给调用该方法的主调方法，由主调方法来进行处理异常。如果抛出的是 Exception 异常类型，则该方法被声明为可以抛出所有的异常类型。

【例 6.5】算数运算类的异常抛出与处理。

【代码】

```
public class Example6_05
{
    int [] arrays;// 声明一个数组
    public static void main(String[] args)
    {
        Calculator aCalculator=new Calculator();
```

```java
        try
        {
                System.out.println(aCalculator.div(25, 6));
                System.out.println(aCalculator.div(25,0));
        }
        catch(CalculatorException e)
        {
                System.out.println(e.getMessage());
        }
    }
}

class CalculatorException extends Exception// 自定义异常类
{
    private String errorMess;

    public CalculatorException(String mess)
    {
        errorMess=mess;
    }
    public String getMessage()
    {
        return errorMess;
    }
}
class Calculator
{
    public int div(int x,int y)throws CalculatorException
    {
        if(y==0)
            throw new CalculatorException("被0除了！");// 异常产生了

        return x/y;
    }
}
```

div() 方法产生异常后，没用 try-catch 处理异常。由于自身没有对产生的异常进行捕获和处理，所以一旦产生异常就需要抛出该异常对象，交给其主调方法进行处理。

2. Throws 抛出异常的规则

如果产生的异常是不可查异常，即 Error、RuntimeException 或它们的子类，那么可以不使用 throws 关键字来声明要抛出的异常，编译仍能顺利通过，但在运行时会被系统抛出。

如果方法中产生的异常是可查异常，那么或者用 try-catch 语句捕获，或者用 throws 子句声明将它抛出，否则会导致编译错误。

只有抛出了异常，该方法的调用者才能处理或者重新抛出该异常。当方法的调用者无法处理该异常时，应该继续向上抛出，而不应放弃。

6.2.6 finally 和 return

finally 子句作为 try-catch-finally 的第三部分，无论是否捕获或处理异常，finally 子句中的语句都会被执行。但如果在 try 子句中出现了 return 语句，则情况复杂一些。

如果 try 子句中没有产生异常，则一直执行到 return 语句，包括 return 语句中的表达式，并在返回值已经确定的情况下先跳转至 finally 子句中的语句，执行完毕再返回。

如果 try 子句中产生了异常，则异常之后的 try 语句都不再执行，直接跳转到 catch 子句中继续执行。如果 catch 中有 return 语句，则与上述相似，一直执行到 return 语句，包括 return 语句中的表达式，在返回值已经确定的情况下先跳转至 finally 子句中的语句，执行完毕再返回。

如果在 finally 子句中有 return 语句，则一定会从该 return 语句返回，其他所有 return 语句都不会被执行。Java 不建议在 finally 中放置 return 语句，因为会产生一个 warning。

6.3 小结

本章对 Java 的异常处理机制及使用方法进行了讲解和介绍。

首先，介绍了异常的概念及其分类。Java 把异常分为了两大类：错误 Error 和异常 Exception。通常错误由 JVM 引起，程序可以不用考虑；而异常会影响程序的运行，所以尽量在程序设计时对其进行处理。

然后，介绍了 Java 程序常见的异常类，这些异常类都放在不同的包中，适用于该包下的类应用。由于异常类较多，这里只介绍了常用的几种 Exception 类和 Error 错误。

最后，重点介绍了 Java 的异常处理机制和 try-catch-finally 语句的使用规则和使用方法。这也是实现异常处理的核心，详细讲解了异常类的定义、使用和一些注意事项。掌握了这部分内容就能较好地运用异常完成程序的完整性设计。

异常处理是一个程序完整性设计的重要体现，也是使得程序能可靠运行的保证。会用、善用异常才能设计出一个好的程序。

6.4 习题

1．什么是异常？分为哪几类？

2．Java 处理异常的语句是什么？

3．什么情况下必须捕获并处理异常？如果不想捕获怎么处理？

4．编程实现一个三角形类，从命令行输入三边的长度，计算三角形的面积。采用异常处理方式判断三边是否能构成一个三角形，如果不能抛出"IllegalArgumentException"异常，显示"三边不能构成三角形"。

Chapter 7

第7章

基础类库

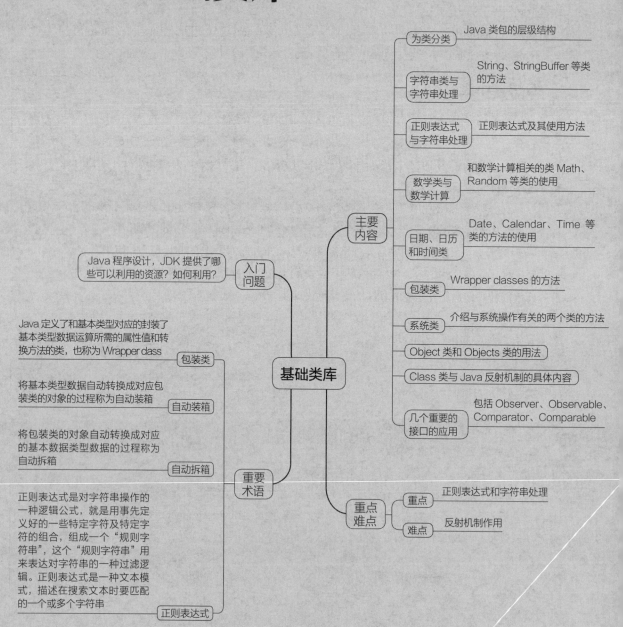

为类分类 —— Java 类包的层级结构

字符串类与字符串处理 —— String、StringBuffer 等类的方法

正则表达式与字符串处理 —— 正则表达式及其使用方法

数学类与数学计算 —— 和数学计算相关的类 Math、Random 等类的使用

日期、日历和时间类 —— Date、Calendar、Time 等类的方法的使用

包装类 —— Wrapper classes 的方法

系统类 —— 介绍与系统操作有关的两个类的方法

Object 类和 Objects 类的用法

Class 类与 Java 反射机制的具体内容

几个重要的接口的应用 —— 包括 Observer、Observable、Comparator、Comparable

主要内容

入门问题 —— Java 程序设计，JDK 提供了哪些可以利用的资源？如何利用？

基础类库

包装类 —— Java 定义了和基本类型对应的封装了基本类型数据运算所需的属性值和转换方法的类，也称为 Wrapper class

自动装箱 —— 将基本类型数据自动转换成对应包装类的对象的过程称为自动装箱

自动拆箱 —— 将包装类的对象自动转换成对应的基本数据类型数据的过程称为自动拆箱

重要术语

正则表达式 —— 正则表达式是对字符串操作的一种逻辑公式，就是用事先定义好的一些特定字符及特定字符的组合，组成一个"规则字符串"，这个"规则字符串"用来表达对字符串的一种过滤逻辑。正则表达式是一种文本模式，描述在搜索文本时要匹配的一个或多个字符串

重点难点

重点 —— 正则表达式和字符串处理

难点 —— 反射机制作用

7.1 为类分类

Java 程序设计会用到各种不同的类。这些类有的来自于 Java 的基础类库，有的来自第三方库。程序员应充分利用已有的类进行设计，尽量避免无谓的时间开销。JDK1.8 包含 4000 多个类，构成丰富的类库资源。其中有些类很常用，有些类则使用不多。本章中所讲解的是部分常用类的用法。

如果我们要自己定义类，就需要了解类定义的语法知识；如果我们要利用类库之中的类，就需要知道类库中有哪些类，需要深入研究这些类有哪些域和方法。

7.1.1 Java 类包

Java 以基础类库 JFC（Java Foundation Class）的形式为程序员提供编程接口 API，类库中的类按照用途不同分别存储在不同的包中。包的数量也很大，下面介绍的是常用的部分。

（1）java.lang 包，Java 语言核心类包，一些最常用的类都在这个包中，程序不需用 import 导入此包，就可以使用该包中的类，例如 String、StringBuffer、System、Thread、Object、Math、Class 等类。

（2）java.awt 包，该包中的类提供了图形界面的创建方法，包括按钮、文本框、列表框等基本组件和窗口、面版等容器类组件。

（3）javax.swing 包，该包提供纯 Java 代码实现的图形界面创建类。

（4）java.io 包，该包的类提供数据流方式的系统输入输出控制、文件和对象的读写串行化处理。

（5）java.nio 包，是 non-blocking io 的简称。它为所有原始类型提供缓存（buffer）操作，利用 Channel 类可进行双向 I/O 操作，难怪有人称 nio 是 new io 包，确实引入许多新功能。

（6）java.util 包，该包提供时间日期、随机数以及列表、集合、哈希表和堆栈等创建复杂数据结构的类，比较常见的类有：Date、Timer、Random 和 LinkedList 等。

（7）java.net 包，提供网络开发的支持，包括封装了 Socket 套接字功能的服务器 Serversocket 类、客户端 Socket 类以及访问互联网上的各种资源的 URL 类等。

（8）java.applet 包，此包只有一个 Applet 类，用于开发或嵌入到网页上的 Applet 小应用程序，使网页具有更强的交互能力以及多媒体、网络功能。

（9）java.sql 包，提供了基本的访问和处理数据库操作的 APIs。

（10）javax.sql 包，提供 JDBC3.0 功能，是对 java.sql 的扩展。包括 Rowset、Datasource 等。javax 中的 x 是扩展（eXpand）的意思。

（11）java.text 包，提供了一些类和接口用于处理文本、日期、数字数据的输出格式。

（12）java.beans 包，提供开发 Java Beans 需要的类。

（13）java.rmi 包，提供了与远程方法调用相关的类。

（14）javax.rmi.* 为用户提供了远程方法调用的应用程序接口。

（15）java.security.* 提供了设计网络安全方案需要的类。

（16）javax.accessibility 定义了用户界面组件之间相互访问的一种机制。

（17）javax.naming.* 为命名服务提供了一系列类和接口。

（18）javax.sound.* 提供了 MIDI 输入、输出以及合成需要的类和接口。

7.1.2 包和类层次体系

类在基础类库中被组织成层次体系（Hirarchy）结构。包不只有一级，有些包进一步细分一次或多次，形成为不同层级的包，包的最末一级有若干个类存于其中。

JDK 中有一个 rt.jar，解压后会看到 7.1.1 小节中列举的部分包。

图 7-1 示意说明 java.lang 的包和类层次体系。java.lang 中有一些类直接在包 lang 之下，例如 AbstractMethodError.class，有些类则存放在一个子包中（比子目录拗口，但是是一个概念），例如 Constructor.class 在 reflect 中。

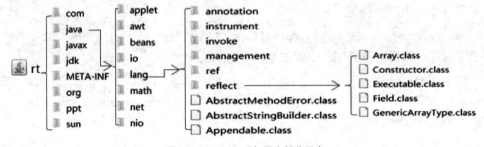

图 7-1　java.lang 包层次部分示意

提示：导入包的时候要写到类所在的子包，例如 import java.lang.reflect.* 可以导入 Constructor 等类。

有些类虽然同在一个包中，但是，它们处在不同的类层次，有的是父类，有的是子类。如图 7-2 所示。Throwable 是父类，Error 和 Exception 是其子类，子类又派生出新的子类，形成类层次体系。

图 7-2　java.awt 类层次部分示意

7.1.3 在继承与创新中发展

1. 不断更新的基础类库

JDK1.02 提供 250 个类，JDK 1.1 有 500 个类。到了 java 2，即 JDK1.2~1.4 包含 2300 个类。而 Java 5.0，（版本 1.5 及以上）共提供 3500 个类。

以后的 Java6、Java7 和 Java8 陆续又补充了一些新类，达到今天 4000 多个类的丰富程度。JDK1.6 的 Desktop 类和 SystemTray 类存储在 java.awt 包中。Java 应用程序可利用 Desktop 类启动本地的另一个应用程序去处理 URI 或文件请求。利用 SystemTray 类可为 Java 应用程序设计一图标，显示在任务栏，方便地控制程序的工作状态。

2. 关注类中的新面孔

JDK1.7 新增了 RowSetProvider 类和 RowSetFactory 接口，用于改进 JDBC 数据库操作的

编码质量。

2014 年推出的 Java1.8 新增了包 java.time，其中包含了一组全新的时间日期类定义 API，例如 Clock、Duration、LocalDate、LocalTime、LocalDateTime 等类。此外，JDK1.8 中在多方面增强了集合类的功能。

最后必须提及的是，JDK1.8 支持 Lambda 表达式功能应用，新增了相应的函数式接口，例如位于 java.util.function 包中的 Predicate 接口和 Consumer 接口等。这也是 JDK1.8 最重要的进步。

在关注新增的类和接口的基础上，另一个重要的关注点是类中的方法。有的类中过时的（deprecated）方法和新增的方法并存，在程序中注意不要采用那些过时的方法。

7.1.4 哪些是常用的类

1. 二八定律是否可用?

广泛应用于社会学和企业管理学中的"二八定律"，在基础类库应用中是否成立呢？是否存在 20% 的类应用在 80% 的代码中呢？这个问题我们无从证明。但是，找出其中常用的类重点掌握，则是行之有效的学习方法。

虽然每个应用问题有其自身特点，但是，仍然有一些共性问题方面，因此，有一些类在诸多应用中都可见到。

例如数学类、字符串类、日期日历类、系统类、集合类、I/O 流类、数据库操作相关的类、线程类和异常类等普遍应用于各种程序的常用类，应重点研读，并多做练习，多做实验，力求熟练掌握，可熟练运用。

2. 怎么掌握尽可能多的类?

即便设定目标为重点掌握全部类的 20%，类数量也达 800 多个。可以按照下面的方法展开学习，姑且称之为 3-R 学习法。学习类的重点在于类中方法的使用。

（1）Read 阅读，把类文档作为电子书进行浏览翻阅。对于很多类（使用频度低的80%），只要对其有印象，知其存在。在用到的时候即可速查文档，进行深入研究。

（2）Repeat 重复，以掌握单个类的用法为目的设计简短的程序，替换类中方法重复做练习实验。当然也可以利用别人的练习程序进行实验，熟悉类中方法。

（3）Reference 引用，联系实际问题，研究不同类的使用。例如在网上订票系统中时间日期类的应用，在电子商务系统中集合类的使用，在网站用户名和口令验证程序中字符串类的使用等。

7.2 字符串类与字符串处理

Java 中没有字符串数据类型，字符串可以用 String 和 StringBuffer 类的对象表示。这两个类中封装了大量的方法，使字符串保存和处理非常方便。

7.2.1 字符串处理问题

【**例 7.1**】编写一个用于统计给定字符串中大写字母数的方法。

【**分析**】本例中对字符串的统计过程：①确定字符串长度；②循环地取出字符；③判断字

符是否为大写字母；④若为大写字母，令计数变量增1；⑤返回结果值，即大写字母数。

用 String 类的对象表示字符串，String 类中有返回串长度的方法 length()、从串中取字符方法 charAt（int index）和判断字母是否大写方法 Character.isUpperCase（char c）。用这些方法就可以统计出大写字母的个数了。

字符串
处理问题

【代码】

```
package ch7;
public class Example7_01
{
        public static void main(String args[])
        {
                String str="People's Republic of China";

                String result=" 字符串 "+str+" 中有 ";
                result=result+countUpperCase(str)+" 个大写字母。";

                System.out.println(result);
        }
        private static int countUpperCase(String str)// 静态方法
        {
                int count = 0;
                for(int i = 0;i < str.length(); i++)// 方法 length() 测字串长度
                {
                char ch = str.charAt(i);// 获取 str 中第 i 个字符
                if(Character.isUpperCase(ch))// 用 Character 类方法判断 ch 是否为大写
                    count++;
                }
                return count;
        }
}
```

程序运行结果如图 7-3 所示。

字符串People's Republic of China中有3个大写字母。

图 7-3 例 7.1 的运行结果

这个程序中用到了两个类，字符串类 String 和字符类 Character。String 类中封装了字符串常用方法如 length()、indexOf()、charAt()、substring()、startsWith() 等，这些方法可以用来获取字符串某方面的特性。

【例 7.2】编写一方法从一给定字符串中删去指定子串。

【分析】为简化问题，假设给定字符串中要么不包含指定子串，要么只包含一个。问题求解思路：①确定子串在字符串中位置 index；②若 index 值为 -1，说明不包含子串，否则说明包含；③求子串长度；④取出子串之前部分；⑤取出子串之后部分；⑥合并两部分构成新串；⑦返回结果值，即删除子串后的新串。

【代码】

```
package ch7;
```

```
public class Example7_02
{
    public static void main(String args[])
    {
        String str="This is ana book.";
        String subStr="an";

        String result=" 从 "+str+" 中删除 "+subStr;
        result=result+" 后的字串 "+delChars(str,subStr);

        System.out.println(result);
    }
    private static String delChars(String str,String chars)// 静态方法
    {
        int index = 0;
        int len = 0;
        String s1,s2;
        index = str.indexOf(chars);//chars 在 str 中出现的位置
    if(index != -1)//str 中有子串 chars
        {
            len = chars.length();//chars 的长度
            s1 = str.substring(0,index);// 在 str 中提取从 0 到 index-1
            位置中的子串
            s2 = str.substring(index+len);// 在 str 中提取从 index+len
            后的所有子串
            s1 = s1 + s2;// 两个子串连接
        }
        else//str 中没有子串 chars
            s1 = "No"+chars+"found.";

        return s1;
    }
}
```

程序运行结果如图 7-4 所示。

从This is ana book.中删除an后的字串This is a book.

图 7-4 例 7.2 运行结果

7.2.2 字符串类

1. String 类常用方法

String 类的对象表示的字符串不可以改变。类中定义的方法可实现
对字符串的所有操作，表 7-1 所列的是 String 类中的常用方法。

字符串类

表 7-1 String 类常用方法

返回类型	方法名	功能说明
	String()	创建一个空字符串的对象

续表

返回类型	方法名	功能说明
	String(char value[])	用字符数组 value 创建一个字符串对象
	String(String original)	用字符串对象创建一个新的字符串对象
char	charAt(int index)	返回指定索引处的 char 值
int	compareTo(String another)	按字典顺序比较两个字符串
String	concat(String str)	将字符串 str 连接到当前字符串的末尾
boolean	contains(CharSequence s)	此字符串包含 char 值序列 s 时返回 true
boolean	equals(Object obj)	当前字符串与对象比较
int	hashcode()	返回当前字符串的哈希码
int	indexOf(String str)	返回当前串第一次出现 str 的索引
int	length()	返回当前字符串的长度
boolean	matches(String regex)	判断当前串是否匹配正则表达式
String	replace(char old, char new)	将字符串中所有字符 old 替换为 new
String[]	split(String regex)	按给定正则表达式的匹配拆分字符串
boolean	startsWith(String prefix)	判断当前串是否以 prefix 开头
String	substring(int begin, int end)	返回当前字符串的一个子字符串
String	trim()	删除前导空格和尾部空格
static String	valueOf(Object obj)	返回 Object 参数的字符串表示形式

可以用一个字符串对象创建另一个新的字符串。如:

```
String str=new String( "Beijing" );
```

则 str 表示字符串 "Beijing"。上述语句可以简化为

```
String str= "Beijing";
```

可以用一个字符数组中的元素创建一个 String 对象,如:

```
char value[]={'S', 'h', 'a', 'n', 'g', 'h', 'a', 'i'};
String s=new String(value);
```

2. StringBuffer 类常用方法

StringBuffer 类中有些方法与 String 类的方法相同,它的大多数方法都与如何改变字符串操作有关。另外,StringBuffer 类的构造方法也有特别之处,如表 7-2 所列。

表 7-2 StringBuffer 常用方法

返回类型	方法名	功能说明
	StringBuffer()	构造一个 16 字符的字符串缓冲区
	StringBuffer(int capacity)	构造一指定容量的字符串缓冲区
	StringBuffer(String str)	构造一指定串 str 另加 16 字符的缓冲区

返回类型	方法名	功能说明
	StringBuffer(CharSequence s)	构造一字符序列 s 另加 16 字符的缓冲区
String	append(String str)	当前串末尾追加串 str
int	capacity()	返回当前缓冲区容量
StringBuffer	delete(int start, int end)	从当前串删除指定索引范围的子串
StringBuffer	insert(int offset,String str)	在当前串中指定偏移处插入子串
StringBuffer	replace(int i,int j,String str)	对字符串中指定字符序列替换为 str
StringBuffer	reverse()	将当前字符串用其倒序串替代

3. String 与 StringBuffer 的区别

二者区别可归结为下面两点。

（1）构造方法不同：String 创建的字符串是常量，创建后不能改变；而 StringBuffer 创建的是缓冲区，其字符串可以改变。

（2）成员方法不同：String 类的成员方法以只读数据为主，而 StringBuffer 的成员方法则可以读写字串。

关于第一点，可能有产生模糊认识的地方。例如：

```
String  str = "abc";
str = str + "def";
```

输出 str，结果是 abcdef。如何理解 String 是固定长度字符串类呢？用图 7-5 说明在内存中发生的事情。

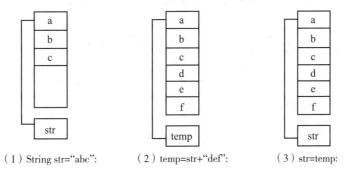

（1）String str="abc"：   （2）temp=str+"def"：   （3）str=temp：

图 7-5　String 字符串合并操作的内存模型

字符串"abc"一直保持不变，在执行 str + "def" 时产生了一个新的字符串对象"abcdef"，赋值后 str 指向这个新的对象，而"abc"作为垃圾被 GC（Gargage Collection）回收。

String 和 StringBuffer 的构造方法区别不明显，而它们的普通成员方法之间的区别就很明显。譬如 append 在末尾追加，很显然是直接就改变了当前字符串的内容和长度。在初始化时即为其设置缓冲区，在需要时还可以扩展缓冲区。

4. StringTokenizer

有时需要将一个英文句子中的各个单词分别提取出来，Java 中的 StringTokenizer 类的对象可以很容易地将一个句子中的各个单词分解出

StringTokenizer

来。StringTokenzier 的主要方法如表 7-3 所列。

表 7-3　StringTokenizer 的主要方法

返回类型	方法名	功　能
	StringTokenizer(String str)	构造方法，以 " \t\n\r\f" 中的某一个字符作为单词分隔符分析 str
	StringTokenizer(String str, String delim)	构造方法，以 "delim" 中的某一个字符作为单词分隔符分析 str
int	countTokens()	统计剩余单词个数
boolean	hasMoreTokens()	是否还有可读的单词
String	nextToken()	取下一个单词

【例 7.3】使用 StringTokenizer 类的对象将一个英文句子中的各个单词提取出来。

【代码】

```
package ch7;
import java.util.*;
public class Example7_03
{
    public static void main(String args[])
    {
        // 被分解的字符串可以有若干空格和逗号
        String s="I am Jame  ,,  you are Jerry,and he is Tom";
        // 对 s 分解，以空格或逗号作为分隔符
        StringTokenizer fenxi=new StringTokenizer(s," ,");
        int number=fenxi.countTokens();// 获取单词总数
        while(fenxi.hasMoreTokens())// 是否还有单词
        {
            String str=fenxi.nextToken();// 有，获得下一个单词
            System.out.print(str+",");
            // 获得并输出剩余单词数
            System.out.println(" 还有 "+fenxi.countTokens()+" 个单词。");
        }
        System.out.println(" 总共单词数: "+number);
    }
}
```

程序运行结果如图 7-6 所示。

5.　StreamTokenizer

java.util.StringTokenizer 用于字符串的拆分有很大的局限性，主要问题是方法少，用于解析多行文本组成的文本文件时功能较弱。

java.io.StreamTokenizer 定义了几种基本的常量用于标识解析过程：TT_EOF（流结尾）、TT_EOL（行结尾）、TT_NUMBER（数字符号，0 1 2 3 4 5 6 7 8 9）、TT_WORD（一个单词）。

StreamTokenizer 的常用方法如表 7-4 所列。

```
am,还有8个单词。
Jame,还有7个单词。
you,还有6个单词。
are,还有5个单词。
Jerry,还有4个单词。
and,还有3个单词。
he,还有2个单词。
is,还有1个单词。
Tom,还有0个单词。
总共单词数: 10
```

图 7-6　例 7.3 运行结果

表 7-4　StreamTokenizer 的常用方法

返回类型	方法名	功　能
int	lineno()	返回当前流所在的行号
int	nextToken()	从此输入流中解析下一个 token
void	ordinaryChar(int ch)	指定字符在这个 Tokenizer 中保持原义，即只会把当前字符认为是普通的字符，不会有其他的语义。例如 :ASCII 值 46，即字符若设为普通字符，则可为小数点
void	ordinaryChars(int low, int hi)	指定范围内的字符保持原义
void	parseNumbers()	当 Stream Tokenizer 遭遇到一个单词为双精度的浮点数时，会把它当作一个数字，而不是一个单词
void	pushBack()	回退，会引起下一个 nextToken 方法返回当前值
void	whitespaceChars(int low, int hi)	字符 low 与 hi 之间的所有字符都被当作为空格符，即被认识为 Tokenzier 的分隔符
void	wordChars(int low, int hi)	字符 low 与 hi 之间的所有字符都被当作为单词的要素

【例 7.4】StreamTokenizer 应用例程。

【代码】

```java
package ch7;
import java.io.*;
import java.util.Scanner;
public class Example7_04
{
    public static void main (String args[])
    {
        try
        {
            System.out.print(" 请输入文件名: ");
            Scanner reader=new Scanner(System.in);
            String filename=reader.nextLine();

            FileInputStream fileIn=new FileInputStream(filename);
            StreamTokenizer in=new StreamTokenizer(fileIn);
            in.ordinaryChar(46); // . 为普通字符
            in.ordinaryChar(34); // " 为普通字符
            int wordCount=0,numCount=0,punctionCount=0,count=0;
            double token;

            while ((token=in.nextToken())!=StreamTokenizer.TT_EOF)
            {
                count++;
                if (token==StreamTokenizer.TT_WORD)
                    wordCount++;
                else if (token==StreamTokenizer.TT_NUMBER)
                    numCount++;
                else
                    punctionCount++;
            }

            System.out.println(" 标记总数为: "+count);
```

```
                System.out.println(" 单词数为: "+wordCount);
                System.out.println(" 数字数为: "+numCount);
                System.out.println(" 标点符号数为: "+punctionCount++);
            }
            catch (IOException e)
            {
                System.out.println(e.getMessage());
            }
        }
    }
```

运行这个程序前先建立的一个英文的文本文件，运行时根据提示输入文本文件名。

7.2.3 Scanner 类与字符串

Scanner 类与字符串

前面已经讲解了 Scanner 类的基本用法，利用这个类从键盘输入基本数据类型的数据。利用它还可以从字符串中读取数据。如果从字符串中读数据，则应采用下面的形式实例化一个 Scanner 类的对象：

```
Scanner input=new Scanner( 字符串对象 );
```

使用 Scanner 类的方法即可从字符串中读数据。读数据时以空格作为数据的分隔标记。

【例 7.5】有一个购物清单：电视机 3200.00 元，智能手机 2200.00 元，笔记本电脑 4200.00 元，午餐 120.25 元。统计该次购物共花费多少？

【分析】将购物清单中的所有数值数据提取出来再相加即可得到总花费。提取数据时，可以使用 Scanner 类的方法 nextDouble() 顺序提取每一个数据。读数据前应先设置数据的分

总花费：9720.25元

图 7-7　例 7.5 运行结果

隔标记，分隔标记是除数字和"."以外的所有字符。程序如下，程序运行结果如图 7-7 所示。

【代码】

```
package ch7;
import java.util.Scanner;
public class Example7_05 {
    public static void main(String args[])
    {
        String bill=" 电视机 3200.00 元, 手机 2200.00 元, 笔记本 4200.00 元,
            午餐 120.25 元 ";
        Scanner reader=new Scanner(bill);// 用字符串作为输入设备
        double total=0;// 总花销
        // 正则表达式, 数据分隔标记
        reader.useDelimiter("[^0-9.]+");
        while(reader.hasNextDouble())// 串中还有数据?
            total+=reader.nextDouble();// 有, 则读出并累加
            System.out.println(" 总花费: "+total+" 元 ");
    }
}
```

7.3　正则表达式与字符串处理

字符串处理是程序中很重要的一种数据处理。处理字符串的方式可以借助一些基本的方法，也可以借助正则表达式。使用正则表达式进行字符串中模式的匹配判断，串的搜索统计使程序更简洁，书写更容易。

7.3.1　正则表达式

1. 正则表达式概念

正则表达式，又称正规表达法（Regular Expression），它使用一个字符串来描述、匹配一系列符合某个句法规则的字符串。在很多应用程序中用来检索、替换那些符合某个模式的文本。

2. 正则表达式语法

正则表达式主要包括元字符、特殊字符和限定符。一个正则表达式就是用这 3 种符号组成的。元字符如表 7-5 所列。

表 7-5　正则表达式元字符

元字符	在正则表达式中的写法	意　义
.	"."	代表任何一个字符
\d	"\\d"	代表 0~9 的任何一个字符
\D	"\\D"	代表任何一个非数字字符
\s	"\\s"	代表空格类字符，' \t'、' \n'、' \x0B'、' \f'、\r'
\S	"\\S'	代表非空格类字符
\w	"\\w"	代表可用于标识符的字符（不含美元符）
\W	"\\W"	代表不能用于标识符的字符
\p{Lower}	\\p{Lower}	小写字母 a~z
\p{Upper}	\\p{Upper}	大写字母 A~Z
\p{ASCII}	\\p{ASCII}	ASCII 字符
\p{Alpha}	\\p{Alpha}	字母
\p{Digit}	\\p{Digit}	数字 0~9
\p{Alnum}	\\p{Alnum}	字母或数字
\p{Punct}	\\p{Punct}	标点符号
\p{Graph}	\\p{Graph}	可视字符: \p{Alnum}\p{Punct}
\p{Print}	\\p{Print}	可打印字符: \p{Print}
\p{Blank}	\\p{Blank}	空格或制表符 [\t]
\p{Cntrl}	\\p{Cntrl}	控制字符: [\x00-\x1F\x7F]

正则表达式中特殊字符如表 7-6 所列。

表 7-6　特殊字符

字　符	描　述
$	从输入字符串的结尾位置进行匹配测试
()	标记一个子表达式的开始和结束位置
*	匹配前面的子表达式零次或多次。要匹配 * 字符，应使用 *
+	匹配前面的子表达式一次或多次。要匹配 + 字符，应使用 \+
.	匹配除换行符 \n 之外的任何单字符。要匹配 . ，应使用 \
[	标记一个中括号表达式的开始。要匹配 [，应使用 \[
?	匹配前面的子表达式零次或一次，或指明一个非贪婪限定符。要匹配 ? 字符，应使用 \?
\	将下一个字符标记为或特殊字符，或原义字符，或向后引用，或八进制转义符
^	从输入字符串的开始位置进行匹配测试
{	标记限定符表达式的开始。要匹配 {，应使用 \{
|	指明两项之间的一个选择。要匹配 |，应使用 \\|

限定符如表 7-7 所列。

表 7-7　正则表达式限定符

带限定符号的模式	意　义
X?	X 出现 0 次或 1 次
X*	X 出现 0 次或多次
X+	X 出现 1 次或多次
X{n}	X 出现 n 次
X{n,}	X 出现至少 n 次
X{n,m}	X 出现 n ~ m 次

正则表达式中可以用方括号将多个字符括起来表示一个元字符，如 [abc] 表示 a、b、c 中的任何一个字符，[^abc] 表示除 a、b、c 之外的任何字符，[a-c] 表示 a~c 的任何一个字符，[a-c[m-t]] 表示 a~c 或 m~t 中的任何字符，[a-j&&[i-k]] 表示 i、j 之中的任何一个字符，[a-k&&[^ab]] 表示 c~k 中任何一个字符。下面是几个常用的正则表达式：

（1）验证 Email 地址："\\w{1,}@\\w{1,}\\56\\w{1,}"；

（2）验证电话号码："^(\\d{3,4})?-\\d{7,8}$"；

（3）验证身份证号（15 位或 18 位数字）："^\\d{15}|\\d{18}$"；

（4）只能输入数字："^[0-9]*$"；

（5）只能输入 n 位的数字："^\\d{n}$"。

【例 7.6】用正则表达式验证标识符的合法性。定义标识符的规则是，第 1 个字符必须是字母、$、下划线或汉字，其后的字符可以是字母、数字、$、下划线或汉字。

【分析】符合规则的标识符有无数多个。判断时可以将标识符中的每一个字符取出来按标识符的定义规则进行判断，更好的方法是定义一个表示标识符的正则表达式，用这个正则表达式去和每一个标识符匹配。

【代码】

```
package ch7;
public class Example7_06
```

```
{
    public static void main(String args[])
    {
        //第1个字符必须是 $、_、字母或汉字
        String regex="[\\p{Alpha}$_\u4E00-\u9FFF]{1}";
        //其后的若干字符可以是 $、_、字母、数字或汉字
        regex+="[$_\\p{Alnum}\u4E00-\u9FFF]*";

        String id[]={"$$ab","姓名 ","-x","i+j","a_12$3",
            "6class","_123_","$ 年龄 ","25","a123x","i"};

        for(String str:id)
            //matches 方法可以判断 str 是否与 regex 匹配
            if(str.matches(regex))
                System.out.println(str+" 合法 ");
            else
                System.out.println(str+" 不合法 ");
    }
}
```

程序运行结果如图 7-8 所示。

7.3.2 Pattern 类和 Matcher 类

java.util.regex.Pattern 和 java.util.regex.Matcher 是用于模式匹配的类，模式对象封装了正则表达式。Matcher 对象方法则主要针对匹配结果进行处理，下面用代码段示例说明。

图 7-8 例 7.6 运行结果

```
String regex = "[a-z]at";
String str = "a fat cat and a rat were eating oat in the vat.";
Pattern p = Pattern.compile(regex);
Matcher m = p.matcher(str);
while(m.find())//find() 寻找 s 中按 regex 匹配的子序列
{
    String s = m.group();//group() 返回匹配的子序列
    System.out.println(s);
}
```

数学类与
数学计算

7.4 数学类与数学计算

数学计算是程序的基本任务。Java 中有几个类和数学计算有密切关系，包括 Math（数学类）、Random（随机数类）、BigInteger（大整型数类）、BigDecimal（精确运算类）、NumberFormat（数据格式类）、DecimalFormat（小数格式类）、Formatter（格式化器类）。用这些类可以完成一些数据的计算与格式化。

【例 7.7】计算 1!+3!+5!+7!+……前 30 项之和。

【分析】阶乘计算的数据较大，为避免产生溢出，可采用大整型数类计算。类 BigInteger 的成员方法主要包括 add(BigInteger)、subtract(BigInteger)、multiply(BigInteger)、divide(BigInteger)、remainder(BigInteger)、compareTo(BigInteger) 等。

【代码】

```java
package ch7;
import java.math.*;
public class Example7_07
{
    public static void main(String args[])
    {
        BigInteger sum = new BigInteger("0"),
                   item = new BigInteger("1"),
                   ONE = new BigInteger("1"),
                   i = ONE,
                   n = new BigInteger("30");
        while(i.compareTo(n)<=0)// 两个大整型数比较大小
        {
            // 当前项 item=i! 累加到 sum 中
            sum = sum.add(item);
            i = i.add(ONE);//i 增加 1
            //item 变成 (i+1)!
            item = item.multiply(i);
        }
        System.out.println("sum= "+sum.toString());
    }
}
```

sum= 274410818470142134209703780940313

程序运行结果如图 7-9 所示。　　　　　　　图 7-9　例 7.7 程序运行结果

Math 类主要进行常用的数学计算，如取绝对值 abs()、求最大值 max()、求最小值 min()、产生随机数 random()、乘幂 pow()、平方根 sqrt()、对数 log()、三角函数运算等，此外，类中还定义了自然对数底数和圆周率两个常数。Math 类的所有属性和方法都是静态的，所以可直接通过 Math 类名访问相应的成员，如 Math.PI、Math.E、Math.sqrt(2)、Math.sin(Math.toRadians(30))（30 度的正弦值）等。

Random 类主要用于产生随机数，它的主要方法包括 nextBoolean()、nextBytes()、nextDouble()、nextInt()、nextInt(int n)、nextLong()、setSeed() 等，其中 nextInt(int n) 方法可以生成指定范围 0 ~ n（包括 0 和不包括 n）的随机整数。

NumberFormat、DecimalFormat 和 Formatter 类主要用于控制数值数据的输出格式，其用法参考以下程序实例。

【例 7.8】用 NumberFormat 定义输出格式。

【代码】

```java
package ch7;
import java.text.*;
import java.util.Random;
public class Example7_08
{
    public static void main(String args[])
    {
        Random random=new Random();
        NumberFormat nf = null ; // 声明一个 NumberFormat 对象
```

```
                        nf = NumberFormat.getInstance() ; // 得到默认的数字格式化显示

                        int i=random.nextInt(20000000);// 得到 [0,20000000) 之间的一个随机整数
                        long l=random.nextLong();// 产生一个随机长整型数
                        double d1=Math.random()*3000000;// 得到 [0,300000) 之间的一个随机浮点数
                        double d2=random.nextDouble()*12000;// 得到 [0,12000) 间的一个随机浮点数

                        System.out.println(i+" 格式化后: "+nf.format(i));
                        System.out.println(l+" 格式化后: "+nf.format(l));
                        System.out.println(d1+" 格式化后: "+nf.format(d1));
                        System.out.println(d2+" 格式化后: "+nf.format(d2));
                }
        }
```

程序运行结果如图 7-10 所示。

```
6744046格式化后: 6,744,046
1349755425606248411格式化后: 1,349,755,425,606,248,411
2947622.8801849927格式化后: 2,947,622.88
2421.2680432719712格式化后: 2,421.268
```

图 7-10　例 7.8 运行结果

此例中数据输出格式采用默认格式，也可以指定数字格式：

```
        nf = NumberFormat.getInstance(inLocale);// 例如 inLocale=Locale.FRENCH
```

DecimalFormat 是 NumberFormat 的子类，它通过一些标记符号控制数字输出格式。

【例 7.9】用 DecimalFormat 定义输出格式。

【代码】

```
package ch7;
import java.text.* ;
public class Example7_09
{
        public static void main(String args[])
        {
                format("###,###.###",111222.34567);
                format("000,000.000",11222.34567);
                format("###,###.### ￥",111222.34567);
                format("000,000.000 ￥",11222.34567);
                format("##.###%",0.345678);
                format("00.###%",0.0345678);
                format("###.###\u2030",0.345678);
        }
        private static void format(String pattern,double value)// 格式化方法
        {
                DecimalFormat df = null;// 声明一个 DecimalFormat 类的对象
                df = new DecimalFormat(pattern);// 实例化对象，传入模板
                String str = df.format(value);// 格式化数字
                System.out.println(" 使用 "+pattern+" 格式化数据 "+value+": "+str) ;
        }
}
```

程序运行如图 7-11 所示。

```
使用###,###.###格式化数据111222.34567: 111,222.346
使用000,000.000格式化数据11222.34567: 011,222.346
使用###,###.### ¥ 格式化数据111222.34567: 111,222.346¥
使用000,000.000 ¥ 格式化数据11222.34567: 011,222.346¥
使用##.###%格式化数据0.345678: 34.568%
使用00.###%格式化数据0.0345678: 03.457%
使用###.###%格式化数据0.345678: 345.678%
```

图 7-11　例 7.9 运行结果

【例 7.10】用 Formatter 定义输出格式。JDK1.5 推出了 printf 方法和 Formatter 类用于实现数字格式化输出。printf 已在第二章中做过介绍，不再赘述。Formatter 也是用控制符进行格式控制。通过本例了解如何利用 Formatter 的方法实现输出数字格式控制。

【代码】

```java
package ch7;
import java.util.Date;
import java.util.Formatter;
public class Example7_10
{
    public static void main(String[] args)
    {
        Formatter formatter =new Formatter(System.out);// 注意参数
        // 格式化输出字符串和数字 ,% 是引导格式串符号
        //-: 指定为左对齐，默认右对齐
        //10: 输出域宽为 10，实际数字占不满则输出空格，若超过则全部输出
        //.6: 在此表示输出参数 6 的最大字符数量，如果是浮点数字，则表示
        // 小数部分显示的位数
        //s: 表示输入参数是字符串，1$: 取第一个参数，即 123
        System.out.println(" 数字输出格式化: ");
        formatter.format("%1$2s %2$10.6s\n", "123", "456.678");
        System.out.println("-------------------------");

        Date date = new Date();
        System.out.println(" 当前日期: "+date);
        // 日期的格式化，并将格式化结果存储到一个字符串变量中
        //1$: 取第一个参数，即 date，t 日期，Y, m, e 分别为年、月、日
        String s = String.format(" 当前日期格式化 :%1$tY-%1$tm-%1$te", date);
        System.out.println(s);
        System.out.println("-------------------------");

        // 将格式化的结果存储到字符串
        String fs = String.format(" 当日开销 (%.2f,%d)", 173.278, 65);
        System.out.println(fs);
    }
}
```

```
数字输出格式化:
123     456.67

当前日期: Wed Mar 30 23:19:06 CST 2016
当前日期格式化:2016-03-30
-------------------------
当日开销(173.28,65)
```

程序运行结果如图 7-12 所示。

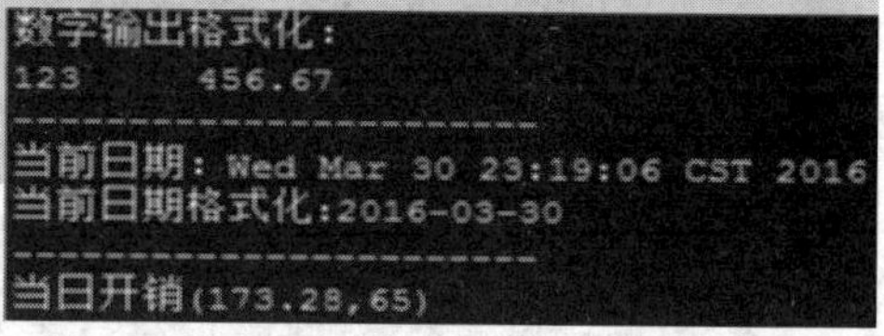

【例 7.11】BigDecimal 应用例子。

图 7-12　例 7.10 运行结果

【代码】

```
package ch7;
import java.math.BigDecimal;
public class Example7_11{
public static void main(String[]args){
        double x1 = 0.6;   //0.6 在计算机中无法精确表示
        double y1 = 0.1;    //0.1 在计算机中无法精确表示
        double x2 = 0.5;    //0.5 在计算机中可以精确表示
        double y2 = 0.25;   //0.25 在计算机中可以精确表示
        BigDecimal a1,a2;
        BigDecimal b1,b2;
        a1 = new BigDecimal(0.6);
        b1 = new BigDecimal(0.1);
        a2 = new BigDecimal(0.5);
        b2 = new BigDecimal(0.25);
        System.out.println(a1.add(b1));
        System.out.println(x1+y1);
        System.out.println(a2.add(b2));
        System.out.println(x2+y2);
    }
}
```

程序运行结果如图 7-13 所示。

```
Problems  Javadoc  Declaration  Console ✕
<terminated> BigDecimalDemo [Java Application] D:\Java\jdk1.8\bin\javaw.exe
0.6999999999999999833466546306226518936455249786376953125
0.7
0.75
0.75
```

图 7-13　例 7.11 运行结果

很明显，在浮点数近似运算场合，用 BigDecimal 的 add() 方法可以得到精度更高的计算结果。

7.5　日期、日历和时间类

在一般的程序中日期、日历数据并不多见，但是在电子商务、电子政务和各类管理系统中日期、日历数据变得非常普遍。比如网上购票系统要求用户输入出行日期，系统需进行日期格式验证，将输入的日期和当前日期比较确定是否在规定的售票日期区间之内。图书馆需要存储借阅日期和还书日期，计算是否超期。电子商务、电子政务系统中日期更是常用数据，因为涉及开具发票、商品配送、办事流程等。在 Java 中可以使用日期类 Date 和日历类 Calendar 提供的方法进行日期、日历数据处理。

日期、日历和
时间类

7.5.1　日期类 Date

Date 类在包 java.util 中，常用方法如表 7-8 所列。

表 7-8　Date 类的常用方法

返回类型	方法名	功能
boolean	after(Date d)	测试此日期是否在指定日期之后
boolean	before(Date d)	测试此日期是否在指定日期之前
int	compareTo(Date d)	比较两个日期的顺序
long	getTime()	返回自格林尼治 GMT1970 年 1 月 1 日 00:00:00 以来此 Date 对象表示的毫秒数

7.5.2　日历类 Calendar

日历类也在包 java.util 中，常用方法如表 7-9 所列。

表 7-9　Calendar 类的常用方法

返回类型	方法名	功能
int	get(int field)	返回给定日历字段的值
Date	getTime()	返回一个表示此 Calendar 时间值（从纪元至现在的毫秒偏移量）的 Date 对象
long	getTimeInMillis()	返回以毫秒为单位的此日历的时间值
void	set(int field, int value)	将给定的日历字段设置为给定值
void	setTime(Date date)	使用给定的 Date 实例设置此 Calendar 对象的时间

【例 7.12】俗话说，"三天打鱼，两天晒网"。某渔民从 2010 年 1 月 1 日起，连续打三天鱼，然后休息两天，再连续打三天鱼，再休息两天，……，一直重复这个劳作过程。问，从 2010 年 1 月 1 日起的某一天，该渔民是在打鱼，还是在休息。

【分析】先计算出某一天与 2010 年 1 月 1 日之间的天数，然后这个天数对 5 取余数，如果余数是 1、2 或 3，则表示打鱼；如果余数是 4 或 0，则表示休息。求天数时，用 getTimeInMillis() 函数得到对应的毫秒数，再转换成天数就可以了。

【代码】

```java
package ch7;
import java.util.*;
public class Example7_12
{
    private static int days(int year,int month,int day)
    {
        Calendar start=Calendar.getInstance();// 获得日历类的实例
        start.set(2010,1,1,0,0,0);// 设置日期和时间
        long milliSec1=start.getTimeInMillis();// 对应的毫秒数

        Calendar oneDay=Calendar.getInstance();
        oneDay.set(year,month,day,0,0,0);
        long milliSec2=oneDay.getTimeInMillis();

        // 转换成天数，2010.1.1也算一天，所以加1
        return (int)((milliSec2-milliSec1)/(24*3600*1000))+1;
    }
    private static String whatToDo(int year,int month,int day)
```

```
{
    String doing=null;
    int intervals=days(year,month,day);// 获得相隔的天数
    switch(intervals%5)
    {
    case 1:
    case 2:
    case 3:
    doing=" 打鱼 ";break;
    case 0:
    case 4:
        doing=" 晒网 ";
    }
    return doing;
}

public static void main(String args[])
{
    String dateStr;
    int year=2015,month=1,day=5;
    dateStr=year+"."+month+"."+day;
    System.out.println(dateStr+whatToDo(year,month,day));
    year=2013;month=9;day=11;
    dateStr=year+"."+month+"."+day;
    System.out.println(dateStr+whatToDo(year,month,day));
    year=2010;month=1;day=6;
    dateStr=year+"."+month+"."+day;
    System.out.println(dateStr+whatToDo(year,month,day));
}
}
```

程序运行结果如图 7-14 所示。

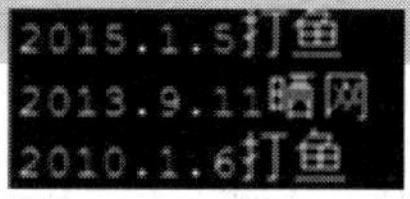

```
2015.1.5打鱼
2013.9.11晒网
2010.1.6打鱼
```

图 7-14　例 7.12 运行结果

7.5.3　本地日期和时间类

Date 类的实例中包含了时间，但是，对时间的处理很复杂。要从日期数据中取出时间，必须了解日期数据的构成和格式。详见图 7-15 的说明。

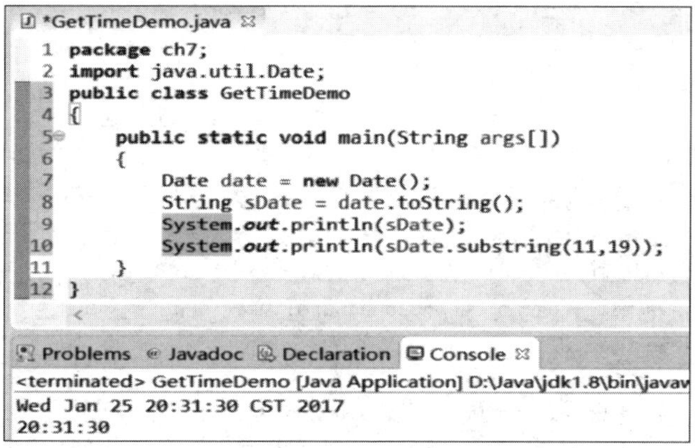

```
📄 *GetTimeDemo.java ☒
1  package ch7;
2  import java.util.Date;
3  public class GetTimeDemo
4  {
5🔵     public static void main(String args[])
6      {
7          Date date = new Date();
8          String sDate = date.toString();
9          System.out.println(sDate);
10         System.out.println(sDate.substring(11,19));
11     }
12 }

📋 Problems ⊚ Javadoc 🔍 Declaration 🖥 Console ☒
<terminated> GetTimeDemo [Java Application] D:\Java\jdk1.8\bin\javav
Wed Jan 25 20:31:30 CST 2017
20:31:30
```

图 7-15　日期与时间字段提取

Calendar 类可以从 Date 中取出年、月、日、时、分、秒等数据。但仍存在一个问题就是线程不安全。Date 类、Calendar 类以及 DateFormat 和 SimpleDateFormat 都不是线程安全的类。关于线程安全的概念在线程部分再做研究。

JDK1.8 新增的 LocalDate 和 LocalTime 接口是线程安全的，而且采用本地格式，使用方便。

【例 7.13】显示系统当前时间，包括带毫秒和不带毫秒的两种形式。时间在很多应用系统中都需要，因此支持快捷高效的时间数据处理的类对于应用程序设计是很有意义的。

【代码】

```
package ch7;
import java.util.*;
import java.time.LocalTime;
import java.time.temporal.ChronoUnit;
public class Example7_13
{
    public static void main(String args[])
    {
        LocalTime localTime1 = LocalTime.now();      // 新建 LocalTime 实例
        LocalTime localTime2 = LocalTime.now().withNano(0);//0 为去除时间
            中毫秒字段
        System.out.println(localTime1);
        System.out.println(localTime2);
    //Get the hour of the day
    System.out.println("The hour of the day:: " + localTime1.
        getHour());
        // 时间中小时数加 2，chronoUnit 是计时单位的意思
        System.out.println(localTime1.plus(2, ChronoUnit.HOURS));
        // 时间中分钟数加 6
        System.out.println(localTime1.plusMinutes(6));
        // 时间中秒数加 30
        System.out.println(localTime1.plusSeconds(30));
        // 时间中小时数减 2
        System.out.println(localTime1.minus(2, ChronoUnit.HOURS));
    }
}
```

程序运行结果如图 7-16 所示。

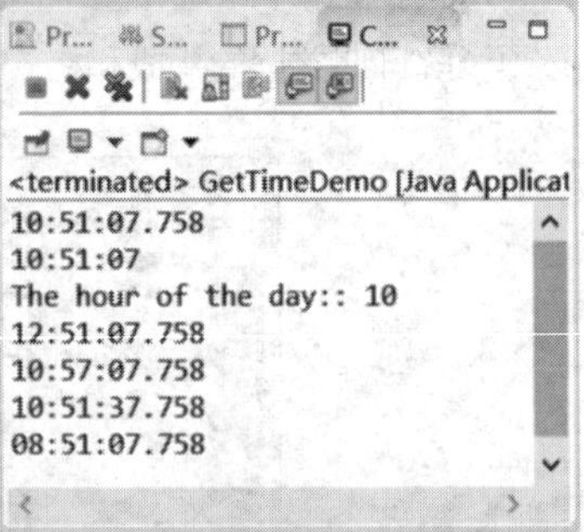

【例 7.14】时区应用例子。

【代码】

图 7-16 例 7.13 运行结果

```
package ch7;
import java.time.Instant;
import java.time.LocalDate;
import java.time.ZoneId;
import java.time.chrono.ChronoZonedDateTime;
import java.util.Date;
public class Example7_14 {
public static LocalDate DateToLocaleDate(Date date) {
    Instant  instant = date.toInstant();           // 时间实例
```

```
            ZoneId zoneId  = ZoneId.systemDefault();  // 时区 id
            return instant.atZone(zoneId).toLocalDate();   // 本地格式的日期
    }
    public static Date LocalDateToDate(LocalDate localDate) {
            ZoneId zoneId = ZoneId.systemDefault();
            ChronoZonedDateTime<LocalDate> zonedDateTime = localDate.
                atStartOfDay(zoneId);
            return Date.from(zonedDateTime.toInstant());      //CST 标准格式日期
    }
    public static void main(String[] args) {
            System.out.println(DateToLocaleDate(new Date()));
            System.out.println(LocalDateToDate(LocalDate.now()));
    }
    }
```

程序运行结果如图 7-17 所示。

图 7-17　例 7.14 运行结果

7.6　包装类

Java 为其 8 个基本数据类型设计了一个对应的类统称为包装类
（Wrapper Class），类中封装了基本类型数据运算所需的属性值和转换方
法，弥补了基本类型数据没有面向对象特征之不足。

包装类

这 8 个包装类均位于 java.lang 包，包括 Byte、Short、Character、Integer、Long、Float、
Double 和 Boolean。表 7-10 所示是 Integer 类的属性和常用方法，余类同，不重复。

表 7-10　Integer 类的属性和常用方法

类　型	域或方法	功　能
static int	MAX_VALUE	保存 int 类型的最大值的常量，可取的值为 $2^{31}-1$
static int	MIN_VALUE	保存 int 类型的最小值的常量，可取的值为 -2^{31}
static int	SIZE	以二进制补码形式表示 int 值的位数
int	compareTo(Integer anotherInteger)	在数字上比较两个 Integer 对象
int	intValue()	以 int 类型返回该 Integer 的值
static int	parseInt(String s)	将字符串参数作为有符号的十进制整数进行分析
static String	toBinaryString(int i)	以二进制（基数 2）无符号整数形式返回一个整数参数的字符串表示形式
static Integer	valueOf(int i)	返回一个表示指定的 int 值的 Integer 实例

如用整型类的对象表示整型数 123，则可以写成：

```
    Integer i=Integer.valueOf(123);
```

可以调用方法 intValue() 得到整型类对象表示的整型数，表达式为

```
i.intValue()
```

的值就是一个整型数。

为了便于在基本类型数据和包装类对象之间进行数据变换，Java 有自动装箱（Autoboxing）和自动拆箱（Unboxing）操作。如下面的语句：

```
Integer i = 10;
```

10 是一个基本数类型，将其赋给 i 前用 Integer.valueOf(10) 自动生成一个 Integer 的对象然后再赋给 i。将基本类型数据自动转换成对应包装类的对象的过程称为自动装箱。

i 是一个整型数的对象，则下面的语句：

```
int t = i;
```

i 和 t 不是同一类型，在赋值前，用 i.intValue() 得到 i 所表示的整型数后再赋给整型变换 t。将包装类的对象自动转换成对应的基本数据类型数据的过程称为自动拆箱。表达式为

```
i*2
```

先将 i 自动拆箱得到整型数后再与 2 相乘。

如果将一个数字字符串转换成对应的数值型数，则可以调用类方法 parseXXX()。如将字符串 "123" 转换成对应的整型数 123，则可以用表达式：

```
Integer.parseInt("123")
```

表达式的值就是整型数 123。将一个整型数转换成对应字符串的最简单方法：

```
123+"" 或 ""+123
```

表达式的值就是对应的字符串。

7.7 系统类

程序中的操作有的只发生在内存和 CPU 之间，有的则发生在主机和外设之间，例如数据的输入 / 输出、从程序中返回操作系统、在程序中执行操作系统的命令等，这可称为系统操作。Java 中 System 类和 Runtime 类中定义了相关方法，完成系统操作。

7.7.1 System 类

程序输入和输出数据操作离不开 System 类。这一点大家深有体会。System 还有哪些用途呢？

System 类中定义了一些和系统相关的方法。

（1）public static void exit(int status) 系统退出，如果 status 为 0 就表示退出。

（2）public static void gc() 运行垃圾收集机制，调用的是 Runtime 类的 gc 方法。

（3）public static long currentTimeMillis() 返回单位为毫秒的系统当前时间。

（4）public static void arrayCopy(Object src，int srcPos,Object dest,int destPos,int length) 数

组拷贝。

（5）public static Properties getProperties() 取得当前系统的全部属性。

（6）public static String getProperty(String key) 取得当前系统的全部属性。

【例 7.15】arrayCopy 方法的使用。

【代码】

```java
package ch7;
public class Example7_15 {
    public static void main(String[] args) {
        // 定义数组
        int[] arr = { 11, 22, 33, 44, 55 };
        int[] arr2 = { 6, 7, 8, 9, 10 };
        System.arraycopy(arr, 1, arr2, 2, 2);      // 参数比较多，注意其含义
        System.out.println(Arrays.toString(arr));
                                                   // [11, 22, 33, 44, 55]
        System.out.println(Arrays.toString(arr2));
                                                   //[6, 7, 22, 33, 10]

    }
}
```

7.7.2 Runtime 类

Runtime 类包含以下常用方法。

Runtime 类

（1）exec(String command) 在单独的进程中执行指定的字符串命令。

（2）freeMemory() 返回 Java 虚拟机中的空闲内存量。

（3）gc() 运行垃圾回收器。

（4）getRuntime() 返回与当前 Java 应用程序相关的运行时对象。

（5）load(String filename) 加载作为动态库的指定文件名。

（6）loadLibrary(String libname) 加载具有指定库名的动态库。

（7）maxMemory() 返回 Java 虚拟机试图使用的最大内存量。

（8）totalMemory() 返回 Java 虚拟机中的内存总量。

概括起来，Runtime 类的方法有 2 个功能，即内存管理和执行其他程序。其中内存管理与垃圾回收机制有关，在下一节讨论，这里仅举例说明如何在 Java 程序中执行其他程序。

exec() 方法返回一个 Process 对象，可以使用这个对象控制 Java 程序与新运行的进程进行交互。exec 是 execution 的缩写，就是执行。

下面的例子是使用 exec() 方法启动 windows 的记事本 notepad。这个例子必须在 Windows 操作系统上运行。

【例 7.16】在 Java 程序中打开一记事本。

【代码】

```java
package ch7;
class Example7_16 {
public static void main(String args[]){
        Runtime r = Runtime.getRuntime();
```

```
                        Process p = null;
                        try{
                            p = r.exec("notepad");
                    } catch (Exception e) {
                            System.out.println("Error executing notepad.");
                        }
                    }
                }
```

这个例子中程序的执行结果，是一个打开的记事本。

7.7.3　Java 垃圾回收机制

Java 语言中一个显著的特点就是引入了垃圾回收机制，使程序员最头疼的内存管理的问题迎刃而解。Java 程序员在编写程序的时候不必花太多时间考虑内存管理问题。由于有个垃圾回收机制（Gargage Collection，GC），Java 中的对象不再有"作用域"的概念，只有对象的引用才有"作用域"。垃圾回收可以有效地防止内存泄露，有效地使用空闲的内存。

Java 垃圾回收机制的核心是垃圾回收算法。算法的目的是①发现无用对象；②回收无用对象占用的内存空间。通过 totalMemory() 和 freeMemory() 方法可以知道对象的堆内存有多大，还剩多少。

一个早期使用的简单算法是引用计数法。它的基本思想是：堆中每个对象实例都有一个引用计数。当一个对象被创建时，且将该对象实例分配给一个变量，该变量计数设置为 1。当任何其他变量被赋值为这个对象的引用时，计数加 1（a = b, 则 b 引用的对象实例的计数器 +1），但当一个对象实例的某个引用超过了生命周期或者被设置为一个新值时，对象实例的引用计数器减 1。任何引用计数为 0 的对象实例可以被当作垃圾收集。当一个对象实例被垃圾收集时，它引用的任何对象实例的引用计数器减 1，如图 7-18 所示。

```
void func ( ) {
String s1 = new String("abc");//"abc"计数1
String s2 = s1;             //计数加1
String s2 = new String("def"); //"abc"计数减1，"def"计数1
String s1 = s2;            //"abc"计数减1，值为0，成为垃圾，待回收
}                         //从此方法返回到主调方法，"def"计数减为0成为垃圾
```

图 7-18　引用计数法

Java 会周期性的回收垃圾对象（已经变得无用的对象），以便释放内存空间。但是如果想先于收集器的下一次指定周期来收集废弃的对象，可以通过调用 gc() 方法来根据需要运行无用单元收集器。试验调用 gc() 方法的效果，可以通过首先调用 freeMemory() 方法来查看基本的内存使用情况，接着执行 gc()，然后再次调用 freeMemory() 方法看看分配了多少内存。下面的程序演示了这个构想。

【例 7.17】实验观察使用 gc() 回收内存的效果。

【代码】

```
package ch7;
        class Example7_17{
         public static void main(String args[]){
```

```
                        Runtime r = Runtime.getRuntime();
                        long mem1,mem2;
                        Integer someints[] = new Integer[1000];
                        System.out.println("Total memory is : " + r.totalMemory());
                        mem1 = r.freeMemory();
                        System.out.println("Initial free is : " + mem1);
                        r.gc();
                        mem1 = r.freeMemory();
                        System.out.println("Free memory after garbage collection : " + mem1);
                        for(int i=0; i<1000; i++)  someints[i] = new Integer(i);
                                                //allocate integers
                            mem2 = r.freeMemory();
                        System.out.println("Free memory after allocation : " + mem2);
                        System.out.println("Memory used by allocation : " +(mem1-mem2));
                        for(int i=0; i<1000; i++)  someints[i] = null;
                                                //discard Intergers
                        r.gc();                 //request garbage collection
                        mem2 = r.freeMemory();
                        System.out.println("Free memory after collecting " +
                            "discarded integers : " + mem2);
                    }
                }
```

程序运行结果如图 7-19 所示。

```
Total memory is : 126877696
Initial free is : 124864304
Free memory after garbage collection : 126331496
Free memory after allocation : 125660360
Memory used by allocation : 671136
Free memory after collecting discarded integers : 126332072
```

图 7-19 从运行结果看内存回收

关于自动垃圾回收，需要补充说明一点，强制给对象赋值为 null，并不是马上回收对象的内存空间，而是要等到下一个回收周期。另外，既然 Java 有自动垃圾回收机制，那就是说，在很多时候，程序中不必显式地调用 gc() 和对象赋值为 null，垃圾回收会自动完成。但是，显式调用 gc() 使垃圾回收操作按程序员要求提前进行，这样可以改善程序性能。

7.8 其他常用类

本节介绍工具类 Object 和用于反射机制的 Class 类中提供的方法的用法。

7.8.1 Objects 类与 Object 类

1. Object 类

终极父类 Object 已在第 5 章中做了介绍，这里为了与 Objects 类作为对比而列出，并对其常用方法举例说明用途。其他内容不做重复讲解。

因为编译器会自动引入 java.lang 包中的类型，即 import java.lang.Object，没必要声明出来。Java 也没有强制声明"继承 Object 类"。如果这样的话，强制声明语法没错，但是问题是这样就不能再继承 Object 之外的其他类了，因为 java 不支持多继承。然而，即使不声明出来，也会默认继承了 Object 类。

【例 7.18】toString() 方法的应用。

【代码】

```java
package ch7;
class Point{
    int x,y;
    Point(){}
    Point(int x,int y){
        this.x = x;
        this.y = y;
    }

    @Override
    public String toString() {
        return "[ "+ x +" , " +y+" ]";
    }
}
public class Example7_18 {
    public static void main(String[] args) {
        Point p1 = new Point();
        Point p2 = new Point(10,20);
        System.out.println(p1);
        System.out.println(p2);
    }
}
```

```
[ 0 , 0 ]
[ 10 , 20 ]
```

程序运行结果如图 7-20 所示。

图 7-20　例 7.18 运行结果

请自己编写程序对比 Point 类中有无重写 toString() 方法的执行结果。

【例 7.19】equals() 方法的应用。

【代码】

```java
package ch7;
class Worker{
    public String name;
    public int age;
    public int height;

    public Worker(String name, int age,int height){
        this.name = name;
        this.age = age;
        this.height = height;
    }

    @Override
    public boolean equals(Object x){
        if(this.getClass() != x.getClass())
            return false;                    // 同类对象比较有意义
        Worker p = (Worker)x;
```

```
                return (this.age == p.age);            // 比较的年龄，而非姓名和身高
        }
    }
public class Example7_19{
    public static void main(String [] args){
        Worker p1 = new Worker("Diana",23,183);
        Worker p2 = new Worker("Lily",23,176);
        System.out.println(p1.equals(p2));
    }
}
```

对象具有多个属性域，在应用程序中需要比较什么，就需要在重写的 equals() 方法中实现什么。否则，系统无法知道要比较的是什么。

2. Objects 类

在 Java7 中新添了一个 Objects 工具类，它提供了一些方法来操作对象，这些工具方法大多是 "空指针" 安全的。比如，如果不能明确地判断一个引用变量是否为 null，如果调用 toString() 方法，则可能发生 NullPointerException 异常；如果使用 Objects 类提供的 toString(Object o) 方法，就不会引发空指针异常，当 o 为 null 时，程序将返回一个 "null" 字符串。

Objects 类有以下主要方法。

（1）requireNonNull(T obj) 检查指定类型的对象引用不为 null。当参数为 null 时，抛出空指针异常。设计这个方法主要是为了在方法、构造函数中做参数校验。

（2）isNull(Object obj) 判空方法，如果参数为空则返回 true。从 jdk1.8 开始。

（3）nonNull(Object obj) 判断非空方法，如果参数不为空则返回 true。从 JDK1.8 开始，关于空对象问题，程序员可能都遇到过。

例如在下面的代码中：

```
String str1 = null;
String str2 = new String("abc");
System.out.println(str2.equals("abc"));     //true
System.out.println("abc".equals(str2));     //true
System.out.println("abc".equals(str1));     //false
System.out.println(str1.equals("abc"));     //null pointer exception
```

为了处理 null pointer exception，经常需要写类似 ".equals(obj)" 这类的代码，程序员觉得不舒服。Objects 则是为了让程序员舒心一点。

【例 7.20】Objects 方法 equals 的使用，和 Object 方法 equals 的区别在注释中可见。

【代码】

```
package ch7;
import java.util.Objects;
public class Example7_20{
    public static void main(String[] args) {
        String str1 = null;
        String str2 = null;
        System.out.println(Objects.equals(str1, str2));
```

```
                                                            //true
            System.out.println(str1.equals(str2));          //null pointer exception
    }
}
```

7.8.2 Class 类和反射机制

利用 Class 类，利用反射机制可以在运行时获得对象的类和其他属性信息，体现 Java 的动态性。这是动态代理机制的基础。

1. 什么是反射机制

在 Java 程序运行状态中，对于任意一个类，都能够获得它的所有属性和方法；对于任意一个对象，都能够调用它的任意一个方法和属性；这种动态获取类的信息以及动态调用对象的方法的功能称为 Java 语言的反射机制。这里的动态即指程序运行时。

反射机制的意义：使 Java 具有更强的动态性。而 Java 的动态性在框架和设计模式中显得尤为重要。例如动态代理机制和 Spring 框架中都会用到 Java 的反射机制。

2. 反射机制 API

（1）Method getMethod(String name, Class... parameterTypes) 返回一个 Method 对象，它反映此 Class 对象所表示的类或接口的指定公共成员方法。

（2）Method[] getMethods() 返回一个包含某些 Method 对象的数组，这些对象反映此 Class 对象所表示的类或接口（包括那些由该类或接口声明的以及从超类和超接口继承的那些类或接口）的公共 member 方法。

（3）int getModifiers() 返回此类或接口以整数编码的 Java 语言修饰符。

（4）String getName() 以 String 的形式返回此 Class 对象所表示的实体（类、接口、数组类、基本类型或 void）名称。

3. 利用反射机制

【例 7.21】利用反射机制，动态地修改成员变量的值。检查姓名的首字母是否为大写，如是小写字母开头，则动态地修改成大写字母。

【代码】

```java
package ch7;
import java.lang.reflect.Field;
 public class Example7_21{
public static void main(String[] args) throws SecurityException,
                        NoSuchMethodException, NoSuchFieldException,
                        IllegalArgumentException, Exception {
        Person p1 = new Person("danard","trump");
        changeInitialLetter(p1);
        System.out.println(p1);

    }
    private static void changeInitialLetter(Object obj) throws RuntimeException,
    Exception {
        Field[] fields = obj.getClass().getFields();
```

```
                for(Field field : fields) {
                        if(field.getType()==String.class) {
                        String oldValue = (String)field.get(obj);
                        char initialLetter = oldValue.charAt(0);
                        if(initialLetter<='z'&initialLetter>='a') initialLetter-=32;
                        String newValue = initialLetter+oldValue.substring(1);
                        field.set(obj,newValue);
                    }
                }
        }
    }

class Person {
    public String firstName ;
    public String lastName ;

    public Person(String str1,String str2) {
        super();
        firstName = str1;
        lastName = str2;
    }

    @Override
    public String toString() {
        return "Person [FirstName =" + firstName + ", LastName = " + lastName+"]";
    }
}
```

想一想，成员变量值是动态设置的，如果不能动态地修改有什么问题？如果每个要使用成员变量值的地方都自行检查，是否需要动态修改？

7.9 几个重要的接口

Java 中有几个类和接口名字结对出现，配合使用或者互为补充。例如 Observer 与 Observable、Comparator 与 Comparable、Thread 与 Runnable、Predicate 与 Consumer 等。这些类和接口很有用，本节讨论前面的两对，其他的在相关章节介绍。

几个重要的接口

7.9.1 Observer 接口和 Observable 类

在一个系统的设计中，可能有多个类，且类与类有某种关系。例如，电商系统中商家在网上发布到货信息或打折信息，顾客看到这些信息就有了购买的动作。商家是被观察者，而顾客则是观察者。

这种情况，Java 用 Observer 接口和 Observable 类中的方法为设计提供支持。

（1）void addObserver(Observer o)

（2）setChanged();

（3）notifyObservers(Object obj);

（4）void update(Observable o, Object obj)

使用 Observer 接口和 Observable 类的步骤如下。

（1）创建被观察者类，它继承自 java.util.Observable 类；

（2）创建观察者类，它实现 java.util.Observer 接口；

（3）对于被观察者类，添加它的观察者：addObserver() 方法把观察者对象添加到观察者对象列表中。当被观察事件发生时，执行：

setChanged（ ）和 notifyObservers（ ）方法。

setChanged() 方法用来设置一个内部标志位注明数据发生了变化；notifyObservers() 方法会去调用观察者对象列表中所有的 Observer 的 update() 方法，通知它们数据发生了变化。

只有在 setChanged() 被调用后，notifyObservers() 才会去调用 update()。

（4）对于观察者类，实现 Observer 接口的 update(Observable o, Object obj) 方法。

形参 Object obj 对应一个由 notifyObservers(Object obj) 传递来的参数，当执行的是 notifyObservers() 时，参数为 null。

【例 7.22】用观察者接口 Observer 和观察者类 Observable 表示手机销售商和客户间沟通状态。

【代码】

```java
package ch7;
import java.util.* ;
class Handset extends Observable{ // 表示客户可以观察手机价格改变
    private float price ;// 价钱
    private boolean state;// 手机是否有货的状态
    public Handset(float price,boolean state){
        this.price = price ;
        this.state = state;
    }
    public float getPrice(){
        return this.price ;
    }

    public void setPrice(float price){

        super.setChanged() ;              // 设置价格为改变的项 item to be changed
        super.notifyObservers(price) ; // 每一次修改动作都应通知观察者
        this.price = price ;            // 价格被改变
    }
    public boolean getState(){
    return state;
    }
    public void setState(boolean state){
      super.setChanged();         // 设置是否有货状态为改变的项 item to be changed
      super.notifyObservers(state);     // 每一次修改动作都应通知观察者
      this.state = state;         // 状态被改变

    }
    public String toString(){
        return "手机售价   " + this.price+" 当前 "+(state?" 有货 ":" 无货 " );
```

```
        }
    }
class HandsetPriceObserver implements Observer{
    private String name ;
    public HandsetPriceObserver(String name){ // 设置每一个有购机意向客户名字
        this.name = name ;
    }
    public void update(Observable o,Object arg){
        if(arg instanceof Float){
            System.out.print(this.name + " 观察到手机价格更改为: ") ;
            System.out.println(((Float)arg).floatValue()) ;
        }
        if(arg instanceof Boolean){
                System.out.print(this.name + " 观察到手机有货状态更改为: ") ;
                System.out.println(((Boolean)arg).booleanValue()) ;


        }
    }
}
public class Example7_22{
    public static void main(String args[]){
    Handset server = new Handset(6000,false) ;
    HandsetPriceObserver client1 = new HandsetPriceObserver(" 客户 1") ;
    HandsetPriceObserver client2 = new HandsetPriceObserver(" 客户 2") ;
    HandsetPriceObserver client3 = new HandsetPriceObserver(" 客户 3") ;
        server.addObserver(client1) ;
        server.addObserver(client2) ;
        server.addObserver(client3) ;
        System.out.println(server) ;  // 输出原始手机售价
        server.setPrice(5000) ;       // 修改手机售价
        server.setState(true);        // 修改手机存货状态为有货
        System.out.println(server) ;  // 输出修改后手机售价
    }
}; // 加与不加分号都可以
```

7.9.2 Comparator 与 Comparable 接口

compare 是比较的意思，在 String 中有方法 compareTo()，按字典序
比较两个字符串的大小（先后）。

Comparable 和 Comparator 接口用于集合中元素的比较和排序。本节
用数组元素比较和排序说明它们的用法。在学习了集合类之后，再尝试
把它们用于集合中元素的比较和排序处理。

Comparator 与
Comparable 接口

如果数组元素为基本类型数据，可以用 Arrays.sort() 进行排序。但对于元素为对象的数
组，究竟是按照对象的哪个属性进行排序呢？这要求预先指明。在哪里指明？可以在实现
Comparable 接口的元素类中指明。

1. Comparable

此接口对实现它的类的对象进行整体排序。此排序采用自然排序，类的 compareTo() 方
法被称为它的自然比较方法。实现此接口的对象列表（和数组）可以通过 Collections.sort

（和 Arrays.sort ）进行自动排序。实现此接口的对象可以用作有序映射表中的键或有序集合中的元素，无须另外指定比较器。

通过实现方法：

```
int compareTo(T o)
```

比较此对象与指定对象的顺序。如果该对象小于、等于或大于指定对象，则分别返回负整数、零或正整数。

参数：o 为要比较的对象。

返回：根据此对象是小于、等于还是大于指定对象，返回负整数、零或正整数，

如果指定对象的类型不允许它与此对象进行比较，则抛出 ClassCastException 异常。

Comparable 位于 java.lang 包中。

【例 7.23】使用 Comparable 接口实现数组元素比较。（为了使用方便，本程序文件名采用 User.java, 并未沿用 Example7_23.java ）

【代码】

```java
package ch7;
import java.util.Arrays;
public class User implements Comparable {
  private String id;
  private int age;
  public User(String id, int age) {
    this.id = id;
    this.age = age;
  }
  public int getAge() {
    return age;
  }
      public void setAge(int age) {
    this.age = age;
  }
  public String getId() {
    return id;
  }
  public void setId(String id) {
    this.id = id;
  }
  public int compareTo(Object o) {
    return this.age - ((User) o).getAge();    // 按从小到大排序
  }

  public static void main(String[] args) {
    User[] users = new User[] { new User("a", 30), new User("c", 40),
      new User("b", 20) };
    Arrays.sort(users);
    for (int i = 0; i < users.length; i++) {
      User user = users[i];
      System.out.println(user.getId() + " " + user.getAge());
```

```
            }
        }
    }
```

程序运行结果如图 7-21 所示。

图 7-21　例 7.23 运行结果

2. Comparator

接口 Comparator 与 Comparable 不同之处包括以下几点。

（1）Comparator 位于包 java.util 下。

（2）Comparable 接口将比较代码嵌入需要进行比较的类的自身代码中，而 Comparator 接口在一个独立的类中实现比较。

（3）如果前期类的设计没有考虑到类的比较问题而没有扩展 Comparable，后期可以通过 Comparator 接口来实现比较算法进行排序，并且为了使用不同的排序标准做准备，比如：升序、降序。

（4）Comparable 接口强制进行自然排序，而 Comparator 接口不强制进行自然排序，可以指定排序顺序。

【例 7.24】使用接口 Comparator，在类外定义比较的策略。与例 7.23 对比一下执行结果，可知使用的比较策略是哪一个。

【代码】

```
 package ch7;
import java.util.Arrays;
import java.util.Comparator;
public class Example7_24  implements Comparator {
    public int compare(Object o1, Object o2) {
        return ((User) o2).getAge() – ((User) o1).getAge();  //按从大到小的排序
  }
 public static void main(String[] args) {
    User[] users = new User[] { new User("a", 30), new User("c", 40),
      new User("b", 20) };
    Arrays.sort(users, new Example T_24());
    for (int i = 0; i < users.length; i++) {
        User user = users[i];
        System.out.println(user.getId() + " " + user.getAge());
    }
    }
    }
```

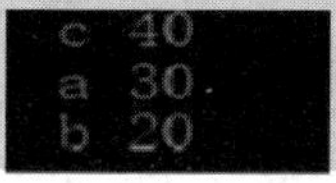

程序运行结果如图 7-22 所示。

图 7-22　例 7.24 运行结果

思考一个问题，如果把本例中的 Arrays.sort(users, new UserComparator()) 改为 Arrays.sort(users)，将会按在 User 中 compareTo 方法定义的从小到大排序，还是按照在 Comparator 实现类的 compare 方法中定义的从大到小排序？哪个优先被使用？

7.10 小结

本章讨论了 30 多个 Java 常用类的用法，包括字符串处理类、数学类、日期 / 日历类、包装类，还介绍了正则表达式处理类以及系统操作相关的若干个类。

字符串可以用 String 或 StringBuffer 类的对象表示，String 类的对象表示的字符串不可以改变，而 StringBuffer 类的对象表示的字符串可以变化。正则表达式是字符串的通用表示形式，如验证 E-mail、网址等合法性问题，使用正则表达式非常方便。

数学类中定义了常用的数学计算的方法（静态），可以完成一些基本的数学计算。在数据处理过程中经常涉及日期和时间，日期类和日历类的对象可以表示日期和时间，类中定义了较多的方法，便于日期和时间的处理。

字符串、日期或其他数据有时需要以一定格式表示出来，类 NumberFormat、DecimalFormat、Formatter 可以将数据格式化。

基本类型的数据除了可以用基本数据类型的变量表示外，还可以用相应的包装类的对象表示。用包装类的对象表示基本类型的数据，可以实现数据的封装，更方便与其他类的对象采用相同的方法来处理，如泛型。

7.11 习题

1．什么是自动装箱？什么是自动拆箱？

2．你的类文档版本是多少？概要统计一下本章讨论的类中共含多少种方法？不同类的同名重复方法可计入一次。

3．java.sql.Date 和 java.util.Date 有何不同？

4．print、println、printf 用法有何不同？

5．有什么不同方法创建 String 对象？

6．写一个程序，能进行两个大整型数乘法运算。假设大整型数范围大于等于 64 位二进制范围。

7．设某校图书馆规定的单次借书阅读时限为 60 天，一名学生的借书日期为 d1，还书日期为 d2，请计算是否超期。

8．世界上主要的日期格式有几种，对应的 locale 是什么。

9．项目练习：在字符串中找到第一个不重复的字符。

Chapter 8

第8章

集合类

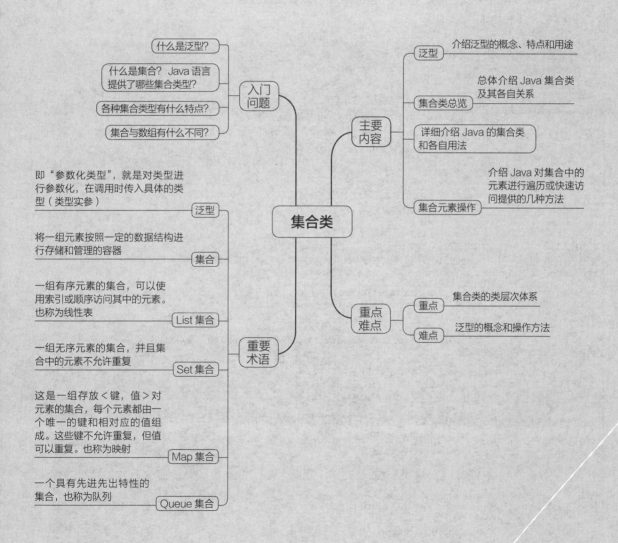

什么是泛型?

什么是集合? Java 语言
提供了哪些集合类型?

各种集合类型有什么特点?

集合与数组有什么不同?

入门
问题

介绍泛型的概念、特点和用途

泛型

总体介绍 Java 集合类
及其各自关系

集合类总览

详细介绍 Java 的集合类
和各自用法

主要
内容

介绍 Java 对集合中的
元素进行遍历或快速访
问提供的几种方法

集合元素操作

即"参数化类型",就是对类型进
行参数化,在调用时传入具体的类
型(类型实参)

泛型

将一组元素按照一定的数据结构进
行存储和管理的容器

集合

一组有序元素的集合,可以使
用索引或顺序访问其中的元素。
也称为线性表

List 集合

集合类

重点
难点

重点

集合类的类层次体系

难点

泛型的概念和操作方法

一组无序元素的集合,并且集
合中的元素不允许重复

Set 集合

重要
术语

这是一组存放<键,值>对
元素的集合,每个元素都由一
个唯一的键和相对应的值组
成。这些键不允许重复,但值
可以重复。也称为映射

Map 集合

一个具有先进先出特性的
集合,也称为队列

Queue 集合

8.1 泛型

8.1.1 什么是泛型

什么是泛型

泛型，也称之为"参数化类型"，就是将类型由原来的具体的类型参数化，类似于方法中的变量参数，此时类型也定义成参数形式（可以称之为类型形参），然后在使用/调用时传入具体的类型（类型实参）。

【例 8.1】假设有一个篮子（Basket），我们可以用它存放不同的物品，如放鸡蛋（Egg），放面包（Bread），当然也可以放钱（Money）等。如何定义这个 Basket 类来满足存放不同种类物品的需求呢？

在定义这个类时，需要解决这样一个问题：放入篮子的这些物品对象存放在哪？我们可以通过数组来存放这些对象；这样引出了下一个问题：数组类型如何定义可以满足存放不同类型的物品？我们可以用所有类型的父类 Object 来进行定义。

【代码】

```java
class Basket// 篮子类
{
    int n;// 篮子能放入的物品总数
    int total;// 物品的实际个数
    private Object arr[];// 利用数组盛放物品

    public Basket(int n)// 构造方法
    {
        this.n = n;
        total = 0;
        arr = new Object[n];
    }

    public void add(Object obj)// 将一个对象加到数组中
    {
        arr[total++] = obj;
    }

    public Object indexOf(int i)// 获得数组中第 i 个元素对象
    {
        return arr[i];
    }

    public int length()// 获得对象中数组的长度
    {
        return total;
    }
}

class Egg {
    double weight;

    public String toString() {
```

```
            return ("我是鸡蛋");
        }
    }

class Bread {
    double weight;

    public String toString() {
        String s = "我是面包";
        return s;
    }
}

public class Example8_01 {
    public static void main(String args[]) {
        Egg egg[] = new Egg[2];// Egg 型对象数组
        egg[0] = new Egg();
        egg[1] = new Egg();
        Basket basket = new Basket(3);// 创建数组类对象

        for (int i = 0; i < egg.length; i++)// 将每个 Egg 元素加到篮子中
            basket.add(egg[i]);
        basket.add(new Bread());//①混入了一个 Bread 对象，但编译通过，因为
            数组类型为 Object
        for (int i = 0; i < basket.length(); i++)// 将篮子中的元素值显示出来
        {
            Egg g = (Egg) basket.indexOf(i);// 获得其中第 i 个元素并强制
                转换成 Egg 型
            System.out.println(g); // ②运行时出错了！当 i=2 时，
            // 对象的实际类型是 Bread
            // 不能强制转换成 Egg
        }
    }
}
```

程序运行结果如图 8-1 所示。

图 8-1　例 8.1 运行结果

在例 8.1 中我们看到，当我们将一个类型对象放入这个 basket 集合中时，basket 集合并不会记住此对象的具体类型，只是作为一个对象进行存放，所以无法检查出混入了其他类型的对象；而从集合中取出此对象时，则需要知道其具体类型以便进行相应的处理，这就要求进行人为的强制类型转化到具体的目标类型，导致混入的对象类型转换不一致，所以在②处出现了运行错误。

而使用泛型就可以避免这种问题的出现。其在生成类的实例时将具体的数据类型作为对象的一个组成部分进行描述，这样一旦出现数据类型不一致就能够及时检查出来。泛型主要

用于集合类的定义中。泛型可以分为泛型类、泛型接口和泛型方法的定义。

8.1.2　泛型类的定义

泛型类是带有类型参数的类，其类中也有属性和方法。属性的数据类型既可以是已有类型，也可以是"类型参数"的类型。泛型类的定义形式：

```
class 泛型类名 < 类型参数列表 >
{
    // 类体
}
```

与常见的类定义不同，在"泛型类名"后增加"<>"指明类型参数的名字，类型参数的名字就是在类体中要用到的数据类型。通常我们用"T"作为泛型类型参数的形参，代表这是一个类型 Type。

其他常用的泛型类型参数有：

```
E，代表这是一个元素 Element;
K，代表这是一个键 Key;
V，代表这是一个值 Value
```

定义了泛型类后就可以定义泛型类的对象了。定义形式：

泛型类名 [< 实际类型列表 >] 对象名 =new 泛型类名 [< 实际类型列表 >]([形参表]);

或

泛型类名 [< 实际类型列表 >] 对象名 =new 泛型类名 [<>]([形参表]);

这里的实际类型不能是基本数据类型，必须是类或接口类型。< 实际类型列表 > 也可以不写，如果不写，则泛型类中的所有对象都用 Object 类的对象表示。也可以用"?"代替"实际类型列表"，"?"可以表示任何一个类。

例如：Basket<Egg> basket = new Basket<Egg>();

我们可以把 Basket<Egg> 理解成一个整体，代表一种类型说明，可以描述为"这是一个存放鸡蛋的篮子"。那么这行代码就和构造普通对象没什么不同了：Point p = new Point();

【例 8.2】下面将例 8.1 修改成泛型类定义形式。

【代码】

```
class Basket<T>// 篮子类
{
    int n;// 篮子能放入的物品总数
    int total;// 物品的实际个数
    private Object arr[];// 利用数组盛放物品

    public Basket(int n)// 构造方法
    {
        this.n = n;
        total = 0;
```

```
                arr = new Object[n];
        }

        public void add(T obj)// 将一个 T 型对象加到数组中
        {
                arr[total++] = obj;
        }

        public T indexOf(int i)// 获得数组中第 i 个元素对象
        {
                return (T) arr[i];// 将元素强制转换成 T 型。
        }

        public int length()// 获得对象中数组的长度
        {
                return total;
        }
}

class Egg {
        double weight;

        public String toString() {
                return (" 我是鸡蛋 ");
        }
}

class Bread {
        double weight;

        public String toString() {
                String s = " 我是面包 ";
                return s;
        }
}

public class Example8_02 {
        public static void main(String args[]) {
                Egg egg[] = new Egg[2];// String 型对象数组
                egg[0] = new Egg();
                egg[1] = new Egg();
                Basket<Egg> basket = new Basket<Egg>(3);// //创建一个泛型类对象，
                        所有元素均为 Egg 型

                for (int i = 0; i < egg.length; i++)// 将每个元素加到篮子对象中
                        basket.add(egg[i]);
                basket.add(new Bread());//编译不通过，因为不是 Egg 类型
                for (int i = 0; i < basket.length(); i++)// 将篮子中的元素值显示出来
                {
                        Egg g =  basket.indexOf(i);// 获得其中第 i 个元素, 不用强制
                                转换成 Egg 型
```

```
                            System.out.println(g);
                    }
            }
    }
```

程序运行结果如图 8-2 所示。

从上述例子中我们看到使用泛型的好处如下。

（1）强类型检查。在编译时就可以得到类型错误信息。

图 8-2 例 8.2 运行结果

（2）避免显式强制转换。

（3）方便实现通用算法。

泛型的使用规则如下。

（1）泛型的类型参数只能是类类型，而不能是简单类型。如可以使用 Integer 而不能用 int。

（2）泛型的类型参数可以有多个，如 public class Pair<T, V> {…}。

（3）静态字段的类型不能是类型参数，如 public class Box<T> {private static T object; // compile-time error}。

（4）不能直接创建类型参数变量的数组，只能通过反射创建。

（5）泛型的参数类型可以使用 extends 和 super 关键字。如 <T extends superclass>。

（6）泛型的参数类型还可以是通配符类型。

8.1.3 泛型接口的定义

除了可以定义泛型类外，还可以定义泛型接口。泛型接口定义形式：

```
interface 接口名 < 类型参数列表 >
{
    //……
}
```

在实现接口时，也应该声明与接口相同的类型参数。实现形式如下：

```
class 类名 < 类型参数列表 > implements 接口名 < 类型参数列表 >
{
    //……
}
```

定义泛型接口和定义泛型类是相似的，直接在接口名称后面加上 <T> 即可。T 就是泛型类型参数，可以是多个。但在实现此接口时要注意，实现类的泛型参数和接口的泛型参数要相匹配。

8.1.4 泛型方法的定义

1. 泛型方法

泛型方法可以定义在泛型类中，也可以定义在非泛型类中。泛型方法定义形式：

```
[ 访问限定词 ] [static]< 类型参数列表 > 方法类型  方法名 ([ 参数列表 ])
{
    //……
}
```

2. 具有可变参数的方法

我们在前面所述的方法定义时看到，方法中形参个数是固定的，如果形参个数不同则要采用方法重载来解决。但如果参数的个数不固定怎么办？

回顾一下 System.out.printf() 方法，我们就会发现，在这个方法中只有对参数格式的限制，但对参数的个数没有任何限制。它就是通过泛型方法，来定义具有可变参数的方法。

具有可变参数的方法的定义形式为

```
[ 访问限定词 ] < 类型参数列表 > 方法类型 方法名 ( 类型参数名… 参数名 )
{
//……
}
```

需要注意的是，在定义时"类型参数名"后面一定要加上"…"，表示这是可变参数。这里给定的"参数名"实质上是一个数组，当具有可变参数的方法被调用时，是将实际参数放到了这个数组的各个元素中。

【例 8.3】具有可变参数的方法的定义与使用。

【代码】

```
public class Example8_03
{
    static <T> void print(T...ts)// 泛型方法，形参是可变参数
    {
        for(int i=0;i<ts.length;i++)// 访问形参数组中每一个元素
        System.out.print(ts[i]+" ");

        System.out.println();
    }
    public static void main(String args[])
    {
        print(" 北京市 "," 长江 "," 泰山 ");//3 个实际参数，类型一样
        print(" 这个手机 "," 价格 ",2000.00," 元 ");//4 个实际参数，类型不一样
        String fruit[]={"apple","banana","orange","peach","pear"};
            //String 对象数组
        print(fruit);//1 个参数
    }
}
```

```
北京市 长江 泰山
这个手机 价格 2000.0 元
apple banana orange peach pear
```

程序运行结果如图 8-3 所示。

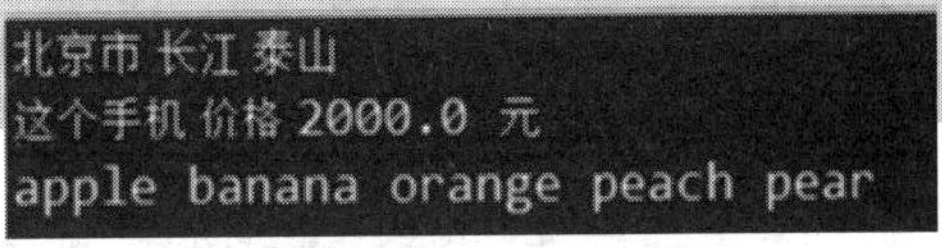

图 8-3　例 8.3 运行结果

8.1.5　泛型参数的限定

泛型数组类是一种可以接收任意类型的类。但是，有时候只想接收指定范围内的类类型，过多的类型就可能会产生错误，这时可以对泛型的参数进行限定。参数限定的语法形式：

```
类型形式参数 extends 父类
```

"类型形式参数"是指声明泛型类时所声明的类型，"父类"表示只有这个类下面的子类才可以做实际类型。

【例8.4】定义一个泛型类，找出多个数据中的最大数和最小数。

数值型数对应的数据类型类有 Byte、Double、Float、Integer、Long、Short，它们都是 Number 类的子类，所以可以把类型参数限定为 Number，也就是只有 Number 的子类才能作为泛型类的实际类型参数。这些数据类型类中都重写了 Number 类中的方法 doubleValue，所以在找最大数和最小数时可以通过调用 doubleValue 方法获得对象表示的数值，从而进行比较。

【代码】

```java
class LtdGenerics<T extends Number>// 泛型类，实际类型只能是 Number 的子类，Ltd=Limited
{
    private T arr[];

    public LtdGenerics(T arr[])// 构造方法
    {
        this.arr=arr;
    }
    public T max()// 找最大数
    {
        T m=arr[0];// 假设第 0 个元素是最大值
        for(int i=1;i<arr.length;i++)// 逐个判断
            if(m.doubleValue()<arr[i].doubleValue())
                m=arr[i];//Byte, Double, Float, Integer, Long, Short
                         // 的对象都可以调用 doubleValue 方法得到对应的双精度数
        return m;
    }
    public T min()// 找最小数
    {
        T m=arr[0];// 假设第 0 个元素是最小值
        for(int i=1;i<arr.length;i++)// 逐个判断
            if(m.doubleValue()>arr[i].doubleValue())
                m=arr[i];
        return m;
    }
}
public class Example8_04
{
    public static void main(String args[])
    {
        // 定义整型数的对象数组
        Integer integer[]={34,72,340,93,852,37,827,1150,923,48,287,48,25};
        // 创建泛型类的对象
        LtdGenerics<Integer> ltdInt=new LtdGenerics<Integer>(integer);
        System.out.println(" 整型数最大值: "+ltdInt.max());
        System.out.println(" 整型数最小值: "+ltdInt.min());

        // 定义双精度型的对象数组
        Double db[]={34.98,23.7,5.01,78.723,900.5,29.8,34.79,82.,37.48,92.374};
        // 创建泛型类的对象
        LtdGenerics<Double> ltdDou=new LtdGenerics<Double>(db);
```

```
System.out.println(" 双精度型数最大值: "+ltdDou.max());
System.out.println(" 双精度型数最小值: "+ltdDou.min());

String str[]={"apple","banana","pear","peach","orange","watermelon"};
// 下面的语句不允许创建泛型类的对象，因为 String 不是 Number 类的子类，
// 如果加上本条语句，程序不能编译通过
//LtdGenerics<String> ltdStr=new LtdGenerics<String>(str);
        }
    }
```

程序运行结果如图 8-4 所示。

整型数最大值：1150
整型数最小值：25
双精度型数最大值：900.5
双精度型数最小值：5.01

集合类

8.2 集合类总览

8.2.1 集合类及其特点

图 8-4 例 8.4 运行结果

在程序设计中，一个重要的组成部分就是如何有效地组织和表示数据。通常，我们把用于存储和管理数据的实体称为数据结构。而把一组元素按照一定的数据结构进行存储和管理的容器，就称为集合。通过数据结构，我们可以实现不同特性的集合。每个集合都可以保存一组其他类型的对象数据（被称为元素），但由于不同集合内部采用的数据结构有所不同（如数组，链表，二叉树等），所以这些集合的特性也各不相同。这就要求我们在使用集合时应事先确定程序设计的需求，否则有可能事倍功半。

集合类的特点如下。

（1）空间自主调整，提高空间利用率。

集合类在使用过程中可以根据需要自动完成空间的动态调整，从而满足实际需求。

（2）提供不同的数据结构和算法，减少编程工作量。

不同的集合类，其内部数据结构和实现算法各不相同，适用于不用的应用场合。在使用相应的集合类时，不需考虑内部实现细节即可完成数据的处理，大大减少了编程工作量。

（3）提高程序的处理速度和质量。

这些集合类对自身使用的数据结构和算法都进行了详细设计和优化，其运行速度和质量比用户自己编写和处理要好很多。

在使用集合类时还需要注意以下两点：一个是集合类不支持简单数据类型的存放和处理。如果确实需要存储简单类型数据可以先进行类的封装（装箱）处理。

另一个是集合类中存放的是对象的引用，而不是对象本身。在这一章中为叙述方便，通常说的存储元素或对象，其本质均是对象的引用，这一点请注意。

8.2.2 Java 的集合类

Java 语言中提供了很多有用的集合类型。利用这些类型我们可以很方便地对元素进行存储、访问、查找、排序、删除等各种操作。这些集合类型统称为 Java 集合框架（Java Collections Framework，JCF）。此框架的大部分类都封装在 java.util 包中。

集合类的分类方法有很多，既可以按其中元素的类型进行分类，也可以按应用在集合元素上的操作进行分类，常见的集合类有：

List 集合：这是一组有序元素的集合，可以使用索引或顺序访问其中的元素。我们也称

之为线性表。

Set 集合：这是一组无序元素的集合，并且集合中的元素不允许重复。

Map 集合：这是一组存放 < 键，值 > 对元素的集合，每个元素都由一个唯一的键和相对应的值组成。这些键不允许重复，但值可以重复。我们也称之为映射。

Queue 集合：这是一个具有先进先出特性的集合，我们也称之为队列。

图 8-5 给出 Java 集合框架中部分接口和类之间的关系。这里省略了中间部分的接口和抽象类。

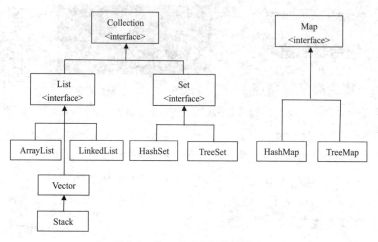

图 8-5　Java 集合框架的概略图

从图 8-5 中我们看到，除 Map 以外的其他集合都继承了 java.util 包中的 Collection 接口，在这个接口中定义了大多数集合类支持的方法。Collection 接口的常用方法如表 8-1 所列。

表 8-1　Collection 接口的常用方法

返回类型	方法名	方法功能
boolean	add(E e)	向集合中添加新元素
boolean	addAll(Collection c)	将指定集合中的所有元素添加到当前集合中
boolean	remove(Object o)	删除当前集合中包含的指定元素
boolean	removeAll(Collection c)	删除当前集合中与指定集合相同的所有元素
boolean	retainAll(Collection c)	保留当前集合中与指定集合相同的所有元素
void	clear()	删除当前集合中的所有元素
boolean	contains(Object o)	查找当前集合中是否有指定元素
boolean	containsAll(Collection c)	查找当前集合中是否包含指定集合中的所有元素
boolean	isEmpty()	当前集合是否为空
int	size()	返回当前集合的元素个数
Iterator	iterator()	返回一个可遍历当前集合的迭代器
Stream	stream()	返回一个连接集合的顺序流
Object[]	toArray()	返回一个当前集合所有元素的数组

Java 中没有提供直接实现 Collection 接口的类，而是通过其他接口继承来进行实现。主要包括 List 集合接口和 Set 集合接口。List 是一个有序元素集合，允许出现重复元素，而 Set 是一个无序集合，不允许出现重复元素。

Map 是 Java.util 包中的另一个接口，它和 Collection 接口没有关系，但是也属于集合类的一部分。Map 集合中的每个元素都由一个键—值对构成。在 Map 中不能有重复的键，但是可以有相同的值。

集合类均采用泛型进行定义。

下面我们对这些集合进行详细介绍。

8.3 List 集合

List 集合接口，我们也称之为线性表，这是一个有序列表，其与数组类似，集合中的元素是按顺序进行存放和处理的，所以我们可以像访问数组元素一样通过序号访问和处理 List 集合元素。而且 List 集合重点关注的是索引而不是元素本身，因此集合中允许出现重复元素。

实现 List 集合接口的常用类有 ArrayList、LinkedList、Vector 和 Stack。其中，ArrayList 数组列表，是一种功能强大、应用广泛的集合类型，它采用数组结构来存储数据。

LinkedList 与 ArrayList 在实现原理上完全不同，它是采用双向链表实现数据存储，每个数组元素都存储在一个节点容器中。这个节点除了保存元素对象以外，还保存了指向链表中前一个和后一个节点的指针，这样所有节点连接成一条链。当按序号索引数据时需要逐一进行向前或向后遍历，所以查询速度慢，但是插入数据时只需要记录本项的前后项即可，所以插入、删除速度较快。

Vector 与 ArrayList 实现原理相同，但其使用了 synchronized 方法来保证线程安全，所以性能上比 ArrayList 要差。

Stack 继承自 Vector，其通过 5 个操作对 Vector 进行了扩展，实现了后进先出的堆栈结构。这 5 个操作分别是通常的 push 和 pop 方法，取堆栈顶点的 peek 方法，判断堆栈是否为空的 empty 方法和在堆栈中查找项并确定到堆栈顶距离的 search 方法。

在本节主要介绍 ArrayList 和 LinkedList。Vector 已不建议使用，而 Stack 也已有了更好的替代集合类 Deque，所以这两个集合在这里不做进一步介绍。感兴趣的读者请阅读相关文档。

8.3.1 List 接口

List 接口的定义形式：

```
public interface List<E> extends Collection<E>
```

List 接口

List 是有序集合，用户可以准确地控制元素在集合中的插入位置，可以通过序号获得集合中的元素，可以通过元素获得元素在集合中的位置。它的主要方法如表 8-2 所列。

表 8-2　List 接口中的主要方法

返回类型	方法名	方法功能
boolean	add(E e)	把元素 e 加到列表的末尾
void	add(int index, E e)	把元素 e 插入到列表 index 所指位置，原位置元素顺序后移
E	set(int index,E e)	用元素 e 替代 index 位置的元素
boolean	equals(Object o)	比较对象 o 是否与列表中的元素是同一元素
E	get(int index)	获得列表中 index 位置的元素
int	indexOf(Object o)	获得元素 o 在列表中第一次出现的位置。不存在，则返回 −1

续表

返回类型	方法名	方法功能
Iterator<E>	iterator()	获得列表的迭代器
E	remove(int index)	删除列表中第 index 位置的元素
boolean	remove(Object o)	删除列表中第一个与 o 相同的元素
int	size()	获得列表中元素的个数

8.3.2 ArrayList 集合类

ArrayList 集合类

ArrayList 是 Java 提供的一种具有可变大小的动态数组结构，其可以像数组一样提供快速的随机元素访问特性，索引地址也是从 0 开始。但与数组不同的是，ArrayList 可以根据需要动态地进行空间的分配和调整，让用户很方便地添加和删除元素，从而大大增强了数组的灵活性。

ArrayList 分配的空间大于实际存储的数据个数，这样便于添加和插入元素。但插入、删除元素需要进行数据移动等内存操作，所以进行查询、索引等操作速度快，而插入、删除等操作速度慢。

ArrayList 类的定义形式：

```
public class ArrayList<E> extends AbstractList<E>
implements List<E>, RandomAccess, Cloneable, Serializable
```

ArrayList 实现了 List 接口，故其常用方法与 List 接口相一致，如表 8-2 所列。ArrayList 类的构造方法有 3 种，如表 8-3 所列。

表 8-3　ArrayList 类的构造方法

方法名	方法功能
ArrayList()	构造一个初始容量为 10 的空列表
ArrayList(Collection c)	构造一个包含指定 collection 的元素的列表
ArrayList(int capacity)	构造一个具有指定初始容量的空列表

下面通过一个简单例子看一下 ArrayList 的用法。

【例 8.5】已知一个人员名单，请将每个名字前面添加一个序号。

【代码】

```
import java.util.*;
public class Example8_05 {
/*创建一个人员名单，并显示名单列表。
 * 将每个名字前面插入一个序号，并显示。
 * 删除名单中的一个人员信息。
 * */
public static void main(String[] args) {
        ArrayList<String> roster = new ArrayList<String>();// 创建一个
            ArrayList 数组
        roster.add("zhang");// 将名字逐一加入数组
        roster.add("wang");
        roster.add("li");
```

```
roster.add("zhao");
System.out.print("roster =");// 通过逐一获取名字，显示名单内容
for (int i=0;i<roster.size();i++){
        System.out.print(roster.get(i)+" ");
}
System.out.println();
System.out.println("roster ="+roster);// 直接显示动态数组内容

int number=1;
for(int i=0;i<roster.size();i+=2){// 在每个名字前面插入序号
        roster.add(i,String.valueOf(number));
        number++;
}
System.out.println("new roster ="+roster);// 输出新的数组内容

roster.remove(0);// 删除第一个人的序号
roster.remove(0);// 删除第一个人的名字
System.out.println("remove one person,roster ="+roster);// 输出
    数组内容
    }
}
```

```
roster =zhang wang li zhao
roster =[zhang, wang, li, zhao]
new roster =[1, zhang, 2, wang, 3, li, 4, zhao]
remove one person,roster =[2, wang, 3, li, 4, zhao]
now roster = 2 wang 3 li 4 zhao
```

程序运行结果如图 8-6 所示。

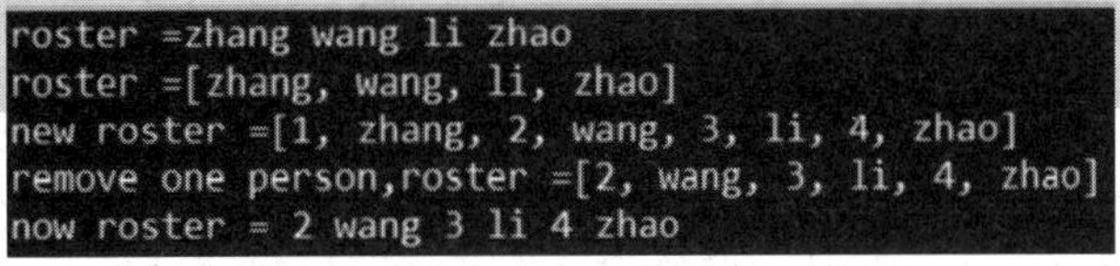

图 8-6　例 8.5 运行结果

【程序说明】

本段程序主要分为 3 个部分：第一部分创建人员名单数组，第二部分插入人员序号，第三部分删除第一个人的相关信息。

这 3 部分实现了动态数组的添加、查询、插入、删除等基本操作，其与普通数组不同之处在于如下几点。

（1）相关操作均是调用了对应方法完成，所以从效率上要低一些。

（2）添加、插入、删除操作对原有数组顺序不会产生影响，其会自动完成原有数据的移动。

（3）进行插入、删除操作时要把数组元素的自动移动考虑进去。

（4）输出整个数组内容时可以直接使用 ArrayList 对象，而不需要逐一遍历。这是因为 ArrayList 类重写了 toString() 方法。

在这段程序中有两个地方需要初学者重点关注。

一个是第二部分的序号插入操作中步长为 2 而不是 1。这时因为在当前名字位置插入一个序号后，原有位置的名字会自动后移，而 i+1 操作又把指针指向了这个名字，于是又在这个名字前面插入了一个序号，执行结果就是插入的序号都在一个名字的前面。而且随着序号的不断插入，数组长度持续增加，i 值永远小于数组长度，从而变成一个死循环。

另一个是第三部分的删除操作，使用的是两个 remove(0)，而不是 remove(0)、remove(1)。道理与上面类似，当完成第一个 remove(0) 时，后面的数据自动向前移动，原来的第 1 个位置数据移动到了第 0 个位置，执行 remove(1) 删除的就是原来第 2 个位置的数据。

【进一步讨论】

前面提到，ArrayList 内部采用的仍然是数组结构，而数组的内存空间的地址是连续的，如果当前的空间用尽，如何动态扩展呢？答案是重新分配一个更大的连续地址空间，将当前

数组的数据复制到新的空间中，然后将对象引用指向新空间的首地址。

8.3.3 LinkedList 集合类

LinkedList 集合类是另一个常用的线性列表集合。但是其内部结构
与 ArrayList 完全不同，它采用的是双向链表结构，这使得在完成插入、
删除操作时非常快捷方便。然而在完成遍历查询时由于无法保存上一次
的查询位置，使得实现查询操作效率低下。

LinkedList
集合类

LinkedList 类的定义形式：

```
public class LinkedList<E>extends AbstractSequentialList<E>
    implements List<E>, Deque<E>, Cloneable, Serializable
```

LinkedList 实现了两个接口：List 和 Deque 接口，List 接口中定义了线性表操作方法，
Deque 接口中定义了线性数列从队列两端访问元素的方法，因此 LinkedList 对象既可以表示
线性序列表，也可以把它当作堆栈使用，还可以把它当作队列使用。LinkedList 主要方法如
表 8-4 所列。

表 8-4　LinkedList 类的主要方法

返回类型	方法名	方法功能
boolean	add(E e)	将元素 e 加到列表的末尾
void	add(int index, E element)	把元素 e 插入到列表 index 所指位置，原位置元素顺序后移
void	addFirst(E e)	将元素 e 插入到列表的头部
void	addLast(E e)	将元素 e 加到列表的尾部
E	getFirst()	返回列表的头部元素
E	getLast()	返回列表的尾部元素
int	indexOf(Object o)	返回元素 o 在列表中第 1 次出现的位置。如果无元素 o，则返回 −1
boolean	offerFirst(E e)	将元素 e 插入到列表的头部
boolean	offerLast(E e)	将元素 e 插入到列表的尾部
E	peekFirst()	返回列表中头部元素但不从表中删除。如果表空，则返回 null
E	peekLast()	返回列表中尾部元素但不从表中删除。如果表空，则返回 null
E	pollFirst()	返回列表中头部元素并且从表中删除该元素。如果表空，则返回 null
E	pollLast()	返回列表中尾部元素并且从表中删除该元素。如果表空，则返回 null
E	pop()	栈顶元素出栈
void	push(E e)	元素 e 入栈
E	removeFirst()	从列表中删除头部元素并返回该元素
E	removeLast()	从列表中删除尾部元素并返回该元素

【例 8.6】求小于某个正整数的所有素数。

【分析】通常，完成这个题目是使用双重循环来完成，外层用于确定数的范围，内层用
于判断当前数是否为素数。现在我们尝试用 LinkedList 通过筛法来实现。

筛法是求素数的一种算法，开始时创建两个列表：一个保存所有待查的数字；另一个用

于存放已经确认的素数，初始为空。

　　首先将待查列表的第 1 个数字放入素数列表，这个数字就是 2。然后将待查列表中所有该数的整数倍数字全部删除；重复完成上述操作，直至待查列表为空。

【代码】

```java
import java.util.LinkedList;
import java.util.Scanner;
public abstract class Example8_06 {
    public static void main(String[] args) {
        Scanner scanner = new Scanner(System.in);
        System.out.println("Please input a number:");
        int mixNumber = scanner.nextInt();// 输入给定范围正整数
        LinkedList<Integer> numbers = new LinkedList<Integer>();// 创建待查列表
        LinkedList<Integer> prim = new LinkedList<Integer>();// 创建素数列表
        for (int i=2;i<mixNumber;i++){
            numbers.add(i);
        }

        int first=0;
        while (numbers.size()>0){
            first=numbers.removeFirst();// 将待查列表的首个数字移到素数列表
            prim.add(first);
            for (int i=0;i<numbers.size();){// 删除待查列表中所有当前素数
                                            的倍数数值
                int num =numbers.get(i);
                if (num % first==0){
                    numbers.remove(i);
                }
                else{
                    i++;
                }

            }
        }
        System.out.println(prim);
    }
}
```

程序运行结果如图 8-7 所示。

```
Please input a number:
30
[2, 3, 5, 7, 11, 13, 17, 19, 23, 29]
```

图 8-7　例 8.6 运行结果

8.4　Set 集合

　　在上节中，我们学习了 List 列表集合，这种集合的优点是实现了元素的有序存储和访问，但也存在一个很重要的问题：查找执行的效率不高。如果想在列表中查找特定元素，需要逐个比较所有元素看是否满足条件，一旦列表很大就要花费很长时间。而且列表不限制重复元素的添加，因此要想创建一个没有重复元素的列表，就需要在添加新元素之前逐个检查列表中的所有元素，判断该元素是否已在列表中。

Set 集合

　　为了解决这一问题，我们提供了另一种集合：Set 集合。这种集合与数学概念上的集合很接近，即存储的元素是唯一的和无序的，所以我们也将 Set 集合称为数学集合。Set 集合在快速查找元素和防止重复元素上有着明显优势。

Set 接口定义了数学集合的相关操作，而具体实现 Set 接口的类有两个：HashSet 和 TreeSet。HashSet 是一个通用的 Set 集合类，而 TreeSet 在功能上进行了一些扩展。

8.4.1　Set 接口

Set 接口的定义形式：

```
public interface Set<E> extends Collection<E>
```

Set 接口继承了 Collection 接口，因此提供了 Collection 接口定义的所有操作，如 add、contains 和 remove。并且 Set 的这些操作效率更高，即使添加很多元素，查找都能够很快完成。

Set 接口提供的方法与 Collection 几乎完全相同，因此参考表 8-1 即可。但 Set 能利用相关方法实现数学上的集合运算，如交集、并集、差集等。运算的方法如表 8-5 所列。

表 8-5　常用的集合运算方法说明

集合运算	对应方法	实现功能
并集	addAll(Collection c)	得到两个集合的并集，结果保存到当前集合中
交集	retainAll(Collection c)	得到两个集合的交集，结果保存到当前集合中
差集	removeAll(Collection c)	得到两个集合的差集，结果保存到当前集合中
超集	containsAll(Collection c)	当前集合是否包含集合 c 的所有元素，是则返回 true

Set 集合的具体实现类有 HashSet 和 TreeSet，下面具体介绍。

8.4.2　HashSet 集合类

HashSet 的定义形式：

HashSet 集合类

```
public class HashSet<E>extends AbstractSet<E>
implements Set<E>, Cloneable, Serializable
```

该类实现了 Set 接口，为用户提供快速查找和添加元素功能。其主要的方法如表 8-6 所列。

表 8-6　HashSet 的主要方法

返回类型	方法名	方法功能
	HashSet()	构造一个新的空 set，初始容量是 16，加载因子是 0.75
	HashSet(Collection c)	构造一个包含指定 Collection 中的元素的新 set
	HashSet(int Capacity)	构造一个新的空 set，指定初始容量和默认的加载因子（0.75）
	HashSet(int Capacity, float loadFactor)	构造一个新的空 set，指定初始容量和加载因子
boolean	add(E e)	如果 set 中没有元素 e，则添加
void	clear()	删除 set 中所有元素
Object	clone()	返回此 HashSet 实例的副本，但并不复制这些元素本身
boolean	contains(Object o)	查询 set 中是否包含指定元素 o
boolean	isEmpty()	判断 set 中是否没有任何元素
Iterator<E>	iterator()	返回 set 中元素进行迭代的迭代器

续表

返回类型	方法名	方法功能
boolean	remove(Object o)	删除 set 中的指定元素 o
int	size()	返回 set 中的元素的数量（set 的容量）

在使用构造方法创建空 HashSet 时，会预先分配一些元素空间，默认是 16 个元素。加载因子是指当空间利用率达到这个因子时就需要进行扩容了。

HashSet 的内部数据结构采用的是 HashMap，其结构特征下一节我们会详细介绍，这里我们只需要知道，HashSet 存储每个元素时都会生成一个唯一的整数标识——散列码（hash code），与其关联。HashSet 根据这个标识来决定元素所在的存储位置。HashSet 之所以能快速实现元素查询也据此有关。

但 HashSet 也有一个很明显的缺点，那就是保存的元素没有任何特定的顺序，既不按字母顺序排列也不按添加顺序进行排列（Java 后来提供了一种新的 HashSet 类——LinkedHashSet 类，该类通过一个链表来维护元素添加的顺序，其所有方法均与 HashSet 相一致，所以这里不做赘述）。

TreeSet 集合类

因此，在 Set 中插入、删除和定位元素，HashSet 是最好的选择。

8.4.3　TreeSet 集合类

TreeSet 是实现 Set 接口的另一个集合类，但其与 HashSet 不同，TreeSet 内部采用了二叉搜索树的数据结构进行元素的存储，所以 TreeSet 相比 HashSet 而言实现了元素的有序存放，这是两者的最大不同之处。TreeSet 同样能快速地进行元素的添加、删除、查找操作，但相对于 HashSet 还是要慢一些。因此 TreeSet 适合按顺序遍历。

需要强调的是，使用 TreeSet 类有一个前提条件，那就是存储的元素类型必须是可排序的，例如 String 类或 Integer 类等。如果不支持排序的类实例加入到 TreeSet 中，运行时会产生异常，因为 TreeSet 类不知道如何对这些元素进行排序。所以遇到这类元素最好使用 HashSet 类进行存储。

TreeSet 类的定义形式：

```
public class TreeSet<E>extends AbstractSet<E>
implements NavigableSet<E>, Cloneable, Serializable
```

TreeSet 类实现了 NavigableSet 接口，这个接口继承了 Set 接口，能够使用元素的自然顺序对元素进行排序，或者根据创建集合时提供的 Comparator（比较器）进行排序。TreeSet 类除了实现 Set 接口中的方法以外，还提供了一些跟元素顺序有关的方法。TreeSet 类的部分方法如表 8-7、表 8-8 所列。

表 8-7　TreeSet 的构造方法

返回类型	方法名	方法功能
	TreeSet()	构造一个新的空 TreeSet，根据元素的自然顺序进行排序
	TreeSet(Collection c)	构造一个包含指定 Collection 元素的新 TreeSet，按照元素的自然顺序进行排序

表 8-8 TreeSet 类的部分方法

Comparator	comparator()	返回对此 set 中的元素进行排序的比较器；如果此 set 使用其元素的自然顺序，则返回 null
Iterator\<E\>	iterator()	返回元素按升序进行迭代的迭代器
Iterator\<E\>	descendingIterator()	返回元素按降序进行迭代的迭代器
E	first()	返回第一个元素
E	last()	返回最后一个元素
E	ceiling(E e)	返回大于等于给定元素的最小元素；如果不存在，则返回 null
E	floor(E e)	返回小于等于给定元素的最大元素；如果不存在，则返回 null
E	lower(E e)	返回小于给定元素的最大元素；如果不存在，则返回 null
E	higher(E e)	返回大于给定元素的最小元素；如果不存在，则返回 null
E	pollFirst()	返回并删除第一个元素；如果集合为空，则返回 null
E	pollLast()	返回并删除最后一个元素；如果集合为空，则返回 null

【例 8.7】有一个班级学生参加校运动会，现进行报名。已知各项比赛的报名人员，请统计班级参加比赛的人数。如果按姓名输出人员名单如何处理？

【分析】要实现人员统计不能简单进行人员叠加，还要将重复比赛的人数去掉，因此考虑使用 set 集合完成人员名单的存储。如果按序输出可以使用 TreeSet 集合。

【代码】

```java
import java.util.HashSet;
import java.util.TreeSet;

public class Example8_07 {

    public static void main(String[] args) {
        HashSet<String> race0 = new HashSet<String>();// 创建第一个比赛名单
        HashSet<String> race1 = new HashSet<String>();// 创建第二个比赛名单
        race0.add("wu");// 向第一个名单中添加人员，共 4 人
        race0.add("wang");
        race0.add("li");
        race0.add("zhang");
        race1.add("zhao");// 向第二个名单中添加人员，共 4 人
        race1.add("wang");
        race1.add("li");
        race1.add("liu");
        HashSet race = new HashSet(race0);
        race.addAll(race1);// 将两个名单合并
        System.out.println(" 班级参赛人数为 "+race.size()+" 人 ");
        TreeSet list = new TreeSet(race);// 将人员名单放入 TreeSet 集合对象，
            自动完成排序
        System.out.println(" 参赛人员： ");
        for (String s:list){// 遍历输出人员名单
        System.out.println(s);
        }
    }

}
```

程序运行结果如图 8-8 所示。

在本题目中，我们同时使用了 HashSet 集合和 TreeSet 集合。简单的元素添加 HashSet 比 TreeSet 效率要高，所以没有使用 TreeSet。而 TreeSet 具备元素按序排列的特点，因此在按序输出时先把元素放到一个 TreeSet 中，让其自动完成排序，十分方便。

对于 Set 集合要注意的是，由于集合中元素不是顺序存储，所以无法像 List 列表一样通过序号访问，这时可以使用例题中的 foreach 循环进行遍历，也可以使用 Iterator 迭代器完成遍历。迭代器使用方法将在 8.6 节中具体学习。

图 8-8　例 8.7 运行结果

8.5　Map 集合

Map 集合

Map 集合是一类特殊的集合，其与前面介绍的集合不同，它存储的元素都是具有某种单向关联关系的对象对，因此我们也称这种集合为映射。

这种具有映射关系的对象对由键（key）和值（value）组成，一个键只能映射一个值，但允许多个不同的键映射到同一个值上。集合中的键必须是唯一的，而值允许重复。

映射在解决一些特定问题上非常方便，最常见的就是电话簿。我们要想查找一个人的电话号时，需要翻看电话簿，如果把电话簿放入 Map 集合中，按人名搜索就可以快速找到对应的电话号。这里的人名就是键，对应的电话号就是值。

Java 中通过 Map 接口来定义这种集合。具体实现 Map 接口的类有两个：HashMap 和 TreeMap。这两个类的命名与 Set 中的两个类命名形式很相似，对应的内部实现也很相似。HashMap 是一种比较通用的映射集合，而 TreeMap 能以有序的形式存放键值对元素。

8.5.1　Map 接口

Map 接口是实现映射集合的根接口，其定义了关于映射集合的相关操作方法，常用方法如表 8-9 所列。

表 8-9　Map 接口的常用方法

返回类型	方法名	方法功能
void	clear()	删除集合中的所有元素
boolean	containsKey(Object key)	查询集合中是否存在指定的 key 键
boolean	containsValue(Object value)	查询集合中是否存在指定的 value 值
Set<Map.Entry<K,V>>	entrySet()	返回集合中包含的所有键值对的 Set 集合视图
boolean	equals(Object o)	比较指定的对象与此集合对象是否相等
V	get(Object key)	返回指定键所映射的值；如果键不存在则返回 null
boolean	isEmpty()	查询集合是否为空
Set<K>	keySet()	返回集合中包含的所有键的 Set 集合视图
V	put(K key, V value)	添加一个键值对，如果存在该键，则替换原有的值
void	putAll(Map m)	将集合 m 中所有键值对复制到当前集合中
V	remove(Object key)	删除指定键对应的键值对
int	size()	返回集合中的键值对个数
Collection<V>	values()	返回集合中包含的所有值的集合视图

在这些方法中有一类方法需要注意，就是返回相关集合视图的方法，有 entrySet()：返回整个结果集的 Set 视图，keySet()：返回包含所有键 key 的 Set 视图，values()：返回包含所有值 value 的 Collection 视图。

这 3 个结果集合对完成一些特定遍历非常方便，但这些结果集合并不是复制原结果集合内容，而是创建了一个集合视图，如果对视图中的内容做修改或删除操作会直接影响原结果集，因此完成这两种操作时要格外注意。

Map 接口的具体实现类主要有两个：HashMap 和 TreeMap。与实现 Set 的两个类相似，如果在 Map 中插入、删除和定位元素，HashMap 是最好的选择。但如果要按顺序遍历键，那么 TreeMap 会更好。下面就介绍一下这两个类。

8.5.2 HashMap 集合类

HashMap 的定义形式：

```
public class HashMap<K,V>extends AbstractMap<K,V>
implements Map<K,V>, Cloneable, Serializable
```

HashMap
集合类

HashMap 类是基于哈希表（hash table）实现 Map 接口定义的。HashMap 允许使用 null 值和 null 键。

HashMap 类的构造方法有 4 个，相关说明如表 8-10 所列。

表 8-10　HashMap 的构造方法

方法名	方法功能
HashMap()	构造一个具有默认初始容量 (16) 和默认加载因子 (0.75) 的空 HashMap
HashMap(int Capacity)	构造一个带指定初始容量和默认加载因子 (0.75) 的空 HashMap
HashMap(int Cap, float f)	构造一个带指定初始容量和加载因子的空 HashMap
HashMap(Map m)	构造一个映射关系与指定 Map 相同的新 HashMap

HashMap 实现了 Map 接口的相关方法，这些方法请参见表 8-9。

【例 8.8】创建一个电话簿，并查询 "zhangsan" 的电话号码是多少。

【代码】

```
import java.util.HashMap;
public class Example8_08 {
    public static void main(String[] args) {
        HashMap<String,String> tel_list = new HashMap();
        tel_list.put("wang li", "135678912");
        tel_list.put("li ying", "159234571");
        tel_list.put("zhang san", "187654321");
        tel_list.put("li si","188345678");
        Set<Entry<String, String>> list =tel_list.entrySet();// 返回映射集合的 Set 视图
        System.out.println("Telephone list:");
        for (Entry t:list){// 遍历输出各键值对内容
            System.out.printf("name: %-10s; tel_number: %s\n",t.getKey(),t.
                getValue());
        }
        String number = tel_list.get("zhang san");// 查询 zhang san 的电话号码
```

```
            System.out.println("zhang san'number:"+number);
        }
    }
```

程序运行结果如图 8-9 所示。

```
Telephone list:
name: wang li     ; tel_number: 135678912
name: li ying     ; tel_number: 159234571
name: zhang san   ; tel_number: 187654321
name: li si       ; tel_number: 188345678
zhang san'number:187654321
```

图 8-9 例 8.8 运行结果

8.5.3 TreeMap 集合类

TreeMap 集合类的定义形式：

```
public class TreeMap<K,V>extends AbstractMap<K,V>
                implements NavigableMap<K,V>, Cloneable, Serializable
```

TreeMap 类是对基于红黑树（Red-Black tree）的 NavigableMap 接口的具体实现。该集合类根据键的自然顺序进行排序，或者根据构造集合对象时提供的 Comparator 进行排序。

TreeMap 类除了实现 Map 接口的方法以外，也提供了一系列与顺序存储有关的方法。TreeMap 的构造方法和常用方法如表 8-11、表 8-12 所列。

TreeMap
集合类

表 8-11 TreeMap 类的构造方法

返回类型	方法名	方法功能
	TreeMap()	构造一个新的、空的集合
	TreeMap(Comparator c)	构造一个新的、空的集合，集合的排序方式由给定的比较器决定
	TreeMap(Map m)	构造一个与给定 m 相同的自然排序的新集合
	TreeMap(SortedMap m)	构造一个与指定有序集合 m 相同的新的集合

表 8-12 TreeMap 类的常用方法

返回类型	方法名	方法功能
Map.Entry	ceilingEntry(K key)	返回一个不小于给定键的最小键值对；如不存在，则返回 null
K	ceilingKey(K key)	返回一个大于等于给定键的最小键值对；如不存在，则返回 null
NavigableSet	descendingKeySet()	返回此集合中所有键的逆序集合视图
Map.Entry	firstEntry()	返回此集合中最小键的键值对；如果集合为空，则返回 null
K	firstKey()	返回此集合中第一个（最小）键
V	get(Object key)	返回指定键所映射的值，如不存在，则返回 null
Set	keySet()	返回此集合中所有键的 Set 视图
Map.Entry	lastEntry()	返回此集合中的最大键的键值对；如果为空，则返回 null
Map.Entry	pollFirstEntry()	移除并返回此集合中的最小键的键值对；如果为空，则返回 null

【例 8.9】将例 8.8 的电话簿按姓名排序输出。

【代码】

```
import java.util.HashMap;
import java.util.Map.Entry;
import java.util.Set;

public class Example8_09 {

    public static void main(String[] args) {
```

```
    // TODO Auto-generated method stub
    TreeMap<String,String> tel_list = new TreeMap();
    tel_list.put("wang li", "135678912");
    tel_list.put("li ying", "159234571");
    tel_list.put("zhang san", "187654321");
    tel_list.put("li si","188345678");
    Set<Entry<String, String>> list =tel_list.entrySet();// 返回映射
        集合的 Set 视图
    System.out.println("Telephone list:");
    for (Entry t:list){// 遍历输出各键值对内容
        System.out.printf("name: %-10s; tel_number: %s\n",t.getKey(),
            t.getValue());
    }
}
}
```

程序运行结果如图 8-10 所示。

从本程序中可以看到，只要把上例中的 HashMap 集合元素放入 TreeMap 集合就自动完成了按姓名排序的操作，非常快捷、方便。

```
Telephone list:
name: li si      ; tel_number: 188345678
name: li ying    ; tel_number: 159234571
name: wang li    ; tel_number: 135678912
name: zhang san ; tel_number: 187654321
```

图 8-10　例 8.9 运行结果

关于 Map 的应用有很多，本书中例 11.15 就利用了 Map 的可以不允许重复这一特点进行程序设计，有兴趣的读者可以参看一下这个例子。

8.6　集合元素的操作

通常，我们使用集合来存储大量数据，目的就是希望能够快速、高效地进行数据访问和处理。例如，我们经常会对集合中的元素进行遍历访问，或者希望存储的元素能按一定的规则进行排序后再进行处理。Java 语言针对这些需求，准备了相应的功能接口和类，来方便元素的处理和访问。

最常用的接口就是迭代器 Iterator。利用迭代器，我们不需了解集合中各元素的存放位置，就可以遍历集合中的各个元素。

对集合中元素的另外一种常见应用就是按序存储和访问，一般我们会选择 List 列表实现这个功能。但 List 是根据存储顺序排序，如果想按自然顺序进行访问就要重新完成排序。这个工作可以由 Collections 类中的 sorts() 方法快速地完成。Collections 类还可以对集合元素进行快速检索、洗牌、复制、翻转等操作。

在 Java 的最新版本 1.8 中，其针对集合的应用提供了专门的 stream 流和 Lambda 表达式，以进一步方便集合的操作和使用。下面，就对集合中的这几个操作进行介绍。

8.6.1　使用 Iterator 迭代器

Iterator，也称之为迭代器，是一种允许用户以顺序方式高效访问集合元素的一种特殊对象。使用迭代器可以简化遍历集合元素的过程。在前面我们介绍了 LinkedList 列表，其内部的链表结构导致其在进行遍历操作时无法保存当前访问位置，例如 list.get(9000) 读取第 9000 个元素，紧接着调用 list.get(9001) 并不是从 9000 位置指向下一个数据，而是从头开始再一

次进行遍历，直到第 9001 个元素，这使得整个遍历过程效率过于低下。而使用 Iterator，就可以由迭代器来记录和维护当前的访问位置，从而提高访问效率。

Java 定义了 Iterator 接口，描述了在遍历元素时所需要使用的方法。而具体 Iterator 接口的实现则由各集合类根据自身结构特点来完成，对于用户来说不需要了解 Iterator 的实现原理，只要获得相关集合的 Iterator 对象，就可以方便地进行数据遍历。

Iterator 接口的定义很简单，只提供了 3 个方法：hasNext() 方法，next() 方法和 remove() 方法。通过 hasNext() 方法判断是否遍历到集合的最后一个元素；利用 next() 方法返回迭代器指向的下一个元素；remove() 方法则删除迭代器当前返回的元素。

Java 提供的 ListIterator 接口扩展了 Iterator 接口的功能，定义了逆向遍历的方法，实现 List 接口的类均实现了 ListIterator 迭代器。

集合类对 Iterator 迭代器的使用很容易，只需要相关集合对象调用 Iterator() 方法就可以得到当前集合的迭代器对象。

【例 8.10】删除数组中长度为偶数的字符串。

【代码】

```java
import java.util.ArrayList;
import java.util.Iterator;
import java.util.Scanner;

public class Example8_09 {

    public static void main(String[] args) {
        Scanner scanner = new Scanner(System.in);
        ArrayList<String> list = new ArrayList<String>();
        System.out.println(" 请输入 10 个字符串 :");
        // 读取 10 个长度不一的字符串
        for (int i=0;i<10;i++){
            list.add(scanner.next());
        }
        ArrayList list1 = new ArrayList(list);
        // 通过循环遍历数组，删除偶数长度的字符串
        int i=0;
        while (i<list.size()){
            if (list.get(i).length()%2 == 0)
                list.remove(i);
            else
                i++;
        }
        System.out.println(list);
        // 使用迭代器实现相同功能
        Iterator iter = list1.iterator();
        while (iter.hasNext()){
            String s = (String)iter.next();
            if (s.length()%2==0)
                iter.remove();
        }
        System.out.println(list1);
    }
}
```

在这段程序中，分别使用常见的循环方法和迭代器实现了相同的功能。虽然结果一致，但性能却相差很大。使用 ArrayList 循环，每删除一个元素都要重新进行遍历，这种频繁处理耗费了大量时间；而使用迭代器，则不需要重复移动指针，所以效率更高。经测试，100 000 个元素的 ArrayList 数组，如果奇偶长度相互间隔，则两种方式处理的时间相差百倍以上。

8.6.2　使用 Collections

Collections 类是 Java 为方便对 Collection 集合的操作和处理所提供的一个类。要注意 Collections 类与 Collection 接口的区别：Collection 接口是一类集合的根接口，提供对这类集合中的元素进行基本操作的通用方法；而 Collections 类是具体的实现类，为实现 Collection 接口的集合提供了一系列静态方法，完成元素的处理，如排序、查找、特定变换等操作。

使用 Collections

Collections 类的常用方法如表 8-13 所列。

表 8-13　Collections 类常用方法

返回类型	方法名	方法功能
static int	binarySearch(List list, T key)	使用二分搜索法搜索列表，返回 key 所在的位置
static void	copy(List dest, List src)	将所有元素从列表 src 复制到列表 dest
static void	fill(List list, T obj)	使用元素 obj 替换列表 list 中的所有元素
static T	max(Collection coll)	按自然顺序，返回集合 coll 的最大元素
static T	max(Collection coll, Comparator comp)	按指定比较器 comp 产生的顺序，返回集合 coll 的最大元素
static T	min(Collection coll)	按元素的自然顺序 返回集合 coll 的最小元素
static boolean	replaceAll(List list, T oldVal, T newVal)	使用元素 newVal 替换列表中出现的所有 oldVal 元素
static void	reverse(List list)	反转列表 list 中元素的顺序
static void	sort(List list)	按元素的自然顺序对列表 list 按升序进行排序
static void	sort(List list, Comparator c)	按指定比较器产生的顺序对列表 list 进行排序
static void	swap(List list, int i, int j)	将列表 list 中第 i 位置和第 j 位置的元素进行互换

在 Collections 类中的多个方法都要求集合元素是排好序的或是可排序的，那么如何让这些集合元素像字符串或整数一样具备排序条件呢？

String 对象和数值对象之所以能够排序，是因为相关类实现了 Comparable 接口。这个接口中定义了一个 compareTo() 方法，用于给出两个对象比较大小的条件。String 类和 Integer 等类都实现了 Comparable 接口的 compareTo() 方法，所以这些对象之间可以比较大小，也就可以进行排序。而如果我们想让一个类具备排序条件，就可以继承并实现 Comparable 接口的 compareTo() 方法，这种排序称为类的自然排序。

除了在类的内部继承并重写 Comparable 接口的 compareTo() 方法以外，Java 另外提供了一个对象比较接口：Comparator 接口。Comparator 接口定义了 compare() 方法强行对某个对象 collection 进行整体排序。我们可以将 Comparator 传递给 sort 方法（如 Collections.sort 或 Arrays.sort），从而允许在排序顺序上实现精确控制。还可以使用 Comparator 来控制某些数据结构（如有序 set 或有序映射）的顺序，或者为那些没有自然顺序的对象 collection 提供排序。

【例 8.11】有一个学生点名册，要求按学号进行排序。

【代码】

```java
import java.util.ArrayList;
import java.util.Collections;
import java.util.Comparator;

public class Example8_11 {
    public static void main(String[] args) {
        Student st0 = new Student("1604010510","zhang",18,"male","computer");
        Student st1 = new Student("1604010501","wang",19,"male","computer");
        Student st2 = new Student("1503010201","li",18,"male","math");
        Student st3 = new Student("1605010315","zhao",18,"female","software");
        Student st4 = new Student("1604010513","liu",17,"male","computer");
        ArrayList<Student> stu = new ArrayList<Student>();// 创建学生列表
        stu.add(st0);// 向列表中添加学生对象
        stu.add(st1);
        stu.add(st2);
        stu.add(st3);
        stu.add(st4);
        System.out.println(" 排序前名单: ");
        for (Student st:stu){
            st.display();
        }
        Collections.sort(stu);// 内部定义排序顺序
        //Collections.sort(stu,new StudentComp());// 外部定义排序顺序
        System.out.println(" 排序后名单: ");
        for (Student st:stu){
            st.display();
        }
    }
}

class Student implements Comparable<Student>{
// 定义学生类, 并实现 Comparable 接口, 按学号排序
    private String number;
    private String name;
    private int age;
    private String sex;
    private String major;
    public Student(String number, String name, int age, String sex,String major) {
        super();
        this.number = number;
        this.name = name;
        this.age = age;
        this.sex = sex;
        this.major = major;
    }
    public String getNumber() {
        return number;
    }
    public String getName() {
        return name;
    }
```

```java
        public int getAge() {
            return age;
        }
        public void display(){
            System.out.printf("number:%s; name:%-6s; age:%d;
                                    major:%-8s\n",number,name,age,major);
        }
        public int compareTo(Student stu){// 重写接口方法
            return (number.compareTo(stu.number));// 按学号从小到大排序
        }
    }

    class StudentComp implements Comparator<Student>{
    // 继承并实现 Comparator 接口，来创建外部比较器，按年龄和姓名排序
            public int compare(Student stu1,Student stu2){
                if (stu1.getAge()!=stu2.getAge()){
                    return (stu1.getAge()-stu2.getAge());
                }
                else{
                    return (stu1.getNumber().compareTo(stu2.getNumber()));
                }
            }
        }
```

程序按自然顺序排序（执行 Collections.sort(stu);）运行结果如图 8-11 所示。

程序按特定顺序排序（执行 Collections.sort(stu,new StudentComp()); 语句，按年龄和姓名排序）运行结果如图 8-12 所示。

```
排序前名单：
number:1604010510; name:zhang ; age:18; major:computer
number:1604010501; name:wang  ; age:19; major:computer
number:1503010201; name:li    ; age:18; major:math
number:1605010315; name:zhao  ; age:18; major:software
number:1604010513; name:liu   ; age:17; major:computer
排序后名单：
number:1604010513; name:liu   ; age:17; major:computer
number:1503010201; name:li    ; age:18; major:math
number:1604010510; name:zhang ; age:18; major:computer
number:1605010315; name:zhao  ; age:18; major:software
number:1604010501; name:wang  ; age:19; major:computer
```

图 8-11　自然排序运行结果

```
排序前名单：
number:1604010510; name:zhang ; age:18; major:computer
number:1604010501; name:wang  ; age:19; major:computer
number:1503010201; name:li    ; age:18; major:math
number:1605010315; name:zhao  ; age:18; major:software
number:1604010513; name:liu   ; age:17; major:computer
排序后名单：
number:1604010513; name:liu   ; age:17; major:computer
number:1503010201; name:li    ; age:18; major:math
number:1604010510; name:zhang ; age:18; major:computer
number:1605010315; name:zhao  ; age:18; major:software
number:1604010501; name:wang  ; age:19; major:computer
```

图 8-12　特定排序运行结果

在本程序中，实现了排序的两种不同处理方法。一种是在类的内部重写 Comparable 接口的 compareTo() 方法，该方法封装到了类的内部，表示该类是可排序的，实现这个接口的类就能用于 Java 中的各种有序集合。Java 中的很多类，例如 String、各种数值类等都实现了这个接口。这种方式比较固定，如果该类的排序方法不适合用户的需求，修改起来会比较麻烦。

另一种是在类的外部创建一个比较器类，继承并重写 Comparator 接口的 compare() 方法，

来实现该类对象的比较操作。这种方式更为灵活，可以根据需要定义各种不同的比较器，实现不同的排序操作。

8.6.3 使用 Lambda 表达式

使用 Lambda
表达式

Lambda 表达式是 Java 1.8 中新增的一种特性。使用 Lambda 表达式可以用更少的代码实现同样的功能，Lambda 表达式中的代码简洁紧凑，而且支持大集合的并行操作，这样能充分发挥多 CPU 的性能优势。

Java 1.8 中还新增了 java.util.stream 和 java.util.function 两个包用于扩展集合的操作。Lambda 表达式配合这两个包的应用，大大增强了对集合的处理能力。

java.util.stream 可以在集合上建立一个管道流，进入流的集合元素可以进行一些中间操作，如对元素进行条件过滤，条件的给定就要使用 java.util.function 包中的类完成；最后可以对符合条件的元素进行相关处理，如字符转换，数据计算等。

在学习 Lambda 表达式之前，读者首先需要了解一个概念：函数接口。所谓函数接口就是内部有且只有一个待实现方法的接口，通常在接口定义之前加上 @FunctionalInterface 注释。而 Lambda 表达式只需很简单的代码就可以快速进行接口方法的实现。

1. Lambda 表达式

Lambda 语法格式：

```
(parameters)->expression 或者
(parameters)->{statements;}
```

Lambda 表达式由 3 部分组成：

parameters：形参列表，参数类型可以明确的声明，也可不声明而由 JVM 自动推断，当只有一个推断类型时可以省略掉圆括号。

->：表示为"被用于"。

方法体：可以是表达式也可以是代码块，实现函数接口中的方法。这个方法体可以有返回值也可以没有返回值。

几个简单示例：

```
()->1
```

没有参数，直接返回 1；

```
(int x,int y )-> x+y
```

有两个 int 类型的参数，返回这两个参数的和；

```
(x,y)->x+y
```

有两个参数，JVM 根据上下文推断参数的类型，返回两个参数的和；

```
(String name,String number)->{System.out.println(name);System.out.
println(number)}
```

有两个 String 类型参数，分别进行输出，没有返回值；

```
x->2*x
```

有一个参数，返回它本身的 2 倍。

这几个简单示例，给出了 Lambda 表达式的常见格式和使用方法。其通常配合其他应用提高访问效率。

2. stream 流

stream 表示数据流，流本身并不存储元素，在流中的操作也不会改变源数据，而是生成新 Stream。作为一种操作数据的接口，它提供了过滤、排序、映射等多种操作方法。

在数据流中，可以对数据做多次处理和操作，每次操作结束仍返回数据流的称之为中间方法，最后产生一个结果的称之为结束方法。结束方法返回一个某种类型的值，而中间方法则返回新的 Stream。

中间操作可以理解为建立了一个链式管道，数据元素通过每一个管道进行一个中间处理。结束方法则产生一个最终的结果。

stream 不但提供了强大的数据操作能力，更重要的是 stream 既支持串行也支持并行，并行使得 stream 在多核处理器上有着更好的性能。

java.util.stream 是一个包，里面提供了多个与集合数据流有关的接口和类，其中主要的就是 stream 接口。

stream 接口定义了数据流的一系列中间方法和结束方法。通过这些方法，我们可以将原先的多个操作变为在一个数据流链路上依次处理，最后直接得出结果。

stream 接口中的常用方法如表 8-14 所列。

表 8-14　stream　接口的常用方法

返回类型	方法名	方法功能
static Stream	concat(Stream a, Stream b)	创建一个流，其元素是 a 后跟 b 的所有元素
long	count()	返回此流中的元素数
Stream	distinct()	返回由该流的不同元素组成的流
static Stream	empty()	返回一个空的顺序流
Stream	filter(Predicate p)	返回一个符合匹配条件的流
void	forEach(Consumer action)	对流的每个元素执行操作
Stream	limit(long maxSize)	返回长度不超过 maxSize 的子流。
Stream	map(Function mapper)	返回该流元素执行函数后的结果组成的流
Stream	skip(long n)	丢弃首个 n 元素后，返回由该流的 n 元素组成的流。
Stream	sorted()	返回一个按自然顺序排序的结果流
Object[]	toArray()	返回一个包含此流的元素的数组

【例 8.12】将集合中所有长度不小于 4 的字符串转换成大写字符后输出。

【代码】

```
import java.util.*;
import java.util.stream.Collectors;

public class Example8_12 {
```

```
public static void main(String[] args) {
    // 创建一个字符串集合
    List<String> str =Arrays.asList("Hello","Mr","zhang","How","are
        ","you","Today");
    // 调用 filter() 方法过滤掉长度小于 4 的字符串，调用 toUpper() 方法进行
        字符串大写处理
    List<String> result =toUpper(filter(str));
    System.out.println(" 一般方法运行结果: ");
    for (String s:result){// 遍历输出处理好的字符串
        System.out.println(s);
    }
    System.out.println(" 使用 Lambda 表达式运行结果: ");
    // 利用 Lambda 表达式，完成相关处理并输出结果
    str.stream().filter(s->s.length()>=4).map(m->m.toUpperCase()).forEach
        (System.out::println);
}
public static List<String> filter(List<String> str){// 过滤方法，返回长度
    大于等于 4 的字符串集合
    List<String> list=new ArrayList<String>();
    for(String s:str){
        if (s.length()>=4){
            list.add(s);
        }
    }
    return list;
}
public static List<String> toUpper(List<String> str){// 字符串处理方法，将
    集合中所有字符串转换成大写字符
    ArrayList<String> ulist=new ArrayList<String>();
    for(String s :str){
        ulist.add(s.toUpperCase());
    }
    return ulist;
}
}
```

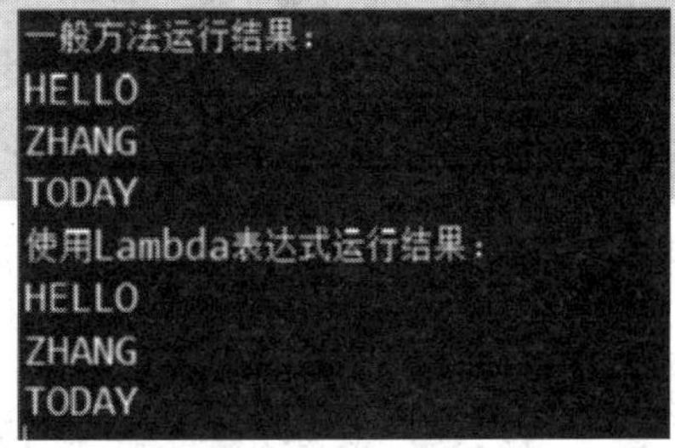

一般方法运行结果:
HELLO
ZHANG
TODAY
使用Lambda表达式运行结果:
HELLO
ZHANG
TODAY

程序运行结果如图 8-13 所示。

程序说明: 本程序分别采用一般方法和 Lambda 表达式的形式完成字符串集合的处理。其中利用 Lambda 表达式只用了一条语句就实现了所有功能:

图 8-13 例 8.12 运行结果

```
    str.stream().filter(s->s.length()>=4).map(m->m.toUpperCase()).forEach(System.
out::println);
```

该语句说明:

（1）首先调用 stream() 方法创建了一个字符串集合流;

（2）然后使用流的 filter() 方法进行流过滤: 字符串对象 s 的长度不小于 4，这里的 s 并没有指定类型，JVM 会根据上下文进行自动判别。过滤后的子数据流中只有符合条件的字

符串了；

（3）接着对子数据流进行 map 方法处理：将流中的字符串对象进行大写转换；

（4）最后，使用数据流的 forEach() 方法逐一输出流中的各字符串对象。

从这个例题中，我们看到使用 Lambda 表达式的程序更加简洁明了，代码更紧凑。

【例 8.13】综合应用举例：编程实现圆圈报数游戏。有 n 个人围坐一圈，从第 m 个人开始报数，每报到数字 k 或 k 的倍数，这个人被淘汰。求最后的胜利者是谁。

【分析】该题目的实现可以有多种方法，一种是直接按照题意，将人员信息放到数组中，记录每个人员姓名，所在位置和当前状态，初始状态均为真，即都参与报数游戏。从指定的第 m 个人开始计数，当计数值为 k 时，则将该人的状态改为假，即退出报数游戏。直到剩余 1 人完成报数游戏，最后输出该人的位置和姓名。

我们还可以采用另一种方法，即利用动态数组存放人员信息。每报数到 k 时，将当前报数人从动态数组中移出，直到只剩一个人为止。

下面根据这两种方法分别给出相关的代码，请对比分析两者的不同之处。

方法 1：

【代码】

```java
import java.util.Scanner;

public class Example8_13 {
    public static void main(String[] args) {
        Scanner scanner=new Scanner(System.in);
        System.out.println(" 请输入参与人数: ");
        //while (scanner.hasNext()){

        int number=scanner.nextInt();// 参与人数
        System.out.println(" 请输入起始位置: ");
        int start=scanner.nextInt();// 起始报数位置
        System.out.println(" 请输入报数值: ");
        int num=scanner.nextInt();// 间隔数量
        People [] people=new People[number];
        System.out.println(" 请输入人员姓名: ");
        for(int i=0;i<number;i++){
            people[i]=new People(i,true,scanner.next());
        }
        int count;// 剩余的参与人数
        int n=0;// 报数值
        int init=(start-1)%number;// 报数的初始位置
        count=number;
        //int line=0;
        while(count>1){// 如果剩余人数大于 1，则继续报数
            if (!people[init].isFlag()){// 如果当前人已被淘汰，则越过此人
                init=(init+1)%number;
            }
            else if(n<num-1){// 如果当前人的报数值不是给定值，则继续
                n++;
                init=(init+1)%number;
            }
```

```
        else{people[init].setFlag(false);// 如果当前人的报数值是给定值,
                    则淘汰该人
                //line++;
                count--;// 将剩余人数减一
            init=(init+1)%number;// 继续下一个人报数
            n=0;// 下一个人重新开始报数
            }
        }
        for(People a:people){
            if(a.isFlag()){// 输出胜利者的位置, 姓名
                System.out.println(" 胜利者是: "+(a.getSerial()+1)+"
                    "+a.getName());
            }
        //}
        }
    }
}
class People{
    int serial;
    boolean flag;
    String name;
    public People(){}

    public People(int serial, boolean flag, String name) {
        this.serial = serial;
        this.flag = flag;
        this.name = name;
    }

    public boolean isFlag() {
        return flag;
    }
    public void setFlag(boolean flag) {
        this.flag = flag;
    }
    public String getName() {
        return name;
    }
    public void setName(String name) {
        this.name = name;
    }
    public int getSerial(){
        return serial;
    }
    public void setSerial(int serial){
        this.serial=serial;
    }
```

方法 1: 程序运行结果如图 8-14 所示。

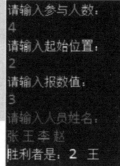

图 8-14　例 8.13 运行结果 1

方法 2：

【代码】

```java
import java.util.ArrayList;
import java.util.Iterator;
import java.util.Scanner;

public class Example8_13_2 {

    public static void main(String[] args) {
        // 圆圈报数游戏：n 个人围坐一圈，从指定的位置 m 开始报数，
        // 每报到数字 k 或 k 的倍数，则该人淘汰。求最后的胜利者。
        Scanner reader = new Scanner(System.in);
        System.out.println("请按顺序输入玩游戏的人员姓名，输入 0 结束 ");

        ArrayList<String> array=new ArrayList<String>();
        String name;
        name = reader.next();
        while(!name.equals("0")){
            array.add(name);
            name = reader.next();
        }
        System.out.println("请输入报数的开始位置 :");
        int begin=reader.nextInt();
        System.out.println("请输入报数值: ");
        int step=reader.nextInt();
        System.out.println("游戏开始: ");
        int i=0;// 步距初始值
        int k=0;// 起始位置指针
        while(array.size()>1){// 剩余人数多于 1 人则游戏继续
        Iterator<String> iterator = array.iterator();// 定义数组游标
        while(iterator.hasNext()){
            if (k!=begin-1){// 确定初始位置
                k++;
                iterator.next();
            }
            else{
                if(i==step-1){// 满足间隔条件的人退出游戏圈
                    System.out.println("出局: "+iterator.next());
                    iterator.remove();
                    i=0;// 步距清零，重新计步
                }
                else{
                    iterator.next();
                    i++;

                }
            }
        }
        }
        System.out.println("胜利者是: "+array.get(0));
    }

}
```

方法 2 程序运行结果如图 8-15 所示。

8.7 小结

集合类实现了按一定顺序或结构来保存批量数据的
目的。这些类为数据的排序、查找等处理提供便利，在
一些特定应用中非常方便。

本章首先讲述了集合类中用到的一种类型：泛型，利
用泛型可以让集合很容易实现不同类型对象的存储。

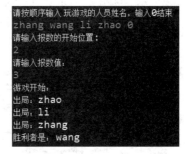

图 8-15　例 8.13 运行结果 2

接着，本章对 Java 的集合类进行了一个总览性的介绍，用于让读者了解 Java 的集合类
及其不同特点。

然后，本章详细讲解了 Java 的 3 个主要集合：List 集合，Set 集合，Map 集合。这些集
合的存储结构各不相同，在使用上有各自不同的特点，因此通过案例对这些集合类的定义和
使用方法为读者进行了详细分析和介绍。

最后，本章集中介绍了对元素进行遍历和访问的几种不同方法，便于用户根据实际应用
选择相应的方法进行数据操作。

8.8 习题

1．什么是泛型？为什么使用泛型？

2．泛型的使用规则？

3．集合类的特点有哪些？

4．有 3 个学生，其信息如下：

姓 名	学 号	年 龄	专 业
王 振	1401011001	20	计算机
刘莉莉	1403020115	19	机 械
王 红	1601040316	17	化 工

对学生信息进行如下操作：

（1）创建一个 List 对象，将这 3 个学生信息存储到这个 List 对象中；

（2）将 List 对象中的元素显示一遍；

（3）在"刘莉莉"前插入一个新学生，其信息为

张芳 1604010101 17 材料

插入后将 List 对象中的元素再显示出来。

第9章
GUI与事件处理机制

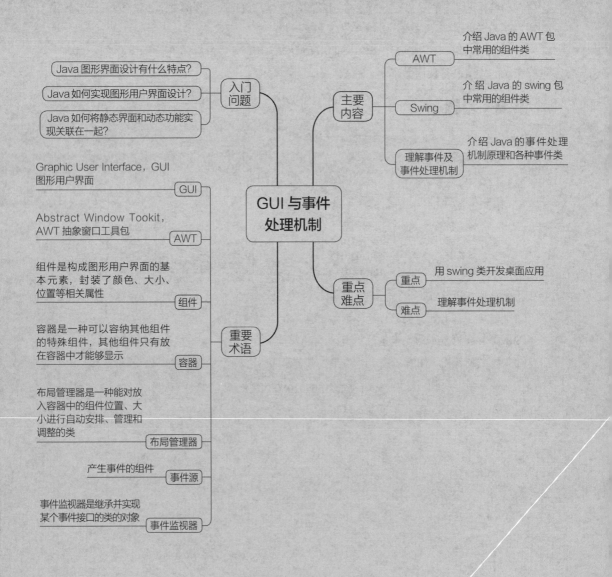

介绍 Java 的 AWT 包中常用的组件类

AWT

主要内容 — Swing — 介绍 Java 的 swing 包中常用的组件类

理解事件及事件处理机制 — 介绍 Java 的事件处理机制原理和各种事件类

Java 图形界面设计有什么特点？

Java 如何实现图形用户界面设计？

Java 如何将静态界面和动态功能实现关联在一起？

入门问题

GUI 与事件处理机制

重点难点 — 重点 — 用 swing 类开发桌面应用

难点 — 理解事件处理机制

Graphic User Interface，GUI 图形用户界面 — GUI

Abstract Window Tookit，AWT 抽象窗口工具包 — AWT

组件是构成图形用户界面的基本元素，封装了颜色、大小、位置等相关属性 — 组件

容器是一种可以容纳其他组件的特殊组件，其他组件只有放在容器中才能够显示 — 容器

重要术语

布局管理器是一种能对放入容器中的组件位置、大小进行自动安排、管理和调整的类 — 布局管理器

产生事件的组件 — 事件源

事件监视器是继承并实现某个事件接口的类的对象 — 事件监视器

9.1 AWT

图形用户界面（Graphic User Interface，GUI）也称图形用户接口，是进行人机交互的窗口，在这个窗口中，用户可以实现应用程序提供的所有功能。界面设计的好坏直接影响用户的使用效果。Java 语言为界面设计专门提供了抽象窗口工具包 AWT（Abstract Window Tookit，AWT）。在这个工具包中包括了设计图形用户界面所用的各种组件类，这些类都放在了 java.awt 包中。

在 AWT 包中的类主要分为以下几种。

（1）Component（组件）：按钮、标签、菜单等组件。

（2）Container（容器）：扩展组件的抽象类，如 Window、Panel、Frame 等。

（3）LayoutManager（布局管理器）：定义容器中各组件的放置位置和大小等。

（4）Graphics（图形类）：与图形处理相关的类。

Java 是以组件的形式进行界面设计的，即界面中的每一个组成部分都是一个组件，如按钮、菜单、文本框、窗口等。这些组件直接或间接继承自 Component 类。Container 容器类是一个特殊的组件，它用于承载和显示其他组件，这些组件按照一定的顺序或位置装入容器，然后才能够显示和使用。布局管理器则是用于管理放入容器的组件所在位置，放入容器的组件会自动放在指定位置，不用程序员操心。图形类则实现简单图形的创建，如线、圆、矩形等。图 9-1 给出了部分组件及其相互之间的关系。

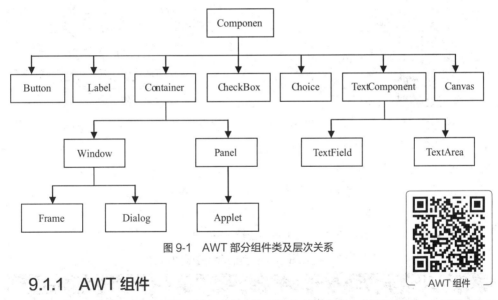

图 9-1　AWT 部分组件类及层次关系

9.1.1 AWT 组件

AWT 组件中，类 Component 是这些与菜单不相关的组件的根类，它用于创建一个组件对象，每个对象有 5 个属性用于指定组件的对齐方式，分别为上、下、左、右、中。该类提供了一系列方法完成对组件的设置，包括组件大小、字体、颜色、位置等，其部分常用方法如表 9-1 所列。

表 9-1　Component 类的部分常用方法

返回类型	方法名	方法功能
String	getName()	获取组件的名称
void	setName()	设置组件的名称

续表

返回类型	方法名	方法功能
boolean	isVisible()	判断组件是否可见
void	setVisible(boolean b)	设置组件是否可见
Point	getMousePosition()	获取鼠标在组件上坐标空间中的位置
void	setEnabled(boolean b)	设置组件是否启用
Color	getForeground()	获取组件的前景色
void	setForeground(Color c)	设置组件的前景色
Color	getBackground()	获取组件的背景色
void	setBackground(Color c)	设置组件的背景色
Font	getFont()	获取组件的字体
void	setFont(Font f)	设置组件的字体
Point	getLocation()	获取组件左上角的位置
void	setLocation(int x, int y)	设置组件的位置
Dimension	getSize()	获取组件的大小
void	setSize(int width,int height)	设置组件的大小
Rectangle	getBounds()	获取组件的边界
void	setBounds(int x, int y, int width, int height)	移动组件并调整大小
int	getX()	获取组件的 X 坐标
int	getY()	获取组件的 Y 坐标
int	getWidth()	获取组件的宽度
int	getHeight()	获取组件的高度
void	addFocusListener(FocusListener l)	向组件添加焦点监听器
void	addKeyListener(KeyListener l)	向组件添加键盘监听器
void	validate()	使组件具有有效的布局

在这些方法中，大部分都是成对出现的，它们完成了一些属性的 get/set 操作。这些操作可大致分为 3 类：一类是对组件本身的操作，包括名称、颜色、大小、字体等；一类是组件位置的操作，包括组件的坐标、边界等；还有一类就是实现组件的监听器注册。Java 语言采用的是基于事件触发机制完成功能处理，当组件注册了某种事件的监听器以后，一旦组件上发生了这个事件，则由监听器调用相关的方法对这个事件进行处理从而实现不同的功能。

Component 类的子类有 9 个，下面介绍几个常用的子类，如表 9-2 所列。

表 9-2　Component 类的常用子类及功能

类　名	类的功能
Button 类	用于创建一个按钮组件。当按下按钮时，应用程序会执行某个动作
Label 类	用于创建一个显示文本或图像的标签组件。一个标签只能显示一行只读文本
CheckBox 类	用于创建一个复选框组件。这个组件有两种状态：开（true）、关（false）。当点击组件时，可由"开"变成"关"，或由"关"变成"开"
Choice 类	用于创建一个弹出式选择菜单组件。在菜单上点击鼠标按键，会显示一个菜单
List 类	用于创建一个可滚动的文本项列表。列表中的项目可以设成单选也可以设成多选
Canvas 类	用于创建一个绘图区域，应用程序可以在该区域内绘图，或从该区域捕获用户的输入事件
Container 类	用于创建一个容器对象。其他 AWT 组件只有放在容器中才能显示

在这些常用子类中，Container 容器类是一个特殊的子类，它能够包括其他组件，Window 窗口就是一个容器组件，下面介绍一下 AWT 中的容器。

9.1.2 AWT 容器

AWT 容器 Container 类是 Component 类的一个子类，其作用是按照一定的格式和要求存放组件并进行显示。每个容器都有一个默认的布局管理器来管理这些组件，这样程序员就不用自己来对每个组件进行定位。如果容器大小、位置发生变化，里面的组件会自行调整。Container 类的常用方法如表 9-3 所列。

表 9-3 Container 类的常用方法

返回类型	方法名	方法功能
Component	add(Component comp)	将组件追加到容器尾部
Component	getComponent(int n)	获取容器中的第 n 个组件
LayoutManager	getLayout()	获取容器的布局管理器
void	setLayout(Layout Manager mgr)	设置容器的布局管理器
void	remove(int index)	移除容器中的指定组件
void	removeAll()	移除容器中的所有组件
void	setFont(Font f)	设置容器的字体
void	update(Graphic g)	更新容器
void	validate()	验证容器及其所有子组件

Container 类的常用子类有 Window 类和 Panel 类。Panel 是最简单的容器类。应用程序可以将其他组件放在面板提供的空间内，这些组件包括其他面板。Window 是一个没有边界和菜单栏的顶层窗口。构造窗口时，它必须拥有窗体、对话框或其他定义的窗口。Window 类的常用方法如表 9-4 所列。

表 9-4 Window 类的常用方法

返回类型	方法名	方法功能
boolean	isActive()	此窗口是否为活动窗口
boolean	isFocused()	此窗口是否为焦点窗口
void	setBounds(int x,int y,int width,int height)	设置窗口位置和大小
void	setIconImage(Image image)	设置窗口图标
void	setSize(int x,int y)	设置窗口的大小
void	setVisible(boolean b)	显示 / 隐藏窗口
void	pack()	调整窗口大小以适合子组件大小和布局
void	dispose()	释放窗口及子组件所使用的资源

9.2 swing

早期的 AWT 组件在设计和实现上存在一定的缺陷。它本身是一个重量级组件，耗费资源多，而且其开发的图形用户界面依赖于本地系统，在一个系统上开发的图形用户界面迁移到另一个系统界面会有所变化，失去了统一的风格。为此，Java 后来推出了 swing 组件。

swing

swing 组件是在 AWT 组件基础上发展而来的轻量级组件。它提供了 AWT 所能提供的所有功能并进行了扩充，而且这些组件均用 Java 语言进行开发，使得图形用户界面在不同平台上具有了相同的外观特性，界面更为美观，因此现在的用户界面开发都使用 Swing 组件。该组件都放在了 javax.swing 包中。其中，javax.swing 包中的 JComponent 类是 java.awt 包中 Container 类的一个直接子类，也是非容器组件的父类。Javax.swing 包中部分类结构如图 9-2 所示。

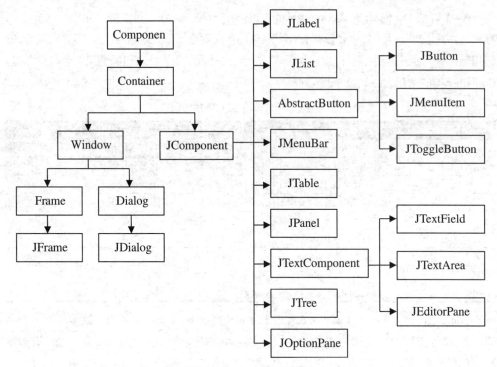

图 9-2　swing 包部分类结构

从图中可以看到，javax.swing 包中的很多类与 java.awt 包中的类是对应关系，只是在相关名称前加了一个字符"J"，其功能相同，但性能有较大差异，在程序设计中应优先使用 javax.swing 包中的类，也是我们重点介绍和学习的部分。

9.2.1　swing 组件

1. JFrame 类

JFrame 类

要想设计一个 GUI（图形用户界面）应用程序，首先要有一个可以和系统进行交互的顶层容器，用于存放其他的组件。下面先介绍最常用的顶层容器 JFrame。

JFrame（窗口）类是 Container（容器）类的间接子类，一个 JFrame 对象显示出来后就是一个窗口，可以容纳其他组件。

JFrame 类的方法很多，多继承于父类，表 9-5 列出的是常用的方法。

表 9-5　JFrame 类的常用方法

返回类型	方法名	方法功能
	JFrame()	构造一个初始时不可见的窗口
	JFrame(String title)	创建一个初始不可见的、指定标题的窗口
void	setTitle(String title)	设置窗口标题栏的内容

续表

返回类型	方法名	方法功能
void	setSize(int width,int height)	设置窗口的大小
void	setRisizable(boolean r)	设置是否可以改变窗口大小
void	setVisible(boolean v)	设置窗口是否可见，默认不可见
void	setLocation(int x,int y)	设置窗口的位置（窗口左上角坐标）
void	setLocationRelativeTo(null)	设置窗口居中显示
Container	Container getContentpane()	获取内容面板
void	setDefaultCloseOperation(int o)	设置在此窗口上发起 "close" 时默认执行的操作

【例 9.1】创建一个新窗口，定义该窗口大小为 300*200，初始化位置为 (200,200)，并且大小不可调整。

【代码】

```java
import javax.swing.JFrame;
public class Example9_01
{
    public static void main(String[] args)
    {
        JFrame frame = new JFrame("Java 应用窗口 ");
        frame.setSize(300, 200);// 设置窗口大小为 300*200
        // 设置窗口左上角坐标为横坐标 200 像素，纵坐标为 200 像素
        frame.setLocation(200, 200);
        frame.setResizable(false);// 设置窗口是否可以调整大小
        frame.setVisible(true);// 设置窗口可见，默认为不可见
        frame.setDefaultCloseOperation(JFrame.EXIT_ON_CLOSE); // 点击窗口
            右上角的关闭按钮时关闭程序
    }
}
```

除了采用直接应用方式创建一个窗口以外，还可以通过继承方式来实现。

【例 9.2】通过继承方式创建一个新窗口。

【代码】

```java
import javax.swing.*;
public class Example9_02
{
    public static void main(String[] args)
    { // 直接生成一个 MyFrame 类的对象
        new MyFrame("Java 应用窗口 ",200,200,300,200);
    }
}
class MyFrame extends JFrame
{
    MyFrame(String title,int x,int y,int width,int height)
    {
        super(title);// 调用父类的构造方法设置窗口标题
        setLocation(x,y);
```

```
                    setSize(width,height);
                    setResizable(false);
                    setVisible(true);
                    setDefaultCloseOperation(EXIT_ON_CLOSE);// 如果注释掉该行，会有什么变化？
            }
    }
```

两个例子的运行结果完全相同，只是在例 9.2 中，将窗口的设计部分放在了构造方法当中。程序运行结果如图 9-3 所示。

2. 窗口菜单

Java 语言对于窗口菜单的设计是通过多个组件共同配合来完成的。

swing 组件
窗口菜单

图 9-3　例 9.2 运行结果

（1）JMenuBar 类

JMenuBar（菜单栏）类是 JComponent 的子类，用于创建一个菜单栏。一个窗口中只能有一个菜单栏，并且只能添加到窗口顶端。JMenuBar 类的常用方法如表 9-6 所列。

表 9-6　JMenuBar 类的常用方法

返回类型	方法名	方法功能
	JMenuBar()	创建一个新的菜单栏
JMenu	add(JMenu c)	将菜单添加到菜单栏的末尾
JMenu	getMenu(int index)	获取菜单栏中指定位置的菜单
int	getMenuCount()	获取菜单栏中的菜单数

向窗口中添加 JMenuBar 的方法是：setJMenuBar（JMenuBar menubar）

（2）JMenu 类

JMenu（菜单）类用于创建菜单，一个菜单栏中可以添加多个菜单对象，并且菜单可以嵌套从而构成子菜单。JMenu 类的常用方法如表 9-7 所列。

表 9-7　JMenu 类的常用方法

返回类型	方法名	方法功能
	JMenu ()	创建一个新的菜单栏
	JMenu (String s)	创建一个菜单标签为 s 的菜单栏
JMenuItem	add(JMenuItem item)	将菜单项添加到菜单的末尾
JMenuItem	insert(JMenuItem item, int pos)	在给定位置插入新菜单项
void	addSeparator()	将分隔符添加到菜单的末尾
JMenuItem	getItem(int index)	获取菜单中指定位置的菜单项
int	getItemCount()	获取菜单中的项数
void	remove(JMenuItem item)	从菜单中移除指定菜单项

（3）JMenuItem 类

JMenuItem（菜单项）类用于创建菜单项，每一个菜单中可以包含多个菜单项。JMenuItem 类的常用方法如表 9-8 所列。

表 9-8   JMenuItem 类的常用方法

返回类型	方法名	方法功能
	JMenuItem(String s)	创建一个指定名称的新菜单项
	JMenuItem(String s,Icon icon)	创建一个指定名称和图标的新菜单项
void	setEnabled(boolean b)	启用或禁用菜单项

下面看一个创建菜单的示例。

【例 9.3】创建一个带有菜单的窗口。

【代码】

```java
import javax.swing.*;
class FrameWithMenu extends JFrame
{
    JMenuBar menubar;
    JMenu menu1, menu2, menu3, menu4, submenu11, submenu12;
    JMenuItem menuItemOpen, menuItemFlush, menuItemPackage,
    menuItemClass,
        menuItemClose, menuItemSave, menuItemCut, menuItemPaste,
        menuItemAbout;

    void init(String s)
    {
        setTitle(s);// 设置窗口标题
        menubar = new JMenuBar();// 创建一个菜单条

        menu1 = new JMenu(" 文件 ");// 创建一个 "文件" 菜单
        menu2 = new JMenu(" 编辑 ");// 创建一个 "编辑" 菜单
        menu3 = new JMenu(" 搜索 ");// 创建一个 "搜索" 菜单
        menu4 = new JMenu(" 帮助 ");// 创建一个 "帮助" 菜单

        submenu11 = new JMenu(" 新建 ");// 创建一个 "新建" 子菜单
        // 下面是创建菜单项
        menuItemPackage = new JMenuItem(" 包 ");// 创建一个 "包" 菜单项
        menuItemClass = new JMenuItem(" 类 ");// 创建一个 "类" 菜单项
        menuItemOpen = new JMenuItem(" 打开 ");// 创建一个 "打开" 菜单项
        menuItemFlush = new JMenuItem(" 刷新 ");// 创建一个 "刷新" 菜单项
        menuItemClose = new JMenuItem(" 关闭 ");// 创建一个 "关闭" 菜单项
        menuItemSave = new JMenuItem(" 保存 ");// 创建一个 "保存" 菜单项
        menuItemCut = new JMenuItem(" 剪切 ");// 创建一个 "剪切" 菜单项
        menuItemPaste = new JMenuItem(" 粘贴 ");// 创建一个 "粘贴" 菜单项
        menuItemAbout = new JMenuItem(" 关于 ");// 创建一个 "关于" 菜单项
        // 下面是将菜单项加入到相应的菜单中
        submenu11.add(menuItemPackage);// 将 "包" 菜单项加入 "新建" 子菜单
        submenu11.add(menuItemClass);// 将 "类" 菜单项加入 "新建" 子菜单
        menu1.add(submenu11);// 将 "新建" 子菜单加入 "文件" 菜单
        menu1.add(menuItemOpen);// 将 "打开" 菜单项加入 "文件" 菜单
        menu1.add(menuItemClose); // 将 "关闭" 菜单项加入 "文件" 菜单
        menu1.add(menuItemFlush); // 将 "刷新" 菜单项加入 "文件" 菜单
        menu1.add(menuItemSave); // 将 "保存" 菜单项加入 "文件" 菜单
        menu2.add(menuItemCut); // 将 "剪切" 菜单项加入 "编辑" 菜单
        menu2.add(menuItemPaste); // 将 "粘贴" 菜单项加入 "编辑" 菜单
```

```
                menu4.add(menuItemAbout); // 将"关于"菜单项加入"帮助"菜单
                // 下面是将菜单加入到菜单条中
                menubar.add(menu1);// 将"文件"菜单加入菜单条
                menubar.add(menu2);// 将"编辑"菜单加入菜单条
                menubar.add(menu3);// 将"搜索"菜单加入菜单条
                menubar.add(menu4);// 将"帮助"菜单加入菜单条

                setJMenuBar(menubar);// 设置窗口菜单条
                setLocation(100, 300);// 窗口位置
                setSize(300, 200);// 窗口大小
                setVisible(true);// 窗口可见
                setDefaultCloseOperation(EXIT_ON_CLOSE);
        }
    }

    public class Example9_03
    {
        public static void main(String[] args)
        {// 创建对象后初始化
            new FrameWithMenu().init("Java 菜单设计 ");
        }
    }
```

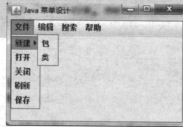

图 9-4　例 9.3 运行结果

程序运行结果如图 9-4 所示。

3. 常用组件

（1）JButton 按钮类

JButton 类用于创建普通按钮，其常用的构造方法为

```
public JButton(String text)
public JButton(String text,Icon icon)
```

第一个构造方法用于创建一个带有文本的按钮；第二个构造方法用于创建一个带初始文本和图标的按钮。

（2）JRadioButton 单选按钮类和 ButtonGroup 按钮作用域类

JRadioButton 类用于创建单选按钮，并将多个单选按钮对象加入到 ButtonGroup 按钮作用域中，同一个域中只能有一个单选按钮处于选中状态。JRadiaoButton 类的构造方法：

常用组件

```
public JRadioButton(String text)
public JRadioButton(String text,boolean selected)
```

第一个构造方法用于创建一个带初始文本的状态为未选择的单选按钮；第二个构造方法用于创建一个带初始文本和选择状态的单选按钮。

ButtonGroup 按钮作用域类的构造方法：

```
public ButtonGroup()
```

创建了作用域对象后，调用 add(AbstractButton b) 方法将单选按钮加入到指定作用域中。

（3）JCheckBox 复选框

JCheckBox 类用于创建复选框，常用的构造方法：

```
JCheckBox(String text)
JCheckBox(String text,boolean selected)
```

第一个构造方法用于创建一个带初始文本的状态为未选择的复选框；第二个构造方法用于创建一个带文本的复选框，并指定其最初是否处于选定状态。

（4）JLabel 标签

JLabel 类用于创建显示短文本字符串或图像的标签，常用的构造方法：

```
JLabel()
JLabel(String text)
JLabel(String text,Icon icon,int horizontalAlignment)
```

第一个构造方法用于创建无文本的标签，需要时可以重设标签文本；第二个构造方法用于创建具有指定文本的标签；第三个构造方法用于创建具有指定文本、图像和水平对齐方式的标签。

（5）JTextField 文本框

JTextField 类用于创建编辑单行字符串的文本框，其常用的构造方法：

```
JTextField(String text)
JTextField(String text,int columns)
```

第一个构造方法用于创建一个带初始文本的文本框；第二个构造方法用于创建一个带初始文本并指定显示宽度的文本框。

（6）JPasswordField 密码框

JPasswordField 类功能与 JTextField 类相同，不同之处在于 JPasswordField 类创建的文本框，在输入内容时不直接显示，而是用 "*" 或 "●" 代替。其常用的构造方法：

```
JPasswordField(String text)
JPasswordField(String text,int columns)
```

第一个构造方法用于创建一个带初始文本的密码框；第二个构造方法用于创建一个带初始文本并指定显示宽度的密码框。

（7）JTextArea 文本区和 JScrollPane 滚动条视图

JTextArea 类用于创建显示多行文本的文本区。与 JScrollPane 类配合，当文本区内容超出显示范围时显示滚动条。JTextArea 类的常用构造方法：

```
JTextArea(String text)
JTextArea(int rows,int columns)
JTextArea(String text,int rows,int columns)
```

第一个构造方法用于创建一个显示指定文本的文本区；第二个构造方法用于创建一个具有指定行数和列数的空文本区；第三个构造方法用于创建一个具有指定文本、行数、列数的文本区。

JScrollPane 类用于创建一个滚动条视图，其常用的构造方法：

```
JScrollPane(Component view)
```

创建一个显示指定组件内容的滚动条视图，只要组件的内容超过视图大小就会显示水平和垂直滚动条。

【例 9.4】创建一个用户注册页面。内容包括用户名、密码、性别、爱好、自我介绍等项。

【分析】在该页面中，用户名的输入要使用 JTextField 组件，而密码的输入需要使用 JPassword 组件，对于性别应该选择 JRadioButton 单选按钮组件，爱好内容因为不唯一所以可以选择 JCheckBox 复选框组件，自我介绍的内容可能比较多，使用 JTextField 组件就不合适了，需要选择 JTextArea 文本区组件。下面进行具体的程序设计。

【代码】

```
import java.awt.FlowLayout;
import javax.swing.*;
public class Example9_04
{
    public static void main(String[] args)
    {
        new JComponent_UI();
    }
}
class JComponent_UI extends JFrame
{
    JTextField text;
    JButton button;
    JCheckBox checkBox1,checkBox2,checkBox3,checkBox4;
    JRadioButton radio1,radio2;
    ButtonGroup group;
    JComboBox comBox;
    JTextArea area;

    public JComponent_UI()
    {
        init();
        setSize(300,300);// 设置窗口大小
        setVisible(true);// 设置窗口可见
        setDefaultCloseOperation(EXIT_ON_CLOSE);// 设置关闭窗口操作
    }
    void init()
    {
        setLayout(new FlowLayout());// 设置窗口布局为流式布局
        add(new JLabel(" 用户名 :"));// 向窗口中加入新标签
        text=new JTextField(10);
        add(text);// 向窗口中加入文本框
        add(new JLabel(" 初始密码 :"));
        add(new JPasswordField(10));
        add(new JLabel(" 性别 :"));
        group = new ButtonGroup(); // 创建单选按钮作用域
```

```
            radio1 = new JRadioButton(" 男 ");
            radio2 = new JRadioButton(" 女 ");
            group.add(radio1); // 将单选按钮加入作用域
            group.add(radio2);
            add(radio1);// 向窗口中加入单选按钮
            add(radio2);

            add(new JLabel(" 爱好 :"));
            checkBox1 = new JCheckBox(" 喜欢徒步 "); // 创建复选框
            checkBox2 = new JCheckBox(" 喜欢旅游 ");
            checkBox3 = new JCheckBox(" 喜欢读书 ");
            checkBox4 = new JCheckBox(" 喜欢音乐 ");
            add(checkBox1);// 向窗口中加入复选框
            add(checkBox2);
            add(checkBox3);
            add(checkBox4);
            add(new JLabel(" 栏目列表 :"));
            comBox = new JComboBox();// 创建下拉列表
            comBox.addItem(" 程序设计 "); // 向列表中加入条目
            comBox.addItem(" 数据分析 ");
            comBox.addItem(" 智能处理 ");
            add(comBox);// 向窗口中加入下拉列表

            add(new JLabel(" 自我介绍 :"));
            area = new JTextArea(6,12);// 创建文本区
            add(new JScrollPane(area));// 向窗口中加入带滚动条的文本区
            button=new JButton(" 注册 "); // 创建注册按钮
            add(button);// 向窗口中加入按钮
        }
    }
```

程序运行结果如图 9-5 所示。

在运行该程序时，大家可能发现，随着窗口大小的变化，里面各个组件的位置也会跟着发生变化，但相对位置没有改变。这种对组件的管理是通过装载组件的容器所设置的布局管理器来完成的。

Java 语言根据用户的需求不同提供了多种容器和布局管理器，下面我们就对容器和布局管理器进行介绍。

图 9-5　例 9.4 运行结果

swing 容器

9.2.2　swing 容器

javax.swing 包中的容器可以分为 3 大类：

顶层容器：能够直接显示的容器，其他容器需要加入到顶层容器中才能显示。顶层容器包括 JFrame、JDialog、JApplet、JWindow。顶层容器中，JFrame 是使用最多的顶层窗口；JDialog 类用于创建对话框窗口；JApplet 是 Applet 的子类，用于 Java 小应用程序；JWindow 与 JFrame 类似，但没有标题栏和窗口管理按钮。顶层容器不允许相互嵌套。

普通容器：可以容纳其他组件的容器包括 JPanel、JScrollPane、JSplitPane、JTabbedPane、

JOptionPane。普通容器中 JPanel 面板类是使用最多的普通容器，而且它允许相互嵌套，因此利用 JPanel 可以实现比较复杂的界面设计；JScrollPane 实现组件的滚动条显示；JSplitPane 可以将显示区按指定需求进行水平或垂直分割成两部分；JTabbedPane 容器可以装载多个卡片（如 JPanel），通过单击实现卡片之间的切换；JOptionPane 实现简单的对话框。需要注意的是普通容器不能够独立应用，需要嵌入到顶层容器中才能操作。

特殊容器包括 JInternalFrame、JLayeredPane、JRootPane、JToolBar。特殊容器中，JInternalFrame 的使用跟 JFrame 几乎相同，唯一区别，它是一个轻量级组件，所以需要添加到顶层容器中才能显示；JLayerPane 允许容器内的组件按照一定的深度层次进行重叠显示；JRootPane 在 JFrame 窗口创建时就添加进来的面板，负责管理其他的面板；JToolBar 工具栏创建后可以向其中添加组件，并且用户可以在窗口周围拖动工具栏来改变工具栏的方向。

下面介绍几种常用容器的用法。

1. JWindow

JWindow 是顶层容器，但与 JFrame 不同的是它只有一个空白界面，不具有标题栏和窗口管理按钮。下面看一个简单示例。

【例 9.5】JWindow 的简单显示。

【代码】

```java
import javax.swing.*;
public class Example9_05
{
    public static void main(String[] args)
    {
        JFrame frame = new JFrame("window");
        JWindow window =new JWindow(frame);// 创建一个 JWindow 窗口
        window.setSize(200,200);
        frame.setSize(300,300);
        JButton b = new JButton(" 按钮 ");
        window.add(b);// 向 JWindow 窗口中加入按钮
        frame.setVisible(true);
        window.setLocationRelativeTo(frame);// 设置 JWindow 窗口显示位置
        window.setVisible(true);
        frame.setDefaultCloseOperation(JFrame.EXIT_ON_CLOSE);
    }
}
```

程序运行结果如图 9-6 所示。

2. JPanel

JPanel 又称面板，是 Java 中最常用的轻量级容器之一，其默认布局管理器是 FlowLayout。JPanel 可以容纳其他组件，但本身不可见，需要加入到顶层容器中才能存在，因此也称为中间容器。JPanel 之间可以嵌套，对组件进行组合，利用这一特性可以方便地进

图 9-6　例 9.5 运行结果

行界面设计。JPanel 的常用构造方法:

```
public JPanel()
public JPanel(LayoutManager layout)
```

第一个构造方法用于创建具有双缓冲和流布局的面板;第二个构造方法用于创建具有指定布局管理器的面板。

3. JScrollPane

JScrollPane 类提供轻量级组件的 Scrollable 视图用于管理滚动条,常用于 TextArea 文本框中,它不支持重量级组件。JScrollPane 类的常用构造方法:

```
public JScrollPane()
public JScrollPane(Component view)
```

第一个构造方法用于创建一个空的 JScrollPane,需要时水平和垂直滚动条都可显示;第二个构造方法用于创建一个显示指定组件内容的 JScrollPane,只要组件的内容超过视图大小就会显示水平和垂直滚动条。例如:

```
TextArea text=new TextArea(6,6);
JScrollPane p=new JScrollPane(text);
```

这样,当文本框中字符超过 6 行 6 列后就会显示滚动条。

4. JSplitPane

JSplitPane 类用于分隔两个组件,即将容器拆分成两个部分,每个部分各放一个组件。容器拆分时可以水平拆分和垂直拆分,中间的拆分线可以进行移动。JSplitPane 的常用构造方法:

```
public JSplitPane(int orientation,Component left,Component right)
public JSplitPane(int orientation,boolean c,Component left,Component right)
```

第一个构造方法创建一个指定方向、指定组件的 JSplitPane,其中参数 orientation 为 JSplitPane.HORIZONTAL_SPLIT(水平分割)或 JSplitPane.VERTICAL_SPLIT(垂直分割),left 为放在左边(或上边)的组件,right 为放在右边(或下边)的组件;第二个构造方法用于创建一个指定方向、指定组件的 JSplitPane,其中参数 c 为 true 表示拆分线移动时组件跟着连续变化,为 false 则拆分线停止移动组件再发生变化。

5. JOptionPane

JOptionPane 类用于创建一些简单、标准的对话框。如果想要创建一个自定义的对话框,则需要使用顶层容器 JDialog 类。

JOptionPane 类提供了 3 个静态方法用于创建不同类型和风格的对话框。表 9-9 给出了这 3 个常用方法的格式和作用。

表 9-9　JOptionPane 类的常用静态方法

返回类型	方法名	方法功能	举例
static void	showMessageDialog(Component parent Component, Object message,String title, int messageType)	创建消息对话框	JOptionPane.showMessageDialog(this," 您输入了错误的字符 "," 消息对话框 ", JOptionPane.ERROR_MESSAGE);
static String	showInputDialog(Component parentC omponent, Object message,String title, int messageType)	创建输入对话框	String str=JOptionPane. showInputDialog(this," 输入数字 , 用空格分隔 "," 输入对话框 ", JOptionPane.PLAIN_MESSAGE);
static int	showConfirmDialog(Component parent Component, Object message,String title, int optionType,int messageType)	创建确认对话框	int n=JOptionPane. showConfirmDialog(this," 确认是否正确 "," 确认对话框 ", JOptionPane.YES_NO_OPTION);

这几个方法的参数遵循相同的模式，因此统一说明。

parentComponent：定义作为此对话框的父对话框的 Component。包含它的 Frame 可以用作对话框的父 Frame，在对话框的位置使用其屏幕坐标。一般情况下，将对话框紧靠组件置于其之下。此参数可以为 null，在这种情况下，默认的 Frame 用作父级，并且对话框将居中位于屏幕上。

message：设置对话框中的消息。一般情况下，message 就是一个 String 或 String 常量。

messageType：定义 message 的样式。外观管理器根据该值设定对话框形式，并且通常提供默认图标。messageType 可用的值有

```
ERROR_MESSAGE
INFORMATION_MESSAGE
WARNING_MESSAGE
QUESTION_MESSAGE
PLAIN_MESSAGE
```

optionType：定义在对话框中显示的选项按钮的集合。optionType 可用的值有

```
DEFAULT_OPTION
YES_NO_OPTION
YES_NO_CANCEL_OPTION
OK_CANCEL_OPTION
```

title：对话框的标题。

各类对话框的常见形式如图 9-7 所示。

(a) 消息对话框

(b) 输入对话框

(c) 确认对话框

图 9-7　各类对话框的常见形式

9.2.3 布局管理器

当容器载入组件时，需要对组件的存放位置和大小进行管理，以便进行显示和处理。这种管理方式有两种：一种是手工管理，即根据设计者的意图自己布置界面，布置时灵活、方便，但是当容器的大小改变时（如窗口的缩放），就很难保证组件在容器中的合理布局；另一种是自动管理，即利用布局管理器自动对容器中的组件进行管理。

所谓布局管理器，是一种能对放入容器中的组件位置、大小进行自动安排、管理和调整的类。

使用布局管理器后，组件在容器中的大小和位置完全由布局管理器控制和管理，程序员不需要也不能再对组件的位置和大小进行控制。每一种容器都有默认的布局管理器，如果想让某个容器使用特定布局管理器，可以使用 setLayout() 方法进行设置。对于较复杂的界面，可以采用容器嵌套的方式进行布局。下面介绍 Java 中常用的布局管理器。

1. FlowLayout

java.awt.FlowLayout 称为流式布局管理器，是把所有组件按照流水一样的顺序进行排列，一行满了后自动排到下一行。组件的显示位置随着窗口的缩放而发生变化，但顺序不变，位置与添加顺序密切相关，所以使用时要按一定的顺序进行添加。FlowLayout 是 JPanel 的默认布局管理器。它的构造方法有

FlowLayout

```
public FlowLayout()
public FlowLayout(int align,int hgap,int vgap)
```

第一个构造方法用于创建一个居中对齐的流式布局，默认水平和垂直间隔为 5 个像素；第二个构造方法用于创建一个指定对齐方式及间隔的流式布局。参数 align 的值有

```
FlowLayout.LEFT（左对齐）
FlowLayout.RIGHT（右对齐）
FlowLayout.CENTER（居中对齐）
FlowLayout.LEADING（与容器方向开始边对齐）
FlowLayout.TRAILING（与容器结束边对齐）。
```

参数 hgap 为组件间的水平间隔，参数 vgap 为组件间的垂直间隔。

【例 9.6】FlowLayout 应用举例。

【代码】

```
import javax.swing.*;
import java.awt.*;
class FrameWithFlowLayout extends JFrame
{
    JButton button1,button2,button3;
    JTextField text1,text2;
    FlowLayout f;
```

```
                    void display()
                    {
                            f=new FlowLayout();// 创建 FlowLayout 布局
                            setLayout(f);// 设置当前窗口的布局管理器
                            setTitle(" 流式布局管理器示例 ");// 设置窗口标题栏

                            button1=new JButton(" 第一个按钮 ");// 创建按钮对象
                            button2=new JButton(" 第二个按钮 ");
                            button3=new JButton(" 第三个按钮 ");
                            add(button1);// 将按钮加入窗口
                            add(button2);
                            add(button3);

                            text1=new JTextField(10);// 设置文本框对象
                            text1.setText(" 第一个文本框 ");// 设置文本框的初始内容
                            text2=new JTextField(10);
                            text2.setText(" 第二个文本框 ");
                            add(text1);// 将文本框加入窗口
                            add(text2);
                            setSize(300,200);// 设置窗口大小
                            setVisible(true);// 设置窗口为可见
                            setDefaultCloseOperation(EXIT_ON_CLOSE);
                    }
            }
public class Example9_06
{
            public static void main(String[] args)
            {
                    FrameWithFlowLayout flow = new FrameWithFlowLayout();
                    flow.display();
            }
}
```

程序运行结果如图 9-8 所示。

2. BorderLayout

java.awt.BorderLayout 称为边框布局管理器，是把
一个容器分成 5 个区域，这 5 个区域分别是东西南北
中。每个区域最多只能包含一个组件，如果想放置多个
组件，则可以采用容器嵌套的方法。这 5 个区域的常量
标识为：EAST、WEST、SOUTH、NORTH、CENTER。
BorderLayout 是 JFrame 的默认布局管理器，它的构造方法有

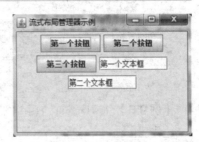

图 9-8　例 9.6 运行结果

```
public BorderLayout()
public BorderLayout(int hgap,int vgap)
```

第一个构造方法用于创建一个组件之间没有间距的边框布局管理器；第二个构造方法用
于创建一个指定组件间距的边框布局，参数 hgap 为水平间距，vgap 为垂直间距。

【例 9.7】BorderLayout 应用举例。

【代码】

```java
import javax.swing.*;
import java.awt.*;
class FrameWithBorderLayout extends JFrame
{
    JButton ebutton,wbutton,nbutton,sbutton,cbutton;
    JTextField text;

    void display()
    {
        setTitle(" 边界布局管理器示例 ");
        ebutton=new JButton(" 东 ");// 创建按钮对象
        wbutton=new JButton(" 西 ");
        sbutton=new JButton(" 南 ");
        nbutton=new JButton(" 北 ");
        cbutton=new JButton(" 中 ");

        JPanel panel = new JPanel();// 创建 JPanel 容器
        text=new JTextField(" 中间区域 ");
        panel.add(text);// 向 JPanel 中加入组件
        panel.add(cbutton);

        add(ebutton,BorderLayout.EAST);// 将按钮加到窗口的指定位置
        add(wbutton, BorderLayout.WEST);
        add(sbutton, BorderLayout.SOUTH);
        add(nbutton, BorderLayout.NORTH);
        add(panel, BorderLayout.CENTER);// 将 JPanel 容器加到窗口的指定位置
        setSize(300,300);// 设置窗口大小
        setVisible(true);// 设置窗口可见
        setDefaultCloseOperation(EXIT_ON_CLOSE);
    }
}
public class Example9_07
{
    public static void main(String[] args)
    {
        FrameWithBorderLayout ex=new FrameWithBorderLayout();
        ex.display();// 显示窗口内容
    }
}
```

在例 9.7 中，中间区域是一个 JPanel 对象，它作为一个组件放在窗口中，而它本身又是一个容器，其默认布局方式为流式布局，其中放置了一个文本框和一个按钮，形成嵌套布局。程序运行结果如图 9-9 所示。

图 9-9　例 9.7 运行结果

3. GridLayout

java.awt.GridLayout 称为网格布局管理器，它将容器划分成网格结构，每一个网格中可以放置一个组件。所有组件的大小都相同，均填充满整个网格。这些组件按照添加顺序从左到右，从上到下加入到网格中并显示。GridLayout 的构造方法有

GridLayout

```
public GridLayout()
public GridLayout(int rows,int cols)
public GridLayout(int rows,int cols,int hgap,int vgap)
```

第一个构造方法用于创建具有默认格式的网格布局，即每个组件占据一行一列；第二个构造方法创建具有指定行数和列数的网格布局；第三个构造方法用于创建具有指定行数和列数的网格布局，其中参数 rows 为行数，cols 为列数，hgap 为水平间距，vgap 为垂直间距。参数 rows 和 cols 可以有一个值为零，表示可以将任意数量的对象置于行中或列中。

【例 9.8】GridLayout 应用举例：简单电话拨号界面设计。

【分析】根据按键的分布情况，首先定义一个 4 行 3 列的网格，然后在每个网格单元中添加一个相应的按键。

【代码】

```
import java.awt.*;
import javax.swing.*;
class FrameWithGridLayout extends JFrame
{
    void display()
    {
        setTitle(" 网格布局管理器示例 ");
        JTextField text=new JTextField(20);
        add(text, BorderLayout.NORTH);

        JPanel p = new JPanel();// 设置一个 JPanel 容器对象
        // 将 JPanel 的布局管理器设置为网格布局管理器，
        // 网格为 4 行 3 列，网格之间行、列间距均为 4 个像素
        p.setLayout(new GridLayout(4,3,4,4));
        String[] name = {"1","2","3","4","5","6","7","8","9","*","0","#"};
        for (int i = 0; i < name.length; ++i)
            p.add(new JButton(name[i]));//JPanel 的各个网格中加入按钮对象
        add(p);// 将 JPanel 容器加入到窗口中，默认为中间位置
        pack();// 设置窗口为合适大小

        setVisible(true);
        setDefaultCloseOperation(EXIT_ON_CLOSE);
    }
}
public class Example9_08
{
    public static void main(String[] args)
    {
```

```
                        new FrameWithGridLayout().display();
        }
    }
```

程序运行结果如图 9-10 所示。

4. GridBagLayout

java.awt.GridBagLayout 称 为 网 格包布局管理器，它是一个灵活的布局管理器，不需要组件大小相同就可以按水

GridBagLayout

图 9-10　例 9.8 运行结果

平、垂直或沿着基线对齐。GridBagLayout 中的组件可以占用一个或多个网格单元格，但这些组件的具体放置位置和放置方式需要通过 GridBagConstraints 类的实例进行设置。也就是说，加入 GridBagLayout 中的组件需要由 GridBagConstraints 对象来设定存放的位置，以及占用的网格区域大小、空白边界处理等相关信息。GridBagLayout 的构造方法只有一个：

```
public GridBagLayout()
```

GridBagConstraints 的构造方法有：

```
public GridBagConstraints()
public GridBagConstraints(int gridx,int gridy,int gridwidth,int gridheight,
                          double weightx,double weighty,int anchor,int fill,
                          Insets insets, int ipadx,int ipady)
```

第一个构造方法用于创建一个 GridBagConstraint 对象，将其所有字段都设置为默认值；第二个构造方法用于创建一个 带有完整属性参数的 GridBagConstraints 对象。虽然提供了这种构造方法，但在实际应用中很少使用，通常是先构造一个基本的对象，然后根据需要设置相应的属性。要想使用 GridBagLayout 实现灵活的布局，就需要对这些属性做准确的设定，否则可能会出现一些意料不到的显示结果。

上述的这些参数都是 GridBagConstraints 的相关属性（实例变量），下面详细介绍这些属性（以下均基于从左到右的组件方向）。

（1）gridx，gridy

指定组件放置的起始位置（左上角的行和列），最左边的列是 gridx=0，最左边的行为 gridy=0。默认值为 GridBagConstrains.RELATIVE，表示正要添加的组件放在上一个被添加组件的右面或下面（即紧挨上一个组件）。

（2）gridwidth，gridheight

指定组件占用显示区域的行数和列数，默认值为 1，表示该组件只占用单行单列。如果 gridwidth(gridheight)=GridBagConstrains.REMAINDER，则代表这是该行（列）的最后一个组件，后面剩余的单元格由该组件全部占用。如果值为 GridBagConstrains.RELATIVE，则让该组件跟在前一个组件之后。

（3）weightx，weighty

指定组件如何分配各自的水平空间和垂直空间比例，默认值为 0，表示组件都聚在容器

的中间，额外的空间都放在单元格和容器的边缘。这个值的设置在改变面板大小时十分重要，因为当面板空间大小改变时，组件周围的空间就会发生变化，这时就需要按照设置的结果重新调整各自的额外空间显示，否则整个界面的显示就会发生混乱。一般地，值的范围在 0.0 与 1.0 之间，更大的值表示行或列应获得更大的空间。

（4）anchor

当组件小于其显示区域时，使用该值可以确定在显示区域中放置组件的位置，默认值是 CENTER，表示居中显示。该值可分为相对于方向的值、相对于基线的值和绝对值。绝对值有 CENTER（居中）、NORTH（最上方）、NORTHEAST（右上角）、EAST（右侧）、SOUTHEAST（右下角）、SOUTH（最下方）、SOUTHWEST（左下角）、WEST（左侧）和 NORTHWEST（左上角）。方向相对值有 PAGE_START、PAGE_END、LINE_START、LINE_END、FIRST_LINE_START、FIRST_LINE_END、LAST_LINE_START 和 LAST_LINE_END。相对于基线的值有：BASELINE、BASELINE_LEADING、BASELINE_TRAILING、ABOVE_BASELINE、ABOVE_BASELINE_LEADING、ABOVE_BASELINE_TRAILING、BELOW_BASELINE、BELOW_BASELINE_LEADING 和 BELOW_BASELINE_TRAILING。

（5）fill

指定组件是否调整大小以满足显示区域的需要，默认值是 NONE，表示不调整大小。其有 4 个值常量，分别是 NONE（不调整组件大小）、HORIZONTAL（沿水平方向填满其显示区域，高度不变）、VERTICAL（沿垂直方向填满其显示区域，宽度不变）和 BOTH（使组件完全填满其显示区域）。

（6）insets

指定组件的外填充空间，即组件和显示单元格边缘的最小空间。此值是通过 Inset 对象来指定，默认是没有外填充空间。

（7）ipadx，ipady

指定组件内容的填充空间，即给组件的最小宽度（高度）添加多大的空间。组件的宽度（高度）至少为其最小宽度（高度）加上 ipadx（ipady）像素。默认值为 0。

【例 9.9】GridBagLayout 应用举例，设计一个简单计算器。

【分析】在这个界面中，大部分跟电话拨号键盘设计类似，但按键 "=" 需要占用两行一列，按钮 "0" 需要占用一列两行，这两个按键需要特别设定。

【代码】

```java
import java.awt.*;
import javax.swing.*;
class FrameWithGridBagLayout extends JFrame
{
    void display()
    {
        setTitle(" 网格包布局管理器示例 ");
        JTextField text=new JTextField();
        add(text, BorderLayout.NORTH);

        JPanel p = new JPanel();// 设置一个 JPanel 容器对象
```

```
GridBagLayout layout = new GridBagLayout();
p.setLayout(layout);//JPanel 的布局为网格包布局

String[] name = {"C"," ln ","*","÷","7","8","9","-",
                 "4","5","6","+","1","2","3"," = ","0","."};
JButton [] button=new JButton[name.length];
for (int i = 0; i < name.length; ++i)
     button[i]=new JButton(name[i]);
// 定义一个 GridBagConstraints，使组件充满显示区域
GridBagConstraints s= new GridBagConstraints();
s.fill = GridBagConstraints.BOTH;

for(int i=1;i<16;i++)
{
     if(i%4!=0) // 设置组件水平所占用的网格数，如果为 0，组件是该行
     的最后一个
          s.gridwidth=1;
     else
          s.gridwidth=0;// 设置组件为该行的最后一个组件
     // 设置组件水平的拉伸幅度，为 0 不拉伸，不为 0 就随着窗口增大进行拉伸
          s.weightx = 1;
     // 设置组件垂直的拉伸幅度，为 0 不拉伸，不为 0 就随着窗口增大进行拉伸
     s.weighty=1;
     p.add(button[i-1],s);// 将生成的按钮按照 GridBagConstraints
     设置位置进行添加
}
s.gridwidth=0;// 设置组件为该行的最后一个组件
s.gridheight=2;// 设置组件占用 2 行
s.weightx = 1;// 组件水平可拉伸
s.weighty=1;// 组件垂直可拉伸
p.add(button[15],s);// 将 "=" 按钮设置为占用两行一列

s.gridx=0;// 组件位置在第 0 列
s.gridy=4;// 组件位置在第 4 行
s.gridheight=1;// 组件占用 1 行
s.gridwidth=2;// 组件占用 2 列
s.weightx = 1;// 组件水平可拉伸
s.weighty=1;// 组件垂直可拉伸
// 将 "0" 按钮设置在第 4 行，第 0 列显示，并占用两列一行，添加入面板
p.add(button[16],s);

s.gridx=2;// 组件位置在第 2 列
s.gridy=4;// 组件位置在第 4 行
s.gridwidth=1;//
s.gridheight=1;
s.weightx = 0;
s.weighty=0;
p.add(button[17],s);// 将 "." 按钮设置在第 4 行，第 2 列显示，添加入面板

add(p);// 将 JPanel 容器加入到窗口中，默认为中间位置
setSize(250,250);// 设置窗口大小为 250*250
```

```
            setVisible(true);
            setDefaultCloseOperation(EXIT_ON_CLOSE);
        }
    }
public class Example9_09
{
    public static void main(String[] args)
    {
        new FrameWithGridBagLayout().display();
    }
}
```

程序运行结果如图 9-11 所示。

5. CardLayout

java.awt.CardLayout 称为卡片布局管理器，是把添加的每个组件像卡片一样叠加在一起，每次只显示最上面的一个组件，卡片的顺序由组件对象本身在容器内部的顺序决定。

CardLayout

CardLayout 定义了一组方法，这些方法允许应用程序按顺序地浏览这些卡片，或者显示指定的卡片。CardLayout 的常用方法如表 9-10 所列。

图 9-11　例 9.9 运行结果

表 9-10　CardLayout 类的常用方法

返回类型	方法名	方法功能
	CardLayout()	创建一个间距为 0 的卡片布局
	CardLayout(int hgap,int vgap)	创建一个具有水平间距和垂直间距的卡片布局
void	first(Container parent)	翻转到容器的第一张卡片
void	next(Container parent)	翻转到指定容器的下一张卡片
void	previous(Container parent)	翻转到指定容器的前一张卡片。如果当前可见卡片是第一个，则翻到最后一张
void	last(Container parent)	翻转到容器的最后一张卡片
void	show(Container parent,String name)	显示指定 name 的组件

关于 CardLayout 的实现示例可参看例 9.12。

6. BoxLayout

javax.swing.BoxLayout 称为盒式布局管理器，允许以水平或垂直方向布置多个组件，这些组件排在一行或一列。BoxLayout 是 javax.swing. Box 容器的默认布局管理器。BoxLayout 的构造方法：

```
public BoxLayout(Container target,int axis)
```

创建一个沿给定轴放置组件的盒式布局。参数 target 为需要布置的容器，axis 为布置组件时使用的轴，axis 常用的值有 BoxLayout.X_AXIS（指定组件从左到右排在一排）和

BoxLayout.Y_AXIS（指定组件从上到下排在一列）。

在实际应用中，多使用 Box 类，而不是直接使用 BoxLayout。Box 类是使用 BoxLayout 的轻量级容器，它提供了一些方法来便于使用 BoxLayout 布局管理器。Box 还可以以嵌套的方式组合成更加丰富的布局。

Box 中定义了多个有用的静态方法。例如，createHorizontalBox() 方法用于创建一个从左到右显示组件的 Box，createVerticalBox() 方法用于创建一个从上到下显示组件的 Box。如果希望组件按固定间隔存放，可以通过 createHorizontalStrut(int width) 方法或 createVerticalStrut(int height) 方法创建一个不可见的固定宽度（高度）的组件，然后插入到两个组件之间。

【例 9.10】BoxLayout 应用举例，设计一个简单的用户注册界面。

【代码】

```java
import java.awt.BorderLayout;
import java.awt.FlowLayout;
import javax.swing.*;
class FrameWithBoxLayout extends JFrame
{
    Box box1,box2,box;
    public void display()
    {
        setLayout(new FlowLayout());
        box1=Box.createVerticalBox();// 创建一个列排列的 Box，存放提示信息
        box2=Box.createVerticalBox();// 创建一个列排列的 Box，存放输入文本框
        box=Box.createHorizontalBox();// 创建一个行排列的 Box，存放 box1 和 box2

        box1.add(new JLabel(" 用户名: "));// 向列排列 box1 中加入一个 label
        box1.add(Box.createVerticalStrut(10));// 向 box1 中加入一个高 10
        像素的间隔组件
        box1.add(new JLabel(" 密码: "));
        box1.add(Box.createVerticalStrut(10));
        box1.add(new JLabel(" 重复密码: "));

        box2.add(new JTextField(10));
        box2.add(Box.createVerticalStrut(10));
        box2.add(new JTextField(10));
        box2.add(Box.createVerticalStrut(10));
        box2.add(new JTextField(10));
        box2.add(Box.createVerticalStrut(10));

        box.add(box1);
        box.add(Box.createHorizontalStrut(10));// 向 box 中加入一个宽 10
        像素的间隔组件
        box.add(box2);
        add(box,BorderLayout.CENTER);

        pack();
        setVisible(true);
        setDefaultCloseOperation(EXIT_ON_CLOSE);
```

```
        }
    }
public class Example9_10
{
    public static void main(String[] args)
    {
        new FrameWithBoxLayout().display();
    }
}
```

程序运行结果如图 9-12 所示。

7. null（空布局）

一般容器都有默认的布局管理器，但有时候需要精确设置各个组件的位置和大小，这时就需要用到空布局。容器使用

null（空布局）

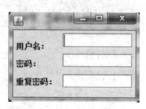
图 9-12　例 9.10 运行结果

setLayout(null) 方法将布局设为空，这时添加进入容器的组件就需要使用 setBounds(int x,int y,int width,int height) 方法指定该组件在容器中的位置和大小。加入的组件都是一个矩形结构，参数 x 和 y 是组件的左上角位置坐标，width 和 height 是组件的宽和高。

【例 9.11】null（空布局）应用举例，在窗口中构造一个围棋的棋盘。

题目分析：围棋盘由纵横 19 条线组成，在上下左右距离各角 4 行 4 列的位置和棋盘中心位置各有一个圆点，所以先画 19×19 的线段，行列间距 40 像素，然后在这 4 个交叉点各画一个黑点。

【代码】

```
import java.awt.*;
import javax.swing.*;
class ChessPad extends JPanel
{// 创建棋盘类，面板类容器
    ChessPad()
    {
        setSize(440,440);// 设置棋盘大小
        setLayout(null);// 设置棋盘布局为 null（空）
        setBackground(Color.orange);// 设置棋盘背景色为橙色
    }
    public void paintComponent(Graphics g)
    {
        super.paintComponent(g);// 调用父类方法，保证背景的显示

        for(int i=40;i<=400;i=i+20)// 绘制棋盘的横线
            g.drawLine(40,i,400,i);// 从给定的左上角坐标到右下角坐标绘制直线
        for(int j=40;j<=400;j=j+20)// 绘制棋盘的纵线
            g.drawLine(j,40,j,400);

        // 在棋盘的指定位置绘制实心圆，注意是左上角坐标不是圆心坐标
        g.fillOval(97,97,6,6);
```

```
                g.fillOval(337,97,6,6);
                g.fillOval(97,337,6,6);
                g.fillOval(337,337,6,6);
                g.fillOval(217,217,6,6);
        }
}
class FrameWithNullLayout extends JFrame
{// 创建窗口
    public void display()
    {
        setLayout(null);// 设置窗口布局为 null（空），手工布局
        ChessPad chesspad = new ChessPad();// 创建棋盘
        add(chesspad);// 将棋盘加入到窗口
        chesspad.setBounds(5,5,440,440);// 设置棋盘在窗口中的显示位置和大小
        setSize(460, 470);// 设置窗口大小
        setVisible(true);// 设置窗口可见
        setDefaultCloseOperation(EXIT_ON_CLOSE);
    }
}
public class Example9_11
{
    public static void main(String[] args)
    {
        new FrameWithNullLayout().display();
    }
}
```

程序运行结果如图 9-13 所示。

9.3 理解事件及事件处理机制

本章前面的例子介绍了如何设计图形用户界面，但是，这些界面无法实现用户和程序之间的交互。如果想使用户和程序之间能够交互，就要使用 java 的事件处理机制。

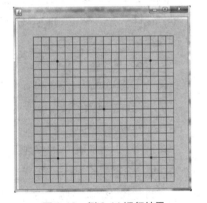

图 9-13　例 9.11 运行结果

9.3.1 理解事件

当组件加入到容器中后并不能够直接工作，例如界面中设计了一个按钮，但这个按钮并不知道要做什么，只有将这个按钮与要完成的功能关联在一起，才能实现具体的功能，这就是 Java 的事件处理机制。

理解事件

在事件处理机制下，一个事件分为事件源、事件监视器和事件处理程序。仍以按钮为例，一个按钮就是一个事件源，它可以产生"单击按钮"事件。但什么时间点击按钮并不知道，所以还需要有个"监视"这个按钮的监视器对象。当监视器对象监听到"单击按钮"这个事件后，就通知相应的事件处理程序完成对应的功能，从而实现一次事件的处理。

具体来讲，Java 的事件处理模型把整个事件分为 3 部分。

1. 事件源

能够产生事件的组件都可以称为事件源，例如按钮、菜单、文本框等。

2. 事件监视器

事件监视器用于对发生事件的事件源进行监视。如果没有监视器，即使这些事件源产生了事件，处理程序也无法知道，所以必须要有事件监视器监视事件源。根据事件源产生事件的类型和需要，可以为事件源绑定一个或多个监视器，绑定监视器又称为注册监视器。注册监视器的方法：

```
事件源对象 .addXXXListener( 监视器 )
```

其中，×××为对应的事件类型。

当注册了监视器后，一旦事件源发生了事件，监视器就会监听到，这时，监视器就会对这个事件进行相应的处理。

3. 处理事件的接口

当监视器监听到事件源发生了相关的事件后，就要调用相应方法来处理事件。为了规范统一的行为，Java 将事件进行了分类，并封装成对应的事件接口，在这些接口中给出了指定的方法。这样监视器要想实现事件的处理，就需要实现对应的事件接口，并重写其中的方法，从而实现事件的处理。

总之，完成一个事件处理分为 3 步：

第一步，确定事件源。在一个窗口界面中可能包含多个组件，但不是每个组件对象都需要进行事件处理。因此，首先要根据功能需求，确定哪些事件源对象产生的哪些事件需要监听和处理。

第二步，对确定的事件源注册监视器。一个事件源可能会产生多个事件，例如按钮对象既可以产生 ActionEvent 事件，也可以产生 MouseEvent 事件，这时，就要根据实际需要，对相应事件进行监视器的注册。同时，具有相同事件的事件源可以注册到同一个监视器上，例如窗口中的多个按钮可以注册到同一个监听器上进行监听。

第三步，对事件接口的监视器类重写其中的方法，以完成具体的功能。这也是整个事件处理的核心部分。

下面逐一介绍 Java 提供的各种事件类。

9.3.2 ActionEvent 事件

ActionEvent 是动作事件类。

1. ActionEvent 事件源

ActionEvent 称为动作事件。能产生 ActionEvent 事件的事件源有按钮、文本框、密码框、菜单项、单选按钮等。例如，用户单击按钮，该按钮对象就会产生 ActionEvent 事件，如果在文本框中按下回车键后也会产生 ActionEvent 事件。

2. 注册监视器

注册 ActionEvent 事件的事件源监视器的方法为

```
事件源对象 .addActionListener(ActionListener listener)
```

参数 listener 就是监听 "事件源对象" 的监视器，并能对事件进行处理，它是一个实现 ActionListener 接口的类的对象。

3. ActionListener 接口

ActionListener 是动作监视器接口，在这个接口中只有一个方法：

```
public void actionPerformed(ActionEvent e)
```

当事件源产生了 ActionEvent 事件后，监视器就会调用重写的 actionPerformed(ActionEvent e) 方法对这个事件进行处理，参数 e 就是产生这次事件的对象，它含有事件源对象。

4. ActionEvent 类

ActionEvent 是动作事件类，其对象用于表示产生的动作事件，该类常用的一个方法是

```
public Object getSource()
```

通过这个方法，我们可以获取产生这个事件的事件源对象。例如，如果有 button1、button2 按钮对象同时注册到一个监视器上，那么通过这个方法就能判断出是哪个按钮发生了 ActionEvent 事件，从而完成相应的处理。

另一个常用的方法是

```
public String getActionCommand()
```

该方法返回与此动作相关的命令字符串。每个事件源都有一个默认的命令字符串。例如按钮产生这个事件时，这个按钮默认的命令字符串就是按钮上的文本内容；对于文本框，当产生这个事件时，默认的命令字符串就是文本框中的字符串内容。

【例 9.12】利用 ActionEvent 事件，实现扑克牌的逐一显示。

根据题意，要想实现扑克牌的逐一显示，需要使用 CardLayout 布局管理器，按顺序添加各张扑克牌。由于图片对象不能直接加入到容器中，可以将图片添加到 JLabel 组件中。为了实现图片的逐一显示，可以根据需要创建若干个按钮，通过 ActionEvent 事件的监听，完成不同的翻看动作。

【代码】

```
import java.awt.*;
import java.awt.event.ActionEvent;
import java.awt.event.ActionListener;
import javax.swing.*;
class ComponentWithActionEvent extends JFrame implements ActionListener//
实现动作监视器接口
{// 创建一个窗口界面
        JButton button_up,button_down,button_first,button_last;// 声明所需的按钮组件
        JLabel label1,label2,label3;// 声明所需的 JLabel 组件
        JPanel panel;// 声明一个 JPanel 容器，用于图片的载入和显示
        CardLayout card;// 声明一个 CardLayout 布局管理器，用于组件的叠加存放
```

```
                              public ComponentWithActionEvent()
                              {
                                      button_up=new JButton(" 上一张 ");
                                      button_down=new JButton(" 下一张 ");
                                      button_first=new JButton(" 第一张 ");
                                      button_last=new JButton(" 最后一张 ");

                                      label1=new JLabel();// 创建 JLabel，用于装入图片
                                      label2=new JLabel();
                                      label3=new JLabel();
                                      label1.setIcon(new ImageIcon("1.png"));// 将图片加入 label，实现
                                      图片的显示
                                      label2.setIcon(new ImageIcon("2.png"));
                                      label3.setIcon(new ImageIcon("3.png"));

                                      panel=new JPanel();// 创建一个 JPanel 容器，用于载入各个 JLabel 组件
                                      card=new CardLayout();// 将 JPanel 容器的布局管理器设为 CardLayout，
                                      panel.setLayout(card);// 实现图片的逐一显示

                                      panel.add(label1);// 将各个 JLabel 组件加入到 JPanel 容器
                                      panel.add(label2);
                                      panel.add(label3);

                                      card.first(panel);
                                      add(panel,BorderLayout.CENTER);// 将 JPanel 容器加入到窗口的中间位置
                                      add(button_up, BorderLayout.WEST);// 将各个按钮组件加入到窗口的指定位置
                                      add(button_down, BorderLayout.EAST);
                                      add(button_first, BorderLayout.NORTH);
                                      add(button_last, BorderLayout.SOUTH);

                                      button_up.addActionListener(this);
                                      // 注册监视器。用当前对象 this 作监视器，
                                      button_down.addActionListener(this);
                                      // 因为当前对象所在的类实现了 ActionEvent
                                      button_first.addActionListener(this);// 接口，所以它可以作监视器
                                      button_last.addActionListener(this);

                                      setTitle(" 动作事件示例 ");
                                      setSize(260,260);
                                      setVisible(true);
                                      this.setDefaultCloseOperation(JFrame.EXIT_ON_CLOSE);
                              }
                       //actionPerformed 是 ActionEvent 接口中的方法，必须定义
                       // 当事件发生后，该方法就会被调用，并将事件对象传递给参数 e
                       public void actionPerformed(ActionEvent e)
                       {// 一个监视器同时监视 4 个按钮，所以要判断是哪一个事件源产生的事件
                              if(e.getSource()==button_up)// 监听 up 按钮，显示上一张图片
                                      card.previous(panel);
                              else if(e.getSource()==button_down)// 监听 down 按钮，显示上一张图片
                                      card.next(panel);
                              else if(e.getSource()==button_first)// 监听 first 按钮，显示第一张图片
                                      card.first(panel);
```

```
                  if(e.getSource()==button_last)// 监听 last 按钮，显示最后一张图片
                        card.last(panel);
            }
      }
public class Example9_12
{
      public static void main(String[] args)
      {
            new ComponentWithActionEvent();
      }
}
```

程序运行结果如图 9-14 所示。

9.3.3　MouseEvent 事件

MouseEvent 是鼠标事件类。

1. MouseEvent 事件源

图 9-14　例 9.12 运行结果

MouseEvent 称为鼠标事件，所有的组件都可以产生鼠标事件。当鼠标在一个组件上进行单击、移动、拖动等操作时都会触发 MouseEvent 事件。

2. 注册监视器

事件源注册监视器有两个方法，分别对应鼠标事件的两个接口：

```
addMouseListener(MouseListener listener)
addMouseMotionListener(MouseMotionListener listener)
```

第一个方法是注册鼠标监视器，第二个方法是注册鼠标移动监视器。

3. 鼠标事件接口

实现鼠标事件的接口有两个，一个是 MouseListener 接口，主要处理鼠标单击事件，另一个 MouseMotionListener 接口主要处理鼠标移动和拖动事件。MouseListener 和 MouseMotionListener 接口中的方法如表 9-11 所列，其中方法名后有 * 的为 MouseMotionListener 中的方法。

表 9-11　MouseListener 和 MouseMotionListener 接口的常用方法

返回类型	方法名	方法功能
void	mouseClicked(MouseEvent e)	鼠标按键在组件上单击（按下并释放）时调用该方法
void	mousePressed(MouseEvent e)	鼠标按键在组件上按下时调用该方法
void	mouseReleased(MouseEvent e)	鼠标按键在组件上释放时调用该方法
void	mouseEntered(MouseEvent e)	鼠标进入到组件上时调用该方法
void	mouseExited(MouseEvent e)	鼠标移出组件时调用该方法
void	mouseDragged(MouseEvent e)*	鼠标按键在组件上按下并拖动时调用该方法
void	mouseMoved(MouseEvent e)*	鼠标光标移动到组件上但无按键按下时调用

由于监视器是继承的接口，所以即使其中一些方法并不需要使用，也需要在类中对这些方法进行定义。

为了提高编程效率，减少程序的编写量，Java 提供了对应的适配器类来代替接口进行事件的处理。当处理事件的接口中多于一个方法时，Java 相应地就提供一个适配器类，这个类继承了相应的接口，并重写了所有的方法，只是这些方法均为空。当用户继承这个类后，只要重写想完成的方法即可。对于鼠标事件，MouseAdapter 类就实现了 MouseListener 接口和 MouseMotionListener 接口，监视器可以通过继承 MouseAdapter 类来代替继承鼠标接口，简化了程序设计。但是，这样类就不能再有其他的父类。

4. MouseEvent 类

　　MouseEvent 类用于表示产生鼠标事件的对象，该类的常用方法如表 9-12 所列。

表 9-12　MouseEvent 类的常用方法

返回类型	方法名	方法功能
Object	getSource()	获取产生鼠标事件的事件源
int	getButton()	获取触发事件的鼠标按键。 鼠标左键的返回值为 1，对应的常量为 MouseEvent.BUTTON1； 鼠标右键的返回值为 3，对应的常量为 MouseEvent.BUTTON3； 鼠标滚轮的返回值为 2，对应的常量为 MouseEvent.BUTTON2
int	getClickCount()	获取鼠标连击的次数
int	getX()	获取鼠标指针在事件源中的 X 坐标值
int	getY()	获取鼠标指针在事件源中的 Y 坐标值

　　【例 9.13】使用鼠标适配器类，监听鼠标在按钮上的点击动作，显示点击的按键、点击的次数和点击时鼠标的坐标位置。

　　【代码】

```
import java.awt.BorderLayout;
import java.awt.event.*;
import javax.swing.*;
class FrameWithMouseEvent extends JFrame
{
    JButton button1,button2;
    JTextField text;
    Listen listen;
    void display()
    {
        button1 = new JButton("按钮1");// 创建待监听的按钮组件1
        button2 = new JButton("按钮2");// 创建待监听的按钮组件2
        text = new JTextField(10);// 创建 JTextField 组件，用于显示监听信息

        listen = new Listen();// 创建一个继承了 MouseAdapter 类的监听器
        listen.setButton(button1, button2, text);// 传递待监听对象到监听器

        button1.addMouseListener(listen);// 注册监听器
        button2.addMouseListener(listen);

        add(button1, BorderLayout.SOUTH);
        add(text, BorderLayout.CENTER);
        add(button2, BorderLayout.NORTH);
        setSize(300, 200);
```

```
                setVisible(true);
                setDefaultCloseOperation(EXIT_ON_CLOSE);
        }
}
public class Example9_13
{
        public static void main(String[] args)
        {
                new FrameWithMouseEvent().display();
        }
}
class Listen extends MouseAdapter
{// 定义一个监听类，继承 MouseAdapter 类，实现鼠标动作的监听和处理
        JButton button1;
        JButton button2;
        JTextField text;
        public void setButton(JButton b1,JButton b2,JTextField t)
        {// 传递组件对象到类中
                this.button1=b1;
                this.button2=b2;
                this.text=t;
        }
        public void mouseClicked(MouseEvent e)
        {// 重写 mouseClicked 方法，完成鼠标点击事件的处理
                if(e.getSource()==button1)
                {// 鼠标点击的是按钮 1
                        if(e.getButton()==MouseEvent.BUTTON1)// 鼠标左键被按下
                                text.setText(" 点击了 "+button1.getText()+" 的左键 ");
                        if(e.getButton()==MouseEvent.BUTTON3)// 鼠标右键被按下
                                text.setText(" 点击了 "+button1.getText()+" 的右键 ");
                        text.setText(text.getText()+e.getClickCount()+" 次 "+";"
                                +" 点击的坐标位置是: "+e.getX()+","+e.getY());
                }
                else if(e.getSource()==button2)
                {// 鼠标点击的是按钮 2
                        if(e.getButton()==MouseEvent.BUTTON1)// 鼠标左键被按下
                                text.setText(" 点击了 "+button2.getText()+" 的左键 ");
                        if(e.getButton()==MouseEvent.BUTTON3)// 鼠标右键被按下
                                text.setText(" 点击了 "+button2.getText()+" 的右键 ");
                        text.setText(text.getText()+e.getClickCount()+" 次 "+";"
                                +" 点击的坐标位置是: "+e.getX()+","+e.getY());
                }
        }
}
```

程序运行结果如图 9-15 所示。

9.3.4 KeyEvent 事件

KeyEvent 是键盘事件类。

1. 事件源

KeyEvent 是键盘事件。当一个组件处于激活状

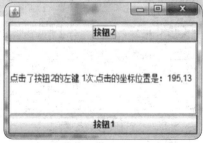

图 9-15 例 9.13 运行结果

态时，敲击键盘上的按键就会产生该事件。

2. 注册监视器

事件源注册监视器的方法是：

KeyEvent 事件

```
addKeyListener(KeyListener listener);
```

3. KeyListener 接口

KeyListener 接口实现键盘事件监听，在接口中定义的方法有：

```
public void keyPressed(KeyEvent e)
public void keyReleased(KeyEvent e)
public void keyTyped(KeyEvent e)
```

第一个方法在事件源上按下按键时被调用；第二个方法在事件源上松开按下的键时被调用；第三个方法在事件源上按下某个键又松开时被调用。

Java 为 KeyListener 接口提供的适配器类是 KeyAdapter 类。

4. KeyEvent 类

KeyEvent 类用于产生键盘事件对象，该类的常用方法如表 9-13 所列。

表 9-13　KeyEvent 类的常用方法

返回类型	方法名	方法功能
Object	getSource()	获取产生键盘事件的事件源
char	getKeyChar()	获取与此事件中的键关联的字符，例如，shift + "a" 的返回值是 "A"，这种关联字符只在 keyType() 方法中才生效
int	getKeyCode()	键盘上实际键的整数代码，在 KeyEvent 类中以 "VK_" 开头的静态常量代表各个按键的 KeyCode。常用的 KeyCode 键值如表 9-14 所示
static String	getKeyText(int keyCode)	获得描述 keyCode 的字符串，如 "HOME" "F1" 或 "A" 等
boolean	isActionKey()	判断此事件中的键是否为 "动作" 键。如果是则返回 true，否则返回 false

KeyCode 键值表如表 9-14 所列。

表 9-14　KeyCode 键值表

KeyCode 常量	键　值	KeyCode 常量	键　值
VK_0~VK_9	0~9 键	VK_SLASH	/ 键
VK_A~VK_Z	a~z 键	VK_BACK_SLASH	\ 键
VK_F1~VK_F12	功能键 F1~F12	VK_OPEN_BRACKET	[键
VK_SHIFT	Shift 键	VK_CLOSE_BRACKET	] 键
VK_CONTROL	ctrl 键	VK_QUOTE	左单引号键
VK_ALT	alt 键	VK_BACK_QUOTE	右单引号键
VK_ENTER	回车键	VK_LEFT	向左箭头键
VK_BACK_SPACE	退格键	VK_RIGHT	向右箭头键
VK_ESCAPE	Esc 键	VK_UP	向上箭头键

KeyCode 常量	键 值	KeyCode 常量	键 值
VK_SPACE	空格键	VK_DOWN	向下箭头键
VK_COMMA	逗号键	VK_END	End 键
VK_SEMICOLON	分号键	VK_HOME	Home 键
VK_PERIOD	. 键	VK_TAB	Tab 键

9.3.5 ItemEvent 事件

ItemEvent 是项目事件类。

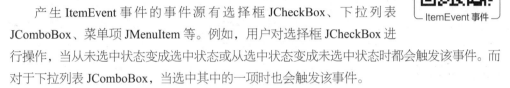
ItemEvent 事件

1. 事件源

产生 ItemEvent 事件的事件源有选择框 JCheckBox、下拉列表 JComboBox、菜单项 JMenuItem 等。例如，用户对选择框 JCheckBox 进行操作，当从未选中状态变成选中状态或从选中状态变成未选中状态时都会触发该事件。而对于下拉列表 JComboBox，当选中其中的一项时也会触发该事件。

2. 注册监视器

事件源注册监视器的方法是：

```
addItemListener(ItemListener listener);
```

3. ItemListener 接口

ItemListener 接口实现项目状态改变事件的监听，该接口中只有一个方法：

```
public void itemStateChanged(ItemEvent e)
```

当选择项发生改变时调用该方法。

4. ItemEvent 类

ItemEvent 类用于产生项目状态改变事件的对象，该类的常用方法有：

```
public Object getItem()
public int getStateChange()
public String paramString()
```

第一个方法可以获取受事件影响的对象；第二个方法可以获取状态更改的类型，有两个常量值，分别是 ItemEvent.SELECTED（选择项改变、值为 1）和 ItemEvent.DESELECTED（选择项未改变、值为 2）；第三个方法可以获取标识此项事件的参数字符串。这个方法会得到一系列与此事件相关的信息，包括事件源、item 选项值、项目改变状态等，因此在程序调试时非常有用。

【例 9.14】设计一个图形用户界面，界面中有编辑域 JTextField、按钮 JButton、选择框 JCheckBox 和下拉列表 JComboBox 等组件，并设置相应的监视器对组件进行监听，并将监听结果显示在 TextArea 中。

【代码】

```java
import java.awt.FlowLayout;
import java.awt.event.ItemEvent;
import java.awt.event.ItemListener;
import javax.swing.*;
class FrameWithItemEvent extends JFrame implements ItemListener
{// 定义一个窗口，继承并实现 ItemListener 接口
    JTextField text;
    JButton button;
    JCheckBox checkBox1,checkBox2,checkBox3;
    JRadioButton radio1, radio2;
    ButtonGroup group;
    JComboBox comBox;
    JTextArea area;

    public void display()
    {
        setLayout(new FlowLayout());

        add(new JLabel(" 文本框 :"));
        text = new JTextField(10);
        add(text);
        add(new JLabel(" 按钮 :"));
        button = new JButton(" 确定 ");
        add(button);

        add(new JLabel(" 选择框 :"));
        checkBox1 = new JCheckBox(" 喜欢音乐 ");
        checkBox2 = new JCheckBox(" 喜欢旅游 ");
        checkBox3 = new JCheckBox(" 喜欢篮球 ");
        checkBox1.addItemListener(this);// 注册监听器，监听 JcheckBox 组件
        checkBox2.addItemListener(this);
        checkBox3.addItemListener(this);
        add(checkBox1);
        add(checkBox2);
        add(checkBox3);

        add(new JLabel(" 单选按钮 :"));
        group = new ButtonGroup();
        radio1 = new JRadioButton(" 男 ");
        radio2 = new JRadioButton(" 女 ");
        group.add(radio1);
        group.add(radio2);
        add(radio1);
        add(radio2);

        add(new JLabel(" 下拉列表 :"));
        comBox = new JComboBox();
        comBox.addItem(" 请选择 ");
        comBox.addItem(" 音乐天地 ");
```

```java
            comBox.addItem(" 武术天地 ");
            comBox.addItem(" 象棋乐园 ");
            comBox.addItemListener(this);// 注册监听器，监听 JComboBox 组件
            add(comBox);

            add(new JLabel(" 文本区 :"));
            area = new JTextArea(6, 12);
            add(new JScrollPane(area));

            setSize(300, 300);
            setVisible(true);
            setDefaultCloseOperation(JFrame.EXIT_ON_CLOSE);
        }
    public void itemStateChanged(ItemEvent e)
    {// 重写 itemStateChanged 方法，实现监听的处理
        if(e.getItem()==checkBox1)
        {// 如果监听到的对象是 checkBox1，显示对象内容和选择状态
            String str=checkBox1.getText()+checkBox1.isSelected();
            area.append(str+"\n");
        }
        else if(e.getItemSelectable()==checkBox2)
        {// 如果监听到的对象是 checkBox2，显示对象内容和选择状态
            String str=checkBox2.getText()+checkBox2.isSelected();
            area.append(str+"\n");
        }
        else if(e.getSource()==checkBox3)
        {// 如果监听到的对象是 checkBox3，显示对象内容和选择状态
            String str=checkBox3.getText()+checkBox3.isSelected();
            area.append(str+"\n");
        }
        else if(e.getItemSelectable()==comBox)
        {// 如果监听到的对象是 comBox，显示当前选择的内容
            if(e.getStateChange()==ItemEvent.SELECTED)
            {
                String str=comBox.getSelectedItem().toString();
                area.append(str+"\n");
            }
        }
    }
}

public class Example9_14
{
    public static void main(String[] args)
    {
        new FrameWithItemEvent().display();
    }
}
```

程序运行结果如图 9-16 所示。

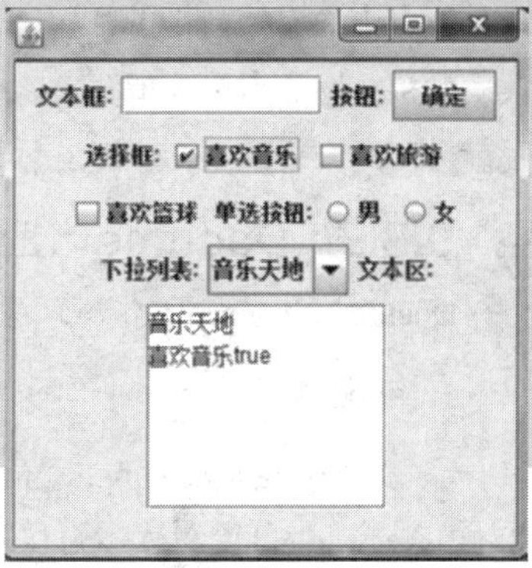

图 9-16 例 9.14 运行结果

9.3.6 FocusEvent 事件

FocusEvent 是焦点事件类。

1. 事件源

每个 GUI 组件都能够作为 FocusEvent 焦点事件的事件源，即每个组件在获得焦点或失去焦点时都会产生焦点事件。例如，TextField 文本框，当光标移入到文本框时就会产生焦点事件，而光标移出文本框时也会产生焦点事件。

2. 注册监视器

事件源注册监视器的方法是：

```
addFocusListener(FocusListener listener)
```

3. FocusListener 接口

FocusListener 接口实现焦点事件的监听，该接口中有两个方法：

```
public void focusGained(FocusEvent e)
public void focusLost(FocusEvent e)
```

第一个方法当组件从无焦点变成有焦点时调用该方法；第二个方法当组件从有焦点变成无焦点时调用该方法。

FocusListener 接口的适配器类是 FocusAdapter 类。

4. FocusEvent 类

FocusEvent 类用于产生焦点事件对象，该类的常用方法有：

```
public Component getOppositeComponent()
public boolean isTemporary()
```

第一个方法用于获得此焦点更改中涉及的另一个 Component，对于 FOCUS_GAINED 获得焦点事件，返回的组件是失去当前焦点的组件。对于 FOCUS_LOST 失去焦点事件，返回的组件是获得当前焦点的组件。第二个方法用于获得焦点更改的级别，如果焦点更改是暂时性的，则返回 true，否则返回 false。

焦点事件有持久性的和暂时性两个级别。当焦点直接从一个组件移动到另一个组件时，会发生持久性焦点更改事件。如果失去焦点是暂时的，例如窗口拖放时失去焦点，拖放结束后就会自动恢复焦点，这就是暂时性焦点更改事件。

9.3.7 DocumentEvent 事件

DocumentEvent 是文档事件类。

1. 事件源

能够产生 javax.swing.event.DocumentEvent 事件的事件源有文本框 JTextField、密码框 JPasswordField、文本区 JTextArea。但这些组件不能直接触发 DocumentEvent 事件，而是由组件对象调用 getDocument() 方法获取文本区维护文档，这个维护文档可以触发

DocumentEvent 事件。

2. 注册监视器

事件源注册监视器的方法是:

```
addDocumentListener(DocumentListener listener)
```

3. DocumentListener 接口

DocumentListener 接口实现文本事件的监听,该接口中有 3 个方法:

```
public void changedUpdate(DocumentEvent e)
public void removeUpdate(DocumentEvent e)
public void insertUpdate(DocumentEvent e)
```

当文本区内容改变时调用第一个方法;当文本区做删除修改时调用第二个方法;当文本区做插入修改时调用第三个方法。

4. DocumentEvent 接口

DocumentEvent 接口用于处理文本事件,该接口的方法有:

```
Document getDocument()
DocumentEvent.EventType getType()
int getOffset()
int getLength()
```

第一个方法可以获得发起更改事件的文档;第二个方法可以获得事件类型;第三个方法可以获得文档中更改开始的偏移量;第四个方法可以获得更改的长度。

9.3.8 窗口事件

1. 事件源

窗口事件的事件源均为 Window 的子类,即 Window 的子类对象都能触发窗口事件。

窗口事件

2. 注册监视器

事件源注册监视器有 3 个方法,分别对应窗口事件的 3 个接口:

```
addWindowListener(WindowListener listener)
addWindowFocusListener(WindowFocusListener listener)
addWindowStateListener(WindowStateListener listener)
```

3. Window 接口

和 Window 接口有关的接口有 3 个。WindowListener 接口实现窗口事件的监听,WindowFocusListener 接口实现窗口焦点事件的监听,WindowStateListener 接口实现窗口状态事件的监听。3 个接口中的方法如表 9-15 所示,其中方法后有角标 1 的为 WindowFocusListener 接口中的方法,方法后有角标 2 的为 WindowStateListener 接口中的方法,其余的都是 WindowListener 接口中的方法。

表 9-15　Window 接口中的方法

类　型	方法名	功　能
void	windowOpened(WindowEvent e)	当窗口被打开时,调用该方法
void	windowClosing(WindowEvent e)	当窗口正在被关闭时,调用该方法。在这个方法中必须执行 dispose() 方法,才能触发"窗口已关闭",监视器才会再调用 windowClosed() 方法
void	windowClosed(WindowEvent e)	当对窗口调用 dispose() 而将其关闭时,调用该方法
void	windowIconified(WindowEvent e)	当窗口从正常状态变为最小化状态时,调用该方法
void	windowDeiconified(WindowEvent e)	当窗口从最小化状态变为正常状态时,调用该方法
void	windowActivated(WindowEvent e)	当 Window 设置为活动 Window 时,调用该方法
void	windowDeactivated(WindowEvent e)	当 Window 不再是活动 Window 时,调用该方法
void	windowGainedFocus(WindowEvent e)[1]	当 Window 被设置为聚焦 Window 时,调用该方法
void	windowLostFocus(WindowEvent e)[1]	当 Window 不再是聚焦 Window 时,调用该方法
void	windowStateChanged(WindowEvent e)[2]	当窗口状态改变时(例如最大化、最小化等),调用该方法

Java 为 Window 接口提供的适配器类是 WindowAdapter 类,它实现了这 3 个接口中的所有方法。

4. WindowEvent 类

WindowEvent 类用于产生窗口事件对象,该类的常用方法有

```
public Window getWindow()
public int getNewState()
public int getOldState()
public Window getOppositeWindow()
```

第一个方法用于获得窗口事件的事件源;当处于窗口状态改变事件时,第二个方法可返回新的窗口状态;当处于窗口状态改变事件时,第三个方法可返回以前的窗口状态;第四个方法可返回在此焦点或活动性变化中所涉及的其他窗口对象。例如,对于活动性窗口或焦点性窗口事件,返回的是失去活动性或焦点的窗口对象。如果是失去活动性或失去焦点性事件,那么返回的是活动性或焦点的窗口对象。

9.4　小结

本章主要介绍了 Java 的图形用户界面的设计方法和实现机制。

首先,介绍了 Java 图形用户界面的组件结构和层次关系。Java 界面是由各个组件所构成,这些组件的根类是 Component 类,其下可分为容器和普通组件,只有将组件放入容器中才能够显示出来。

接着,分别介绍了组成界面的几个重要组成部分:容器、构成各元素的组件以及常用的布局管理器。Java 中的常用容器有 JFrame 和 JPanel,而其他组件包括 JButton、JLabel、

Jmenu 等，通过示例介绍了常用组件的特点和使用方法，并对 Java 提供的 7 种布局管理器进行了讲解。通过这些组件就可以根据需求进行用户界面的设计。

最后，对 Java 的事件处理机制进行了详细讲解，包括事件处理模型和事件处理类的使用。这里对 Java 提供的 7 种事件进行了介绍，并对常用事件通过案例进行了讲解。

9.5 习题

1．Java 的 AWT 组件和 Swing 组件有什么区别？

2．简述 Java 的事件处理机制。

3．根据例 9.11，设计下面界面，并能实现下棋的简单过程。

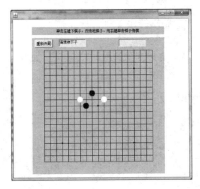

4．实现一个基于键盘的计算器。

第10章
Java多线程机制

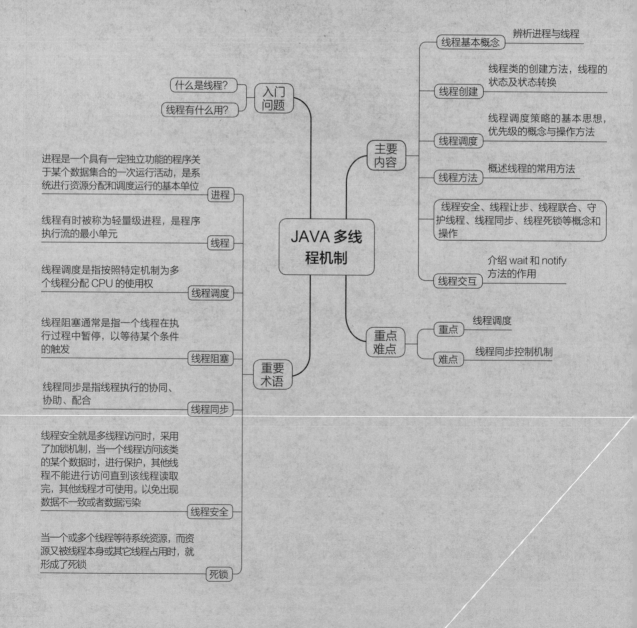

10.1　线程基本概念

线程是一个新概念，为了理解它，可以借助进程这个概念。当然，进程可能也是个陌生的概念，好在它比线程直观一些。所以，本节从进程开始，由直观到抽象地介绍线程的概念和编程。

线　程

10.1.1　进程与线程

人们常说：一心不可二用。我们知道这里所谓的心实际是大脑。这句话强调的是做事要专注，显然这是不可辩驳的道理。但是，如果一个人真的能做到一心二用，两不耽误，难道不好吗？

人真的难以做到一心二用，但是计算机做到了。

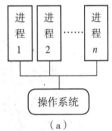

用户坐在计算机前一边浏览网页一边欣赏音乐，一边下载文件一边调试程序。

一台计算机有一个"大脑"，就是它的 CPU（中央处理单元），为什么它可以一心二用甚至是一心多用呢？这得益于多进程和多线程。图 10-1 说明进程与线程的关系。

图 10-1（a）示意的是操作系统支持多个进程同时执行，因此才能同时浏览网页、欣赏音乐、下载文件和调试程序。浏览器程序、音乐播放器、文件下载工具软件等不同任务对应于不同的进程。进程的英文是 process，它有个词义是过程。进程不妨解释成程序的执行过程。

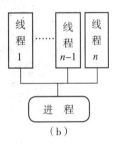

图 10-1（b）中的线程，可以当作是更微小的进程。进程是对操作系统而言的不同的执行单位。线程则是对一个进程而言的，它是一个进程中不同的执行单位。

图 10-1　多进程与多线程
操作示意图

10.1.2　线程的执行

我们知道计算机中同时并存多个进程或者多个线程的好处，但是它们是如何执行的？如何做到并行不悖，互不干扰的呢？

这是由于现代计算机的高速度，具体说是 CPU 的高速度。现在普通的微型计算机的速度可达几百个 MIPS（Million Instructions Per Second，即每秒百万条指令数），也就是说，CPU 每秒可以执行上亿条指令。

仅以微型计算机的每秒上亿条指令的速度来分析，CPU 可以分身有术，如图 10-2 所示，它的执行时间 1 秒如果划分为 100 个小时间片，每个时间片 10 毫秒，每个小时间片内可以执行上百万条指令。CPU 在 100 个进程（或线程）间切换，用户丝毫感觉不到每个进程或线程的时间中断与执行切换。这就是多进程系统和多线程程序的魅力所在。

多线程分时地占用 CPU 的时间片的情况我们称之为线程的并发执行。一个很容易混淆的词是并行执行，它指的是在多 CPU 的计算机例如超级计算机中，每个线程占用一个 CPU 的情况。

微型计算机的速度当然无法和超级计算机相比，因此，特别大的计算任务还是要用超级计算机才能胜任。

据报道，在 2016 年德国法兰克福国家超算大会公布的全球超级计算机榜单上，我国自主研制的"神威·太湖之光"（图 10-3）排名第一，其计算速度可达每秒 9.3 亿亿次浮点运算。在这个超级计算机中有 40 960 块处理器。

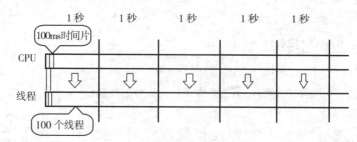

图 10-2　CPU 执行线程示意图

图 10-3　国产超级计算机——神威·太湖之光

10.1.3　线程的作用

支持多线程程序设计是 Java 语言的特点之一，这说明线程对 Java 很重要。

线程的作用可以从两个方面体现：其一，支持多线程使 Java 可以用于进行并发程序设计；其二，支持多线程，才能使 Java 面向对象编程凸显优势。

所谓并发程序设计，既指操作系统同时执行多进程，也指一个进程中定义和同时执行多线程。并发程序设计的目的显而易见：充分利用 CPU 的高速计算能力，提高整体系统和程序的功能和性能。例如一个游戏软件中许多角色同时或者至少在玩家视觉效果上是同时在完成动作，这样的游戏软件才能效果逼真，引人入胜。

多线程能使 Java 面向对象语言优势得以彰显，是因为现实世界的系统中存在许多不同类事物的大量对象，它们既独立运行，又相互关联、相互通信。比如一个大楼里的多部电梯在运行，每天许许多多人上上下下。那么在模拟电梯系统运行的程序中，是不是一定存在许多的对象，要同时执行方法，完成其行为？程序是用来解决实际问题的，许多问题需要面向对象，许多问题需要多线程程序解决。

10.1.4　进程与线程的区别

线程与进程很相似，但是它们也有许多不同点。进程与线程的区别主要包括：

（1）线程是进程内的一个执行单元，进程至少有一个线程，多线程共享进程的地址空间，而进程有自己独立的地址空间；

（2）操作系统以进程为单位分配资源，同一个进程内的线程共享进程的资源；

（3）线程是处理器调度的基本单位，但进程不是。

10.2 线程的创建方法

现实世界中，先有对象，后有类。在程序中则是反其道而行之，先有类，后又对象。这并不矛盾，写程序之前先要分析问题，给出设计，而类设计是重要的一部分。先分析对象属性及行为，然后在类中进行定义。有了类，再用它定义对象，用对象调用成员方法完成各种数据处理。

线程也是如此，先有线程类，用线程类定义线程对象，简称线程。

线程也是根据实际问题的需要而设计，而定义的。例如，模拟交通运行情况这样的问题中，需要定义的线程类包括 Car、Time、Light、Road 等。

如何定义线程类呢？有 3 种方法：可以继承自 Thread 类、可以实现 Runnable 接口、可以用 Callable 接口和 FutureTask 类实现。

10.2.1 扩展 Thread 类

要创建一个线程类，可以直接扩展 java.lang.Thread 类，并重写该类的 run 方法，该 run 方法的方法体就代表了线程要完成的任务。因此把 run() 方法称为执行体，或者叫线程体。

```
public void run()
```

run 方法是线程的核心，一个运行的线程实际上是该线程的 run() 被调用，所以线程的操作要在 run 方法中进行定义。

【例 10.1】基于 Thread 类实现的多线程。

【代码】

```
package ch10;
class ExtThread extends Thread// 基于 Thread 类派生线程子类
{
    public ExtThread(String name)// 构造方法，用于设定线程字符串名字
    {
        super(name);// 调用父类构造方法设置线程名
    }
    public void run()
    {
        for(int i = 0;i<=4;i++)// 每个线程循环 4 次
        {
            for(long k= 0; k <100000000;k++);// 延时
            // 输出线程名及其执行次数
            System.out.println(this.getName()+" :"+i);
        }
    }
}
```

```java
public class Example10_01
{
        public static void main(String args[])
        {
                // 生成线程对象 t1，其字符串名字为 A
                Thread t1 = new ExtThread("A");
                Thread t2 = new ExtThread("B");
                t1.start();// 调用 start() 方法使线程处于可运行状态
                t2.start();

        }
}
```

图 10-4 所示的是一次运行的结果。

将这个程序多运行几遍，可以看到每次的运行结果都不一样。程序中有两个线程 t1 和 t2（多线程），哪一个线程占用 CPU 取决于线程调度。

图 10-4　运行结果

10.2.2　实现接口 Runnable

直接扩展 Thread 类创建线程类的方式虽然简单直接，但是由于 Java 不支持多继承，在已有一个父类的情况下不能再对 Thread 扩展。这种情况下可以通过实现接口 Runnable 来创建线程类。Runnable 接口中只声明了一个方法 run()，所以实现该接口的类必须重定义该方法。

要启动线程，必须调用线程类 Thread 中的方法 start()。所以，即使用 Runnable 接口实现线程，也必须有 Thread 类的对象，并且该对象的 run() 方法（线程体）是由实现 Runnable 接口的类的对象提供。Thread 类共有 8 个构造方法，其中一个构造方法：

```java
Thread(Runnable target)
```

由参数 target 提供 run() 方法。

【例 10.2】用 Runnable 接口实现多线程的例子。

【代码】

实现接口
Runnable

例 10.2 讲解

```java
package ch10;
class ImpRunnable implements Runnable// 实现 Runnable 接口
{
        private String name;
        public ImpRunnable(String name)
        {
                this.name = name;
        }
        public void run()// 接口的方法，子类必须定义
        {
                for (int i = 0; i < 5; i++)
                {
                        for (long k = 0; k < 100000000; k++);// 延时
                        System.out.println(name + ": " + i);
                }
```

```
        }
    }
public class Example10_02
{
    public static void main(String[] args)
    {
        ImpRunnable ds1 = new ImpRunnable("A");
        ImpRunnable ds2 = new ImpRunnable("B");

        Thread t1 = new Thread(ds1);//ds1 为 t1 提供线程体
        Thread t2 = new Thread(ds2);//ds2 为 t2 提供线程体

        t1.start();// 线程启动
        t2.start();
    }
}
```

本例与例 10.1 实现多线程的过程不同，但可以达到同样的效果。

10.2.3　用 Callable 和 FutureTask 定义线程

用 Callable 和 FutureTask 定义线程，包含以下 4 个步骤。

（1）创建 Callable 接口的实现类，并实现 call() 方法，该 call() 方法将作为线程执行体，并且有返回值。

（2）创建 Callable 实现类的实例，使用 FutureTask 类来包装 Callable 对象，该 FutureTask 对象封装了该 Callable 对象的 call() 方法的返回值。

（3）使用 FutureTask 对象作为 Thread 对象的 target 创建并启动新线程。

（4）调用 FutureTask 对象的 get() 方法来获得子线程执行结束后的返回值。

【例 10.3】使用 Callable 和 FutureTask 创建线程的例子。

【代码】

```
package ch10;
import java.util.concurrent.Callable;
import java.util.concurrent.ExecutionException;
import java.util.concurrent.FutureTask;

public class Example10_03  implements Callable<Integer>
{
  public static void main(String[] args)
    {
        Example10_03 ctt = new Example10_03 ();
        FutureTask<Integer> ft = new FutureTask<>(ctt);
        for(int i = 0;i < 10;i++)
        {
                System.out.println(Thread.currentThread().getName()+" 的循环变
                量 i 的值 "+i);
                if(i==20)
                {
                    new Thread(ft," 有返回值的线程 ").start();
```

```
            }
        }
        try
        {
            System.out.println(" 子线程的返回值: "+ft.get());   // 获取线程
            执行结果
        } catch (InterruptedException e)
        {
            e.printStackTrace();
        } catch (ExecutionException e)
        {
            e.printStackTrace();
        }
    }

    @Override
    public Integer call() throws Exception      // 线程体
    {
        int i = 0;
        for(;i<100;i++)
        {
            System.out.println(Thread.currentThread().getName()+" "+i);
        }
        return i;
    }
}
```

10.3 线程状态及转换

线程对象和其他对象一样有生命期。和一般对象不同的是：线程在生命期中有多种不同的状态，且线程的不同状态之间可以转换。

线程状态及转换

10.3.1 线程的状态

线程在生命期中可能经历 5 种状态：新建（New）、就绪或者可运行（Ready or Runnable）、运行（Running）、阻塞（Blocked）、死亡（Dead）。其含义如下。

（1）新建状态：新创建了一个线程对象，但该对象不能占用 CPU，不能运行。

（2）就绪状态：线程对象创建后调用 start() 方法后，该线程位于可运行线程池中，变得可运行，等待获取 CPU 的使用权。

（3）运行状态：线程调度器使某个处于就绪状态的线程获得 CPU 使用权，执行线程体代码（run() 方法）。

（4）阻塞状态：阻塞状态是线程因为某种原因放弃 CPU 使用权，暂时停止运行。直到满足某个触发条件又使线程进入就绪状态，才有机会转到运行状态。

（5）死亡状态：线程执行完了或者因异常退出了 run() 方法，该线程结束生命周期。

10.3.2 线程状态转换

线程状态及状态转换的关系如图 10-5 所示。

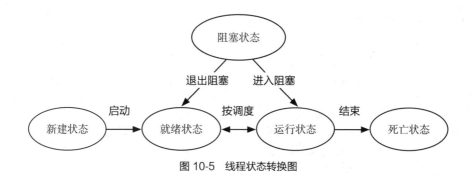

图 10-5　线程状态转换图

阻塞的情况分 4 种。

（1）等待阻塞：运行的线程执行 wait() 方法，JVM 会把该线程放入等待池中。

（2）同步阻塞：运行的线程在获取对象的同步锁时，若该同步锁被别的线程占用，则 JVM 会把该线程放入锁池中。

（3）IO 阻塞：从 JDK1.4 开始，IO 分为非阻塞和阻塞两种模式。阻塞 IO 模式下，线程若从网络流中读取不到指定大小的数据量时，IO 就在那里等待着。

（4）其他阻塞：运行的线程执行 sleep() 或 join() 方法，或者发出了 I/O 请求时，JVM 会把该线程置为阻塞状态。当 sleep() 状态超时、join() 等待线程终止或者超时，或者 I/O 处理完毕时，线程重新转入就绪状态。

对这 4 种阻塞需要说明：一方面线程因不同的原因进入阻塞状态；一方面当导致阻塞的初始原因解除的时候，线程就会从阻塞状态转换到就绪状态。具体说，wait() 需等待到 notify() 方法通知才脱离阻塞状态；同步阻塞需待访问同一对象的当前持锁线程执行完解锁后才结束阻塞状态；sleep() 需待休眠时间到才摆脱阻塞；join() 等到联合线程执行完；而 IO 阻塞的线程只有等到数据 I/O 完成。

10.4　线程调度

什么是线程调度？简单说就是 CPU 决定在某时某刻执行多个线程中的哪一个。前面讲过的时间片轮转是个基本策略，实际的线程调度在这个基础上有一些变化。

线程调度

10.4.1　线程栈模型

要理解线程调度的原理，以及线程执行过程，首先要了解线程栈模型。

线程栈是指内存中线程调度的栈信息，当前调用的方法总是位于栈顶。线程栈的内容是随着程序的运行动态变化的，因此研究线程栈必须选择一个运行的时刻（实际上指代码运行到什么地方）。图 10-6 示例的代码说明线程（调用）栈的变化过程。

当程序执行到 t.start() 时候，程序多出一个分支（增加了一个调用栈 B），这样，栈 A、栈 B 并发执行。从这里亦可明显看出方法调用和线程启动的区别。图 10-6 中栈 A 对应的是 main 线程，而栈 B 对应另一个线程 t.start() 的运行。

10.4.2　线程优先级

JVM 按照线程调度策略决定哪个就绪状态的线程转换到运行状态，但在 JVM 规范中并没有给出严格的调度策略定义。

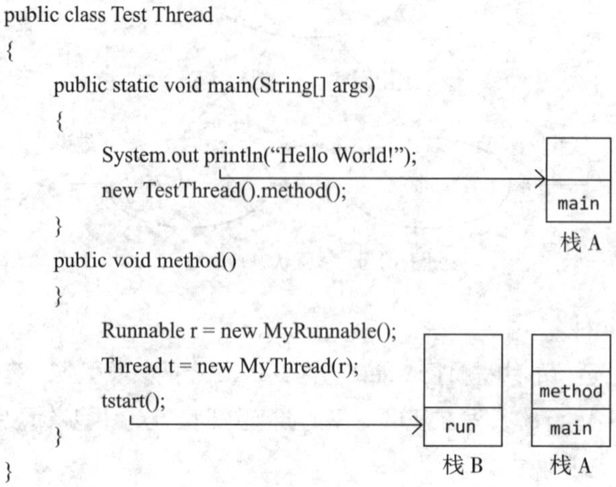

```
public class Test Thread
{
    public static void main(String[] args)
    {
        System.out println("Hello World!");
        new TestThread().method();
    }
    public void method()
    }
        Runnable r = new MyRunnable();
        Thread t = new MyThread(r);
        tstart();
    }
}
```

图 10-6　线程栈示意图

概括地说：Java 线程调度是抢占式调度策略，在可运行池中的就绪状态具有不同优先级，优先级高的线程将优先得到且比优先级低的线程得到更多的 CPU 执行时间，优先级相同则随机选择线程，一个时刻只有一个线程在运行 (对单 CPU 而言)。

Java 线程有 10 个优先级，用数字 1~10 表示，从低到高，线程默认的优先级是 5 级。可通过方法 setPriority(int) 设置优先级，通过 getPriority() 获得线程的优先级。另外，定义了 3 个常数用于表示线程的优先级：Thread.MIN_PRIORITY、Thread.MAX_PRIORITY、Thread.NORM_PRIORITY，分别对应优先级 1、10、5。

时间片轮转体现了调度策略的公平性，而优先级则体现效率，体现不同线程的重要性的差异。虽然线程优先级不同，但是，这不意味着优先级高的线程可以独占 CPU 执行时间片，我们通过实例执行很容易发现，优先级高的线程得到了较多的执行时间片。可以说，抢占的意义在于获得更多的时间而不是独占。

对【例 10.1】做一点修改，让线程数量多一点。

【代码】

```
public static void main(String args[])
{
    // 生成线程对象 t1~t6，其名字为 A~F,t4 优先权最高，是 10，其他为 5
    Thread t1 = new ExtThread("A");
    Thread t2 = new ExtThread("B");
    Thread t3 = new ExtThread("C");
    Thread t4 = new ExtThread("D");
    Thread t5 = new ExtThread("E");
    Thread t6 = new ExtThread("F");
    t4.setPriority(Thread.MAX_PRIORITY);
    t1.start();
    t2.start();
    t3.start();
    t4.start();
```

```
        t5.start();
        t6.start();
    }
```

给其中的一个线程 t4 设置了最高优先级（10），观察程序执行结果发现，高优先级线程抢占成功。如图 10-7 所示程序的执行结果。

从图中还可以看到，相同优先级的多个线程，它们的执行顺序不是按照先来先服务原则，即不是先启动先执行，而是随机的执行序列。

10.5　线程常用方法

有了线程类，可以用它实例化对象。线程类对象（简称线程）调用线程方法完成各种操作。例如线程让步、线程联合、线程中断等。

线程常用方法

图 10-7　线程 D
得到更多执行时间

10.5.1　常用方法

线程应用程序中所用的方法主要来自 Thread 类和 Object 类。表 10-1 所列的是 Thread 类的常用方法。

表 10-1　Thread 类方法

返回类型	方　法	操　作
static Thread	currentThread()	返回对当前正在执行的线程对象的引用
String	getName()	返回该线程的名称
int	getPriority()	返回线程的优先级
void	interrupt()	使一个阻塞状态的线程中断执行
boolean	isAlive()	测试线程是否处于活动状态
void	join()	等待该线程终止
void	run()	如果该线程是使用独立的 Runnable 运行对象构造的，则调用该 Runnable 对象的 run 方法；否则，该方法不执行任何操作并返回
void	setPriority(int newPriority)	设置线程的优先级
void	setName(String name)	改变线程名称，使之与参数 name 相同
static void	sleep(long millis)	在指定的毫秒数内让当前正在执行的线程休眠（暂停执行）
static void	sleep(long millis, int nanos)	在指定的毫秒数加指定的纳秒数内让当前正在执行的线程休眠（暂停执行）
void	start()	使该线程可运行
static void	yield()	暂停当前正在执行的线程对象，并执行其他线程

表 10-1 中的方法可分为两类，分别是线程基本操作方法和线程调度有关的方法。前者不改变线程当前状态，后者则改变线程当前状态。线程基本操作方法如 currentThread()、getPriority()、getName()、run()、start()、isAlive() 等，线程调度方法如 join()、sleep(long millis)、yield()、interrupt() 等。

【例 10.4】使用线程基本操作方法的例程（本例用到方法 setName()、getName() 和currentThread()）。

【代码】

```java
package ch10;
import java.io.*;
public class Example10_04
{
    public static void main(String[] args) throws IOException
    {
        MyThread thread = new MyThread();
        thread.setName("测试线程");
        thread.start();
        try
        {   //main 线程
            System.out.println(Thread.currentThread().getName()+"进入
            睡眠");
            Thread.currentThread().sleep(2000);// 睡眠 2 秒
            System.out.println(Thread.currentThread().getName()+"睡眠
            完毕");
        }
        catch (InterruptedException e)
        {
            e.printStackTrace();
        }
        thread.interrupt();// 测试线程应该休眠 10 秒，但被中断
    }
}
class MyThread extends Thread
{
    @Override
    public void run()
    {
        try
        {   // 测试线程
            System.out.println(Thread.currentThread().getName()+"进入
            睡眠");
            Thread.currentThread().sleep(10000);// 休眠 10 秒，但被提前中断
            System.out.println(Thread.currentThread().getName()+"睡眠
            完毕");
        }
        catch (InterruptedException e)
        {
            System.out.println("得到中断异常");
        }
        System.out.println("run 方法执行完毕");
    }
}
```

main() 方法本身也是一个线程，所以一个 Java 程序至少有一个线程，在本例中有两个线程。程序运行结果如图 10-8 所示。

图 10-8　例 10.4 运行结果

10.5.2　线程让步

所谓线程让步是指当前正在执行的线程交出 CPU 使用权，让步给其他线程。那么，线程为什么让步？如何做到让步？

让步操作与线程优先级有关，因此与线程调度有关。 如果某线程想让和它具有相同优先级的其他线程获得更多运行机会，使用 yield() 即可。yield() 只是令线程从运行状态转到可运行状态，而不是转到阻塞状态。 所以，让步线程没有失去执行机会，什么时候再执行，由调度决定。

让步正像在交流会上常见的场面，一个人示意另一个人：您先讲！这是一种礼让。 但是让出的一方并不是从此沉默不语了，该说的时候他还是有权利说的。

线程让步

【例 10.5】使用线程让步方法 yield() 的例程。

【代码】

```java
package ch10;
public class Example10_05
{
    public static void main(String[] args)
    {   // 注意，两个线程对象的创建方式不同
        Thread t1 = new MyThread1();
        Thread t2 = new Thread(new MyRunnable1());
        t2.start();
        t1.start();
    }
}
class MyThread1 extends Thread// 线程类的子类
{
    public void run()
    {
        for (int i = 1; i <= 10; i++)
                System.out.println("线程1第" + i + "次执行! ");
    }
}
class MyRunnable1 implements Runnable// 实现接口
{
    public void run()
    {
        for (int i = 1; i <= 10; i++)
        {
                System.out.println("线程2第" + i + "次执行! ");
                Thread.yield();// 让步
        }
        for (int i = 1; i <= 10000; i++);// 延时
    }
}
```

该程序运行结果如图 10-9 所示。线程 t2 让步效果明显。

10.5.3 线程联合

一个线程与另一个线程之间，在执行顺序上可能有关联。比如，一个线程模拟摘苹果、一个线程模拟洗苹果、一个线程模拟吃苹果。先摘后洗再吃的顺序是正常的，否则就是不符合逻辑的。

这种情况我们称之为线程联合。线程之间这种条件结果关系，可以用 join() 方法实现。

假设现有两个线程，t1 和 t2，且在 t1 中有如下代码：

```
t2.join();
```

图 10-9
一次运行结果

意味着，t1 执行到当前位置，需要等待 t2 执行完才能继续执行余下的代码。以这样的方式，t1 和 t2 联合。或者换另一种说法是：在 t1 中原来只有自身的代码，有其自己的执行次序，现在呢，在当前位置，t2 加入其中（t2.join() 的字面意思），得到一个新的执行次序。

线程联合

有 3 个重载的 join() 方法。

（1）void join() 等待该线程终止。

（2）void join(long millis) 等待该线程终止的时间最长为 millis 毫秒。

（3）void join(long millis, int nanos) 等待该线程终止的时间最长为 millis 毫秒 + nanos 纳秒。

【例 10.6】使用 join() 方法联合线程。

【代码】

```java
package ch10;
public class Example10_06
{
    public static void main(String args[])
    {
        Wash wash = new Wash();
        wash.setName("Sawyer");
        wash.start();
        Thread.currentThread().setName("Billy");
        try
        {// 主线程在运行，执行下面语句后，主线程让出 CPU 给 sub Thread.sleep(100);
            wash.join();// 直到 wash 执行完后，主线程才能继续执行
        }
        catch(InterruptedException e)
        {}
        System.out.println(Thread.currentThread().getName()+" 吃了个苹果。");
    }
}

class Pick extends Thread
{
    public void run()
    {
```

```
        try
        {
                sleep(3000);// 模拟子线程运行
        }
        catch(InterruptedException e)
        {
                System.out.println("interrupted!");
        }
        System.out.println(this.getName()+" 摘了个苹果 ");
    }
}
class Wash extends Thread
{   Pick pick;
    Wash(){
      pick = new Pick();
      pick.setName("Tom");
    }

    public void run()
    {
        try
        {
                pick.start();
                sleep(3000);
                pick.join();
        }
        catch(InterruptedException e)
        {
                System.out.println("interrupted!");
        }
        System.out.println(this.getName()+" 洗了个苹果 ");
    }
}
```

程序执行结果如图 10-10 所示。

图 10-10　本例执行结果

10.5.4　守护线程

1. 什么是守护线程

线程总体分为用户线程（User Thread）和守护线程（Daemon Thread）。守护线程的作用是为用户线程提供服务的。例如，GC（Gargage Collection）线程就是服务于所有用户线程的守护线程。当所有用户线程执行完毕的时候，JVM 自动关闭。但是守护线程却独立于 JVM，守候线程一般是由操作系统或者用户自己创建。

线程默认为非守护线程，即用户线程。用户线程和守护线程唯一的区别在于虚拟机的离开。如果用户线程全部退出，没有了被守护者，守护线程也就没有服务对象了，所以虚拟机也就退出了。

用 setDaemon(true) 可以设置一个守护线程，使用守护线程应注意以下几点。

（1）thread.setDaemon(true) 必须在 thread.start() 之前设置，否则会抛出一个非法线程状

态异常 IllegalThreadStateException。

（2）在守护线程中产生的新线程也是守护线程。

（3）并非所有的应用都可以分配给守护线程来进行服务，比如读写操作或者大量复杂耗时的计算。因为在守护线程还没来得及进行操作时，虚拟机可能已经退出了。这时可能还有大量数据尚未来得及读入或写出，多次计算的结果也可能不一样。这对程序是毁灭性的。

2. 守护线程例程

【例 10.7】在程序中设置守护线程。

【代码】

守护线程例程

```java
package ch10;
class DaemonThread implements Runnable
{
    public void run()
    {
        while (true)//true= 线程永远执行
        {
            for (int i = 1; i <= 3; i++)
            {
                System.out.println(Thread.currentThread().getName()+i);
                try
                {
                    Thread.sleep(500);
                }
                catch (InterruptedException e)
                {
                    e.printStackTrace();
                }
            }
            if(Thread.currentThread().getName().equals(" 非守护线程 "))
                break;//" 非守护线程 " 能结束，" 守护线程 " 也随之结束
        }
    }
}
public class Example10_07
{
    public static void main(String[] args)
    {
        Thread daemonThread = new Thread(new DaemonThread());
        daemonThread.setName(" 守护线程 ");

        // 设置为守护线程
        daemonThread.setDaemon(true);
        daemonThread.start();

        Thread t = new Thread(new DaemonThread());
        t.setName(" 非守护线程 ");
        t.start();
    }
}
```

程序运行结果如图 10-11 所示。线程 daemonThread 是一个守护线程，它是一个永远运行（循环条件 =true）的线程。但是，由于它是一个守护线程，所以当线程 t 结束后，守护线程也就线束了。

图 10-11
例 10.7 运行结果

10.5.5　线程中断

线程在执行过程中被中断，为什么？举个打印的例子，假如已经发出的打印任务正在被执行（打印 100 份），这时发现打印的材料版式不对，我们需要中断打印任务，不然就制造了一堆废纸。需要修改版式之后再打印。

怎么实现呢？需要用到 Thread 类的 interrupt() 方法。参见例 10.8 和例 10.9。

interrupt() 方法中断线程的原理很简单，它只对使用 join() 方法、sleep() 方法或 wait() 方法进入阻塞状态的线程起作用，可以是这样的线程——从阻塞状态转为中止执行，而不会再次进入可运行队列。它对线程设置一个中断状态，在线程体中由 join() 方法、sleep() 方法或 wait() 方法抛出异常 InterruptedException，借此中止线程体的执行。

需要注意的问题有哪些？

（1）interrupt() 方法本身不能中止程序执行，需要借助异常机制和程序安排。

（2）isInterrupted() 方法返回线程当前是否为中断状态，true 或 false。

【例 10.8】练习 interrupt() 方法的使用。例中假定有两个人的任务相同，读书 100 页，其中第一位开始读书后不久被中断，第二位正常完成读书任务。

【代码】

```java
package ch10;
class ReadBook1 implements Runnable{
    private int pageCount = 0;
    public void run(){
        try {
            while (pageCount<100) {
                System.out.println(Thread.currentThread().getName()+" is
                reading!");
                pageCount +=20;     // 读 20 页书休息 500 毫秒
                Thread.sleep(500);
            }
        }
        catch(InterruptedException e) {
        System.out.println(Thread.currentThread().getName()+" read the
        first "+(pageCount-20)+" pages.");
        System.out.println(Thread.currentThread().getName()+"'s reading
        was interrupted !");
        }
    }
}

public class Example10_08 {

    public static void main(String[] args) throws Exception{
```

```
// 将任务交给线程 t1 和 t2
Thread t1 = new Thread(new ReadBook1());
Thread t2 = new Thread(new ReadBook1());
t1.setName("Zhangsan"); t2.setName("Lisi");
t1.start(); t2.start();
// 主线程运行 1000 毫秒之后中断线程 t1
Thread.sleep(1000);
t1.interrupt();
    }
}
```

此例程的执行过程：模拟 Zhangsan 的阅读被中断，只有 Lisi 的阅读持续进行，直到读完全部 100 页书线程才结束，而 Zhangsan 只读了一部分，具体是读了 20 页或者更多一点，与主线程中中断它的时间点有关。程序中主线程有一个 1000 毫秒的休眠，因此，Zhangsan 会在读了 40 页书之后，在短暂休眠期间被中断。

程序的结果，希望在分析之后再实验证明，这样有利于深入理解线程中断机制。

【例 10.9】使用标志变量管理线程的中断问题。

【代码】

```
package ch10;
public class Example10_09 extends Thread {
    private volatile boolean isShutdownRequested = false;

    public final void shutdown(){
        isShutdownRequested = true;
        interrupt();
    }

    public final boolean isShutdownRequested() {
        return isShutdownRequested;
    }

    protected void doWork() throws InterruptedException {
        System.out.println("running...");
        sleep(500);
    }
    protected void doShutdown() {
        System.out.println("shutdown!");
    }

    @Override
    public void run() {
        try {
            while(!isShutdownRequested()){
                doWork();
            }
        } catch (InterruptedException e) {
            System.out.println("InterruptedException is Thrown");
        } finally {
```

```
            doShutdown();
        }
    }

    public static void main(String[] args) {
        Example10_09 thread = new Example10_09()  ;
        thread.start();

        try {
            Thread.sleep(2000);
        } catch (InterruptedException e) {
            e.printStackTrace();
            }

        System.out.println(" 即将调用 shutdown() 方法 ");
        thread.shutdown();
    }
}
```

程序运行结果如图 10-12 所示。

图 10-12　例 10.9 执行结果

10.6　线程同步与锁机制

线程同步与锁机制是 Java 语言中一个重要的机制。这个机制避免多线程情况下数据访问出现错误。本节介绍这个机制的原理和用法。理解线程同步机制，才能准确把握多线程程序中线程之间交互的控制方法。

10.6.1　线程同步概述

1．线程同步

同步就是使不同动作协调有序。线程同步指的是当程序中有多个线程，假设它们同时访问同一个变量时，一些线程读数据，一些线程写数据，可能会出现数据读写错误，因此需要对这些线程的数据访问操作进行控制，使之协调有序，避免数据访问操作出错。

数据访问怎么会出错呢？假设有两个线程 A 和 B 同时（严格地说是并发地）访问同一个变量 account，account 的初值为 100，线程 A 要使 account 增加 50，线程 B 要使 account 减少 50。A 线程操作分为 3 步：read account、account = account +50、write account to memory；B 线程的操作类似，它的第 2 步是 account = account – 50。假设 A 和 B 执行的顺序为 A—B—A—B，即 A、B 线程都是在执行完第 2 步结束时就从 running 状态转变到 runnable 状态，那么经过两轮后 account 应该是多少？实际运行结果是多少？应该是 100，实际却是 50，错误出现了！

一个线程在访问某个对象（数据或一组数据），其他线程就不能再访问该对象，这是线程同步的基本思想。

2. 同步锁

Java 线程同步控制机制的核心是同步锁。

用 synchronized 修饰方法或代码块即可实现同步锁机制。一个方法或代码块用 synchronized 修饰，则可以保证在某个线程访问期间，其他线程不可访问，从而保证数据读写的正确性。

这正如公用电话亭的使用，电话亭的门有一把锁。一个人进入电话亭，他就拥有了电话亭的锁，锁上门保证了他的通话不受其他后来者干扰。后来的人们则排队等待，相当于进入一个队列，为了得到电话亭的锁，这个队列可以称之为锁等待队列。

3. synchronized 关键字

（1）用于修饰实例方法 synchronized aMethod(){}

synchronized 作用域在某个对象实例内，可以防止多个线程同时访问这个对象的 synchronized 方法。如果一个对象有多个 synchronized 方法，只要一个线程访问了其中的一个 synchronized 方法，其他线程就不能同时访问这个对象中任何一个 synchronized 方法。这时，不同的对象实例的 synchronized 方法是不相干扰的。也就是说，其他线程照样可以同时访问相同类的另一个对象实例中的 synchronized 方法。

（2）用于修饰静态方法 synchronized static aStaticMethod(){}

synchronized 作用域在某个类内，防止多个线程同时访问这个类中的 synchronized static 方法。它可以对类的所有对象起作用。

（3）用于修饰方法中的某个代码块 synchronized(this){/* 代码块 */}

其作用域为当前对象，表示只对这个块的资源实行互斥访问。

synchronized(this) 用于定义一个临界区（其后面大括弧所包含的部分），以保证在多线程下只能有一个线程可以进入 this 对象的临界区。synchronized(对象或者变量){}，表示在 {} 内的这段代码中，对（对象或者变量）中的对象或者变量进行同步处理，也就是说当访问这段代码时，一个线程对对象或者变量的访问完成后才能够交给另外一个线程，即有了同步锁。使用 synchronized(对象或者变量)，就是为了防止对象或者变量被同时访问，避免多个线程修改和读取对象或者变量同时出现的时候，使用这个对象或者变量的地方出现错误的判断，如 while(对象或者变量)。

synchronized 关键字修饰的方法是不能继承的。父类的方法 synchronized f(){} 在子类中并不自动成为 synchronized f(){}，而是变成了 f(){}。子类可显式地指定它的某个方法为 synchronized 方法。

（4）用于修饰类

其作用是对这个类的所有对象加锁，作用范围是 synchronized 后面括号括起来的部分。

4. volatile 关键字

volatile 关键字用于多线程同步变量。线程为了提高效率，将某成员变量 A 拷贝了一份，得到 B，对 A 的访问变成了访问 B。A 和 B 的值有不一致的时刻，volatile 就是用来避免这种情况的。volatile 告诉 JVM，它所修饰的变量不使用拷贝，直接访问主内存中的变量（也就是上面说的 A）。

volatile 修饰符的使用方法：

```
private volatile int i;
```

volatile 一般情况下不能代替 sychronized，因为 volatile 不能保证操作的原子性，即使只是 i++，实际上也是由多个原子操作组成：read i; inc i; write i，假如多个线程同时执行 i++，volatile 只能保证它们操作的 i 是同一块内存，但依然可能出现写入脏数据的情况。

10.6.2　线程同步举例

【例 10.10】线程中 synchronized 同步方法的作用。

【代码】

```java
package ch10;
public class Example10_10
{
    public static void main(String[] args)
    {
        User user = new User("张三", 100);
        UserThread t1 = new UserThread("线程A", user, 20);
        UserThread t2 = new UserThread("线程B", user, -60);
        UserThread t3 = new UserThread("线程C", user, -80);
        UserThread t4 = new UserThread("线程D", user, -30);
        UserThread t5 = new UserThread("线程E", user, 32);
        UserThread t6 = new UserThread("线程F", user, 21);
        t1.start();
        t2.start();
        t3.start();
        t4.start();
        t5.start();
        t6.start();
    }
}

class UserThread extends Thread
{
    private User user;
    private int y = 0;
    UserThread(String name, User user, int y)
    {
        super(name);
```

```java
                this.user = user;
                this.y = y;
        }
        public void run()
        {
                user.operate(y);
        }
    }
    class User
    {
        private String code;
        private int cash;
        User(String code, int cash)
        {
                this.code = code;
                this.cash = cash;
        }
        public String getCode()
        {
                return code;
        }
        public void setCode(String code)
        {
                this.code = code;
        }
        public synchronized void operate(int x)// 同步方法，线程锁
        {
                try
                {
                        Thread.sleep(10);
                        this.cash += x;
                        String threadName=Thread.currentThread().getName();
                        System.out.println(threadName+" 结束，增加 "+x+"，账户余额为: "
                        +cash);
                        Thread.sleep(10L);
                }
                catch (InterruptedException e)
                {
                        e.printStackTrace();
                }
        }

        @Override
        public String toString()
        {
                return "User{"+"code='"+code+'\"'+",cash="+cash+ "}";
        }
    }
```

程序运行结果如图 10-13 所示。

```
线程A结束，增加20，账户余额为: 120
线程F结束，增加21，账户余额为: 141
线程E结束，增加32，账户余额为: 173
线程D结束，增加-30，账户余额为: 143
线程C结束，增加-80，账户余额为: 63
线程B结束，增加-60，账户余额为: 3
```

图 10-13 例 10.10 的运行结果

10.6.3 线程安全

1. 什么是线程安全

理解线程安全,我们从线程不安全开始。

比如一个 ArrayList 类,在添加一个元素的时候,它可能分两步来完成:①在 Items[Size] 的位置存放此元素;②增大 Size 的值。

在单线程运行的情况下,如果 Size = 0,添加一个元素,此元素在位置 0,然后 Size 增 1,即 Size=1。这没有任何问题。

然而在多线程情况下,例如有两个线程 A 和 B,线程 A 先将元素存放在位置 0。但是此时 CPU 调度线程 A 暂停,线程 B 得到运行的机会。线程 B 也向此 ArrayList 添加元素,因为此时 Size 仍然等于 0(我们假设的是添加一个元素分为两个步骤,而线程 A 仅仅完成了步骤 1,实际可能有更多的步骤),所以线程 B 也将元素存放在位置 0。然后线程 A 和线程 B 都继续运行,都增加 Size 的值。

结果,在 ArrayList 中,元素只有一个,存放在位置 0,而 Size 却等于 2。这就是所谓"线程不安全"。

线程安全,就是针对类似以上所讲的不安全问题。应当采取措施和机制,避免出现线程不安全问题。特别需要再次说明的是,线程不安全问题,都是在多线程的情况下出现的,线程安全问题的讨论,当然也有多线程这个前提。

2. 如何保证线程安全

将以上关于 ArrayList 操作这个例子和 10.6 线程同步一节中关于 account 操作错误简单对比,你会发现,它们是同一事物的两种阐述。Java 通过同步机制和对象锁机制保证线程安全。

同步机制已经做过系统讲解,这里仅说明一下对象锁的用法。限于篇幅,这里不展开介绍对象锁的原理。可以参照同步机制和下面的例题做概要了解,或可自学以求深入理解。

Java5 提供了同步代码块的另一种机制,它比 synchronized 关键字更强大也更加灵活。这种机制基于 Lock 接口及其实现类。

和 synchronized 关键字相比,锁机制的好处包括以下几点。

(1)提供了更多的功能。tryLock() 方法的实现,这个方法试图获取锁,如果锁已经被其他线程占用,它将返回 false 并继续往下执行代码。

(2)Lock 接口允许分离读和写操作,允许多个读线程和单一写线程。

(3)具有更好的性能。

【例 10.11】对象锁机制的应用。

```java
package ch10;
import java.util.concurrent.locks.*;
 class Ticket implements Runnable
 {
     int num = 100;
     // 创建锁对象,ReentrantLock(可重入的互斥锁)是 Lock 接口的一个实现
     Lock loc = new ReentrantLock();
     public void run()
```

```
                    {
                        while( true )
                        {
                            loc.lock();        // 获取锁
                            try
                            {
                                if( num > 0 )
                                {
                                    System.out.println(Thread.currentThread().
                                        getName()+"............."+num);
                                    num--;
                                }
                                Thread.sleep(500);
                            }
                            catch(InterruptedException e) {}
                            finally
                            {
                                loc.unlock();              // 释放锁
                            }
                        }
                    }
                }

class Example10_11
{
    public static void main(String[] args)
    {
        // 创建目标对象
        Ticket t = new  Ticket();
         // 创建线程
        Thread tt = new  Thread(t);
        Thread tt2 = new  Thread(t);
        Thread tt3 = new  Thread(t);
        Thread tt4 = new  Thread(t);
        // 启动线程
        tt.start();
        tt2.start();
        tt3.start();
        tt4.start();
    }
}
```

本程序执行结果是正常情况，从 100 开始递减地输出，模拟 100 张票被 4 人买走，不多不少。没有出现错误。

读者可以自己实验观察，如果将程序中获取锁和释放锁两个语句删去，看看执行结果是否还正常。其实这与线程同步的例子是一致的。

3. 集合类的线程安全问题

因为集合类在应用程序中特别常用，而且集合类操作必然涉及在多个线程中使用集合类对象的添加、删除、插入、检索等，所以，为了正确操作集合元素，必须搞清楚集合类线程安全问题。

（1）线程安全 (Thread-safe) 的集合对象：Vector、HashTable、StringBuffer。

（2）非线程安全的集合对象：ArrayList、LinkedList、HashMap、HashSet、TreeMap、TreeSet、StringBulider。

（3）包装线程不安全的集合：可以使用 Collections 中提供的方法将线程不安全的集合包装成线程安全的集合。例如：

synchronizedMap 方法将一个普通的 HashMap 包装成线程安全的类。

HashMap m = Collections.synchronizedMap(new HashMap());

（4）从 Java5 开始，java.util.concurrent 包中提供了大量支持高效并发访问的集合接口和实现类：带 concurrent 前缀的集合类，如 ConcurrentHashMap、ConcurrentSkipListMap 等；带 CopyOnWrite 前缀的集合类，如 CopyOnWrite ArrayList、CopyOnWriteArraySet 等。

10.6.4 线程死锁

1. 什么是死锁

当两个线程被阻塞，每个线程在等待另一个线程时就发生死锁。死锁对 Java 程序来说，是很复杂的，线程发生死锁可能性很小，即使看似可能发生死锁的代码，在运行时发生死锁的可能性也是小之又小。

线程死锁

2. 死锁条件

一般造成死锁必须同时满足如下 4 个条件。

（1）互斥条件：线程使用的资源必须至少有一个是不能共享的。

（2）请求与保持条件：至少一个线程必须持有一个资源并且正在等待获取一个当前被其他线程持有的资源。

（3）非剥夺条件：分配资源不能从相应的线程中被强制剥夺。

（4）循环等待条件：第一个线程等待其他线程，后者又在等待第一个线程。

要产生死锁，这 4 个条件必须同时满足。因此要防止死锁，只需要令其中一个条件不成立即可。

【例 10.12】有可能出现死锁的程序例程。

【代码】

```java
package ch10;
class  A
{
    synchronized void first(B b)
    {
        String name = Thread.currentThread().getName();
        System.out.println(name+" entered A.first() ");
        try
        {
            Thread.sleep(1000);
        }
        catch(Exception e)
        {
```

```
                                 System.out.println(e.getMessage());
                        }
                        System.out.println(name+" trying to call B.last()");
                        b.last();
                }

                synchronized void last()
                {
                        System.out.println("inside A.last");
                }
        }
class  B
{
        synchronized void first(A a)
        {
                String name = Thread.currentThread().getName();
                System.out.println(name+" entered B.first()");
                try
                {
                        Thread.sleep(1000);
                }
                catch(Exception e)
                {
                        System.out.println(e.getMessage());
                }
                System.out.println(name+" trying to call A.last()");
                a.last();
        }

        synchronized void last()
        {
                System.out.println("inside B.last");
        }
}
class Example10_12  implements Runnable
{
        A a = new A();
        B b = new B();
        Example10_12()
        {
                Thread.currentThread().setName("main_thread");
                new Thread(this).start();
                a.first(b);
                System.out.println("back in main_thread");
        }

        public void run()
        {
                Thread.currentThread().setName("user_thread");
                b.first(a);
                System.out.println("back in user_thread");
        }
```

```
          public static void main(String args[])
          {
                new Example10_12();
          }
    }
```

图 10-14   例 10.12 的运行结果

程序的一次运行结果如图 10-14 所示。

程序运行时，主线程访问对象 a 同步方法 first() 时亦同时对 a 的另一个同步方法 last() 加锁。用户线程访问 a 的 last() 方法时进入锁等待队列。同理，用户线程访问对象 b 同步方法 first() 时亦对 b 对象的另一个同步方法 last() 加锁，主线程访问 b 的 last() 方法时进入其锁等待队列。相互等待，形成死锁。

10.7   线程的交互

线程间的交互指的是多个线程之间需要一些协调通信，才能正确地共同完成一项任务。

10.7.1   线程交互概述

当多个线程间需要共享数据时，一线程与它线程的交互（广义为同步）就有了新的要求。使用同步和锁，使得线程之间的同步得到控制，避免了由于多线程导致的数据读写错误的发生，实现了线程安全，控制了执行的先后次序，规避了线程死锁等。

但是，仍然存在一个问题：如果仅使用同步和锁（synchronized）进行控制，就忽略了不同线程间根据共享数据形成的业务逻辑和执行次序。例如，有一个借书线程，一个还书线程，它们共享的数据是一本书（假如图书馆中同样的书馆存有 5 本）。那么两个线程间的逻辑关系是有书才能借书。按照同步控制，只是令被阻塞的线程进入同步。

10.7.2   wait() 方法和 notify() 方法

借助 wait() 和 notify() 方法，可以实现线程之间的交互。Object 类中定义了 4 个与线程交互有关的方法，如表 10-2 所列。

表 10-2   Object 类方法

返回类型	方　　法	操　　作
void	notify()	唤醒在此对象监视器上等待的单个线程
void	notifyAll()	唤醒在此对象监视器上等待的所有线程
void	wait()	导致当前的线程等待，直到其他线程调用此对象的 notify() 方法
void	wait(long timeout)	导致当前的线程等待，直到其他线程调用此对象的 notify() 方法或 notifyAll() 方法，或者超过指定的时间量
void	wait(long timeout,int nanos)	导致当前的线程等待，直到其他线程调用此对象的 notify() 方法或 notifyAll() 方法，或者其他某个线程中断当前线程，或者已超过某个实际时间量

以上这些方法是帮助线程传递线程关心的时间状态。

另外，关于 wait/notify() 的使用方法，还需要了解的两个关键点是：

（1）必须从同步环境内调用 wait()、notify()、notifyAll() 方法，线程拥有对象的锁才能调用对象等待或通知方法；

（2）多个线程在等待一个对象锁时使用 notifyAll()。

【例 10.13】线程交互例程：多线程协作完成计算任务。

【代码】

```java
package ch10;
public class Example10_13
{
    public static void main(String[] args)
    {
        ThreadB  b = new ThreadB();

        // 启动计算线程
         b.start();

        // 线程 main 拥有 b 对象上的锁
        synchronized(b)
        {
            try
            {
                String name=Thread.currentThread().getName();
                System.out.println(name+" 等待对象 b 完成计算……");
                // 当前线程 main 等待
                b.wait();
                System.out.println(" 对象 b 计算完成，结果 ="+b.total);
                System.out.println(name+" 继续运行！ ");
            }
            catch (InterruptedException e)
            {
                e.printStackTrace();
            }
        }
    }
}
class ThreadB extends Thread
{
    int total=0;
    public void run()
    {
        synchronized (this)
        {
            for (int i = 0; i < 101; i++)
                total += i;

            // 计算完成了，唤醒在此对象监视器上等待的单个线程
            notify();
        }
    }
}
```

程序执行结果如图 10-15 所示。

图 10-15　例 10.13 运行结果

10.8　小结

本章重点内容是线程同步和锁机制，因此，对这部分加以总结以示强调。

（1）只能同步方法，而不能同步变量和类。

（2）每个对象只有一个锁，当同步时，应该清楚在哪个对象上同步。

（3）不必同步类中所有的方法，类可以同时拥有同步和非同步方法。

（4）如果两个线程要执行一个类中的 synchronized 方法，并且两个线程使用相同的实例来调用方法，那么一次只能有一个线程能够执行方法，另一个需要等待，直到锁被释放。也就是说：如果一个线程在对象上获得一个锁，就没有任何其他线程可以进入（该对象的）类中的任何一个同步方法。

（5）如果线程拥有同步和非同步方法，则非同步方法可以被多个线程访问而不受锁的限制。

（6）线程睡眠时，它所持的任何锁都不会释放。

（7）线程可以获得多个锁。比如，在一个对象的同步方法里调用另外一个对象的同步方法，则获取了两个对象的同步锁。

（8）同步损害并发性，应该尽可能缩小同步范围。同步不但可以同步整个方法，还可以同步方法中一部分代码块。

（9）在使用同步代码块时，应该指定在哪个对象上同步，也就是说要获取哪个对象的锁。

10.9　习题

1．解释下列名词术语：

进程、线程、状态、阻塞、优先级、同步、死锁、守护、线程安全

2．线程有哪几种状态？

3．简述 Java 线程调度的原理。

4．何谓线程同步？何谓线程间通信？

5．分析下面程序的执行结果是什么？

```
class Sync extends Thread
{
        StringBuffer letter;
        public Sync(StringBuffer  letter)
        {
            this.letter=letter;
        }

        public void run()
        {
            synchronized(letter)
            {
                for(int I=1;I<=100;++I)
```

```
                    {
                        System.out.print(letter);
                    }
                    System.out.println();
                    char temp=letter.charAt(0);
                    ++temp;
                    letter.setCharAt(0,temp);
            }
    }
    public static void main(String [] args)
    {
        StringBuffer  sb=new StringBuffer("A");
        new Sync(sb).start();
        new Sync(sb).start();
        new Sync(sb).start();
        }
}
```

第11章
I/O 流类

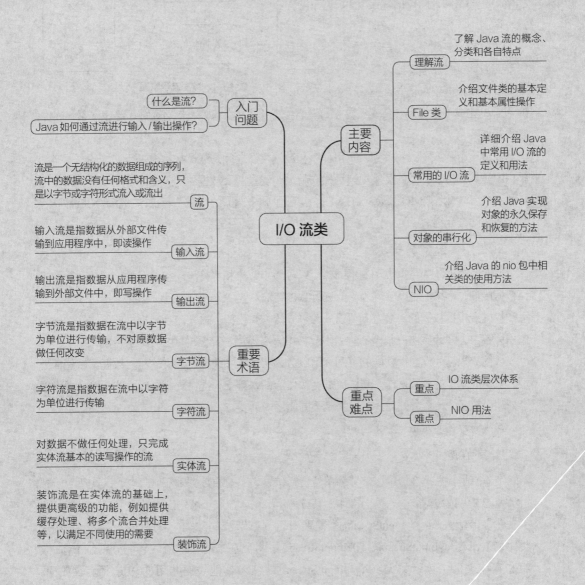

了解 Java 流的概念、
分类和各自特点

理解流

介绍文件类的基本定
义和基本属性操作

File 类

详细介绍 Java
中常用 I/O 流的
定义和用法

常用的 I/O 流

介绍 Java 实现
对象的永久保存
和恢复的方法

对象的串行化

介绍 Java 的 nio 包中相
关类的使用方法

NIO

主要
内容

I/O 流类

什么是流?

入门
问题

Java 如何通过流进行输入 / 输出操作?

流是一个无结构化的数据组成的序列,
流中的数据没有任何格式和含义,只
是以字节或字符形式流入或流出

流

输入流是指数据从外部文件传
输到应用程序中,即读操作

输入流

输出流是指数据从应用程序传
输到外部文件中,即写操作

输出流

字节流是指数据在流中以字节
为单位进行传输,不对原数据
做任何改变

字节流

重要
术语

字符流是指数据在流中以字符
为单位进行传输

字符流

对数据不做任何处理,只完成
实体流基本的读写操作的流

实体流

装饰流是在实体流的基础上,
提供更高级的功能,例如提供
缓存处理、将多个流合并处理
等,以满足不同使用的需要

装饰流

重点
难点

重点

IO 流类层次体系

难点

NIO 用法

11.1 理解 I/O 流的作用

11.1.1 什么是流

在 Java 语言中，为完成对外设文件的 I/O 访问，其采用了一种流（Stream）的机制来进行这一操作。所谓的流，是一个无结构化的数据组成的序列，流中的数据没有任何格式和含义，只是以字节或字符形式进行流入或流出。数据流的流入和流出都是以程序本身作为核心，即流入是指数据从外部数据源流入到程序内部，也就是常说的读操作。流出是指数据从程序内部向外部流出到数据的目的地，也就是常说的写操作。

这种数据的流入和流出都是通过一个通道来完成的。这个通道的两端分别连接运行的程序和外部文件，而数据就在这个通道中进行传输。Java 把这个通道流封装成类，用户不需要知道数据在通道中的传输细节就可以根据要求选择合适

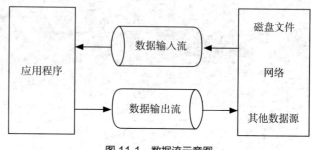

图 11-1　数据流示意图

的通道流完成数据访问和传输。这个通道流我们也称之为数据流。图 11-1 给出了数据流的基本示意图。

通过这个示意图我们看到，应用程序和数据文件之间是通过数据流进行连接的，并且流采用的是单向传输。因此要实现读写操作就需要建立两个数据流。为提高访问效率，Java 在1.4 版本后又提供了 NIO（New I/O）流，实现了同一通道的同时读写操作功能。NIO 流将在11.5 节中详细介绍。

11.1.2 流的分类

数据流根据流中数据类型的不同，可以分为字节流和字符流。字节流是以字节为单位进行数据传输，字符流是以字符为单位进行数据传输。

数据流根据数据的传输方向可以分为输入流和输出流。输入流是数据从外部文件传输到应用程序中，即读操作；输出流是数据从应用程序传输到外部文件中，即写操作。

数据流根据处理数据功能的不同，可以分为实体流和装饰流。实体流对数据不做任何处理，只完成基本的读写操作。装饰流是在实体流的基础上，提供更高级的功能，例如提供缓存处理、将多个流合并处理等，以满足不同使用的需要。

这些流都在 java.io 包中。

1. 字节流

字节流是指数据在流中以字节为单位进行传输，不对原数据做任何改变，因此适用于各种类型的文件或数据的输入输出操作。其分为字节输入流和字节输出流。

在字节输入流中，InputStream 类是所有输入字节流的父类，它是一个抽象类。其子类中的 ByteArrayInputStream、FileInputStream 是两个基本的实体流，它们分别从 Byte 数组和本地文件中读取数据。PipedInputStream 是从与其他线程共用的通道中读取数据。

ObjectInputStream 和所有 FilterInputStream 的子类都是装饰流，这些流是在实体流的基础上进行数据加工以满足特定的需求。图 11-2 给出了字节输入流的类关系。其中 * 表示装饰流。

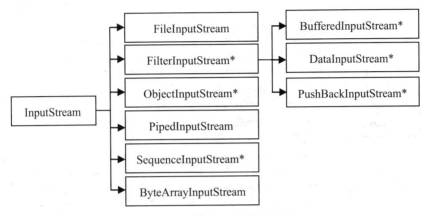

图 11-2　字节输入流的类关系示意图

在字节输出流中，OutputStream 是所有的输出字节流的父类，它是一个抽象类。ByteArrayOutputStream、FileOutputStream 是两个基本的实体流，它们分别向 Byte 数组和本地文件中写入数据。PipedOutputStream 是向与其他线程共用的通道中写入数据，ObjectOutputStream 和所有 FilterOutputStream 的子类都是装饰流。图 11-3 给出了字节输出流的类关系。其中 * 表示装饰流。

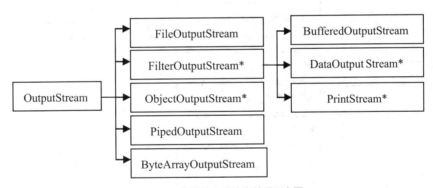

图 11-3　字节输入流的类关系示意图

2. 字符流

字符流是指数据在流中以字符为单位进行传输。Java 语言中的字符是由两个字节构成，因此如果采用字节流传输，需要用户自己完成字符的解析容易出错。而使用字符流就不会出现这个问题。

在字符输入流中，Reader 是所有的输入字符流的父类，它是一个抽象类。InputStreamReader 是一个连接字节流和字符流的桥梁，它使用指定的字符集读取字节并转换成字符。其 FileReader 子类可以更方便地读取字符文件，也是常用的 Reader 流对象。CharArrayReader、StringReader 也是基本的实体流类，它们可以从 char 数组和 String 中读取原始数据。BufferedReader 是装饰流类，实现具有缓存区的数据输入。FilterReader 是具有过滤功能的类，其子类 PushbackReader 可以对 Reader 对象进行回滚处理。PipedReader 是从与其他线程共用的通道中读取数据。图 11-4 给出了字符输入流的类之间关系。其中 * 表示装饰流。

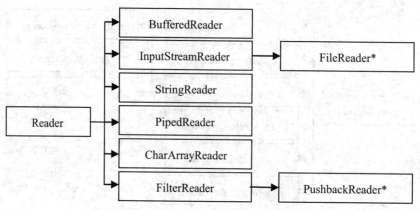

图 11-4　字符输入流的类关系示意图

在字符输出流中，Writer 是所有的输出字符流的父类，也是一个抽象类。相对输入流的子类，输出流当中也有相应的输出子类，只是数据传输方向相反。这些类有OutputStreamWriter 及 其 子 类 FileWriter、CharArrayWriter、StringWriter 、BufferedWriter 、PipedWriter 等。图 11-5 给出了字符输出流的类之间关系。其中 * 表示装饰流。

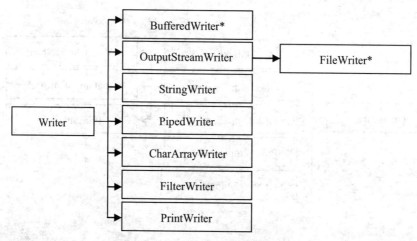

图 11-5　字符输出流的类关系示意图

掌握了输入输出流类及其特点，就可以根据需要选择合适的类完成数据的输入和输出操作。

11.2　File 类

通常，要访问的数据都是以文件的形式存放在外部设备或网络服务器中，Java 把文件封装成了 File 类，因此我们首先介绍 File 类。

File 类

11.2.1　文件对象与属性

File 类是 java.io 包下用于定义与平台无关的文件或目录，该类的对象被用来表示文件的一些基本信息，如文件名、文件大小等，其本身不能访问文件内容，如需要访问则要使用

I/O 流。表 11-1 列出了 File 类的常用构造方法和获取属性的方法。

表 11-1　File 类的构造方法和获取属性方法

返回类型	方法名	方法功能
	File(String filename)	在当前路径下，创建一个名字为 filename 的文件
	File(String path,String filename)	在给定的 path 路径下，创建一个名字为 filename 的文件
String	getName()	获取此文件（目录）的名称
String	getPath()	获取路径名字符串
String	getAbsolutePath()	获取路径名的绝对路径名字符串
long	length()	获取文件的长度。如果表示目录，则返回值不确定
boolean	canRead()	判断文件是否可读
boolean	canWrite()	判断文件是否可写
boolean	canExecute()	判断文件是否执行
boolean	exists()	判断文件（目录）是否存在
boolean	isFile()	判断文件是否是一个标准文件
boolean	isDirectory()	判断文件是否是一个目录
boolean	isHidden()	判读文件是否是一个隐藏文件
long	lastModified()	获取文件最后一次被修改的时间

通过表 11-1 我们看到，创建一个文件对象后，可以运行相关方法来获取文件的各种属性，包括文件所在路径、文件大小、是否可读等，而且目录也是以文件的形式存在的。

【例 11.1】读取给定文件的相关属性，如果该文件不存在则创建该文件。

【代码】

```java
import java.io.*;
import java.util.Scanner;
public class Example11_01
{
    public static void main(String[] args)
    {
        Scanner scanner=new Scanner(System.in);
        System.out.println("请输入文件名，例如: e:\\example.txt");
        String s=scanner.nextLine();
        File file=new File(s);
                System.out.println("文件名: "+file.getName());
        System.out.println("文件大小为: "+file.length()+"字节 ");
        System.out.println("文件所在路径为: "+file.getAbsolutePath());
                if (file.isHidden())
        {
            System.out.println("该文件是一个隐藏文件 ");
        }
        else
        {
            System.out.println("该文件不是一个隐藏文件 ");
        }
        if (!file.exists())
        {
            System.out.println("该文件不存在 ");
```

```
            try
            {
                file.createNewFile();
                System.out.println(" 新文件创建成功 ");
            }
            catch(IOException e){}
        }
    }
}
```

【**程序说明**】首先从键盘输入一个文件名，如果不输入路径则为 class 文件所在路径；如果该文件存在则获取文件名、文件大小、文件所在路径等信息。如果文件不存在则创建该文件。程序运行结果如图 11-6 所示。

图 11-6　例 11.1 运行结果

11.2.2　目录操作

Java 把目录作为一种特殊的文件进行处理，它除了具备文件的基本属性如文件名、所在路径等信息以外，同时也提供了专用于目录的一些方法。表 11-2 给出了目录操作的常用方法。

表 11-2　目录操作的常用方法

返回类型	方法名	方法功能
boolean	mkdir()	创建一个目录，并返回创建结果。成功返回 true，失败（目录已存在）返回 false
boolean	mkdirs()	创建一个包括父目录在内的目录。创建所有目录成功返回 true，如果失败返回 false，这时有可能部分目录已创建成功
String[]	list()	获取目录下字符串表示形式的文件名和目录名
String[]	list(FilenameFilter filter)	获取满足指定过滤器条件的字符串表示形式的文件名和目录名
File[]	listFiles()	获取目录下文件类型表示形式的文件名和目录名
File[]	listFiles(FileFilter filter)	获取满足指定过滤器文件条件的文件表示形式的文件名和目录名
File[]	listFiles(FilenameFilter filter)	获取满足指定过滤器路径和文件条件的文件表示形式的文件名和目录名

通过这些方法，我们完成创建目录，列出目录下的文件等操作。特别是可以根据需要只列出符合特定条件的文件名，这可以使用过滤器来完成。

过滤器 FileFilter 接口和 FilenameFilter 接口都可以对获取的文件名进行过滤。这两个接口中都只有一个方法，FileFilter 接口中的方法是：

```
boolean accept(File pathname)
```

FilenameFilter 接口中的方法是：

```
boolean accept(File dir,String name)
```

这两个接口的不同之处只是方法参数不同，所以可以选择合适的过滤器进行过滤。

【例 11.2】列出指定目录下的所有文件。利用过滤器列出指定扩展名的所有文件。

【代码】

```java
import java.io.*;
import java.util.Scanner;

public class Example11_02
{
    public static void main(String args[])
    {
        Scanner scanner = new Scanner(System.in);
        System.out.println(" 请输入一个路径名: ");
        String s = scanner.nextLine();// 读取待访问的目录
        File dirFile = new File(s);// 创建目录文件对象
        String[] allresults = dirFile.list();// 获取目录下的所有文件名
        for (String name : allresults)
            System.out.println(name);// 输出所有文件名
        System.out.println(" 请输入要显示的文件扩展名，例如: .java");
        s = scanner.nextLine();
        Filter_Name fileAccept = new Filter_Name();// 创建文件名过滤对象
        fileAccept.setExtendName(s);// 设置过滤条件
        String result[] = dirFile.list(fileAccept);// 获取满足条件的文件名
        for (String name : result)
            System.out.println(name);// 输出满足条件的文件名
    }
}
class Filter_Name implements FilenameFilter
{
    String extendName;
    public void setExtendName(String s)
    {
        extendName = s;
    }
    public boolean accept(File dir, String name)
    {// 重写接口中的方法，设置过滤内容
        return name.endsWith(extendName);
    }
}
```

【程序说明】该示例从键盘输入一个路径字符串，并创建一个目录文件对象。然后调用 list() 方法获取目录下所有文件名完成显示。为了实现有条件的文件名显示，继承并重写了 FilenameFilter 接口的 accept() 方法，只获取指定扩展名的文件。程序运行结果如图 11-7 所示。

```
请输入一个路径名:
e:\test
13-3.xls
Computer(5th).pdf
directory
Example01.java
Example02.java
请输入要显示的文件扩展名,例如: .java
.java
Example01.java
Example02.java
```

图 11-7　例 11.2 运行结果

11.2.3　文件的操作

常用的文件操作有创建文件、删除文件、修改文件名、运行可执行文件等。Java 中提供了相应的方法来完成这些操作。

文件的操作

1. 创建新文件

创建新文件的方法是：public boolean createNewFile()

该方法通过文件对象创建一个新文件，返回类型是 boolean，提示是否创建成功。

例如，要想在 D 盘根目录下创建一个 hello.txt 文件，则首先由 File 类创建一个文件对象：

```
File file = new File("D:\\","hello.txt");
```

然后使用语句：

```
file.createNewFile();
```

就可以创建文件。

2. 删除文件

删除文件的方法是：public boolean delete()

该方法用于删除当前文件对象。例如上述的 hello.txt 文件可以使用语句：file.delete(); 进行删除。

3. 修改文件名

修改文件名的方法是：public renameTo(File dest)

该方法将当前文件对象重新命名为参数 dest 的指定文件对象。

4. 运行可执行文件

要想运行磁盘上的可执行命令，需要使用 java.lang.Runtime 类。该类的对象创建需要调用 Runtime 类的静态方法：Runtime ec=Runtime.getRuntime(); 然后用 ec 调用方法：Process exec(String command); 来执行本地命令。参数 command 为指定的系统命令。

【例 11.3】现有一批文件，要求在文件名前加上编号，尝试实现这一功能。

【分析】根据要求，首先遍历文件所在目录，获取这批文件字符串类型的文件名，然后通过循环在每个文件名前添加相应的编号生成新的字符串，并创建新的文件，调用 renameTo() 方法用新文件名替换旧文件名。

【代码】

```
import java.io.*;
import java.util.Scanner;

public class Example11_03
{
    public static void main(String args[])
    {
        Scanner scanner = new Scanner(System.in);
        System.out.println("请输入文件所在的路径: ");
        String s = scanner.nextLine();// 读取待访问的路径

        File dirFile = new File(s);// 创建目录文件对象
```

```
String[] allresults = dirFile.list();// 获取目录下的所有文件名
File []files =new File[allresults.length];
for (int i=0;i<allresults.length;i++){// 创建完整文件名对象

        files[i]=new File(dirFile.getAbsolutePath().toString()+"\\"+
        allresults[i]);
}
int i=1;
String number;
for (File f:files){
    if(f.exists()){
        if(i<10){// 根据要求创建编号字符串，3 位数字
            number="C00"+i+" ";
        }else if(i>=10 & i<99){
            number="C0"+i+" ";
        }else{
            number="C"+i+" ";
        }
        String a=f.getParent().toString()+File.
        separator+number+f.getName();
        File file= new File(a);// 创建带有编号的新文件对象
    f.renameTo(file);// 修改文件名
    i++;
    }
  }
 }
}
```

11.2.4 Scanner 类访问文件

在前面的示例中，我们经常用 Scanner 类的对象从标准输入设备（键盘）读取数据。除此以外，利用 Scanner 类的对象还可以从文件中读取数据。例如：

Scanner 类
访问文件

```
Scanner input=new Scanner( 文件类对象 );
```

有了 input 对象，就可以像读取键盘数据一样访问文件内容了。读数据时默认以空格作为数据的分隔标记。

【例 11.4】有一个 student.txt 文件，内容包括一个班的学生姓名和相应高数课程的成绩，现编程计算该班学生的高数平均成绩。

【分析】由于成绩在一个文件中，需要定义一个文件对象指向该文件，用此文件对象再创建 Scanner 类的对象，通过 nextDouble() 方法读取数据。

【代码】

```
import java.io.*;
import java.util.*;

public class Example11_04
{
```

```java
public static void main(String args[])
{
    File file = new File("d:\\student.txt");// 创建文件对象
    double score,total=0;
    int num=0;
    try
    {
        Scanner reader=new Scanner(file);
        reader.useDelimiter("[^0-9.]+");// 设置非数字作为分隔符

        while(reader.hasNextDouble())// 是否还有成绩?
        {
            score=reader.nextDouble();// 有,读出并相加
            total=total+score;
            num++;
        }
        System.out.println(" 平均成绩: "+total/num);
    }
    catch(Exception e)
    {}
}
```

11.3 常用 I/O 流类

I/O 流根据不同的应用需求提供了多种 I/O 流类,下面我们逐一介绍常用的 I/O 流类。

常用 I/O 流类

11.3.1 字节流

字节流是数据传输的基础流,其提供了基于字节的输入、输出方法。抽象类 InputStream 和抽象类 OutputStream 是所有字节流类的根类,其他字节流类都继承自这两个类,这些子类为数据的输入、输出提供了多种不同的功能。

1. 字节输入流 InputStream

字节输入流 InputStream 提供了从数据输入源(例如从磁盘、网络等)读取字节数据到应用程序(内存)中的功能。该流的常用方法如表 11-3 所列。

表 11-3　InputStream 类中的常用方法

返回类型	方法名	方法功能
int	read()	从输入流中读取下一个字节,返回读入的字节;如果读到末尾,返回 −1
int	read(byte b[ ])	从输入流中读取一定数量的字节存放到字节数组中,返回实际读取的字节数
int	read(byte b[],int off,int len)	从输入流中读取最多 len 个字节,存放到数组 b 中从 off 开始的位置,返回实际读入的字节数;如果 off+len 大于 b.length,或者 off 和 len 中有一个是负数,那么会抛出 IndexOutOfBoundsException 异常

返回类型	方法名	方法功能
long	skip(long n)	从输入流中跳过并丢弃 n 个字节，返回实际跳过的字节数
void	close()	关闭输入流，释放资源
int	available()	返回此输入流可以读取（或跳过）的字节数
void	mark(int readlimit)	在输入流中标记当前的位置。参数 readlimit 为标记失效前最多读取的字节数。如果读取的字节数超出此范围则标记失效
void	reset()	将输入流重新定位到最后一次调用 mark 方法时的位置
boolean	markSupported()	测试此输入流是否支持 mark 和 reset 方法。只有带缓存的输入流支持标记功能

2. 文件字节输入流类 FileInputStream

文件字节输入流类 FileInputStream 是编程时常用的一个 InputStream 类的子类，其实现简单的文件读取操作。

FileInputStream 类的常用构造方法有两个：

```
public FileInputStream(File file) throws FileNotFoundException
public FileInputStream(String name) throws FileNotFoundException
```

分别通过给定的 File 对象和文件名字符串创建文件字节输入流对象。在创建输入流时，如果文件不存在或出现其他问题，会抛出 FileNotFoundException 异常，所以要注意捕获。

通过字节输入流读数据时，应首先设定输入流的数据源，然后创建指向这个数据源的输入流，再从输入流中读取数据，最后关闭输入流。

【例 11.5】从磁盘文件中读取指定文件并显示出来。

【代码】

```java
import java.io.*;
import java.util.Scanner;
public class Example11_05
{
    public static void main(String[] args)
    {
        byte[] b=new byte[1024];// 设置字节缓冲区
        int n=-1;
        System.out.println(" 请输入要读取的文件名 :( 例如: d:\\hello.txt)");
        Scanner scanner =new Scanner(System.in);
        String str=scanner.nextLine();// 获取要读取的文件名

        try
        {
            FileInputStream in=new FileInputStream(str);// 创建字节输入流
            while((n=in.read(b,0,1024))!=-1)
            {// 读取文件内容到缓冲区，并显示
                String s=new String (b,0,n);
                System.out.println(s);
            }
            in.close();// 读取文件结束，关闭文件
        }
```

```
                    catch(IOException e)
                    {
                        System.out.println(" 文件读取失败 ");
                    }
            }
    }
```

3. 字节输出流 OutputStream

字节输出流 OutputStream 的作用是将字节数据从应用程序（内存）中传送到输出目的地，如外部设备、网络等。表 11-4 列出的是字节输出流类 OutputStream 中的常用方法。

表 11-4　OutputStream 类中的常用方法

返回类型	方法名	功　能
void	write(int b)	将整数 b 的低 8 位写到输出流
void	write(byte b[ ])	将字节数组中的数据写到输出流
void	write(byte b[ ],int off,int len)	从字节数组 b 的 off 处写 len 个字节数据到输出流
void	flush()	强制将输出流保存在缓冲区中的数据写到输出流
void	close()	关闭输出流，释放资源

4. 文件字节输出流类 FileOutputStream

FileOutputStream 类是字节输出流 OutputStream 类的常用子类，用于将数据写入 File 或其他的输出流。FileOutputStream 类的常用构造方法有：

```
public FileOutputStream(File file) throws IOException
public FileOutputStream(String name) throws IOException
public FileOutputStream(File file, boolean append) throws IOException
public FileOutputStream(String name, boolean append) throws IOException
```

在创建输出流时，如果文件不存在或出现其他问题，会抛出 IOException 异常，所以要注意捕获。

通过字节输出流输出数据时，应首先设定输出流的目的地，然后创建指向这个目的地输出流，再向输出流中写入数据，最后关闭输出流。

在这里，关闭输出流很重要。在完成写操作过程中，系统会将数据暂存到缓冲区中，缓冲区存满后再一次性写入到输出流中。执行 close() 方法时，不管当前缓冲区是否已满，都会把其中的数据写到输出流，从而保证数据的完整性。如果不执行 close() 方法，有可能会导致最后的部分数据没有保存到目的地中。

【例 11.6】向一个磁盘文件中写入数据，第二次写操作采用追加方式完成。

【代码】

```
import java.io.*;
import java.util.Scanner;
public class Example11_06
{
    public static void main(String[] args)
    {
```

```java
String content;// 待输出字符串
byte[] b;// 输出字节流
FileOutputStream out;// 文件输出流
Scanner scanner = new Scanner(System.in);
System.out.println(" 请输入文件名:（例如，d:\\hello.txt）");
String filename=scanner.nextLine();
File file = new File(filename);// 创建文件对象
if (!file.exists())
{// 判断文件是否存在
    System.out.println(" 文件不存在，是否创建？ (y/n)");
    String f =scanner.nextLine();
    if (f.equalsIgnoreCase("n"))
        System.exit(0);// 不创建，退出
    else
    {
        try
        {
            file.createNewFile();// 创建新文件
        }
        catch(IOException e)
        {
            System.out.println(" 创建失败 ");
            System.exit(0);
        }
    }
}

try
{// 向文件中写内容
    content="Hello";
    b=content.getBytes();
    out = new FileOutputStream(file);// 建立文件输出流
    out.write(b);// 完成写操作
    out.close();// 关闭输出流
    System.out.println(" 文件写操作成功！ ");
}
catch(IOException e)
{e.getMessage();}

try
{// 向文件中追加内容
    System.out.println(" 请输入追加的内容: ");
    content = scanner.nextLine();
    b=content.getBytes();
    out = new FileOutputStream(file,true);// 创建可追加内容的输出流
    out.write(b);// 完成追加写操作
    out.close();// 关闭输出流
    System.out.println(" 文件追加写操作成功！ ");
    scanner.close();
}
catch(IOException e)
{e.getMessage();}
    }
}
```

11.3.2　字符流

在 Java 语言中规定,一个字符由两个字节所组成。如果用字节流进行字符传输,可能会出现字符乱码的情况。为此,Java 提供了专门的字符流来实现字符的输入、输出。抽象类 Reader 和抽象类 Writer 是所有字符流类的根类,其他字符流类都继承自这两个类,其中一些子类还在传输过程中对数据做了进一步处理以方便用户的使用。

字符流

1. 字符输入流 Reader

字符输入流 Reader 是所有字符输入流类的父类,提供了一系列方法实现从数据源读入字符数据。表 11-5 列出的是类 Reader 中的常用方法。

表 11-5　Reader 类中的常用方法

返回类型	方法名	方法功能
int	read()	从输入流读取单个字符
int	read(char[] cbuf)	从输入流读取字符保存到数组 cbuf 中,返回读取的字符数,如果已到达流的末尾,则返回 −1
int	read(char[] cbuf,int off,int len)	从输入流读取最多 len 个字符保存到字符数组 cbuf 中,存放的起始位置在 off 处。返回:读取的字符数,如果已到达流的末尾,则返回 −1
long	skip(long n)	跳过 n 个字符。返回:实际跳过的字符数
void	mark(int readAheadLimit)	标记流中的当前位置
void	reset()	重置该流
boolean	markSupported()	判断此流是否支持 mark() 操作
void	close()	关闭该流,释放资源

2. 文件字符输入流 FileReader 类

FileReader 类作为 Reader 类的子类,经常用于从输入流读取字符数据。FileReader 类与 FileInputStream 类相对应,其构造方法也很相似。FileReader 类的常用构造方法:

```
public FileReader(File file) throws FileNotFoundException
public FileReader(String name) throws FileNotFoundException
```

通过给定的 File 对象或文件名字符串创建字符输入流。

在创建输入流时,如果文件不存在,会抛出 FileNotFoundException 异常。

3. 字符输出流类 Writer

字符输出流 Writer 用于将字符数据输出到目的地。表 11-6 列出的是类 Writer 的常用方法。

表 11-6　Writer 类中的常用方法

返回类型	方法名	方法功能
void	write(int c)	将整数 c 的低 16 位写到输出流
void	write(char[ ] cbuf)	将字符数组中数据写到输出流

返回类型	方法名	方法功能
void	write(cbuf[ ],int off,int len)	从字符数组 cbuf 的 off 处开始取 len 个字符写到输出流
void	write(String str)	将字符串写到输出流
void	write(String str,int off,int len)	从字符串 str 的 off 处开始取 len 个字符数据写到输出流
void	flush()	强制将输出流保存在缓冲区中的数据写到输出流
void	close()	关闭输出流，释放资源

4. 文件字符输出流 FileWriter 类

FileWriter 类和字节流 FileOutputStream 类相对应，只是变成了字符的输出操作，实现方法也基本相同。FileWriter 类的常用构造方法：

```
public FileWriter(File file) throws IOException
public FileWriter(String name) throws IOException
public FileWriter(File file, boolean append) throws IOException
public FileWriter(String name, boolean append) throws IOException
```

通过给定的 file 对象 / 文件名字符串创建字符输出流。如果第二个参数为 true，则将字符写入文件末尾处，而不是写入文件开始处。

在创建输出流时，如果文件不存在，会抛出 IOException 异常。

【例 11.7】利用文件流完成文件的复制操作。

```
import java.io.*;
import java.util.Scanner;
public class Example11_07
{
public static void main(String[] args) throws IOException
    {
        Scanner scanner=new Scanner(System.in);
        System.out.println(" 请输入源文件名和目的文件名，中间用空格分隔 ");
        String s=scanner.next();// 读取源文件名
        String d=scanner.next();// 读取目的文件名
        File file1=new File(s);// 创建源文件对象
        File file2=new File(d);// 创建目的文件对象

        if(!file1.exists())
        {
            System.out.println(" 被复制的文件不存在 ");
            System.exit(1);
        }

        InputStream input=new FileInputStream(file1);// 创建源文件流
        OutputStream output=new FileOutputStream(file2);// 创建目的文件流
        if((input!=null)&&(output!=null))
        {
            int temp=0;
            while((temp=input.read())!=(-1))// 读入一个字符
                output.write(temp);// 复制到新文件中
        }
```

```
                          input.close();// 关闭源文件流
                          output.close();// 关闭目的文件流
                          System.out.println(" 文件复制成功！ ");
                  }
          }
```

11.3.3 数据流

数据流是 Java 提供的一种装饰类流，它建立在实体流基础上，为程序员提供更方便、准确地读写操作。DataInputStream 类和 DataOutputStream 类分别为数据输入流类和数据输出流类。

数据流

1. 数据输入流

数据输入流 DataInputStream 类允许程序以与机器无关方式从底层输入流中读取基本 Java 数据类型。表 11-7 列出的是 DataInputStream 类的常用方法。

表 11-7　DataInputStream 类中的常用方法

返回类型	方法名	方法功能
	DataInputStream(InputStream in)	使用指定的实体流 InputStream 创建一个 DataInputStream
boolean	readBoolean()	读取一个布尔值
byte	readByte()	读取一个字节
char	readChar()	读取一个字符
long	readLong()	读取一个长整型数
int	readInt()	读取一个整数

2. 数据输出流

数据输出流允许程序以适当方式将基本 Java 数据类型写入输出流中。与数据输入流相配合，应用程序可以很方便地按数据类型完成数据的读写操作，而无需考虑格式和占用空间的问题。

表 11-8 给出了 DataOutputStream 类的常用方法。

表 11-8　DataOutputStream 类中的常用方法

返回类型	方法名	方法功能
	DataOuputStream(OutputStream out)	创建一个新的数据输出流，将数据写入指定基础输出流
void	writeBoolean(Boolean v)	将一个布尔值写出到输出流
void	writeByte(int v)	将一个字节写出到输出流
void	writeBytes(String s)	将字符串按字节（每个字符的高八位丢弃）顺序写出到输出流中
void	writeChar(int c)	将一个 char 值以 2 字节值形式写入输出流中，先写入高字节
void	writeChars(String s)	将字符串按字符顺序写出到输出流
void	writeLong(long v)	将一个长整型数写出到输出流
void	writeInt(int v)	将一个整型数写出到输出流
void	flush()	将缓冲区中内容强制输出，并清空缓冲区

【例 11.8】将几个 Java 基本数据类型的数据写入到一个文件中，然后读出来并显示。

【代码】

```java
import java.io.*;
public class Example11_08
{
    public static void main(String args[])
    {
        File file=new File("d:\\data.txt");
        try
        {
            FileOutputStream out=new FileOutputStream(file);
            DataOutputStream outData=new DataOutputStream(out);
            outData.writeBoolean(true);
            outData.writeChar('A');
            outData.writeInt(10);
            outData.writeLong(88888888);
            outData.writeFloat(3.14f);
            outData.writeDouble(3.1415926897);
            outData.writeChars("hello,every one!");
        }
        catch(IOException e){}

        try
        {
            FileInputStream in=new FileInputStream(file);
            DataInputStream inData=new DataInputStream(in);
            System.out.println(inData.readBoolean());// 读取 boolean 数据
            System.out.println(inData.readChar());// 读取字符数据
            System.out.println(inData.readInt());// 读取 int 数据
            System.out.println(inData.readLong());// 读取 long 数据
            System.out.println(inData.readFloat());// 读取 float 数据
            System.out.println(inData.readDouble());// 读取 double 数据

            char c = '\0';
            while((c=inData.readChar())!='\0')// 读入字符不为空
                System.out.print(c);
        }
        catch(IOException e){}
    }
}
```

11.3.4 缓冲流

缓冲流是在实体 I/O 流基础上增设一个缓冲区，传输的数据要经过缓冲区来进行输入输出。缓冲流分为缓冲输入流和缓冲输出流。缓冲输入流是将从输入流读入的字节 / 字符数据先存在缓冲区中，应用程序从缓冲区而不是从输入流中读取数据；缓冲输出流是在进行数据输出时先把数据存在缓冲区中，当缓冲区满时再一次性地写到输出流中。

缓冲流

使用缓冲流可以减少应用程序与 I/O 设备之间的访问次数，提高传输效率；同时可以对缓冲区中的数据进行按需访问和一些预处理操作，增加访问的灵活性。

1. 缓冲输入流

缓冲输入流分为字节缓冲输入流 BufferedInputStream 类和字符缓冲输入流 BufferedReader 类。

（1）BufferedInputStream 类

字节缓冲输入流 BufferedInputStream 类在进行输入操作时，先通过实体输入流（例如 FileInputStream 类）对象逐一读取字节数据并存入缓冲区，再由应用程序从缓冲区中读取数据。BufferedInputStream 类的构造方法：

```
public BufferedInputStream(InputStream in)
public BufferedInputStream(InputStream in,int size)
```

第一个构造方法用于创建一个默认大小输入缓冲区的缓冲字节输入流对象，第二个构造方法用于创建一个指定大小输入缓冲区的缓冲字节输入流对象。

BufferedInputStream 类继承自 InputStream，所以该类的方法与 InputStream 类的方法相同。

（2）BufferedReader 类

字符缓冲输入流 BufferedReader 类与字节缓冲输入流 BufferedInputStream 类在功能和实现上基本相同，但它只适用于字符读入。在输入时，该类提供了按字符、数组和行进行高效读取的方法。BufferedReader 类的构造方法：

```
public BufferedReader(Reader in)
public BufferedReader(Reader in,int size)
```

第一个构造方法用于创建一个使用默认大小输入缓冲区的缓冲字符输入流对象，第二个构造方法用于创建一个指定大小输入缓冲区的缓冲字符输入流对象。

BufferedReader 类继承自 Reader，所以该类的方法与 Reader 类的方法相同。除此以外，还增加了按行读取的方法：

```
String readLine()
```

读一行时，以字符换行 ('\n') 或回车 ('\r') 作为行结束符。该方法返回值为该行不包含结束符的字符串内容，如果已到达流末尾，则返回 null。

2. 缓冲输出流

缓冲输出流分为字节缓冲输出流 BufferedOutputStream 类和字符缓冲输出流 BufferedWriter 类。

（1）BufferedOutputStream 类

字节缓冲输出流 BufferedOutputStream 类在完成输出操作时，先将字节数据写入缓冲区，当缓冲区满时，再把缓冲区中的所有数据一次性写到底层输出流中。BufferedOutputStream 类的构造方法：

```
public BufferedOutputStream(OutputStream out)
public BufferedOutputStream(OutputStream out,int size)
```

第一个构造方法用于创建一个使用默认大小输出缓冲区的缓冲字节输入流对象，第二个构造方法用于创建一个使用指定大小输出缓冲区的缓冲字节输出流对象。

BufferedOutputStream 类继承自 OutputStream，所以该类的方法与 OutputStream 类的方法相同。

（2）BufferedWriter 类

字符缓冲输出流 BufferedWriter 类与字节缓冲输出流 BufferedOutputStream 类在功能和实现上是相同的，但它只适用于字符输出。在输出时，该类提供了按单个字符、数组和字符串的高效输出方法。BufferedWriter 类的构造方法：

```
public BufferedWriter(Writer out)
public BufferedWriterr(Writer out,int size)
```

第一个构造方法用于创建一个使用默认大小输出缓冲区的缓冲字符输出流对象，第二个构造方法用于创建一个使用指定大小输出缓冲区的缓冲字符输出流对象。

BufferedWriter 类继承自 Writer，所以该类的方法与 Writer 类的方法相同。除此以外，其增加了写行分隔符的方法：String newLine()，行分隔符字符串由系统属性 line.separator 定义。

【例 11.9】向指定文件写入内容，并重新读取该文件内容。

【代码】

```java
import java.util.Scanner;
import java.io.*;
public class Example11_09
{
    public static void main(String[] args)
    {
        File file;
        FileReader fin;
        FileWriter fout;
        BufferedReader bin;
        BufferedWriter bout;
        Scanner scanner = new Scanner(System.in);
        System.out.println("请输入文件名，例如 d:\\hello.txt");
        String filename = scanner.nextLine();

        try
        {
            file = new File(filename);// 创建文件对象
            if (!file.exists())
            {
                file.createNewFile();// 创建新文件
                fout = new FileWriter(file);// 创建文件输出流对象
            }
            else
                fout = new FileWriter(file, true);// 创建追加内容的文件
                输出流对象
            fin = new FileReader(file);// 创建文件输入流
            bin = new BufferedReader(fin);// 创建缓冲输入流
            bout = new BufferedWriter(fout);// 创建缓冲输出流

            System.out.println("请输入数据，最后一行为字符'0'结束。");
```

```
                        String str = scanner.nextLine();// 从键盘读取待输入字符串
                        while (!str.equals("0"))
                        {
                                bout.write(str);// 输出字符串内容
                                bout.newLine();// 输出换行符
                                str = scanner.nextLine();// 读下一行
                        }
                        bout.flush();// 刷新输出流
                        bout.close();// 关闭缓冲输出流
                        fout.close();// 关闭文件输出流
                        System.out.println(" 文件写入完毕! ");
                        // 重新将文件内容显示出来
                        System.out.println(" 文件 " + filename + " 的内容是: ");
                        while ((str = bin.readLine()) != null)
                                System.out.println(str);// 读取文件内容并显示

                        bin.close();// 关闭缓冲输入流
                        fin.close();// 关闭文件输入流
                }
                catch (IOException e)
                {e.printStackTrace();}
        }
}
```

11.3.5　随机流

1.　什么是随机流

随机流

随机流是一种具备双向传输能力的特殊流。前面介绍的各个流都只能实现单向的输入或输出操作，如果想对一个文件进行读写操作就要建立两个流。

随机流 RandomAccessFile 类创建的流既可以作为输入流，也可以作为输出流，因此建立一个随机流就可以完成读写操作。

RandomAccessFile 类与其他流不同，它既不是 InputStream 类的子类，也不是 OutputStream 的子类，而是 java.lang.Object 根类的子类。

RandomAccessFile 类的实例对象支持对文件的随机访问。这种随机访问文件的过程可以看作是访问文件系统中的一个大型 Byte 数组，指向数组位置的隐含指针称为文件指针。输入操作从文件指针位置开始读取字节，并随着对字节的读取移动此文件指针。输出操作从文件指针位置开始写入字节，并随着对字节的写入而移动此文件指针。

随机流可以用于多线程文件下载或上传，为快速完成访问提供了便利。

2.　RandomAccessFile 流类

由于利用 RandomAccessFile 类的对象既可以读数据又可以写数据，所以该类中既有读操作的方法，也有写操作的方法。表 11-9 列出的是类中的常用方法，其中 1 和 2 是构造方法，3~6 是读操作方法，7~8 是写操作方法。

表 11-9　RandomAccessFile 类中的常用方法

序号	返回类型	方法名	方法功能
1		RandomAccessFile(String name, String mode)	参数 name 为待访问的文件名，file 待访问的文件。参数 mode 为读写模式，常用的值有："r" 以只读方式打开文件，如果进行写操作会产生异常；
2		RandomAccessFile(File file, String mode)	"rw"：以读写方式打开文件，如果文件不存在，则创建
3	int	read()	从文件中读取一个数据字节并以整数形式返回此字节
4	int	read(byte[] b)	从文件中读取最多 b.length 个数据字节到 b 数组中，并返回实际读取的字节数
5	int	read(byte[] b, int off, int len)	从文件中读取 len 个字节数据到 b 数组中。off 为字节在数组中存放的地址
6	XXX	readXXX()	从文件中读取一个 XXX 类型数据，XXX 包括：boolean、byte、char、short、int、lang、float、double
7	void	write(int b)	写入指定的字节
8	void	write(byte[] b)	写入字节数组内容到文件

【例 11.10】以随机流的方式实现文件的读写操作。

【代码】

```java
import java.io.*;
public class Example11_10
{
    public static void main(String[] args)
    {
        try
        {
            RandomAccessFile file = new RandomAccessFile("file", "rw");
            file.writeInt(10);// 占 4 个字节
            file.writeDouble(3.14159);// 占 8 个字节
            // 下面的方法先写入字符串长度（占 2 个字节），再写入字符串内容。
            读取字符串长度可用 readShort() 方法
            file.writeUTF("UTF 字符串 ");
            file.writeBoolean(true);// 占 1 个字节
            file.writeShort(100);// 占 2 个字节
            file.writeLong(12345678);// 占 8 个字节
            file.writeUTF(" 又是一个 UTF 字符串 ");
            file.writeFloat(3.14f);// 占 4 个字节
            file.writeChar('a');// 占 2 个字节

            file.seek(0);// 把文件指针位置设置到文件起始处
            System.out.println("——从 file 文件起始位置开始读数据——");
            System.out.println(file.readInt());
            System.out.println(file.readDouble());
            System.out.println(file.readUTF());
            // 将文件指针跳过 3 个字节，本例中即跳过了一个 boolean 值和 short 值
            file.skipBytes(3);
```

```
                    System.out.println(file.readLong());
                    // 跳过文件中 "又是一个 UTF 字符串" 所占字节,
                    // 注意 readShort() 方法会移动文件指针, 所以不用加 2。
                    file.skipBytes(file.readShort());
                    System.out.println(file.readFloat());
                    file.close();
                }
                catch (IOException e)
                {
                    System.out.println(" 文件读写错误! ");
                }
            }
        }
```

3. 字符串乱码的处理

当进行字符串读取的时候, 有时会出现乱码的现象。这是因为存取时所使用的编码格式不一致。要想解决这一问题, 就需对字符串重新进行编码。

重新编码时, 先读取字符串:

```
String str = in.readLine();
```

再将字符串恢复成标准字节数组:

```
byte [] b=str.getBytes("iso-8859-1");
```

最后将字节数组按当前机器的默认编码重新转化为字符串:

```
String result=new String(b);
```

经过这样重新编码, 就能够显示正确的字符串内容。如果想显式地指明编码类型, 也可以直接给出编码类型:

```
String result=new String(b,"GB2312");
```

11.4 对象串行化

在程序应用中, 我们通常把常用数据保存到文件中, 便于以后使用。但这些数据一般都是简单数据类型, 如数字, 字符串等, 而面向对象的程序中存在大量的对象实体, 这些对象作为一个整体, 内部不仅包含不同属性的数据, 还有跟类有关的信息。采用前面介绍的数据流无法实现

对象串行化

对象的传输和永久保存。为此, Java 提供了对象流和对象串行机制, 来保证对象作为一个整体进行 I/O 流传输。

11.4.1 对象流

对象流是在实体流基础上, 将对象数据作为一个整体进行处理、变换和封装, 实现对象的永久保存和读取。**ObjectInputStream** 类和 **ObjectOutputStream** 类分别实现了对象输入流和对象输出流, 它们也是 **InputStream** 和 **OutputStream** 类的子类。通过对象输出流, 可以把对象写入到文件或进行网络传输, 而对象输入流类则可以从文件或网络上, 把读取的数据还原

成对象。但要想实现对象的传输，待传输的对象要先进行串行化处理，才能保证对象能准确地保存和读取。

11.4.2 对象的串行化

对象的串行化是指把对象转换成字节序列的过程，而把字节序列恢复为对象的过程称为对象的反串行化。

一个类如果实现了 java.io.Serializable 接口，这个类的实例（对象）就是一个串行化的对象。Serializable 接口中没有方法，因此实现该接口的类不需要额外实现其他的方法。当实现了该接口的对象进行输出时，JVM 将按照一定的格式（串行化信息）转换成字节进行传输和存储到目的地。当对象输入流从文件或网络上读取对象时，会先读取对象的串行化信息，并根据这一信息创建对象。

串行化只能保存对象的非静态成员变量，不能保存任何的成员方法和静态成员变量，而且串行化保存的只是变量的值，对于变量的任何修饰符都不能保存。

对于某些类型的对象，其状态是瞬时的，这样的对象是无法保存其状态的。例如一个 Thread 对象或一个 FileInputStream 对象 ，对于这些字段，我们必须用 transient 关键字标明，否则编译器将报措。

实现了串行化接口的类中会有一个 Long 型的静态常量 serialVersionUID，这个值用于识别具体的类。如果不设置，JVM 会自动分配一个值。为了保证类的准确识别，在定义类时应显式设置该值。

11.4.3 对象输入流与对象输出流

1. 对象输入流 ObjectInputStream 类

ObjectInputStream 类可以实现对象的输入操作。其构造方法：

```
public ObjectInputStream(InputStream in)
```

创建从指定输入流读取的 ObjectInputStream。类中的方法：

```
Object readObject()
```

从 ObjectInputStream 流中读取对象。

2. 对象输出流 ObjectOutputStream 类

ObjectOutputStream 类可以实现对象的输出操作。其构造方法：

```
public ObjectOutputStream(OutputStream out)
```

创建写入指定输出流的 ObjectOutputStream 对象。类中的方法：

```
void writeObject(Object o)
```

将指定对象 o 写入 ObjectOutputStream 流中。

【**例** 11.11】创建一个可串行化类，将该类的对象写入到文件中。用对象输入流读取并显示对象信息。

【代码】

```java
import java.io.*;
import java.util.Scanner;
public class Example11_11
{
    public static void main(String[] args)
    {
        try
        {
                File file;
                FileInputStream fin;
                FileOutputStream fout;
                ObjectInputStream oin;
                ObjectOutputStream oout;
                Scanner scanner = new Scanner(System.in);

                System.out.println(" 请输入文件名，例如d:\\foo");
                String filename = scanner.nextLine();

                file = new File(filename);// 创建文件对象
                if (!file.exists())
                        file.createNewFile();// 创建新文件
                fout= new FileOutputStream(file);// 创建文件输出流
                oout = new ObjectOutputStream(fout);// 创建对象输出流

                Person person=new Person(" 张三 ",20);
                oout.writeObject(person);
                oout.close();// 关闭对象输出流
                fout.close();// 关闭文件输出流
                System.out.println(" 对象写入完毕！ ");
                System.out.println(" 文件 " + filename + " 的内容是: ");

                Person object;
                fin = new FileInputStream(file);// 创建文件输入流
                oin = new ObjectInputStream(fin);// 创建对象输入流
                try
                {
                     object=(Person)oin.readObject();
                     System.out.println(" 读取的对象信息: ");
                     System.out.println(" 用户名: "+object.getName());
                     System.out.println(" 年龄: "+object.getAge());
                }
                catch(ClassNotFoundException e)
                {System.err.println(" 读取对象失败！ ");}
                oin.close();// 关闭对象输入流
                fin.close();// 关闭文件输入流
        }
        catch (IOException e)
        {e.printStackTrace();}
    }
}
```

```
class Person implements Serializable// 对象串行化
{
        private static final long serialVersionUID = 1234567890L;
        String name;
        int age;

        public Person(String name, int age)
        {
            this.name = name;
            this.age = age;
        }

        public String getName()
        {
            return name;
        }

        public void setName(String name)
        {
            this.name = name;
        }
        public int getAge()
        {
            return age;
        }
        public void setAge(int age)
        {
            this.age = age;
        }
}
```

11.5　NIO

java.nio 包是 Java 在 1.4 版本后为方便 I/O 操作新增加的类库，其实现方法与传统 I/O 流有了一定的区别，nio 使用通道和缓冲区进行数据传输和存储，并且一个通道既可以输入也可以输出，增加了灵活性。在 1.7 版本后又增加了 files 类库，用于替代 java.io.Files 类，在性能上进行了优化和改进，限于篇幅这里不做介绍，请感兴趣的读者自行查阅 1.7 版本的帮助文档。

11.5.1　NIO 与 IO

java.nio 和 java.io 相比，在以下方面有所区别。

1. 面向流和面向缓冲区

java.io 是面向流传输，即通过字节流或字符流进行操作，在数据传输结束前不缓存在任何地方。而 java.nio 是面向缓冲的，传输的数据都存在缓冲区中。

2. 阻塞和非阻塞

java.io 传输是阻塞的，即在开始读 / 写操作之前线程一直处于阻塞状态，不能做其他的事情。而 java.nio 是非阻塞的，即线程不需要等待数据全部传输结束就可以做其他的事情，但这时只能得到当前可用的数据。这个特性使得一个线程可以管理多个通道，如果一个通道没有数据传输则不必阻塞等待，可以处理其他通道的数据。

11.5.2　NIO 的主要组成部分

针对上述介绍的 java.nio 的特点，NIO 提供了 3 个重要的组成部分：缓冲区 Buffers，通道 Channels，选择器 selector。

1.　缓冲区 Buffers

缓冲区用于缓存待发送 / 已接收的数据，其根据数据类型不同提供了除布尔类型以外的所有缓冲区子类：

ByteBuffer、CharBuffer、DoubleBuffer、FloatBuffer、IntBuffer、LongBuffer、ShortBuffer 等。Buffer 抽象类是它们的父类，定义了缓冲区访问的相关属性和方法。

Buffer 的基本属性有 3 个：position（位置）、limit（限制）、capacity（容量）。这 3 个属性相当于缓冲区中的 3 个指针标记，用于指出访问位置、访问范围、最大容量等信息。在读 / 写模式下的三者关系如图 11-8 所示。

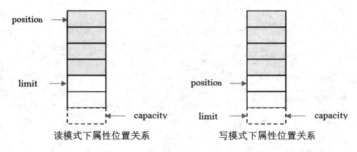

图 11-8　Buffer 基本属性关系图

3 个属性说明：

（1）position：下一个要读 / 写的数据位置，可以从 0 开始。该值不能大于 limit；

（2）limit：不可以读 / 写的数据起始位置。该值不能大于 capacity；

（3）capacity：缓冲区容量，一旦设定不能修改。

三者的大小关系：$0 \leqslant position \leqslant limit \leqslant capacity$

2.　通道 Channels

通道 Channels 用于创建缓冲区与外部数据源的连接通道，并实现数据传输。常用的 Channel 类有：FileChannel、DatagramChannel、SocketChannel、ServerSocketChannel。利用这几个通道类，不仅可以实现文件的传输，也可以实现网络 TCP、UDP 数据报的传输。

3.　选择器 selector

选择器 selector 可以让一个单线程处理多个 Channel。这种应用在一些特殊情况下会非常方便，比如网络聊天室，每个人可以创建一个通道 Channel，但每个 Channel 的通信量都较少，这时就可以使用 selector 让一个线程来管理多个通道，不但方便，效率也会提高。

要使用 Selector，首先 Selector 需要注册 Channel，然后调用它的 select() 方法。这个方法会一直阻塞到某个注册的通道有事件就绪。一旦这个方法返回，线程就可以处理这些事件，如读入新数据等。关于 Selector，我们将放在第 13 章进行介绍。

11.5.3　Buffers

Buffers

Buffers 缓冲区类都放在 java.nio 包下面，一共有 10 个类，其中 Buffer 类是其他类的父类。这里只介绍两个类 Buffer 和 ByteBuffer，其他类用法基本相同，不再重复。

1. Buffer 类

Buffer 类作为缓冲区类的根类，重点定义了缓冲区的结构和基本方法。由于缓冲区既可以读也可以写，虽然灵活方便，但增加了一定的复杂度。下面详细介绍 Buffer 类的主要方法。

```
public final int capacity()
```

说明：返回此缓冲区的容量。当创建一个缓冲区后，其容量就固定不变了。

```
public final int position()
```

说明：返回此缓冲区的 position 指针位置。该值表示下一个可处理的数据位置。该值初始为 0，随着读 / 写操作自动后移。

```
public final Buffer position(int newPosition)
```

说明：设置缓冲区新的 position 指针位置。新的位置值必须是非负数，而且不能大于当前限制值。如果该缓冲区设置了标记，并且标记位置大于新位置，则该标记被丢弃。

```
public final int limit()
```

说明：返回缓冲区的 limit 限制值。该值表示当前读 / 写操作的最大缓冲区范围。通常写操作时，该值等于容量。读操作时指向最后一个数值的后面。

```
public final Buffer limit(int newLimit)
```

说明：设置此缓冲区的新限制值。新限制值必须为非负且不大于此缓冲区的容量，如果当前位置大于新限制值，则当前位置作为新限制值。如果缓冲区设置了标记且标记位置大于新限制值，则标记被丢弃。

```
public final Buffer clear()
```

说明：清除此缓冲区。该方法通常在通道准备读取数据到缓冲区时先行调用。这时，position 值设为 0，limit 值设为 capacity，等待将读取的数据存入缓冲区。实际上，clear() 方法并没有将缓冲区中的数据物理删除，而是随着新数据的读入，原有数据被覆盖。

```
public final Buffer flip()
```

说明：反转此缓冲区。该方法通常在准备将缓冲区中的数据写入到通道时先行调用。这时，将 limit 值设为当前 position 值，指向当前缓冲区中的最后一个有效数据；然后将 position 设为 0，指向首个要输出的数据。如果已定义了标记，则丢弃该标记。

```
public final Buffer rewind()
```

说明：重置此缓冲区。该方法通常用于重新完成读/写操作。其将 position 值重设为 0，其他属性值不变。并丢弃标记。

```
public final int remaining()
```

说明：返回当前位置与限制之间的元素数。该方法用于返回缓冲区中的剩余元素数量。

```
public final boolean hasRemaining()
```

说明：判断在当前位置和限制之间是否有元素。

```
public abstract boolean isReadOnly()
```

说明：判断此缓冲区是否为只读缓冲区。

```
public final Buffer mark()
```

说明：在此缓冲区的当前 position 位置设置标记。

```
public final Buffer reset()
```

说明：将此缓冲区的 position 值重置为以前标记的位置。

除了以上方法，该类的每个子类还定义了两个操作方法：get() 和 put()，实现对缓冲区的读/写操作。

2. ByteBuffer 类

ByteBuffer 类用于定义一个以字节为单位的缓冲区，实现数据存储和访问。但为了方便其他类型数据的操作，该类提供了一系列方法创建不同数据类型的数据视图，这样就可以按相应的类型方法进行访问了。表 11-10 列出了 ByteBuffer 类中除 Buffer 类以外的一些常用方法。

表 11-10　ByteBuffer 常用方法

返回类型	方法名	方法功能
static ByteBuffer	allocate(int capacity)	分配一个新的字节缓冲区
static ByteBuffer	allocateDirect(int capacity)	分配一个新的直接字节缓冲区
CharBuffer	asCharBuffer()	创建一个字节缓冲区作为 char 缓冲区的视图
ByteBuffer	asReadOnlyBuffer()	创建一个新的只读字节缓冲区，共享此缓冲区的内容
ByteBuffer	compact()	压缩此缓冲区，将缓冲区当前位置与其限制之间的字节复制到缓冲区的开头
byte	get()	读取该缓冲区当前位置的字节，然后增加位置
byte	get(int index)	读取给定索引处的字节
char	getChar()	在此缓冲区的当前位置读取接下来的两个字节，根据当前字节顺序组合成一个 char 值，然后将位置递增 2
ByteBuffer	get(byte[] dst)	将字节从此缓冲区传输到给定的目标数组
ByteBuffer	put(byte b)	将给定字节写入当前位置的缓冲区，然后增加位置

【例 11.12】Buffer 简单应用举例。

【代码】

```java
import java.nio.ByteBuffer;
import java.nio.CharBuffer;

public class Example11_12 {

    public static void main(String[] args) {
        ByteBuffer buffer1 = ByteBuffer.allocate(40);
        ByteBuffer buffer2 = ByteBuffer.allocate(40);
        String str1 = "Java NIO reader";
        byte [] b1 =str1.getBytes();
        char[] str2 = "Java NIO writer".toCharArray();
        CharBuffer cbuffer = buffer2.asCharBuffer();
        for (byte b:b1){
            buffer1.put(b);
        }
        for (char c:str2){
            cbuffer.put(c);
        }
    }
}
```

11.5.4 Channels

Channels 通道类都放在 java.nio.Channels 包下面，该包内提供了与通道有关的若干个接口和类，下面介绍两个常用的类：Channels 类和 FileChannel 类。另外几个常用通道类 DatagramChannel、SocketChannel 和 ServerSocketChannel 都与网络通信有关，将在第 13 章讲述。

Channels

1. Channels 类

Channels 类定义了支持 java.io 包的流类与 nio 包的通道类的互操作的静态方法。常用方法如表 11-11 所列。

表 11-11　Channels 类常用静态方法

返回类型	方法名	方法功能
ReadableByteChannel	newChannel(InputStream in)	构造从给定流读取字节的通道
WritableByteChannel	newChannel(OutputStream out)	构造一个将字节写入给定流的通道
InputStream	newInputStream(ReadableByteChannel ch)	构造从给定通道读取字节的流
OutputStream	newOutputStream(WritableByteChannel ch)	构造将字节写入给定通道的流
Reader	newReader(ReadableByteChannel ch, String csName)	根据给定的字符集编码构造一个来自给定字节通道的读字符流
Writer	newWriter(WritableByteChannel ch, String csName)	根据给定的字符集编码构造一个写入给定字节通道的写字符流

【例 11.13】从键盘读取字符串显示在屏幕上，输入 "exit" 结束。

【代码】

```java
import java.nio.ByteBuffer;
import java.nio.channels.*;

public class Example11_13 {
    public static void main(String[] args) throws Exception{
        ReadableByteChannel in = Channels.newChannel(System.in);
        // 创建一个读通道
        WritableByteChannel out = Channels.newChannel(System.out);
        // 创建一个写通道
        ByteBuffer buff = ByteBuffer.allocate(1024);// 创建一个 1024 字节
        的字节缓冲区
        while (in.read(buff) != -1) {// 将读通道的数据读到缓冲区
                buff.flip();// 翻转缓冲区
                String str = new String(buff.array()).trim();
                if (str.equals("exit")) {// 若输入 "exit" 则结束
                        in.close();
                        out.close();
                        break;
                }
                out.write(buff);// 将缓冲区的数据写入到写通道
                while (buff.hasRemaining()) {// 查询缓冲区是否还有剩余数据
                        out.write(buff);
                }
                buff.clear();// 清空缓冲区，准备写入下一批数据
        }
    }
}
```

2. FileChannel 类

FileChannel 类用于创建一个可以用于读、写、映射和操作文件的通道。该通道还支持多线程访问，能保证数据操作的可靠性。其常用方法如表 11-12 所列。

表 11-12　FileChannel 类的常用方法

返回类型	方法名	方法功能
static FileChannel	open(Path path,OpenOption... options)	打开或创建文件，并返回文件通道
int	read(ByteBuffer dst)	从该通道读取到给定缓冲区的字节序列
long	size()	返回此通道文件的当前大小
int	write(ByteBuffer src)	从给定的缓冲区向该通道写入一个字节序列，返回写入的字节数

【例 11.14】显示所读文本文件内容，并向文件中写入读取文件的时间。

【代码】

```java
import java.io.RandomAccessFile;
import java.nio.ByteBuffer;
import java.nio.channels.FileChannel;
```

```
import java.util.Date;

public class Example11_14 {

    public static void main(String[] args) throws Exception{
        RandomAccessFile file = new RandomAccessFile("d:\\data.txt", "rw");
        // 建立文件对象
        FileChannel channel = file.getChannel();// 建立文件通道
        ByteBuffer buf = ByteBuffer.allocate(128);// 设置字节缓冲区
        System.out.println(" 文件大小: "+channel.size());// 显示文件大小
        while(channel.read(buf)!=-1){// 读取文件内容并显示

            buf.flip();// 准备缓冲区读取
            String str =new String(buf.array()).trim();
            System.out.println(str);
        }
        Date time =new Date();
        String newData = "read file time is:" +time;
        buf.clear();// 准备缓冲区写入
        buf.put(newData.getBytes());// 向缓冲区写入当前时间
        buf.flip();// 准备缓冲区读取
        while(buf.hasRemaining()) {
            channel.write(buf);// 读取缓冲区内容送入通道
        }
        channel.close();// 关闭通道
    }
}
```

【例 11.15】综合应用举例：编写程序，统计一个文本文件中非重复单词的数量。

【分析】实现该题目，首先要完成文本文件的读取，Java 对文件读取的方法很多，这里直接利用上例的方法进行文件读取；然后要对读取的内容进行单词分割，这里采用 Scanner 类的 useDelimiter() 方法来设置分隔符，完成单词分割；接着对分割后的单词进行分类统计，找出只出现一次的单词，这也是本题的核心，我们可以利用 Map 集合中 key 值不允许重复的特点，统计各单词的出现次数；最后查询只出现一次的单词个数，并进行输出。关于 Map 集合的介绍请回顾 8.5 章节部分。

【代码】

```
import java.io.RandomAccessFile;
import java.nio.ByteBuffer;
import java.nio.channels.FileChannel;
import java.util.HashMap;
import java.util.Map;
import java.util.Map.Entry;
import java.util.Scanner;
import java.util.Set;

public class Example11_15 {

    public static void main(String[] args) throws Exception{
```

```java
RandomAccessFile file = new RandomAccessFile("d:\\abc.txt", "r");
// 建立文件对象
FileChannel channel = file.getChannel();// 建立文件通道
ByteBuffer buf = ByteBuffer.allocate(128);// 设置字节缓冲区
Map<String,Integer> map=new HashMap<String,Integer>();
// 保存单词和出现次数

while(channel.read(buf)!=-1){// 读取文件内容并显示
    buf.flip();// 准备缓冲区读取
    String reader_string =new String(buf.array()).trim();
    Scanner scanner = new Scanner(reader_string);
    scanner.useDelimiter("[ \r\n]+");// 设置分隔符
    while (scanner.hasNext()){
            String word = scanner.next();

            if(map.containsKey(word)){ //HashMap 不允许重复的 key,
            所以利用这个特性，去统计单词的个数
                int count=map.get(word);
                map.put(word, count+1); // 如果 HashMap 已有这个单词,
                则设置它的数量加 1
        }
        else
            map.put(word, 1); // 如果没有这个单词，则新填入，数量为 1
    }
}
int count=0;
Set<Entry<String, Integer>> list =map.entrySet();// 返回映射集合的
Set 视图
for (Entry t:list){
    if(t.getValue()==Integer.valueOf(1))// 如果单词出现的次数为 1,
    则进行累加
        count++;
}
System.out.println(" 非重复单词数量为 :"+count);
    }
}
```

11.6 小结

本章主要介绍了 Java 的输入输出流及相关操作。

首先，介绍了 I/O 流的概念和基本分类，java 的 I/O 流主要分为字节流和字符流，其中，字符流主要用于文本信息的传输。

然后，学习了 File 文件类，该类定义了文件对象，并可以获取文件的相关属性。文件对象通常用于输入流、输出流操作源端或目的端。

字节流的根类是 InputStream 类和 OutputStream 类，字符流的根类是 Reader 类和 Writer 类。分别对这些类的功能和方法进行了介绍，并通过实例给出了实现过程。

数据流类 DataInputStream 和 DataOutputStream 允许程序按着与机器无关的格式进行

Java 基本数据类型数据的读写。

缓冲流类通过建立缓冲区来缓存数据，使得传输效率更高，处理能力更强。

随机流类 RandomAccessFile 能够同时完成输入、输出操作，功能更强、更灵活。对象流利用序列化机制支持对象类型的 I/O 传输，利用它可以实现对对象的克隆。

Java 的 NIO 流使用通道和缓冲区进行数据传输和存储，并且一个通道既可以输入也可以输出，增加了灵活性。这里对 NIO 流的特点和相关类进行了介绍和讲解。

11.7 习题

1．Java 的输入输出流分类有哪几种？

2．什么是装饰流？装饰流类有哪些？

3．是否所有对象都可以使用对象流完成 I/O 操作？为什么？

4．编写程序，实现一个文件的倒序读取。

5．编写程序，统计一个文本文件中各单词的出现次数，并按次数排序输出。

Chapter 12

第12章

数据库编程

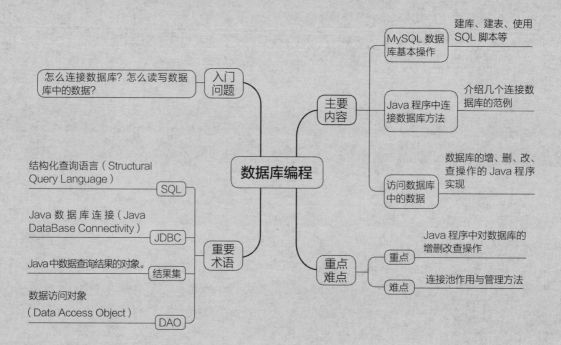

- 入门问题 — 怎么连接数据库？怎么读写数据库中的数据？

- 重要术语
  - SQL — 结构化查询语言（Structural Query Language）
  - JDBC — Java 数据库连接（Java DataBase Connectivity）
  - 结果集 — Java 中数据查询结果的对象。
  - DAO — 数据访问对象（Data Access Object）

数据库编程

- 主要内容
  - MySQL 数据库基本操作 — 建库、建表、使用 SQL 脚本等
  - Java 程序中连接数据库方法 — 介绍几个连接数据库的范例
  - 访问数据库中的数据 — 数据库的增、删、改、查操作的 Java 程序实现

- 重点难点
  - 重点 — Java 程序中对数据库的增删改查操作
  - 难点 — 连接池作用与管理方法

12.1 MySQL 数据库与 SQL 命令

12.1.1 MySQL 数据库及安装

MySQL 数据库是一个开放源代码的关系数据库管理系统（RDBMS），它使用结构化查询语言 SQL(Structural Query Language) 进行数据库管理。

使用结构化查询语言 SQL 提供各种操作命令，可以创建数据库、数据表，可以查询数据、插入数据、删除数据以及数据修改等。

数据库、数据表和结构化查询语言 SQL 的关系，可以用一个图书馆的例子类比。图书馆相当于数据库。图书馆有名字，如 XXX 省图书馆、YYY 大学图书馆，数据库也有名字。数据表相当于图书馆的书库，可能不止一个。书库有名字，如财经书库、科技书库，数据表也有名字。结构化查询语言呢？它相当于图书馆的图书采购、借阅管理机制，过去采用手工方式，现在采用计算机管理，做一样的事，有不同的方式方法。图书馆要对借书还书进行管理，数据库要对数据读出写入进行管理，这就是 SQL 语言的作用。

在本书中，我们的主要目的是使用数据库，对数据库的复杂理论和操作不做过多涉猎，只面向应用介绍一些必备的知识。

首先介绍 MySQL 数据库的下载安装方法。需登录 http://www.mysql.com/，下载 MySQL 数据库安装文件。有两种选择：压缩文件解压安装或 MSI Installer，两种方式，殊途同归。

第一种方式，下载 zip 压缩文件，解压缩后执行 setup.exe 进行安装，安装之后对数据库手动配置。

第二种方式，下载 MSI Installer 微软安装软件，直接执行，进行数据库安装，在安装过程中对数据库自动配置。

本书采用的是 mysql-5.5.53-winx64.msi.exe。安装过程中的大部分对话框，只需要点击"next"就可以了，这里列出几个关键步骤的图示及说明。

（1）开始安装，见图 12-1。

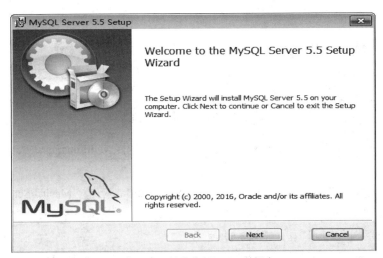

图 12-1 开始安装 MySQL 数据库

（2）安装类型，选择典型安装 Typical，这种类型安装大部分程序特性，如图 12-2 所示。

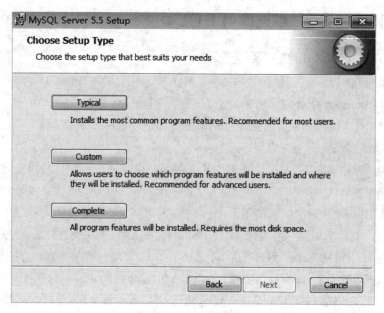

图 12-2　选择安装类型

（3）安装完毕后的操作是进行 MySQL 实例配置向导。如图 12-3 所示。

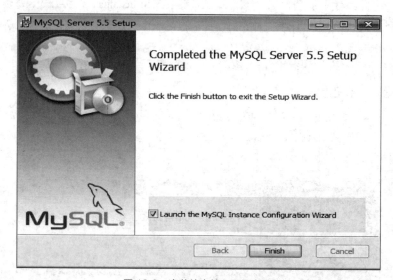

图 12-3　安装结束转入配置向导

（4）进入配置环节，在选择数据库用途对话框，可选择 Multifunctional Database，即通用多功能型。如图 12-4 所示。

（5）选择默认字符集，Standard Character Set 是 Latin1，应选择 Manual Selected Default Character Set/Collation，然后，在下方选择框中选择 utf8，字符集与开发环境字符集如果不一致，可能会出现汉字乱码。如图 12-5 所示。

（6）windows 选择项，勾选 Install As Windows Service 和 Include Bin Directory in Windows PATH, 后者在系统的环境变量 PATH 里面写入相关的参数。然后你在 cmd 方式可以直接键入

MySQL 运行 MySQL，系统会在环境变量 PATH 里面找到 MySQL 运行。否则，需要手动找
到 MySQL 的安装目录，要输入完整的路径，这会比较麻烦。如图 12-6 所示。

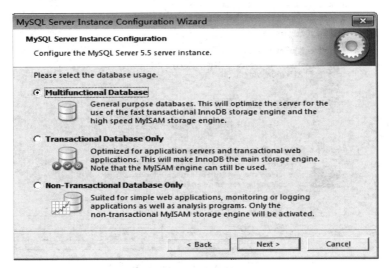

图 12-4　选择数据库用途

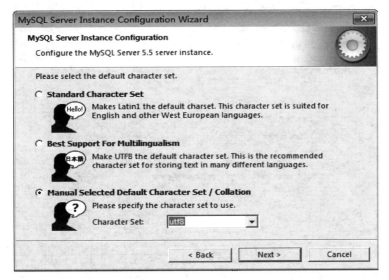

图 12-5　选择默认字符集

（7）启动配置，点 Execute 即可。如图 12-7 所示。然后是启动成功的对话框。在 4 个启
动项前面的圆圈都被画上对号了，单击 finish 退出。

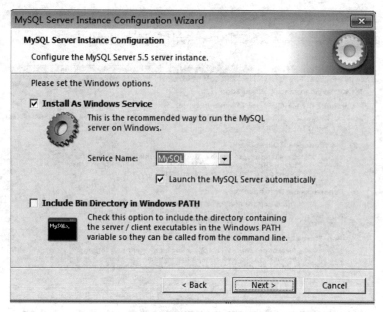

图 12-6 windows 服务和路径选项

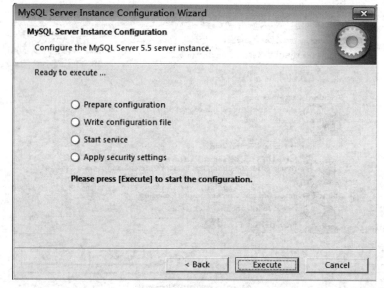

图 12-7 启动配置

12.1.2 SQL 命令

在成功安装并启动了 MySQL 数据库服务之后，我们想做的第一件
事情是建立一个数据库和几个数据表。怎么建立？需要借助 SQL 命令。

SQL 命令

1. 进入 MySQL

从 windows "开始" 菜单中单击 "MySQL5.5 Command Line Client"。

2. 输入口令

在 Enter Password：后输入安装时设置的口令。进入 MySQL 数据库。

3. 创建、显示与删除数据库

```
create database name;    #创建数据库，如图 12-8 所示
show databases;          #显示数据库，包括用户创建的和系统创建的数据库
drop database name;      #直接删除数据库，无任何提示信息
```

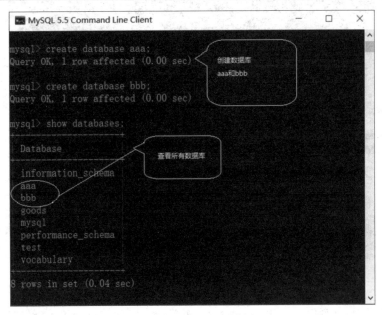

图 12-8　创建、查看数据库

4. 选择数据库

```
use aaa;#创建数据库之后，在数据库中创建数据表之前，先选择数据库
```

5. 数据表创建、显示及删除

```
create table s_position(
    id int not null auto_increment,             #设定 id 为 int 型、非空、自增 1
    name varchar(20) not null default '经理',   #设定默认值
    description varchar(100),
    primary key PK_positon (id)                 #设定 id 为主键
    );
create table student(
    studentNo char(10) not null primary key,
    studentName varchar(20) not null ,
    studentAge int,
    specialty  varchar(20)                      #末尾没有逗号
    );
```

注意：MySQL 语句注释内容用 # 开头。

```
show tables;             #显示表
drop table s_position;   #删除表
```

以上 3 类操作的效果见图 12-9。

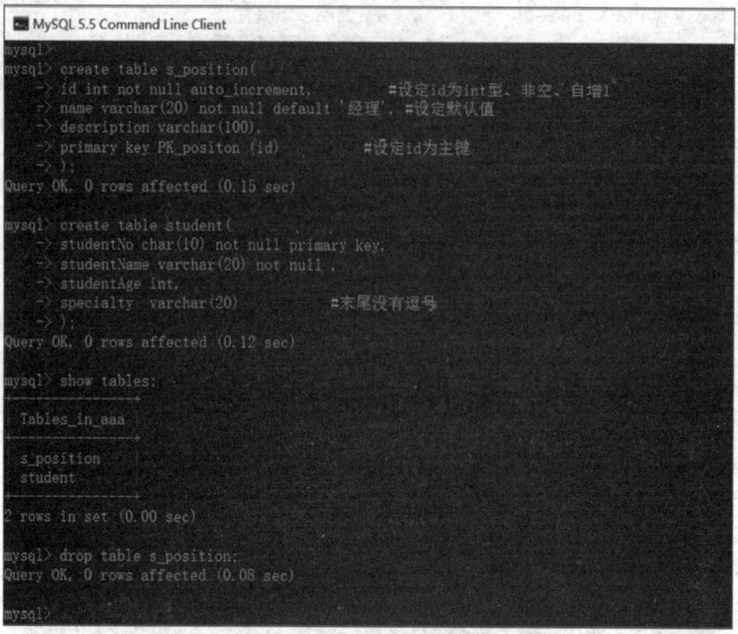

图 12-9　数据表创建、显示和删除操作

6. 向表中插入数据

```
insert into student(studentNo,studentName,studentAge,specialty)
        values('1404010901',' 刘青 ',20, ' 计算机 ');
insert into student(studentNo,studentName,studentAge,specialty)
                values('1404010902',' 李玉 ',20,' 计算机 ');
insert into student(studentNo,studentName,studentAge,specialty)
                values('1402010321',' 章成 ',22,' 电气技术 ');
```

7. 查询数据

Select * from student where studentAge<22;

插入数据和查询的操作如图 12-10 所示。

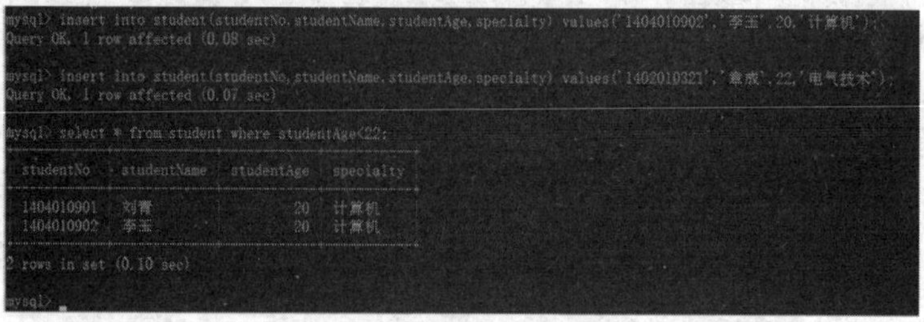

图 12-10　数据插入和查询

8. 删除数据

```
delete from student  where specialty=' 电气技术 ';
```

9. 修改数据

```
update student set specialty='电气工程' where studentName='章成';
#将姓名为章成的学生的专业修改为电气工程
```

12.1.3 从文件导入数据

用单个 sql 命令添加数据效率低，可以用下面的两种方式，向表中成批添加数据。

1. 从文本方式导入数据

例如，在文本文件 D:/studentdata.txt 中编辑数据，数据字段间用 Tab 键分隔，如图 12-11 所示。字段值为 null 时用 \N 表示。然后将此文件中数据导入数据表 student 中，如图 12-12 所示。

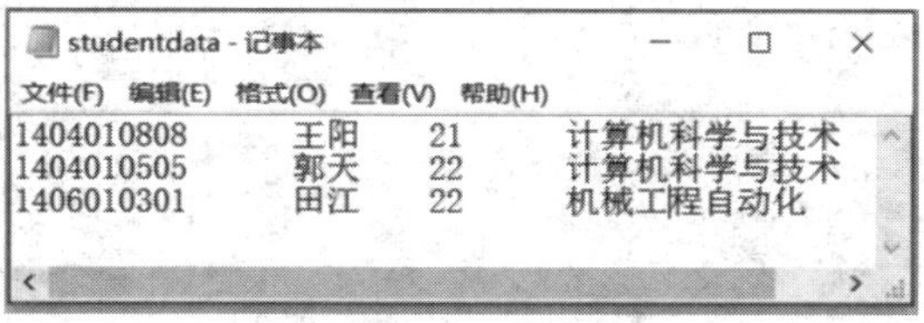

图 12-11 在文本文件中编辑数据

使用如下命令导入数据：

```
mysql> load data local infile "D:/studentdata.txt" into table
        student(studentNo,studentName,studentAge,specialty);
```

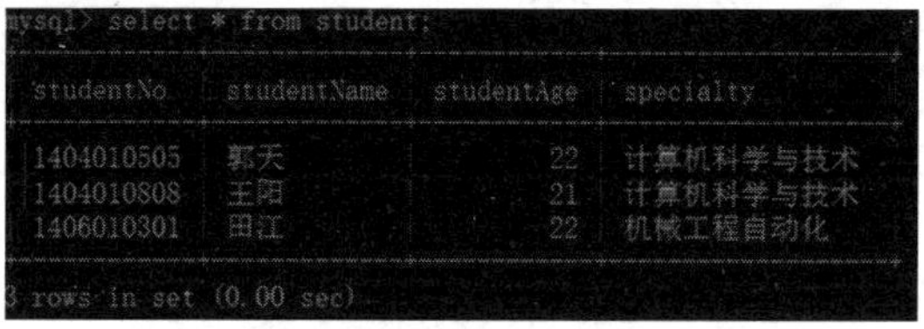

图 12-12 查询从文本文件导入的数据

2. 从 sql 脚本文件导入数据

编辑 sql 脚本文件 D:/studentdata.sql，如图 12-13 所示。

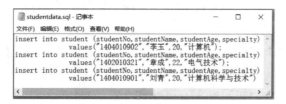

图 12-13 编辑 sql 脚本文件

注意：在记事本或其他文字处理软件中编辑文件，保存的时候要选择与 MySQL 默认编码相一致的编码，例如 UTF-8。

用 source 命令导入到数据表中。

```
mysql>use aaa;
mysql>source d:/studentdata.sql;        #从 sql 脚本文件导入数据到表 student
mysql>select * from student;
```

查询导入的数据，见图 12-14，与图 12-12 对比可见新插入的 3 行记录。

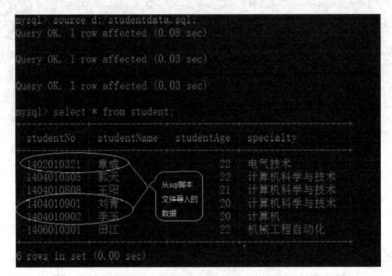

图 12-14　查询从 sql 脚本文件导入的数据

12.2　连接数据库

本节介绍数据库的驱动类型和连接方法。这是访问数据库之前必须进行的步骤。驱动程序有不同类型，连接数据库需要用到 JDBC API 中的几个类和接口，读者需要了解它们的方法。

12.2.1　四种驱动类型

创建了数据库和数据表，下一步我们的关注点是：数据如何写入到数据表中？数据怎样从数据库读取出来？

举个例子，有助于理解这个问题。使用 U 盘，要读写数据，你需要什么？一是要有 USB 驱动程序；二是要用数据线连接到计算机。

对数据库读写，同样需要提前做好两件事：执行驱动程序、建立连接。

JDBC 驱动程序分为以下 4 种类型。

（1）类型 I：JDBC-ODBC Bridge Driver 类型，这种驱动方式通过 ODBC 驱动器提供数据库连接，使用这种方式要求客户机装入 ODBC 驱动程序。

（2）类型 II：Native-API partly-Java Driver 类型，这种驱动方式将数据库厂商所提供的特殊协议转换为 Java 代码及二进制代码，利用客户机上的本地代码库与数据库进行直接通信。和（1）一样，这种驱动方式也存在很多局限，由于使用本地库，因此，必须将这些库预先安装在客户机上。

（3）类型 iii：JDBC-Net All-Java Driver 类型，这种类型的驱动程序是纯 Java 代码的驱动程序，它将 JDBC 指令转换成独立于 DBMS 的网络协议形式并与某种中间层连接，再通过中间层与特定的数据库通信。该类型驱动具有最大的灵活性，通常由非数据库厂商提供，是 4 种类型中最小的。

（4）类型 IV：Native-protocol All-Java Driver 类型，这种驱动程序也是一种纯 Java 的驱动程序，它通过本地协议直接与数据库引擎相连接，这种驱动程序也能应用于 Internet。在全部 4 种驱动方式中，这种方式具有最好的性能。

以上 4 种驱动类型在实际应用中以类型 I 和类型 IV 最为常用。类型 I 简单易用，但是应用程序的可移植性较差，因其依赖于操作系统的 ODBC 功能；类型 IV 则由于是纯 Java 代码的驱动程序且具有良好的性能而得到广泛应用。

12.2.2　JDBC 驱动程序与连接（类型 IV）

使用类型 IV，需要到 Oracle 官网下载驱动程序，例如 mysql-connector-java-5.1.40.jar。还需在环境变量 CLASSPATH 中加入驱动程序所在路径。

注意：初学者在连接数据库环节，经常遇到的困扰包括软件环境准备不足、未下载 connector、项目未添加 jar 包；格式串出错。出现异常读者往往不知原因，因为异常种类比较多，常见的如空指针异常、类找不到、读写数据出错等。

驱动程序和连接数据库的格式如下：

```
Class.forName("com.mysql.jdbc.Driver");  // 不必死记硬背，在 lib 中一目了然
Connection con = DriverManager.getConnection(
    "jdbc:mysql://IP:3306/dbName? User=username&password=password");
```

语句中，IP 是 MySQL Server 所在主机的 IP 地址。

在 Eclipse 的 Java 项目中，添加驱动程序 jar 文件。步骤是：项目右键 =>build path=>configure build path=>add external jars，选择 jar 包路径打开即可。详见例 12.1 和图 12-15。

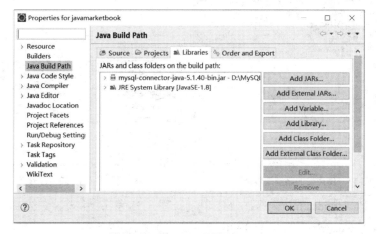

图 12-15　给 Java 项目添加 jar 包

【例 12.1】使用 JDBC 驱动程序，连接 MySQL 数据库。

【代码】

```java
package ch12;
import java.sql.*;
import javax.sql.*;

public class Example12_1 {
    public static void main(String[] para) {
        Connection con = null;
        String url = "jdbc:mysql://localhost:3306/aaa";
        String user = "root";
        String password = "root";
        try{
        Class.forName("com.mysql.jdbc.Driver");
        con = DriverManager.getConnection(url,user,password);
        if(con!=null) System.out.println(" 数据库连接成功！ ");
        else System.out.println(" 数据库连接失败！ ");
        }
        catch(ClassNotFoundException e1){}
        catch(SQLException e2){}
    }
}
```

```
 Problems  Javadoc  Declaration  Console 
<terminated> Example12_1 [Java Application] D:\Java\jdk1.8\bin\javaw.exe (
数据库连接成功！
```

程序运行结果如图 12-16 所示。

图 12-16　例 12.1 运行结果

12.2.3　使用 JDBC-ODBC 桥

用 JDBC-ODBC 桥驱动方式连接并访问数据库的操作过程如下。

1. 创建数据库

我们以 Microsoft Access 数据库为例说明创建数据库的基本操作。

首先创建数据库 xsgl.mdb。进入 Access，选择"空 Access 数据库"，命名之后保存。如图 12-17 所示。

图 12-17　使用设计器创建表界面　　　　　图 12-18　表设计界面

然后创建表 studentInfo，选择"使用设计器创建表"，输入该表字段：studentID、studentName、studentSex。确定 studentID 为主键。如图 12-18 所示。

在表管理界面双击表名进入表数据添加界面，输入若干记录行作为例题测试用数据。

2. 建立 ODBC 数据源

对 32 位操作系统可以直接按下面介绍的方法创建 ODBC 数据源，对 64 位系统则需执行 c:\windows\Syswow64\odbcad32.exe 后才能进行。

在"控制面板"选择"管理工具"，双击"ODBC 数据源"进入 ODBC 数据源管理器，如图 12-19 所示。

图 12-19　ODBC 数据源管理器

单击"添加"按钮，进入"创建数据源"窗口（图 12-20），选择 Microsoft Access Driver（*.mdb），单击"完成"，进入"ODBC Microsoft Access 安装"界面（图 12-21），在这个窗口中，首先为数据源命名（student），然后单击"选择"进入选择数据库窗口，如图 12-22 所示，选择所要连接的数据库（xsgl.mdb），单击"确定"，返回 ODBC 数据源管理器，可以看到新建的数据源 student 在用户数据源表中。

图 12-20　创建数据源窗口

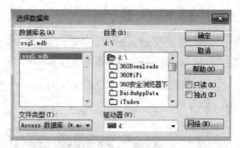

| 图 12-21 数据源命名 | 图 12-22 选择数据库 |

3. 数据库驱动与连接

利用 ODBC 数据源，采用 JDBC-ODBC 桥驱动方式与 Microsoft Access 数据库建立连接，语句格式为

```
try
{
    Class.forName("sun.jdbc.odbc.JdbcOdbcDriver");
}
catch(ClassNotException e)
{
    System.out.println(e);
}
String url = "jdbc:odbc:student"; //student 是数据源名字
Connection con = DriverManager.getConnection(url);
```

如果数据库设置了登录名和口令，则在创建连接时需在方法中包含相关的参数。

```
DriverManager.getConnection(String url,String loginName,String password)。
```

注意：从 JDK8 开始，不再支持 JDBC-ODBC 桥的驱动方式。

12.2.4 无数据源方式

实际应用中，JDBC-ODBC 桥驱动方式允许使用一种无数据源连接数据库的方式，语句格式如下：

```
con=DriverManager.getConnection("jdbc:odbc:driver=
{Microsoft Access Driver (*.mdb)}; DBQ=d:\\xsgl.mdb")
```

注意：在 Driver 和（*.mdb）之间有一空格。

【例 12.2】利用 JDBC-ODBC 桥访问 ACCESS 数据库。

【代码】

```
package ch12;
import java.sql.*;
import javax.sql.*;

class Example12_2
{
        static Connection con=null;    // 连接对象
```

```
                static Statement st = null;
                static ResultSet rs = null;
                public static boolean conn(String url)
                {
                        try
                        {
                                Class.forName("sun.jdbc.odbc.
                                JdbcOdbcDriver");// 加载驱动程序
                                con=DriverManager.getConnection(url);
                                // 连接数据库
                        }
                        catch(Exception e)
                        {
                            e.printStackTrace();
                            return false;
                        }
                        return true;        // 成功
                }
                public static boolean close()
                {
                    try
                    {
                            con.close();    // 关闭数据库
                            con=null;
                    }
                    catch(SQLException e)
                    {
                        e.printStackTrace();
                        return false;
                    }
                    return true;
                }
                public static void main(String args[])  throws Exception
                {
                    String str=new String();
                    //Driver 后面加空格，否则会出现异常。
                    if(conn("jdbc:odbc:driver={Microsoft Access Driver (*.mdb)};
                                        DBQ=d:\\xsgl.mdb"))
                    {
                        st = con.createStatement();
                        rs = st.executeQuery("select * from studentInfo");
                        while(rs.next())
                        {
                            System.out.print(rs.getString(1)+"      ");
                            System.out.println(rs.getString(2));
                        }
                    }
                }
        }
```

程序运行结果如图 12-23 所示。

图 12-23 例 12.2 结果

请大家思考一个问题：从例 12.1 和例 12.2 想一想：如果很多程序需要用到很多连接，怎么管理连接效率更高呢？

12.3　JDBC 编程

通过上一节学习，我们可以连接到一个数据库了。这一节，我们研究读写数据的话题。我们知道了 SQL 语言。事实上，SQL 语言有 4 类，即数据查询语言 DQL、数据操纵语言 DML、数据定义语言 DDL 和数据控制语言 DCL。在一般的应用程序中使用较多的是对表的创建与管理、视图的操作、索引的操作等，这属于 DDL 范畴。还有对数据的插入、删除、更新、查找、过滤、排序等，属于 DML。在 MySQL 数据库环境中 SQL 语句的用法已在12.1.2 小节举例说明，本节内容是 Java 程序中对数据库进行数据操作的方法，即在 Java 程序中使用 SQL 语句操作数据的方法。

12.3.1　JDBC API

在 JDBC API 提 供 的 类 中， 有 4 个 最 常 用：Connection、Statement、ResultSet、PreparedStatement。PreparedStatement 类在 12.3.4 节中介绍。本节介绍前 3 个类。

1. Connection 类

Connection 是连接类，顾名思义，它的方法用于连接数据库。

（1）void close()：断开此 Connection 对象和数据库的连接。

（2）Statement createStatement()：创建一个 Statement 对象，用来将 SQL 语句发送到数据库。

（3）Statement createStatement(int resultSetType, int resultSetConcurrency)。

创建一个 Statement 对象，该对象将生成具有给定类型、并发性的 ResultSet 对象。

2. Statement 类

Statement 类的常用方法如下。

（1）void close()：立即释放此 Statement 对象的数据库和 JDBC 资源，而不是等待该对象自动关闭时发生此操作。

（2）ResultSet executeQuery(String sql)：执 行 给 定 的 SQL 语 句， 该 语 句 返 回 单 个ResultSet 对象。

（3）int executeUpdate(String sql)：执 行 给 定 SQL 语 句， 该 语 句 可 能 为 INSERT、UPDATE 或 DELETE 语句，或者为不返回任何内容的 SQL 语句。

3. ResultSet 类

（1）该类的几个常量及作用如下。

① static int TYPE_FORWARD_ONLY：该常量指示指针只能向前移动的 ResultSet 对象的类型。

② static intTYPE_SCROLL_INSENSITIVE：该常量指示可滚动但通常不受其他的更改影响的 ResultSet 对象的类型。

③ static intTYPE_SCROLL_SENSITIVE：该常量指示可滚动并且通常受其他的更改影响的 ResultSet 对象的类型。

④ static int CONCUR_READ_ONLY：该常量指示不可以更新的 ResultSet 对象的并发模式。

⑤ static int CONCUR_UPDATABLE：该常量指示可以更新的 ResultSet 对象的并发模式。

（2）ResultSet 类常用方法如下：

ResultSet 类的方法数量很多，按其功能可以分为两类，即指针移动方法和数据操作方法。下面各举其中一些方法作为代表。其余的用到时再展开介绍。

① boolean first()：将指针移动到此 ResultSet 对象的第一行。

② void close()：立即释放此 ResultSet 对象的数据库和 JDBC 资源，而不是等待该对象自动关闭时发生此操作。

③ boolean next()：将指针从当前位置下移一行。ResultSet 指针最初位于第一行之前，第一次调用 next() 方法使第一行成为当前行，第二次调用使第二行成为当前行，依此类推。如果开启了对当前行的输入流，则调用 next() 方法将隐式关闭它。读取新行时，将清除 ResultSet 对象的警告链。如果新的当前行有效，则返回 true，如果不存在下一行，则返回 false。

④ boolean last()：将指针移动到此 ResultSet 对象的最后一行。

⑤ String getString(int columnIndex)：ResultSet 对象的当前行中以整数 columnIndex 指定列的值以 String 形式返回。

⑥ String getString(String columnName)：ResultSet 对象的当前行中以字符串 columnName 指定列值以 String 形式返回。

至此，我们介绍了 3 个类，5 个常量，12 个方法。本章主要利用这些类，说明 JDBC 数据库编程的基本流程和方法。

提高：除了这几个类，还有很多类像宝藏一样等待读者去挖掘，比如 DatabaseMetaData、ResultSetMetaData、CallableStatement、RowSet 等。

12.3.2 使用 SQL 语句操作数据

利用前面所介绍的 3 个类的方法，可以建立连接、语句对象和结果集对象。这三者构成一个前后衔接的操作链，缺一个就使数据库操作不能完成或者没有意义。这一节，通过例子说明在程序中各种 SQL 语句使用方法。

【例 12.3】创建一个数据表。

【分析】创建数据表的操作属于 SQL 的 DDL，可使用 Statement 类的 executeUpdate() 方法向数据库发送。数据插入、修改和删除的 SQL 语句也用此方法发送到数据库。

创建一个学生选课表 selectCourse，它有 3 个字段（学号、学生姓名、课程号）。SQL 语句如下：

```
create table selectCourse(
    id int not null auto_increment primary key,
    studentNo char(10) not null,
    studentName varchar(20) not null ,
    courseNo  varchar(10)
    );
```

【代码】

```java
package ch12;
import java.sql.*;
import javax.sql.*;
public class Example12_3 {
static Connection con = null;
static Statement st = null;
public static void main(String[] para) {
    String url = "jdbc:mysql://localhost:3306/aaa";
    String user = "root";
    String password = "root";
        String sql = "create table selectCourse(id int auto_increment
        primary key,studentNo char(10) not null,studentName varchar(20)
        not null ,courseNo  varchar(10)); ";
    try{
    Class.forName("com.mysql.jdbc.Driver");
    con = DriverManager.getConnection(url,user,password);
        st = con.createStatement();
      st.executeUpdate(sql);
      System.out.println("successfully create a table.");
      if(st!=null)
            st.close();
      if(con!=null)
            con.close();
        }
        catch(ClassNotFoundException e1){ System.out.println("fail to
        create a table.");}
        catch(SQLException e2){System.out.println("fail to create a
        table.");}

    }
}
```

【例 12.4】对数据表 student 执行查询，查询其中姓章的学生。

【代码】

```java
package ch12;
import java.sql.*;
import javax.sql.*;
public class Example12_4 {
static Connection con = null;
static Statement st = null;
static ResultSet rs = null;
    public static void main(String[] para) {
        String url = "jdbc:mysql://localhost:3306/aaa";
        String user = "root";
        String password = "root";
      String sql ="select * from student where studentName like '章%'";
    try{
        Class.forName("com.mysql.jdbc.Driver");
```

```
        con = DriverManager.getConnection(url,user,password);
        st = con.createStatement();
         rs = st.executeQuery(sql);
    while(rs.next())
    {
        String s1=rs.getString(1);
        String s2 = rs.getString(2);
      String s3 = rs.getString(3);
      String s4 = rs.getString(4);
      System.out.print(s1);
      System.out.print("         "+s2);
      System.out.print("         "+s3);
      System.out.println("         "+s4);
    }
      if(st!=null)
            st.close();
      if(con!=null)
            con.close();
      }
      catch(ClassNotFoundException e1){System.out.println(e1.
      getMessage());}
      catch(SQLException e2){System.out.println(e2.getMessage());}
  }
}
```

模糊查询可用的字符 % 表示零个或多个字符；_ 表示任一字符；[abc] 表示 a、b、c 中任一个字符。查询结果如图 12-24 所示。

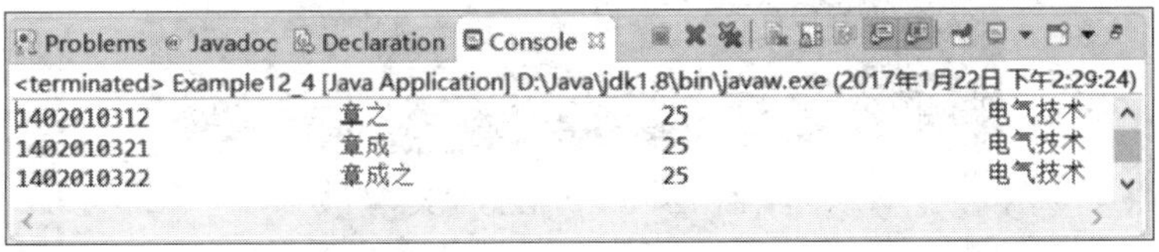

图 12-24　例 12.4 结果

【例 12.5】对数据表 selectCourse，插入三行选课记录。

【代码】

```
package ch12;
import java.sql.*;
import javax.sql.*;
public class Example12_5{
static Connection con = null;
static Statement st = null;
    public static void main(String[] para) {
        String url = "jdbc:mysql://localhost:3306/aaa";
        String user = "root";
        String password = "root";
        int insertNumber=0;
        String sql1 = "insert into selectCourse(studentNo,studentName,
```

```
courseNo) values('0401060217',' 董飞 ','0301E48W71'); ";
String sql2 = "insert into selectCourse(studentNo,studentName,
courseNo) values('0401060217',' 董飞 ','0301E48W69'); ";
String sql3 = "insert into selectCourse(studentNo,studentName,
courseNo) values('0401060219',' 韩飞 ','0301E48W71'); ";
 try{
 Class.forName("com.mysql.jdbc.Driver");
 con = DriverManager.getConnection(url,user,password);
 st = con.createStatement();
insertNumber+=st.executeUpdate(sql1);
insertNumber+=st.executeUpdate(sql2);
insertNumber+=st.executeUpdate(sql3);
System.out.println("successfully insert  "+insertNumber+"
records.");
if(st!=null)
        st.close();
if(con!=null)
        con.close();
}
catch(ClassNotFoundException e1){System.out.println(e1.
getMessage());}
catch(SQLException e2){System.out.println(e2.getMessage());}
 }
    }
```

程序运行结果如图 12-25 所示。

图 12-25　例 12.5 结果

利用可更新结果
集操作数据

12.3.3　利用可更新结果集操作数据

从例 12.4 可见，可以用 ResultSet 对象（结果集）接收和处理查询结果。结果集就是所查询的数据表的子集，行数和列数可能会有所"瘦身"。其实，结果集还可以反过来被用于更新数据库的数据，这时候，结果集成了可更新结果集。所谓更新，包括 insert、update 和 delete 操作。

结果集既然是表，就有一个指针。指针指向表中的某一行时，可以对该行进行更新操作。要使用可更新结果集和指针，有 4 个问题必须说明：

（1）从 JDK1.5 之后，ResultSet 默认为可滚动的。此前的版本默认为不可滚动的。这里可滚动指的就是指针是自顶向下也可以自底向上改变位置，这是更新操作的一个前提条件。

（2）更新操作的第二个条件是设定结果集为可更新结果集。具体格式为

```
Statement  st = con.createStatement(ResultSet.TYPE_SCROOL_INSENSITIVE,
             ResultSet.CONCUR_UPDATABLE);
```

第 1 个参数决定了指针可滚动，第 2 个参数决定了结果集为可更新结果集。

（1）ResultSet 类中定义了大量指针操作的方法，可查阅类文档学习用法。

（2）结果集需要保持连接不关闭。

【例 12.6】对表 student 中的记录行进行修改，把所有 studentAge 值增 1。

【代码】

```java
package ch12;
import java.sql.*;
import javax.sql.*;
public class Example12_6{
static Connection con = null;
static Statement st = null;
static ResultSet rs = null;
    public static void main(String[] para) {
        String url = "jdbc:mysql://localhost:3306/aaa";
        String user = "root";
        String password = "root";
         String sql ="select * from student";
      int temp=0;
      try{
            Class.forName("com.mysql.jdbc.Driver");
            con = DriverManager.getConnection(url,user,password);
            // 生成的语句用于获得可更新且指针可滚动结果集
            st = con.createStatement(ResultSet.TYPE_SCROLL_
            INSENSITIVE,ResultSet.CONCUR_UPDATABLE);
            rs = st.executeQuery(sql);
            rs.last();        // 指针移动到结果集最后一行
            int count = rs.getRow();   // 结果集行数
            for(int i=count;i>0;i--)
            {
                    rs.absolute(i);        // 指针移动到结果集第 i 行
                     System.out.println(" 第   "+i+" 行记录被更新！ ");
                    temp = rs.getInt("studentAge");
                    rs.updateInt(3, temp+1);
                     rs.updateRow();   // 向底层数据库提交修改
            }
            if(st!=null)
            st.close();
             if(con!=null)
            con.close();
            }
            catch(ClassNotFoundException e1){System.out.println(e1.
            getMessage());}
            catch(SQLException e2){System.out.println(e2.
            getMessage());}
        }
    }
```

12.3.4 使用 RowSet 查询结果

结果集功能很强大。处理查询结果，有大量的方法。指针（也叫游标 cursor）可自由改变，可以根据列名字（column-name）或列数

使用 RowSet
查询结果

（column-index）操作列值。可以用万能取值方法 getString 取值，也可以根据具体列类型 XXX 用 getXXX 方法取值。

直接发送 SQL 语句的做法用可更新结果集替代，增强了交互性，可以将 GUI 交互输入的数据取来更新当前行指定列的值，省去了硬编码和拼接冗长 SQL 命令字符串的麻烦。

硬币有两面。结果集的弱点影响它的使用效果。

ResultSet 一个弱点是它以非面向对象方式操作数据，且其是否可滚动、是否可更新需要设置。而 RowSet 则默认为可滚动、可更新、可序列化。JdbcRowSet 仍需要与数据库的连接，但是，它可作为 JavaBean 使用，以面向对象方式操作数据。这是一大进步。

结果集另一个弱点是它依赖连接，一旦连接断开，再对结果集操作会发生异常。为解决这一问题，JDK1.7 新增了 RowSetProvider 和 RowSetFactory。用 RowSetProvider 创建 RowSetFactory 类的实例。再用 RowSetFactory 实例调用方法，创建 CachedRowSet 实例。而 CachedRowSet 是 ResultSet 的升级换代，它可以在连接关闭后继续存在。

1. JdbcRowSet 类方法

（1）setUrl(String url)：设置该 RowSet 要访问的数据库的 url。

（2）setUsername(String username)：设置该 RowSet 要访问的数据库的用户名。

（3）setPassword(String password)：设置该 RowSet 要访问的数据库的口令。

（4）setCommand(String sql)：设置要执行的 SQL 查询语句。

（5）execute()：执行查询。

（6）populate(ResultSet rs)：将 ResultSet 对象包装成 RowSet 对象，这个方法很有用。

2. RowSetFactory 类方法

（1）CachedRowSet createCachedRowSet()：创建一个默认的 CachedRowSet 对象。

（2）JdbcRowSet createJdbcRowSet()：创建一个默认的 JdbcRowSet 对象。

（3）FilteredRowSet createFilteredRowSet()：创建一个默认的 FilteredRowSet 对象。

（4）JoinRowSet createJoinRowSet()：创建一个默认的 JoinRowSet 对象。

（5）WebRowSet createWebRowSet()：创建一个默认的 WebRowSet 对象。

JdbcRowSet 对象总是保持和数据源的连接。其余的 4 个都是离线的 RowSet。

【例 12.7】使用 JdbcRowSet 重做例 12.6 所做的 studentAge 修改操作。

【代码】

```java
import java.io.*;
import java.util.Iterator;
import java.sql.*;
import java.util.Properties;
import javax.sql.rowset.*;
import javax.sql.rowset.RowSetProvider;
import javax.sql.rowset.RowSetFactory;

public class Example12_7
{
    private String driver;
```

```
    private String url;
    private String user;
    private String password;
    public void initParam(String paramFile) throws Exception
{
Properties props = new Properties();
props.load(new FileInputStream(paramFile));
driver = props.getProperty("driver");
url = props.getProperty("url");
user = props.getProperty("user");
password =  props.getProperty("password");
}
  public void update(String sql) throws Exception
{
      int temp;
     Class.forName(driver);
 RowSetFactory factory = RowSetProvider.newFactory();
 try( JdbcRowSet jdbcrs = factory.createJdbcRowSet())
{
jdbcrs.setUrl(url);
jdbcrs.setUsername(user);
jdbcrs.setPassword(password);
jdbcrs.setCommand(sql);
jdbcrs.execute();
jdbcrs.afterLast();
while(jdbcrs.previous())
{
System.out.println(jdbcrs.getString(1)+ "\t"+jdbcrs.getString(2)
                                  + "\t"+jdbcrs.getString(3));
temp = jdbcrs.getInt("studentAge");
jdbcrs.updateInt("studentAge",temp+1);
jdbcrs.updateRow();
}
}
}

public static void main(String args[]) throws Exception
{
JdbcRowSetTest jrst = new JdbcRowSetTest();
jrst.initParam("mysql.property");// 属性文件要配置在项目的根目录下
jrst.update("select * from student");
}
}
```

12.3.5　编译预处理

在基于数据库的应用程序中，提高数据访问效率是个大目标。这
个目标的实现有许多具体的技术。例如查询优化、编译预处理、连接池的使用等。

1. 编译预处理的概念

PreparedStatement 是与编译预处理有关的类，它是 Statement 的一个子类，与 Statement

编译预处理

类的区别是，用 Statement 定义的语句是一个功能明确而具体的语句，而用 PreparedStatement 类定义的 SQL 语句中则包含有一个或多个占位符（"?"），它们对应于多个参数。带着占位符的 SQL 语句被编译，而在后续执行过程中，这些占位符需要用 setXXX 方法设置具体的参数值，这些语句发送至数据库执行。下面用语句说明 PreparedStatement 的用法。

（1）创建对象

```
PreparedStatement ps = con.prepareStatement( "update table1 set x=? where y=?" );
```

在对象 ps 中包含了语句 "update table1 set x=? where y=?"，该语句被发送到数据库进行编译预处理，为执行做准备。占位符按从左到右的次序分配对应的序号 1，2…。

注意：占位符序号不是从 0 开始。

（2）为每个参数设置参数值

设置参数值是通过方法 setXXX 实现的，其中 XXX 是与参数相对应的类型，假如上面例子中参数类型为 long，则用下面的代码为参数设定值：

```
ps.setLong(1,123456789);
```

（3）执行语句

```
ps.executeUpdate();
```

2. 编译预处理的目的

使用编译预处理就是为了提高数据存取的效率。

当数据库收到一个 SQL 语句后，数据库引擎会解析这个语句，检查其是否含有语法错误，如果没有错误，数据库会选择执行语句的最佳途径。数据库对所执行过的语句，以一个存取方案（Access Plan）保存在缓冲区中，如果下一个要执行的语句在缓冲区中找到一致的存取方案，就直接调用这个存取方案执行，省去了 SQL 语句编译的时间。这就是执行该语句的最佳途径。这个过程类似多次调用同一函数的情况，每次传递给它不同的参数。被调函数的代码和逻辑早已存在。

很明显，编译预处理就是为了使同类 SQL 语句执行同一存取方案。同类语句如果不用 PreparedStatement，虽然彼此差别很小，还是不同的存取方案。

【例 12.8】编译预处理语句修改 student 表中 studentName 为 "李明" 的学生的专业为 "软件工程"。

【代码】

```
import javax.sql.*;
import javax.naming.*;
import java.util.*;
import java.sql.*;
public class Example12_8
{
public static void main(String args[])
{
```

```
                Connection con=null;    // 定义连接类对象
                PreparedStatement ps;   // 定义编译预处理类对象 ps
                try
                {
                    Class.forName("com.mysql.jdbc.Driver");
                        String url = "jdbc:mysql://localhost:3306/aaa";
                        con=DriverManager.getConnection(url,"root","root");
                    String sql = "update student set specialty =?  where
                    studentName= ?";
                    ps=con.prepareStatement(sql);
                    ps.setString(1," 软件工程 ");        // 设置参数 1
                    ps.setString(2, " 李明 ");            // 设置参数 2
                    int rowCount = ps.executeUpdate();  // 执行更新操作
                    System.out.println(rowCount+"  record(s) updated.");
                      ps.close();
        con.close();
                }
                catch(Exception e) {}
            }
        }
```

本例中对表 student 执行了更新操作（Update），采用 PreparedStatement 的意义在于，设置两个参数，可以成批修改，执行效率高。

12.3.6 连接池简介

从前面所讲的例子中，大家体会了连接的意义。没有连接，就没有后续的一切操作。连接这样重要，我们必须合理地使用它。

我们可以用类比的方法，分析连接对数据库性能的影响。比如打固定电话，假设某地只有一部电话，一个连接，那么，在任何时刻，通话的只能是两个人。连接少，导致访问量低。再考察一下连接的状态，如果一个连接建立后，用完即关闭。再一次建立连接，用后再关闭。这就形成了频繁打开关闭的局面。这样的方式很显然耗费了大量时间在连接的打开关闭上，系统性能因此而低下。

可以设法使数据库连接被多个程序共享。连接池是目前普遍采用的连接管理模式。所谓连接池（connection pool），就是系统主动建立足够的数据库连接，即多个连接对象。这些连接组成了一个连接池。每次应用程序需要连接时，无须自己创建，而是在连接池取一个现成的，用完也不是关闭它，而是归还给连接池，以备自己或别的程序之用。这将提高访问数据库的效率。

连接池和连接池管理合二为一，称为数据源（data source）。这里的数据源和 ODBC 数据源不同。

目前有许多开放源代码的数据源，C3P0 是其中性能较好的一个。在 12.4 节的例题中使用了 C3P0 数据源。一个没有得到官方证实的说法是：C3P0 这个古怪的名字来源于电影《星球大战》中一个机器人的名字。

登录 http://sourceforge.net/ 网站下载 C3P0 的压缩文件，如 C3P0-0.9.5.2.bin.zip，解压缩，在 lib 目录下有 c3p0-0.9.5.2.jar。添加该 jar 包到 Java 项目中，前面 12.2.2 小节中已介绍过

添加 jar 包的方法。在程序中需导入包:

```
import com.mchange.v2.c3p0.ComboPooledDataSource;
```

加入并执行下面的代码,建立连接池:

```
ComboPooledDataSource ds = new ComboPooledDataSource();
ds.setDriverClass("com.mysql.jdbc.Driver"); // 连接 MySQL 数据库
ds.setJdbcUrl("jdbc:mysql://localhost:3306/aaa");
ds.setUser("root");
ds.setPassword("root");
ds.setMaxPoolSize(20);
ds.setMinPoolSize(2);
ds.setInitialPoolSize(10);
ds.setMaxStatements(100);
```

再写一个获取 Connection 对象的方法:

```
public Connection getConnection()throws Exception{
        return ds.getConnection();
    }
```

这样,需要连接的时候,可以写一条语句,连接召之即来!

```
Connection conn = ds.getConnection();
```

程序中不再使用这个连接了,就用 conn.close() 释放这个连接。这并没有关闭物理连接,连接池会继续让它发挥作用。

12.4 什么是 DAO

前面的每个例子程序中,都能看到访问数据库的【代码】连接、查询、插入、删除、更新等操作。如果把这部分内容提取出来,封装成一个可被调用的程序单元,就能提高代码重用性。同时,可以使程序专注于处理业务逻辑。这就是 DAO 设计的目的。DAO 是 Data Access Object,就是数据访问对象。

使用 DAO,结合运用 JavaBean,使得 Java 程序数据处理是真正面向对象的风格。这一点可以结合例 12.9 加以体会。

我们首先用图 12-26 解释一下 DAO 的机制。

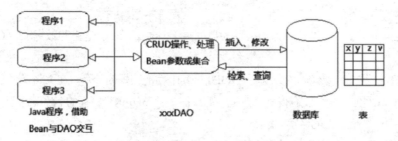

图 12-26 DAO 工作原理图

下面通过具体实例说明 DAO 的工作过程。

【例 12.9】设计一个 studentDao，用于访问学生信息数据库中学生信息表 student，设计一个与 student 表对应（或映射）的 Bean，用实例验证对数据表的插入、删除和查询操作。本例中使用了前面介绍的数据源 C3P0。

【代码】

```java
package ch12;
import java.io.*;
import java.sql.*;
import java.util.ArrayList;
import com.mchange.v2.c3p0.ComboPooledDataSource;
//Bean 类
class Student
{
    String studentNo;
    String studentName;
    int studentAge;
    String specialty;
    public void setStudentNo(String sn)
    {
        studentNo = sn;
    }
    public void setStudentName(String name)
    {
        studentName = name;
    }
    public void setStudentAge(int age){
        studentAge = age;
    }
    public void setSpecialty(String specialty)
    {
        this.specialty = specialty;
    }
    public String getStudentNo()
    {
        return studentNo;
    }
    public String getStudentName()
    {
        return studentName;
    }
    public int getStudentAge()
    {
        return studentAge;
    }
    public String getSpecialty()
    {
        return specialty;
    }
}
```

```java
// DAO 的父类
class BaseDao
  {
        ComboPooledDataSource ds;   // 数据源对象
        // 在构造方法中返回数据源对象
        public BaseDao () {
        try
        {
            ds=new ComboPooledDataSource();
            ds.setDriverClass("com.mysql.jdbc.Driver");
            ds.setJdbcUrl("jdbc:mysql://localhost:3306/aaa");
            ds.setUser("root");
            ds.setPassword("root");
            ds.setMaxPoolSize(40);
            ds.setMinPoolSize(2);
            ds.setInitialPoolSize(10);
            ds.setMaxStatements(180);
        }catch(Exception ne)
        {
            System.out.println("Exception:"+ne);
        }
        }
        // 返回一个连接对象
        public Connection getConnection()throws Exception
        {
            return ds.getConnection();
        }
}
// 定义一个 DAO 子类，可以根据业务需要定义 DAO 的不同子类
class StudentDao extends BaseDao
{
        // 插入一条学生记录
        public boolean addStudent(Student student)
        {
            String sql = "INSERT INTO student" +
                "(studentNo,studentName,studentAge,specialty)" +
            VALUES(?,?,?,?)";
            try( Connection conn = ds.getConnection();
            PreparedStatement pstmt = conn.prepareStatement(sql))
          {
            pstmt.setString(1,student.getStudentNo());
            pstmt.setString(2,student.getStudentName());
            pstmt.setInt(3,student.getStudentAge());
            pstmt.setString(4,student.getSpecialty());
            pstmt.executeUpdate();
            return true;
            }catch(SQLException se)
          {
                se.printStackTrace();
                return false;
          }
        }
        // 按姓名检索客户记录
```

```java
        public Student findByName(String name)
        {
            String sql = "SELECT * FROM student WHERE studentName=?";
            Student  student = new Student();
            try( Connection conn = ds.getConnection();
            PreparedStatement pstmt = conn.prepareStatement(sql))
            {
                pstmt.setString(1,name);
                try(ResultSet rst = pstmt.executeQuery())
                 {
                    if(rst.next())
{
                        student.setStudentNo(rst.getString("studentNo"));
                        student.setStudentName(rst.getString("studentName"));
                        student.setStudentAge(rst.getInt("studentAge"));
                        student.setSpecialty(rst.getString("specialty"));
                    }
                    }
                }catch(SQLException se)
{
                return null;
            }
            return student;
        }
        // 查询所有学生信息
        public ArrayList<Student> findAllStudent()
{
            Student  student = new Student();
            ArrayList<Student> studentList = new ArrayList<Student>();
            String sql = "SELECT * FROM student";
            try( Connection conn = ds.getConnection();
            PreparedStatement pstmt = conn.prepareStatement(sql);
            ResultSet rst = pstmt.executeQuery())
{
                while(rst.next())
{
                    student.setStudentNo(rst.getString("studentNo"));
                    student.setStudentName(rst.getString("studentName"));
                    student.setStudentAge(rst.getInt("studentAge"));
                    student.setSpecialty(rst.getString("specialty"));
                    studentList.add(student);
                }
                return studentList;
            }catch(SQLException e){
            e.printStackTrace();
            return null;
        }
    }
}
// 测试程序，仅进行了数据添加
public class Example12_9
{
```

```
        public static void main(String []para)
{
StudentDao dao = new StudentDao();
//student's attributes may come from web page submitted in jsp
Student student = new Student();
student.setStudentNo("1401010191");
student.setStudentName("hanfei");
student.setStudentAge(15);
student.setSpecialty("network");
if(dao.addStudent(student))
System.out.println("successfully insert a student into table student.");
        else
System.out.println("what is wrong with the insert operation?");
            }
}
```

12.5 小结

本章首先对 JDBC 的基本概念和组成进行了概要介绍，对其常用的类和接口的具体内容进行了系统阐述。其后对 Java 程序借助 JDBC 技术访问数据库的基本步骤、基本操作方法进行了详细说明。在此基础上，又将讨论引向深入，研究了提高数据存取效率的初步知识。介绍了编译预处理的理论知识和操作方法。在阐述理论问题的同时，采用具体代码示例加以说明。最后对数据库事务的概念和重要的 Java 方法进行了讲解。

12.6 习题

1．简述 JDBC 驱动程序的分类和各自特点。

2．说明数据源的作用。

3．如何建立 ODBC 数据源？

4．ResultSet 类常量有哪些？各有什么意义？

5．什么是数据库元数据？有什么用途？

6．如何提高数据库存取效率？有哪些技术？

7．简述什么是编译预处理。举例说明其使用方法。

8．什么是保存点？

9．什么是事务？事务有哪些特点？

10．项目练习：建一数据库，输入多于 200 条记录。然后编程浏览数据。

要求：（1）用 JTable 表组件显示数据。

（2）要求分页显示。每页设置翻页的按钮，使能翻到上一页、下一页、第一页、最后一页，并显示总页数和当前页页号。

第13章

网络应用编程初步

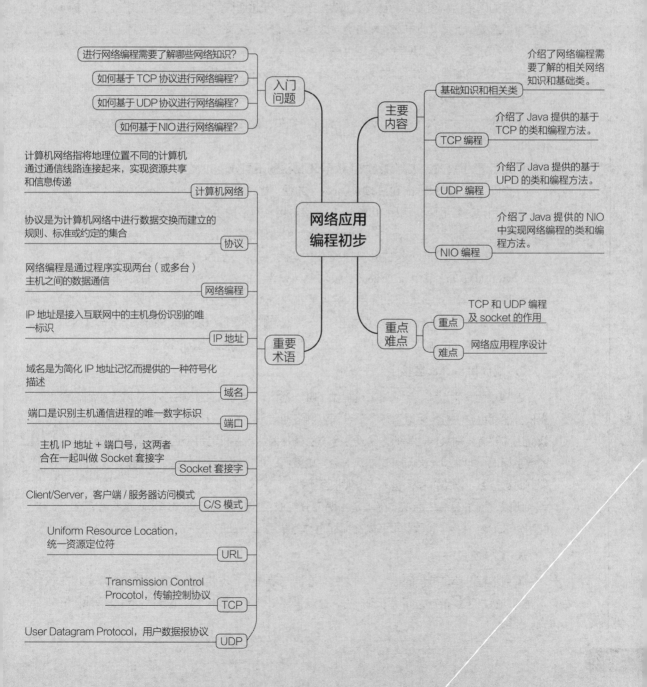

13.1　基础知识

在进行网络编程之前，首先介绍一些关于网络通信的基础知识和相关协议。

13.1.1　网络基本概念

所谓计算机网络，简单地说，就是指将地理位置不同的计算机通过通信线路连接起来，实现资源共享和信息传递。这里所说的计算机通常称为主机。

网络编程就是通过程序实现两台（或多台）主机之间的数据通信。要想实现这一目标，首先要在主机之间建立一条连接通道，然后按照事先规定好的格式进行数据传输，从而完成主机之间的信息传输。

实际的网络结构很复杂，协议、规范也很多，因此通信的实现也变得很困难。但 Java 语言为用户提供了强大而丰富的网络类，这些类屏蔽了底层的实现细节，使得我们只要知道一些网络基础知识就可以编写出满足用户需求的程序。

在进行网络编程之前，首先我们要学习一下跟网络有关的基本知识。

1. IP 地址和域名

IP 地址，是互联网上识别主机身份的唯一标识，即接入互联网的所有主机都要有一个 IP 地址。

IP 地址是由 32 位二进制数组成（根据 IP 协议的不同分为 IPv4 和 IPv6 地址，地址长度也不尽相同，在这里只讨论 IPv4 地址）。为了方便记忆通常写成 4 个 0~255 之间的数字，各数字之间用点进行间隔，例如 10.10.10.10。每台接入网络的主机都必须拥有一个唯一的 IP 地址，这也是识别网络主机，进而实现主机之间网络通信的前提条件。

实际上，用户在访问网络主机的时候更多的是使用另外一种标识，即主机名 + 域名的形式，例如 www.baidu.com，其中 baidu.com 为域名，www 为主机名。这种形式把枯燥无味的数字变成通俗易懂的名字，便于记忆和使用，解决了 IP 地址难以记忆的问题。但在网络通信中实际使用的还是 IP 地址，为此，互联网中提供了一种域名解析系统（Domain Name System，DNS）为用户提供名字与 IP 地址的转换工作，用户只要知道名字就能访问互联网主机。

2. 端口和 Socket 套接字

IP 地址为我们识别一台网络主机提供了唯一标识，让我们通过网络协议能够连接到这台主机。然而每台主机上可以运行多个进程，网络通信是与其中的某一个进程进行通信，因此我们还需要有识别具体进程的方法。这个方法就是为这台主机的每个通信进程分配一个唯一的数字标识，即端口（port）。这样，一台主机就可以根据端口来区分哪个进程收发数据，即便同时运行多个网络进程，也不会出现相互干扰。

所以，网络通信的标识实际上是由两部分组成：主机 IP 地址 + 端口号。这两者合在一起叫做 Socket 套接字，因此很多网络编程也称为基于 Socket 的编程。

3. C/S 模式

网络编程与单机编程的最大不同之处是在网络编程中，需要进行数据通信的程序运行在不同的计算机上，相互之间看不到对方，这就需要提供一种机制来保证数据能够准确地传输到目的地。

通常，网络通信采取的是"请求—响应"模型，即由通信的一方首先发起请求，另一方根据请求进行响应，从而建立起连接。连接成功，就可以进行数据通信了。

在编程中，首先发起请求的这一方被称作客户端（Client），接受请求的另一方被称作服务器端（Server），这种网络编程的模式就称为客户端 / 服务器端模式，简称 C/S 模式。

使用 C/S 模式，程序员需要分别开发客户端和服务器端程序，例如我们经常使用的 QQ就是典型的 C/S 模式。使用 C/S 模式，需要安装对应的客户端程序才能与服务器端通信，客户端程序不具备通用性，这也是为什么手机当中需要安装很多个 App（客户端应用程序）的原因。

有一些应用不需要安装额外的客户端程序，只要有一个浏览器（Browser）就可以访问，这种模式被称为 B/S（Browser/Server）模式，但其本质仍是 C/S 模式。

13.1.2　TCP 和 UDP 协议

网络通信中一个最重要的概念就是协议。网络协议实现起来很复杂，但理解很容易。例如两个人要进行交流，是用电话还是用邮件？是用中文还是用英文？如果规定两人用邮件、使用中文进行交流，这就是制定了一个通信规则，而这个规则就可以看成是协议。

因此，网络协议就是为计算机网络中进行数据交换而建立的规则、标准或约定的集合。网络协议有很多，而在编程中主要使用的两个通信协议，分别是 TCP 协议和 UDP 协议。

1. TCP 协议

TCP（Transmission Control Protocol）称为传输控制协议，是一种面向连接的可靠的传输协议，它采用通信双方相互应答的方式来保证数据传送的可靠性，但这种方式会导致网络的通信开销会有所增加，而且协议也更为复杂。目前，大部分网络通信都采用 TCP 协议。

2. UDP 协议

UDP（User Datagram Protocol）称为用户数据报协议，是一种面向无连接的传输协议，它不需要通信双方事先建立连接和应答就可以进行数据传输，所以协议简单，效率高，但不保证通信的可靠性。因此，这种协议适用于一些简单、要求效率并且能容忍差错的网络应用。

13.1.3　URL

URL（Uniform Resource Location）称为统一资源定位符，它是指向互联网"资源"的指针。这个资源可以是简单的文件或目录，也可以是对更为复杂的对象的引用，例如对数据库或搜索引擎的查询结果等。

最常见的 URL 就是在浏览器的地址栏中输入的地址。一个完整的 URL 格式是：

> 协议名 :// 主机地址 [: 端口号][/ 资源路径][/ 资源对象]

其中的协议名表示访问该网络资源所采用的应用层协议，如 http、ftp 等；主机地址指网络资源所在的服务器地址，它既可以使用域名，也可以使用 IP 地址，如 www.baidu.com；端口号指连接主机服务器的进程端口，如果省略则默认为是相关协议的熟知端口，如 http 协议的熟知端口是 80，ftp 的熟知端口是 25，如果相关服务协议不使用熟知端口，则一定要给出具体的端口号；资源路径表示资源对象所在的位置，如果省略则为默认路径；资源对象指的是待访问的资源，例如文件名，如果省略则为默认资源对象。

比如，我们常写的一个 URL 地址：http://www.163.com/，其完整格式是：http://www.163.com:80/index.html。这个 URL 表示要访问网易 www 主机根目录下的 index.html 文件。一旦建立了连接，就可以访问该文件了。

13.2　常用类

Java 语言为我们提供了一系列与网络编程有关的类，只要我们了解了上面介绍的基本网络知识，就可以很方便地使用这些类完成网络通信。下面，我们介绍一些常用的网络类。

13.2.1　URL 类

Java.net.URL 类用于创建一个 URL 对象。我们要想完成网络通信就要先创建一个目的主机的 URL 对象。URL 类的常用方法如表 13-1 所列。

URL 类

表 13-1　URL 类常用方法

返回类型	方法名	方法功能
	URL(String spec)	创建一个字符串指定的 URL 对象
	URL(String protocol,String host ,int port,String file)	根据给定的协议、主机、端口、文件创建一个 URL 对象
String	getFile()	获取该 URL 的文件名
String	getHost()	获取该 URL 的主机名
URLConnection	openConnection()	获取一个 URLConnection 对象，该对象可以访问 URL 连接的相关协议头字段内容
InputStream	openStream()	获取一个连接此 URL 的输入流

其中，前两个为 URL 类的构造方法，用于创建一个 URL 对象。有了 URL 对象，就可以准备进行通信了。

【例 13.1】访问一个给定网络资源，并显示资源内容。

【代码】

```java
import java.net.*;
import java.io.*;
import java.util.*;
public class Example13_01// 基于 URL 对象的访问示例
{
    public static void main(String[] args)
    {
        Scanner scanner;// 创建一个输入对象
        URL url;// 创建一个 URL 对象
        InputStream in;// 创建一个输入流
        String addr;//URL 地址的字符串表示
        String str;// 输入流的字符串表示
        System.out.println(" 请输入一个 URL 地址: ");
        scanner=new Scanner(System.in);
        addr=scanner.nextLine();// 从键盘读取一个 URL 字符串
        try
        {
```

```
                    url=new URL(addr);// 创建 URL 对象
                    in=url.openStream();// 根据 URL 对象建立输入流
                    byte [] b=new byte[1024];
                    int n=-1;
                    while ((n=in.read(b))!=-1)// 将读取的流内容输出
                    {
                            str=new String(b,0,n,"UTF-8");
                            System.out.print(str);
                    }
            }
            catch(Exception e)
            {
                    System.out.println(e);
            }
        }
    }
```

13.2.2 InetAddress 类

java.net.InetAddress 类是实现互联网访问的基础类,其将互联网的
IP 地址进行了封装,为待通信的主机创建一个 IP 地址对象。该类有两个
子类: Inet4Address 和 Inet6Address,分别用于表示 IPv4 地址和 IPv6 地址。
该类的常用方法如表 13-2 所列。

InetAddress 类

表 13-2   InetAddress 类的常用方法

返回类型	方法名	方法功能
static InetAddress	getByAddress(byte[] addr)	根据给定 IP 地址创建 InetAddress 对象
static InetAddress	getByAddress(String host,byte addr)	根据给定主机名和 IP 地址创建 InetAddress 对象
static InetAddress	getByName(String host)	根据给定主机创建 InetAddress 对象
byte[]	getAddress()	获取地址对象的原始 IP 地址
String	getHostAddress()	获取地址对象的 IP 地址字符串
String	getHostName()	获取地址对象的主机名
boolean	isReachable(int timeout)	测试是否到达该地址

如果要创建一个地址对象,需要调用相关的静态方法,比如:

```
InetAddress addr = InetAddress.getByName("www.baidu.com");
```

如果该机器已接入互联网,则其返回结果为 www.baidu.com/111.13.100.91,其中包括了
该主机名和 DNS 解析的 IP 地址。网络中的许多大型网站通常会有多个服务器为用户提供服
务,因此 IP 地址也会有多个。例如 www.baidu.com 有两个 IP 地址,所以返回结果也可能是
www.baidu.com/111.13.100.92。

需要注意的是,如果使用主机名形式,一旦 DNS 解析不成功会产生 UnknownHostException
异常。

13.2.3 TCP 通信类

TCP 协议是互联网通信中一个重要协议,该协议通过请求 / 响应方式保证数据在不可靠

的网络上实现可靠的数据传输。Java 中的 Socket 类和 ServerSocket 类用于实现基于 TCP 协议的网络通信。

1. Socket 类

java.net.Socket 类是完成 TCP 通信的客户端套接字类，用于实现客户端程序。该类封装了通信的实现细节，所以用户不需要了解协议通信原理就可以进行网络通信。

TCP 通信类

Socket 类的常用方法如表 13-3 所列。

表 13-3　Socket 类的常用方法

返回类型	方法名	方法功能
	Socket(String host,int port)	根据主机名和端口创建套接字
	Socket(InetAddress address,int port)	根据地址对象和端口创建套接字
InputStream	getInputStream()	获取此套接字的输入流
OutputStream	getOutputStream()	获取此套接字的输出流
void	close()	关闭套接字

在编写客户端程序时，首先通过构造方法创建与服务器端的网络连接，然后调用相应的 get() 方法建立输入、输出流，有了输入、输出流就可以按照第 11 章介绍的 I/O 流方式与服务器端进行数据通信了。通信结束后，要调用 close() 方法关闭连接，来释放占用的资源。

2. ServerSocket 类

java.net.ServerSocket 类是实现 TCP 通信的服务器端套接字类，用于实现服务器端程序。其与客户端套接字相配合完成网络通信。该类的常用方法如表 13-4 所列。

表 13-4　ServerSocket 类的常用方法

返回类型	方法名	方法功能
	ServerSocket(int port)	创建绑定端口的套接字对象，默认请求队列长度为 50
	ServerSocket(int port,int backlog)	创建绑定端口的套接字对象，请求队列长度为 backlog 值
void	bind(SocketAddress endpoint)	绑定 ServerSocket 到特定地址（IP 地址和端口）
Socket	accept()	监听并接收到此套接字的连接
void	close()	关闭套接字

服务器端程序与客户端程序在工作原理上有一些不同，服务器端并不知道哪个客户端什么时间进行网络通信，因此一般服务器端程序都会 24 小时一直运行：程序启动后，会创建一个绑定端口的服务器端 Socket，然后调用 accept() 方法监听客户端的连接请求；如果有客户端发送连接请求就进行响应。如果连接成功就可以使用生成的 Socket 对象与客户端进行通信。当通信结束后，调用 close() 方法关闭本次连接。

如果服务器端想实现多客户端的并行处理，则需要配合多线程技术来实现这一功能。

UDP 通信类

13.2.4　UDP 通信类

上面介绍的 Socket 通信采用的是 TCP 传输协议，通信双方通过输入、输出流进行交互，就跟打电话交流一样。

除了 TCP 方式外，还有另一种方式就是 UDP（用户数据报）方式。这种方式的通信类似于发送短信，不需建立连接就可以进行数据传输，所以网络开销小、效率高，但不保证传输的可靠性，传输过程中可能有数据丢失。

传输不可靠为什么还要提供呢？这里所说的不可靠并不是丢失很多，它跟网络质量有关，在现有的网络环境下，丢失率已经很小了，不到 1%。对于传送数据比较少，并能容忍小错误的一些应用还是很方便的。

UDP 方式通信时，不需要先建立连接，所以速度快。发送数据时都需要封装成数据包，相当于将信件装入信封中，指明发送的地址和端口，再进行发送。接收者收到数据包后，就可以读取数据包中的数据了。

Java 中的 DatagramPacket 类和 DatagramSocket 类就用于实现基于 UDP 协议的网络通信。

1. DatagramPacket 类

java.net.DatagramPacket 类用于封装待传输 / 待接收的 UDP 数据报，这一点和 TCP 协议有所不同。该类的常用方法如表 13-5 所列。

表 13-5　DatagramPacket 类的常用方法

返回类型	方法名	方法功能
	Datagrampacket(byte[] byte,int length)	创建一个用于接收 length 长度的数据报对象
	DatagramPacket(byte[]buf,int length,InetAddress address, int port)	创建一个发送 length 长度数据到指定地址、端口的数据报对象
byte[]	getData()	获取数据到缓冲区
int	getLength()	获取要发送 / 接收的数据的长度
SocketAddress	getSocketAddress()	获取远程主机的 SocketAddress 对象
void	setSocketAddress(SocketAddress addr)	设置远程主机的 SocketAddress 对象
void	setAddress(InetAddress iddr)	设置该数据报发送到的远程主机 IP
void	setData(byte[] buf)	设置此数据报的数据缓冲区
void	setLength(int length)	设置此数据报的长度

2. DatagramSocket 类

java.net.DatagramSocket 类用于发送 / 接收封装的 DatagramPackage 数据报，该类的常用方法如表 13-6 所列。

表 13-6　DatagramSocket 类的常用方法

返回类型	方法名	方法功能
	DatagramSocket()	创建一个数据报套接字
	DatagramSocket(int port)	创建一个绑定指定端口的数据报套接字
	DatagramSocket(int port,InetAddress laddr)	创建一个绑定本地端口和地址的数据报套接字
void	connect(InetAddress addr,int port)	将套接字连接到此套接字的远程地址
void	disconnect()	端口套接字的连接
int	getLocalPort()	获取套接字绑定的本地端口
int	getPort()	获取此套接字的端口
void	send(DatagramPacket p)	从此套接字发送数据报
void	receive(DatagramPacket p)	从此套接字接收数据报
void	close()	关闭此数据报套接字

DatagramSocket 类不仅可以用于客户端，也可以用于服务器端。用在客户端时，DatagramSocket 对象不需绑定本地地址和端口，系统会自动封装。而待发送的 DatagramPacket 对象中封装了服务器端的 IP 地址和端口，因此调用 send 方法就可以将数据报发送给服务器指定端口的进程。该套接字对象也可以调用 receive 方法接收来自服务器端的数据报。

在服务器端，DatagramSocket 对象需要绑定本地的指定端口，表示该对象只处理来自指定端口的数据报。其余操作与客户端类似。

13.3 基于 TCP 的编程

基于 TCP 的编程需要使用两个类：Socket 和 ServerSocket，分别实现客户端和服务器端的对象通信。下面分别进行介绍。

基于 TCP 的编程

1. 客户端编程

编写客户端程序时，首先建立网络连接，这时需要使用 Socket 类：

```
Socket socket = new Socket("www.163.com",80);
```

或

```
Socket socket = new Socket("111.41.54.112",80);
```

这两个语句都是连接 www.163.com 主机的 80 端口，一个使用域名形式，另一个使用 IP 地址形式。

当网络连接成功后，就可以开始进行数据通信。通信操作是通过输入流/输出流完成的，即发送的请求数据写入到连接对象的输出流中，而读取数据则从连接对象的输入流中获取。

例如：

```
OutputStream out=socket.getOutputStream();      // 建立 socket 的输出流对象
InputStream in=socket.getInputStream();         // 建立 socket 的输入流对象 \
```

当数据通信完成后，关闭输入输出流和网络连接，释放占用的资源：

```
in.close();
out.close();
socket.close();
```

通过上述 3 步就可以设计完成一个标准的网络客户端程序。下面给出一个完整的程序示例，该程序向服务器端发送一个问候字符串："你好，我是客户机"，并显示服务器端响应的字符串信息："你好，我是服务器"。数据交互只进行一次。

【例 13.2】TCP 客户端程序示例。

【代码】

```
import java.io.DataInputStream;
import java.io.DataOutputStream;
import java.net.Socket;
public class Example13_02_Client
```

```
    {
        public static void main(String[] args)
        {
            Socket client_socket=null;
            DataInputStream in=null;
            DataOutputStream out=null;
            String ip="127.0.0.1";// 服务器 IP
            int port=8000;// 服务器端口
            try
            {
                client_socket=new Socket(ip,port);// 与服务器建立连接
                in=new DataInputStream(client_socket.getInputStream());// 创建输入流
                out=new DataOutputStream(client_socket.getOutputStream());// 创建输出流
                out.writeUTF(" 你好，我是客户机 ");// 向服务端发送信息
                System.out.println(" 客户机启动，向服务器发送信息: 你好，我是客户机 ");
                String str=in.readUTF();// 等待读取服务器端响应的信息，进入阻塞状态
                System.out.println(" 服务器端的响应信息: "+str);
            }
            catch (Exception e)
            {
                System.out.println(e);
            }
            finally
            {
                try// 关闭网络连接
                {
                    in.close();
                    out.close();
                    client_socket.close();
                }
                catch(Exception e){}
            }
        }
    }
```

2. 服务器端编程

服务器端是实现核心功能的一端，其根据客户端的请求进行信息处理，并将结果返回给客户端。服务器端首先创建服务器端套接字:

```
ServerSocket server_socket = new ServerSocket(8000);
```

该套接字对象绑定 8000 端口，表示只接收来自 8000 端口的数据通信请求。

创建好服务器套接字后，开始进行连接监听:

```
Socket socket = server_socket.accept();
```

该方法监听并接受来自 8000 端口的连接请求，一旦连接建立成功就可以进行数据交互了。通信结束后关闭连接，释放资源: socket.close();server_socket.close();

【例 13.3】TCP 服务器端程序示例。

【代码】

```java
import java.io.*;
import java.net.ServerSocket;
import java.net.Socket;
public class Example13_03_Server
{
    public static void main(String[] args)
    {
        ServerSocket server_socket=null;
        Socket socket=null;
        DataInputStream in=null;
        DataOutputStream out=null;
        int port=8000;

        try
        {
            server_socket=new ServerSocket(port);// 创建绑定端口的服务器端 socket
        }
        catch(IOException e)
        {
            System.out.println(e);
        }

        try
        {
            System.out.println(" 服务器启动！ ");
            // 监听并接收到此套接字的连接。此方法在连接传入之前处于阻塞状态
socket=server_socket.accept();
            in=new DataInputStream(socket.getInputStream());// 创建输入流
            out=new DataOutputStream(socket.getOutputStream());// 创建输出流
            String str=in.readUTF();// 从输入流读取字符串，读取结束之前处于阻塞状态
            System.out.println(" 客户机发送过来的信息是： "+str);
            out.writeUTF(" 你好，我是服务器 ");// 向输出流写入字符串
        }
        catch(Exception e)
        {
            System.out.println(e);
        }
        finally
        {
            try// 关闭网络连接
            {
                out.close();
                in.close();
                socket.close();
                server_socket.close();
            }
            catch(Exception e){}
        }
    }
}
```

13.4 基于 UDP 的编程

由于 UDP 协议与 TCP 协议的实现原理有所不同，所以 Java 针对 UDP 提供了专门的类 DatagramSocket 和 DatagramPacket 实现 UDP 通信。与 TCP 不同，DatagramSocket 类既可以用于客户端也可以用于服务器端，而 UDP 的数据需要先通过 DatagramPacket 类进行数据封装才能进行传输。

下面通过一个简单示例来演示基于 UDP 的程序设计：客户端发送一个问候信息到服务器端，服务器端进行相应的响应。如果服务器端允许多用户的请求和响应则还需要使用多线程技术。

基于 UDP 的编程

【客户端】发送一个问候语句到服务器端，并接收响应信息。

【代码】

```java
import java.net.DatagramPacket;
import java.net.DatagramSocket;
import java.net.InetAddress;
public class Example13_05_Client_UDP
{
    public static void main(String[] args)
    {
        DatagramSocket socket=null;
        DatagramPacket packet_send=null;
        DatagramPacket packet_receive=null;
        String server="127.0.0.1";// 服务器端 IP 地址
        int port=8181;// 服务器端口号
        String str=" 你好，我是客户机 A";
        byte[] data=str.getBytes();// 将发送信息转换成字节数组

        try
        {
            socket=new DatagramSocket();// 创建连接 socket 对象
            // 将服务器端 IP 地址封装成 InetAddress 对象
            InetAddress addr=InetAddress.getByName(server);
            packet_send=new DatagramPacket(data,data.length,addr,port);//
            创建数据包对象
            socket.send(packet_send);// 向服务器端发送数据
            byte [] r=new byte[1024];// 设置接收缓冲区
            packet_receive=new DatagramPacket(r,r.length);// 创建数据包对象
            socket.receive(packet_receive);// 接收数据包
            byte [] response=packet_receive.getData();// 读取数据包中的数据信息
            int len=packet_receive.getLength();// 获取数据长度
            String str1=new String (response,0,len);// 将字节数据转换成字符串
            System.out.println(" 服务器响应的信息是: "+str1);
        }
        catch(Exception e)
        {
            System.out.println(e);
        }
        finally
```

```
        {
            socket.close();
        }
    }
}
```

【**服务器端**】监听用户发来的信息，并进行响应。

【**代码**】

```java
import java.net.DatagramPacket;
import java.net.DatagramSocket;
import java.net.InetAddress;
public class Example13_05_Server_UDP
{
    public static void main(String[] args)
    {
        DatagramSocket socket=null;
        DatagramPacket packet_send=null;
        DatagramPacket packet_receive=null;
        int port=8158;// 服务器监听端口
        try
        {
            socket=new DatagramSocket(port);// 创建连接对象
            System.out.println(" 服务器启动成功！ ");
            byte [] r=new byte[1024];// 创建缓存数组
            packet_receive=new DatagramPacket(r,r.length);// 创建数据包对象
            socket.receive(packet_receive);// 接收数据包
            InetAddress client_ip=packet_receive.getAddress();// 客户机地址
            int client_port=packet_receive.getPort();// 客户机端口号
            byte [] data=packet_receive.getData();// 客户机字节数据
            int len=packet_receive.getLength();// 数据有效长度
            String str1=new String (data,0,len);// 将字节数据转换成字符串
            System.out.println(" 客户机 "+client_ip+":"+client_port+"\n 发送
            的信息是: "+str1);
            String response=" 你好，我是服务器 ";
            byte [] s=response.getBytes();
            // 创建响应数据包对象
            packet_send=new DatagramPacket(s,s.length,client_ip,client_port);
            socket.send(packet_send);// 发送响应数据包
        }
        catch(Exception e)
        {
            System.out.println(e);
        }
        finally
        {
            socket.close();
        }
    }
}
```

首先运行服务器程序，启动服务器；然后运行客户端程序，运行结果如图 13-1 所示。

向服务器发送信息：你好，我是客户机A
服务器响应的信息是：你好，我是服务器

服务器启动成功！
客户机/127.0.0.1:64577
发送的信息是：你好，我是客户机A

(a) 客户端运行结果　　　　　　　　　(b) 服务器端运行结果

图 13-1　程序运行结果

13.5　基于 NIO 的编程

基于 NIO 的编程

在第 11 章中，我们介绍了 java 在 1.4 版本后增加了 nio 类库实现基于缓冲区的文件输入 / 输出流操作。在这个类库中，除了能进行文件操作以外，也提供了若干个类实现网络通信。下面我们就介绍一下其中的几个常用类。

13.5.1　SocketChannel 类

java.nio.channels.SocketChannel 类用于创建面向缓冲区的套接字通道，通过该类的对象实现双向通信。该类的常用方法如表 13-7 所列。

表 13-7　SocketChannel 类的常用方法

返回类型	方法名	方法功能
SocketChannel	open()	打开套接字通道
SocketChannel	open(SocketAddress remote)	打开通道并连接到远程地址
boolean	connect(SocketAddress remote)	连接此通道的远程套接字
boolean	isConnected()	判断是否已连接网络套接字
boolean	isConnectionPending	判断是否正在进行连接
boolean	finishConnect()	完成套接字通道的连接过程
Socket	socket()	获取与此通道关联的套接字
SelectionKey	register(Selector sel,int ops)	向给定的选择器注册此通道，返回一个选择键
int	read(ByteBuffer dst)	从通道读数据到给定缓冲区中，返回读取的字节数
int	write(ByteBuffer src)	将给定缓冲区中数据写入通道，返回写入的字节数

13.5.2　ServerSocketChannel 类

java.nio.channels.ServerSocketChannel 类用于创建服务器端监听套接字通道，该类对象主要用于接受此套接字的连接。该类的常用方法如表 13-8 所列。

表 13-8　ServerSocketChannel 类的常用方法

返回类型	方法名	方法功能
static ServerSocketChannel	open()	打开服务器套接字通道
ServerSocket	socket()	获取与此通道关联的服务器套接字
SocketChannel	accept()	接收到此通道套接字的连接

13.5.3　Selector 类

java.nio.channels.Selector 类，也称之为选择器，用于实现 Channel 通道的多路复用。通过选择器，一个线程可以监控和处理多个通道的通信，大大提高了资源利用率。

选择器的工作原理：先把通道注册到选择器上，并指出待监控类型：连接、读操作、写操作等；注册成功，选择器会分配给该通道一个键值 key，并存入选择器的键集合中。接着就可以遍历键集合，获取各键对应的通道，根据当前通道的状态完成相关的读 / 写等操作。

选择器维护 3 个选择键集合：键集合，注册到此选择器上的通道键集合；已选择键集合，至少为一个操作准备就绪的通道键集合；已取消键集合，已被取消，但通道尚未注销的键的集合。在新创建的选择器中，这 3 个集合都是空集合。

Selector 类的常用方法如表 13-9 所列。

表 13-9　Selector 类的常用方法

返回类型	方法名	方法功能
static Selector	open()	创建一个选择器
boolean	isOpen()	判断选择器是否已打开
Set\<SelectionKey\>	keys()	获取选择器的键集合
int	select()	选择一组准备就绪通道的键
Set\<SelectionKey\>	selectedKeys()	获得选择器的已选择键集合
void	close()	关闭此选择器

13.5.4　SelectionKey 类

java.nio.channels.SelectionKey 类用于表示通道在选择器中注册的选择键。每次向选择器注册通道时就会创建一个选择键。选择键包括两个操作集：

interest 集合，表示下一次调用选择器的选择方法时，测试哪类操作的准备就绪信息。创建该键时使用给定的值初始化 interest 集合；以后也可通过 interestOps(int) 方法对其进行更改。

ready 集合，指示其通道对该操作类别已准备就绪。该集合外部不能修改。

SelectionKey 类的操作类别属性有：

OP_ACCEPT，连接可接受操作，这项只有 ServerSocketChannel 支持，用于服务器端接收通道连接请求；

OP_CONNECT，连接操作，是客户端支持的一种操作；

OP_READ：读操作；

OP_WRITE：写操作。

SelectionKey 类的常用方法如表 13-10 所列。

表 13-10　SelectionKey 类的常用方法

返回类型	方法名	方法功能
SelectableChannel	channel()	获取创建该键的通道
Selector	selector()	获取创建此键的选择器
void	cancel()	取消此键的通道在选择器上的注册
boolean	isAcceptable()	判断此键的通道是否已准备好接收新连接
boolean	isConnectable()	判断此键的通道是否已完成连接
boolean	isReadable()	判断此键的通道是否已准备好进行读取
boolean	isWritable()	判断此键的通道是否已准备好进行写入

13.5.5　应用举例

下面通过一个简单的聊天室设计了解一下基于缓冲区通道的网络编程。聊天室是一个很常见的网络应用。

【客户端】客户端用户只要登录上服务器就可以同其他用户进行交流，一个用户发的信息其他用户都可以接收到。由于聊天室用户发送的数据量少，而且发送时间不固定，因此非常适合使用通道完成设计。

【代码】

```java
import java.io.IOException;
import java.net.InetSocketAddress;
import java.nio.ByteBuffer;
import java.nio.channels.SelectionKey;
import java.nio.channels.Selector;
import java.nio.channels.SocketChannel;
import java.util.Date;
import java.util.Scanner;
import java.util.Set;

public class Example13_06_Client {
    static ByteBuffer sBuffer = ByteBuffer.allocate(1024);// 创建发送数据缓冲区
    static ByteBuffer rBuffer = ByteBuffer.allocate(1024);// 创建接收数据缓冲区
    InetSocketAddress Server;// 服务器端 socket 地址对象
    static Selector selector;// 选择器对象
    static SocketChannel client;// 客户端通道对象
    static String receiveText;// 接收字符串的内容
    static String sendText;// 发送字符串的内容
    static int count = 0;// 读取数据长度

    public Example13_06_Client(String serverIP,int port) {//
        Server = new InetSocketAddress(serverIP, port);// 设置服务器 socket 地址对象
        init();
    }

    public void init() {
        try {
            SocketChannel socketChannel = SocketChannel.open();// 创建一个
            Socket 通道对象
            socketChannel.configureBlocking(false);// 设置通道为非阻塞模式
            selector = Selector.open();// 创建一个选择器对象
            socketChannel.register(selector, SelectionKey.OP_CONNECT);// 注册
            通道到选择器，设置操作模式为连接操作
            socketChannel.connect(Server);// 通道向服务器端发送连接请求
            while (true) {// 轮询监听客户端上注册的操作事件
                selector.select();// 选择准备就绪的通道
                Set<SelectionKey> selectionKeys = selector.selectedKeys();//
                获得选择器的已选择键集合
                for (final SelectionKey key : selectionKeys) {// 遍历已选择键对
                该选择键通道进行相关处理
                    handle(key);// 对该选择键通道进行处理
                }
                selectionKeys.clear();// 清空已选择键集合
            }
```

```
        }
        catch (Exception e) {
            e.printStackTrace();
        }
    }

    public static void main(String[] args)  {
        new Example13_06_Client("127.0.0.1",8989);
    }
    void handle(SelectionKey selectionKey) throws IOException {// 处理已选择键通道
            if (selectionKey.isConnectable()) {// 处理建立连接操作
                client = (SocketChannel)selectionKey.channel();// 获取当前键对应的通道
            if (client.isConnectionPending()) {// 如果客户端与服务器端正在连接
                    client.finishConnect();// 完成相互连接
                    System.out.println("connect success !");
                    sBuffer.clear();// 准备写缓冲区
                    sBuffer.put((new Date() + " connected!").getBytes());//
                    向缓冲区写数据
                    sBuffer.flip();// 准备读缓冲区
                    client.write(sBuffer);// 读取缓冲区数据至服务器
                    new Thread() {// 创建写线程，向服务器端发送聊天内容
                        public void run() {
                            while (true) {
                                try {
                                        sBuffer.clear();
                                        Scanner cin =new Scanner(System.in);
                                        sendText = cin.nextLine();
                                        sBuffer.put(sendText.getBytes("utf-8"));
                                        // 将聊天内容写入缓冲区
                                        sBuffer.flip();
                                        try{
                                        client.write(sBuffer);// 将缓冲区内容
                                        发送给服务器端
                                        }catch (java.nio.channels.
                                        ClosedChannelException e1){
                                        System.out.println(" 与服务器远程
                                        连接中断 !");
                                        client.close();
                                        System.exit(0);
                                        }
                                }catch (IOException e) {
                                        e.printStackTrace();
                                        break;
                                }
                            }
                        }
                    }.start();
                }
                client.register(selector, SelectionKey.OP_READ);// 注册通道并设置
                操作模式为读操作
        }
```

```
            else if (selectionKey.isReadable()) {// 处理读操作
                try{
            client = (SocketChannel)selectionKey.channel();// 获取当前待读操作的通道
                    rBuffer.clear();
                    count = client.read(rBuffer);// 读取通道内容到缓冲区
                    if (count > 0) {// 如果有内容
                        receiveText = new String(rBuffer.array(), 0, count);
                        System.out.println(receiveText);
                        }
                }catch(IOException e){
                        client.close();
                    }
                }
            }
        }
    }
```

【**服务器端**】服务器端可以用一个选择器来监听多个用户的通信，不需建立多个线程，大大节省了资源。当有用户发送信息时就把该信息转发给其他用户，实现信息共享。该示例只从通信角度完成了客户端的注册连接、与服务器的信息交互和分发等功能。

【代码】

```
import java.io.IOException;
import java.net.InetSocketAddress;
import java.net.ServerSocket;
import java.net.Socket;
import java.nio.ByteBuffer;
import java.nio.channels.SelectionKey;
import java.nio.channels.Selector;
import java.nio.channels.ServerSocketChannel;
import java.nio.channels.SocketChannel;
import java.nio.charset.Charset;
import java.util.HashMap;
import java.util.Map;
import java.util.Set;

public class Example13_06_Server {
    int port;
    Charset cs = Charset.forName("utf-8");// 设置缓冲区编码
    static ByteBuffer sBuffer = ByteBuffer.allocate(1024);// 创建接收数据缓冲区
    static ByteBuffer rBuffer = ByteBuffer.allocate(1024);// 创建发送数据缓冲区
    Map<String, SocketChannel> clientsMap = new HashMap<String,
    SocketChannel>();// 映射客户端通道
    static Selector selector;
    static String address;

    public  Example13_06_Server(int port) {
        this.port = port;
        try {
            init();
        }
```

```java
            catch (Exception e) {
                e.printStackTrace();
            }
        }

        void init() throws IOException {
            ServerSocketChannel serverSocketChannel = ServerSocketChannel.
            open();// 创建服务器端监听连接通道
            serverSocketChannel.configureBlocking(false);
            // 设置监听连接通道为非阻塞模式
            ServerSocket serverSocket = serverSocketChannel.socket();
            // 获取服务器端 socket 对象
            serverSocket.bind(new InetSocketAddress(port));
            // 绑定监听连接通道到指定端口
            selector = Selector.open();// 创建选择器
            serverSocketChannel.register(selector, SelectionKey.OP_ACCEPT);
            // 注册通道并设置操作模式为可连接模式
            System.out.println("server start on port:" + port);
        }
        void listen() {// 轮询监听注册通道的操作
            while (true) {
                try {
                    selector.select();// 选择准备就绪的通道
                    int i=0;
                    Set<SelectionKey> selectionKeys = selector.selectedKeys();
                    // 获得选择器的已选择键集合
                    for (SelectionKey key : selectionKeys) {
                    // 遍历已选择键对该选择键通道进行相关处理
                            handle(key);// 对该选择键通道进行处理
                    }
                    selectionKeys.clear();// 清空已选择键集合
                }
                catch (Exception e) {
                    System.out.println("interrupt");
                    e.printStackTrace();

                    break;
                }
            }
        }
       void handle(SelectionKey selectionKey) throws IOException {
            ServerSocketChannel server = null;
            SocketChannel client = null;
            String receiveText = null;
            int count = 0;

            if (selectionKey.isAcceptable()) {// 处理可连接操作
                    server = (ServerSocketChannel)selectionKey.channel();
                    client = server.accept();// 接受客户端的连接，获取连接的通道
                    client.configureBlocking(false);
                    address = "[" + client.getRemoteAddress().toString().substring(1)  + "]";
                    clientsMap.put(address, client);
```

```
                              client.register(selector, SelectionKey.OP_READ);
        }
        else if (selectionKey.isReadable()) {// 处理读操作
         try{
          client = (SocketChannel)selectionKey.channel();// 获取当前待读操作的通道
            rBuffer.clear();
            count = client.read(rBuffer);// 读取通道内容到缓冲区
            if (count > 0) {
                address = "[" + client.getRemoteAddress().toString().
                substring(1)  + "]";
                    rBuffer.flip();
                    receiveText = String.valueOf(cs.decode(rBuffer).array());
                    System.out.println(address+":"+ receiveText);
                    dispatch(client, receiveText);
            }
        }catch(IOException e){
            System.out.println(client.getRemoteAddress().toString()+"
            interrupt");
            clientsMap.remove(address);
            client.close();
            selectionKey.cancel();
        }
    }


  }
void dispatch(SocketChannel client, String info) throws IOException {
// 发送内容到其他客户端
    try{
        address = "[" + client.getRemoteAddress().toString().substring(1)  + "]";
        if (!clientsMap.isEmpty()) {// 遍历客户端通道集合
                for (Map.Entry<String, SocketChannel> entry : clientsMap.
                entrySet()) {
                    SocketChannel temp = entry.getValue();
                    if (!client.equals(temp)) {
                    // 如果不是当前通道，则转发内容到该通道
                        sBuffer.clear();
                        sBuffer.put((address + ":" + info).getBytes());
                        sBuffer.flip();
                        temp.write(sBuffer);// 输出到通道
                    }
                }
        }
    }catch(IOException e){
        System.out.println(" 分发数据异常 ");
    }
  }

  public static void main(String[] args) throws IOException {
      Example13_06_Server server = new Example13_06_Server(8989);
      server.listen();
  }
}
```

13.6　小结

本章主要介绍了 Java 的基本网络编程技术和方法。

首先，介绍了网络编程的相关基本知识，包括网络协议、IP 地址、Socket 技术等。只有了解了这些知识才能够更好地进行网络编程。

然后介绍了网络编程的基础类，如 URL 类、InetAddress 类以及与 TCP 和 UDP 相关的网络类，并通过实际案例详细介绍了相关的类及其用法。

最后，对 java.nio 中能实现网络通信的相关类和用法进行了介绍。用户可以根据实际应用需求选择合适的类进行网络通信编程。

13.7　习题

1. 常用的网络通信协议有哪几种？
2. IP 地址的作用是什么？定义 IP 地址的类有哪些？
3. 什么是 socket？

第14章

综合实践

俗话说"养兵千日，用兵一时"，这句话用在本章，应该是"练兵千日，用在实战"。如果说本章之前的每一章、每一节为我们提供了零件的话，现在到了把它们组装成一个又一个部件、一个又一个组件甚至是一部又一部完整机器的时候了。

在编程过程中坚持循序渐进的原则始终是有效的。因此，读者在日常的练习中需要逐步提高问题的复杂度，逐步加大设计任务的代码量。

另外，程序员需要把写程序放在一个更大的背景下，重新审视写程序这件事。就是说，程序员要了解软件开发与简单地写个程序两者之间的区别。软件不同于程序，软件（software）包含程序，是程序加文档的集合体。软件开发不同于写程序，在写程序之前程序员要进行分析、设计，在写程序之后程序员还要对程序进行测试和维护，而且，撰写各种文档的工作贯穿着开发过程各阶段。

本章首先介绍了一些设计开发所需要了解的概念和背景知识，这些内容既是为了扩充知识，也是为解决后续问题提供具体的指导。

本章给出的实践题目，或者称为实训项目，其代码规模、设计难度和实用性都是作为课程实践环节或大作业而设计的，目的是面向实际问题，综合运用各章知识给出解决方案。在这个训练过程中，读者应逐步体会语言的运用、算法的作用，逐步提高自身分析问题和解决问题的能力。

14.1 谈谈设计

在软件工程中，软件设计是重要的一环。一方面，设计需要准确理解和反映需求；另一方面，设计决定了软件的架构，决定了软件的实现。设计关系到软件是否灵活可扩展，能否在用户需求变化时，通过对软件进行少量的修改就能满足用户要求。所以，本节力图用简单的说明，使读者初步了解设计的重要性。

14.1.1 设计与方法

做任何工作，都要讲究方法。程序设计这项工作也是如此，也要采用好的方法。程序设计和其他领域工作一样，不是拿来任务，马上开工。在开工之前先要做一些准备工作，其中重要的一项准备工作是设计。所谓设计，就是为工作任务制订规范、做规划、画蓝图。譬如，建筑工程中先有设计图纸，然后才开始施工。

程序设计，进一步地说就是软件开发。在用语言写代码之前，也需要一个专门的阶段——设计阶段。好的设计方法，即指在设计阶段有所遵循的方法。要明确好的设计有哪些目标和标准，然后研究达到这些目标和标准的方式方法。

前面提到过，从Java语言入门到全面精通Java技术，需要读者对许多相关课程进行学习。例如软件工程、算法设计与分析、数据结构、设计模式和软件重构等。

为了使读者很好地完成后续的设计，这里给出一个简单的方法建议读者作为设计理念：要持续改进自己的设计和代码。

14.1.2 好的设计

我们所在的城市街道上每天车水马龙，交通繁忙。这些街道下面有着种类繁多的管道，分属于不同的公司，例如：供水、供电、供气、通信线路等。一个常见的现象是：每个公司根据自己的业务需要，挖开路面、维修、更新、增加管线，然后填埋。可以说，这是破坏环境、影响交通、浪费资材的工作方式。这样的维修、更新和增加需要先进行破坏。

用两张照片进行对比，好的设计和不好的设计让我们一目了然。不好的设计导致城市路面经常被"开膛破肚"（图 14-1），劳民伤财；好的设计则使运行、维护、维修、扩展都轻松自如。人们调侃最好给街道安上拉链。这毕竟是戏谑之言。一个被实践证明的好的设计是地下管廊化（图 14-2）。这种设计不但可以解决管线铺设的需要，还可以解决城市内涝的问题。

图 14-1　挖开的路面　　　　　　　　　图 14-2　地下管廊

出现上述问题的根源是什么？是初始的管线铺设设计存在问题。最初的设计灵活性不好，导致后续出现问题时不易扩展，不易维修维护。

至此，我们需要提出设计模式和重构的概念了。

所谓设计模式，是指在我们周围不断重复发生的问题以及该问题的解决方案的核心。城市基础设施和管线铺设这类问题的解决方案中，一个很好的设计模式是地下管廊。

什么是重构呢？重构（refactoring）就是在不改变软件系统外部行为的前提下，改善它的内部结构。重构就是软件设计和代码的持续改进。

在设计过程中如果有明显的证据证明使用哪个设计模式是合适的，可以直接使用那个设计模式。全国码头装卸工人们现在都在采用许振超工作法进行集装箱装卸就是这个道理。如果不知道采用哪种设计模式更合适，则需要持续改进设计，进行重构设计。在重构的过程中如果发现了合适的模式，则引入到设计中。

采用重构、设计模式或者其他的技术方法，目的是得到好的设计。好的设计有哪些指标呢？

按照 McCall 质量模型，以下重要指标可以标志一个好的设计：正确性（Correctness）、可靠性（Reliability）、效率（Efficiency）、完整性 (Integrity)、可用性（Usability）、可维护性（Maintainability）、可测试性（Testability）、灵活性（Flexibility）、可移植性（Portability）、可复用性（Reusability）等。在没有深入研究这些指标含义之前，读者可以按照其字面意思理解这些指标，其概要地勾勒出了好的设计的轮廓。

14.2　谈谈重构

与设计模式相比，重构的概念和技术是当前阶段之所需。本节用实例说明重构技术在设计中的应用。

【重构实例】

一个客户去出租 DVD 的商店里租 DVD 看电影，下面的程序是为店主设计的，用来根据用户所借的不同的 DVD 种类和数量来计算该用户的消费金额和积分。

【分析】首先给出电影类的实现。在 Movie 类中有电影的种类（静态常量）：普通电影、儿童电影、新电影，然后有两个成员变量：priceCode（价格代码）、title（电影名称），最后是类的构造方法。

然后设计租赁类 Rental，用于统计某个电影租赁的时间。

最后是消费者类 Customer 设计。在 Customer 类中有消费者的名字 name 和一个数组，该数组中存储租赁电影的集合。其中的 statement() 方法就是结算该客户的结算信息的方法，并将结果进行打印。在此我们需要了解的需求是每种电影的计价方式以及积分的计算规则。

1. 电影价格计算规则

（1）普通电影：2 天之内（含 2 天），每部收费 2 元，超过 2 天的部分每天收费 1.5 元；

（2）新电影：每天每部 3 元；

（3）儿童电影：3 天之内（含 3 天），每部收费 1.5 元，超过 3 天的部分每天收费 1.5 元。

2. 积分计算规则

每借一步电影积分加 1，新片每部加 2。初始程序如下。

【代码】

```java
//电影类 Movie
class Movie{
    //电影的种类
    static int REGULAR = 0;          //普通电影
    static int NEW_RELEASE = 1;      //新电影
    static int CHILDREN = 2;         //儿童电影

    int priceCode;                   //价格代码
    String title;                    //电影名称

    Movie（int priceCode, String title）{
        this.priceCode = priceCode;
        this.title = title;
    }
}

//租赁类 Rental
class Rental{
    Movie movie;
    int daysRented;

    Rental(Movie movie,int daysRented){
        this.movie = movie;
        this.daysRented = daysRented;
    }
}
```

```java
// 顾客类 Customer
    public class Customer {
    private String _name;
    private Vector _rentals = new Vector();

    public Customer(String name) {
        _name = name;
    }

    public void addRental(Rental arg) {
        _rentals.addElement(arg);
    }

    public String getName() {
        return _name;
    }
public String statement() {
        double totalAmount = 0;
        int frequentRenterPoints = 0;
        Enumeration rentals = _rentals.elements();
        String result = "Rental Record for " + getName() + "\n";
        while (rentals.hasMoreElements()) {
            double thisAmount = 0;
            Rental each = (Rental) rentals.nextElement();
            //to be extracted code block
            switch (each.getMovie().get_priceCode()) {
                case Movie.REGULAR:
                    thisAmount += 2;
                    if (each.getDaysRented() > 2) {
                        thisAmount += (each.getDaysRented() - 2) * 1.5;
                    }
                    break;
                case Movie.CHILDRENS:
                    thisAmount += each.getDaysRented() * 3;
                    break;
                case Movie.NEW_RELEASE:
                    thisAmount += 1.5;
                    if (each.getDaysRented() > 3) {
                        thisAmount += (each.getDaysRented() - 3) * 1.5;
                    }
                    break;
                default:
                    break;
            }

            // add grequent renter points
            frequentRenterPoints++;
            // add bonus for a two day new release rental
            if ((each.getMovie().get_priceCode() == Movie.NEW_RELEASE) &&
                                        each.getDaysRented() > 1) {
                frequentRenterPoints++;
```

```
        }
                // show fingures for this rental
                result += "\t" + each.getMovie().get_title() + "\t" + String.
                valueOf(thisAmount) + "\n";
                totalAmount += thisAmount;
            }
            // add footer lines
            result += "Amount owed is " + String.valueOf(totalAmount) + "\n";
            result += "You earned " + String.valueOf(frequentRenterPoints) + "
            frequent renter points";
            return result;
        }
    }
```

【**重构**】重构的动机是什么?

方法 statement() 太冗长了, 实践证明: 代码块越小, 代码的功能就越容易管理, 代码的处理和移动也就越轻松, 代码越不容易出现 bug。

因此, 第一个重构任务是把长的方法截短。

【**重构代码 1**】Movie 类和 Rental 代码不再列出, 只给出被重构拆分的 statement() 方法和一个新方法 amountDor, amountFor 中包含从 statement() 方法中提取出来的 switch 语句部分。statement() 的外部特性未改变, 这是重构的前提。

```
public String statement() {
        double totalAmount = 0;
        int frequentRenterPoints = 0;
        Enumeration rentals = _rentals.elements();
        String result = "Rental Record for " + getName() + "\n";
        while (rentals.hasMoreElements()) {
            double thisAmount = 0;
            Rental each = (Rental) rentals.nextElement();
            thisAmount = amountFor(each);        //
            // add grequent renter points
            frequentRenterPoints++;
            // add bonus for a two day new release rental
            if ((each.getMovie().get_priceCode() == Movie.NEW_RELEASE) &&
                                    each.getDaysRented() > 1) {
                    frequentRenterPoints++;
            }
            // show fingures for this rental
            result += "\t" + each.getMovie().get_title() + "\t" + String.
            valueOf(thisAmount) + "\n";
            totalAmount += thisAmount;
        }
        // add footer lines
        result += "Amount owed is " + String.valueOf(totalAmount) + "\n";
        result += "You earned " + String.valueOf(frequentRenterPoints) + "
        frequent renter points";
        return result;
```

```
        }
        //new method has extracted code from statement in it
        private double amountFor(Rental each) {
            int thisAmount = 0;
            switch (each.getMovie().get_priceCode()) {
                case Movie.REGULAR:
                    thisAmount += 2;
                    if (each.getDaysRented() > 2) {
                        thisAmount += (each.getDaysRented() − 2) * 1.5;
                    }
                    break;
                case Movie.CHILDRENS:
                    thisAmount += each.getDaysRented() * 3;
                    break;
                case Movie.NEW_RELEASE:
                    thisAmount += 1.5;
                    if (each.getDaysRented() > 3) {
                        thisAmount += (each.getDaysRented() − 3) * 1.5;
                    }
                    break;
                default:
                    break;
            }
            return thisAmount;
        }
```

【**重构代码 2**】给变量或方法取名不合适，也导致出现意想不到的问题，可能仅仅招致不喜欢，也许多次皱眉引发头痛，这有点像开玩笑。但是，由于不好的名字导致用户对程序理解困难，影响程序可读性和可维护性可是确定无疑的。amountFor 中确有一些应该修改的名字。

好的代码应该清楚地表达出自己的功能，变量名称是代码清晰的关键。能写出计算机可以理解的代码不难，能写出人类容易理解的代码才称得上优秀的程序员。

```
        private double amountFor(Rental aRental) {
            double result = 0;
            switch (aRental.getMovie().get_priceCode()) {
              case Movie.REGULAR:
              result += 2;
              if (aRental.getDaysRented() > 2) {
                  result += (aRental.getDaysRented() − 2) * 1.5;
              }
              break;
              case Movie.CHILDRENS:
              result += aRental.getDaysRented() * 3;
              break;
              case Movie.NEW_RELEASE:
              result += 1.5;
              if (aRental.getDaysRented() > 3) {
              result += (aRental.getDaysRented() − 3) * 1.5;
```

```
            }
            break;
        default:
            break;
        }
        return result;
    }
```

【**重构代码3**】金额计算用 amountFor 完成，分析发现，这个方法使用来自 Rental 类的信息，而没有使用来自 Customer 类的信息。应该考虑它的位置。一般地，方法应该放在它所使用的数据所属的类内，换句话说，对象的方法主要处理对象自身或者同类对象数据，不然，就有张冠李戴的嫌疑。结论是 amountFor 应该搬移到 Rental 类中。

```
class Rental{
......
public double getCharge() {
        double result = 0;
        switch (getMovie().get_priceCode()) {
            case Movie.REGULAR:
                result += 2;
                if (getDaysRented() > 2) {
                    result += (getDaysRented() − 2) * 1.5;
                }
                break;
            case Movie.CHILDRENS:
                result += getDaysRented() * 3;
                break;
            case Movie.NEW_RELEASE:
                result += 1.5;
                if (getDaysRented() > 3) {
                    result += (getDaysRented() − 3) * 1.5;
                }
                break;
            default:
                break;
        }
        return result;
    }
}
    class Customer{
        ......
    private double amountFor(Rental aRental) {
    return aRental.getCharge();
    }
    }
```

再进一步的重构任务，可能涉及的是电影类的父类子类设计，使用面向对象的继承性。还可以引入设计模式，这超出了本书的范围，所以，本节关于重构的讨论只限于针对一些局部性的论题展开。如果理解了重构的目的和意义，后续的工作，读者可以在适当的时候轻松地再次开始做下去。

14.3 实践题目

14.3.1 学生成绩管理软件

1. 题目说明

学生成绩管理在学校里是一个最为常见的管理工作。涉及方方面面，包括教师在期末需要在网上提交成绩、学生可以查看自己的成绩、教务处需要按照成绩进行补考安排和学籍管理、学生处按照成绩评定奖学金、学院按照成绩确定保送研究生人选等。

教师还需要对成绩进行考试后处理，进行成绩分析，例如统计各分数段学生数和百分比，如优秀（90~100）、良好（80~89）、中等（70~79）、及格（60~69）、不及格（0~59）。可见，教务管理软件中一个重要环节就是学生成绩管理，结合自己的实际经验和观察，分析系统的功能，给出软件的设计和实现。

2. 设计要求

（1）分别采用文件和数据库存储学生信息和成绩信息，给出两种不同的设计和实现。

（2）主要功能包括（但不限于）：成绩录入、成绩（分段）统计、成绩排序、输出成绩单、成绩查询。

（3）录入数据用 GUI 操作界面。

14.3.2 表格驱动的计算

1. 题目说明

CRC 循环冗余校验码是网络中进行数据校验的常用编码。CRC 算法需要进行多位操作。但是，我们可以采用表驱动方法实现一个高效率的 CRC 计算软件，它能够同时进行多位的多项式长除法运算。 表驱动算法的基本思想是：假设取一次 3 位进行长除运算，如表 14-1 所列。实践中如果按一次 8 位进行运算，则表中应有 256 行。设除数多项式为 $C = C(x) = x^3 + x^2 + 1$，或写成 1101。为 C(x) 建表，对应被除数多项式中的每种可能的 3 位二进制数 p，p^000 表示 p 后随 3 个 0，计算商 q = p^000 ÷ C，忽略余数。再计算 C × q, 作为第三列。

表 14-1 表驱动 CRC 计算

p	q = p^000 ÷ C	C × q
000	000	000 000
001	001	001 101
010	011	010 _ _ _
011	0 _ _	011 _ _ _
100	111	100011
101	110	101 110
110	100	110 _ _ _
111	_ _ _	111 _ _ _

2. 设计要求

（1）验算 p=110 时商数 p^000 ÷ C 与 p^111 ÷ C 相等。也就是证明，p 后随的是什么不影响计算结果。

（2）补全表中空白处不完整的项。

（3）编程利用此表（即表驱动）计算被除数表达式 101 001 011 001 100 除以 C（x）的余数表达式。

提示思路：按第一个 3 位被除数 p=101，从表 14-1 对应项得到商数 q=110。把 110 写在被除数第 2 个 3 位数上方，然后用 6 位被除数减去 C × q=101 110，余数作为被除数，与被除数中下一个 3 位数组合，进行下一次循环计算，直到最终得到余数。

（4）CRC 循环冗余校验法要求将此余数表达式作为原始数据（即被除数多项式）的后缀，一并发出去。在接收方，按同样的算法计算，如果余式为 0，说明没有出现出错的二进制位，否则说明有出错的位。

14.3.3 电梯运行模拟

1. 题目说明

单位的办公楼内电梯运行有一定的控制逻辑，比如相邻的两部电梯在静止状态可能一个在顶楼，一个停在一楼。为了调试电梯，需要程序模拟电梯运行的状况，在模拟系统中找出安全合理的高效节电的运行模式。

2. 设计要求

（1）分析设计模拟系统所需要的类，给出 UML 表示的设计。

（2）描述电梯运行的控制逻辑，说明理由。

（3）按设计写出模拟程序，调试运行。

（4）改进初始设计，观察对比改进的设计与初始设计的功能和性能差异。

（5）利用多线程知识、GUI 知识给出不同版本的设计。